LANDSCAPE 景观实录
RECORD

AWARDED
LANDSCAPES
获奖景观

辽宁科学技术出版社

LANDSCAPE
RECORD 景观实录

主编/EDITOR IN CHIEF	宋纯智, scz@land-ex.com
编辑部主任/EDITORIAL DIRECTOR	方慧倩, chloe@land-ex.com
编辑/EDITORS	宋丹丹, sophia@land-ex.com
	吴 杨, young@land-ex.com
	殷文文, lola@land-ex.com
	张 靖, jutta@land-ex.com
	张昊雪, jessica@land-ex.com
网络编辑/WEB EDITORS	杨 博, martin@land-ex.com
美术编辑/DESIGN AND PRODUCTION	何 萍, Pauline@land-ex.com
技术插图/CONTRIBUTING ILLUSTRATOR	李 莹, laurence@land-ex.com
特约编辑/CONTRIBUTING EDITOR	邹 喆 高 巍 李 娟
编辑顾问团/ADVISORY COMMITTEE	Patrick Blanc, Thomas Balsley, Ive Haugeland, Nick Wilson, Lars Schwartz Hansen, Juli Capella, Elger Blitz
	王向荣 庞 伟 俞昌斌 孙 虎 何小强 黄剑锋
市场拓展/BUSINESS DEVELOPMENT	李春燕, lchy@mail.lnpgc.com.cn
	杜 辉, mail@actrace.com
发行/DISTRIBUTION	袁洪章, yuanhongzhang@mail.lnpgc.com.cn
	(86 24) 2328-0366 fax: (86 24) 2328-0366
读者服务/READER SERVICE	何桂芬, fxyg@mail.lnpgc.com.cn
	(86 24) 2328-4502 fax: (86 24) 2328-4364
	msn: heguifen@hotmail.com

图书在版编目（CIP）数据

景观实录. 获奖景观 /《景观实录》编辑部编；宋丹丹
等译. -- 沈阳：辽宁科学技术出版社，2013.1
ISBN 978-7-5381-7849-4

Ⅰ. ①景… Ⅱ. ①景… ②宋… Ⅲ. ①景观设计—作
品集—世界—现代 Ⅳ. ①TU986.2
中国版本图书馆CIP数据核字（2013）第014729号

景观实录NO. 1/2013

辽宁科学技术出版社出版/发行（沈阳市和平区十一纬路29号）
各地新华书店、建筑书店经销
深圳利丰雅高印刷有限公司印刷
开本：880×1230毫米 1/16 印张：8 字数：100千字
2013年1月第1版 2013年1月第1次印刷
定价：48.00元
ISBN 978-7-5381-7849-4
版权所有 翻印必究

辽宁科学技术出版社 www.lnkj.com.cn
《景观实录》 www.land-ex.com

LANDSCAPE
RECORD 景观实录

90

01 2013

封面: 罗贝尔风景区——斯普林菲尔德城镇中心公园，Vee 设计事务所，克里斯多夫·佛雷德利克·琼斯摄影

本页: 新加坡加冷河与碧山——宏茂桥公园修复，德国戴水道设计公司，新加坡公共事务局摄

对页左图: 圣·安德鲁广场，Gillespies景观设计事务所，约翰·库珀摄影工作室摄

对页右图: 林地社区航道广场，Sasaki 事务所，克雷格·科奈摄

67

74

2012 罗莎·芭芭欧洲景观奖

第七届欧洲景观双年展于2012年9月27日~29日在巴塞罗那举行，并公布了罗莎·芭芭欧洲景观奖的评选结果。罗莎·芭芭欧洲景观奖向所有于2007年至2012年期间在欧洲建成的景观设计与规划项目开放。

由双年展执行委员会所召集的评委从350件参赛作品中评选出决赛入围作品。从所有参赛作品中挑选出的部分项目将在加泰罗尼亚建筑学院（COAC）的一层永久展出，同时也会在第七届欧洲景观双年展上展出。

入围者名单：

巴黎瑟甘岛预示花园　**设计：**米歇尔·戴斯威纳　**地点：**法国
阿尔坎塔拉园林污水处理站　**设计：**乔·朗·努涅斯　**地点：**葡萄牙
十字架海角　**设计：**马蒂·弗郎斯·百特劳瑞　**地点：**西班牙
写意花园——"世界花园"　**设计：**玛丽安·莫姆森　**地点：**德国
马丁·路德·金公园　**设计：**杰奎琳·奥斯特　**地点：**法国
罗森海姆芒法尔河公园　**设计：**斯迪芬·罗波尔　**地点：**德国
蒂克尔城堡历史公园重建　**设计：**迈克尔·凡·格塞尔　**地点：**荷兰

2012澳大利亚景观设计师协会首都特区奖

2012澳大利亚景观设计师协会首都特区奖于6月7日在堪培拉的澳大利亚设计馆揭晓。评委会由戴安·弗思（澳大利亚景观设计师协会理事）主持，其成员包括肯尼思·利（澳大利亚景观设计师协会会员）、格里高·缪斯（城市规划设计师）、阿曼达·埃文斯（澳大利亚景观设计师协会会员）和朱利恩·乐皮蒂特（高级水资源工程师）。获奖名单如下：

设计类
纽约公园的橡树林
设计：Redbox设计事务所
科特坝发现之旅
设计：巴尔特·怀特设计联盟
土地管理类
新南威尔士罗杰利奥
设计：新景观设计事务所
北堪培拉城市水道设计
设计：环境联系设计事务所
城市设计类
奥康纳市郊区城市化改造
设计：环境联系设计事务所
未来领袖奖
巴巴拉·佩恩

2012世界建筑节

2012世界建筑节入围名单已经揭晓。

今年的世界建筑节于10月3日~5日在新加坡滨海湾金沙酒店的会议中心举行。这个独一无二的活动吸引了全球2000多名建筑师。会议的日程包括各种讲座、研讨会、评奖活动和展览。

以下是景观类获奖作品：
158塞西尔街　**设计：**蒂拉设计事务所　**地点：**新加坡
气候改善景观设计　**设计：**德国戴水道设计公司　**地点：**德国
海湾花园　**设计：**格莱特事务所　**地点：**新加坡
加冷河与碧山——宏茂桥公园　**设计：**德国戴水道设计公司　**地点：**新加坡
泰国曼谷屋顶花园　**设计：**Shma设计事务所　**地点：**泰国
萨尔中心地区多功能结构厅　**设计：**Batlle & Roig事务所　**地点：**德国
榜鹅水道水边公园　**设计：**盛邦国际咨询公司　**地点：**新加坡
北码头步行道，简仓公园和极力科街道　**设计：**泰勒·库里提·赖斯里恩
地点：新西兰
榜鹅步行街　**设计：**LOOK设计事务所　**地点：**新加坡

2012澳大利亚城市设计奖

　　2012年澳大利亚城市设计奖获奖者名单于6月26日在堪培拉国家肖像美术馆举办的晚宴上揭晓。澳大利亚城市设计奖由澳大利亚设计研究院主办，并得到澳大利亚建筑师协会、澳大利亚房地产理事会、澳大利亚绿色建筑理事会、澳大利亚咨询委员会、澳大利亚城市设计论坛和澳大利亚景观设计师协会的大力支持。设置该奖项的目的是奖励澳大利亚新建成的优秀设计项目，并鼓励各城市、镇区及新兴定居点努力做出改善和提高环境的举措，同时承认了优秀的城市设计在城市和镇区发展中所起到的关键作用。获奖名单如下：

大型建成项目
达令广场 **设计：**澳派景观设计工作室
塔隆加动物园 **设计：**BVN设计事务所
小型建成项目
河岸码头公园 **设计：**阿珂菲尔德＆柯登S.P.L.A.T景观建筑室
大型政策、规划及设计理念项目
彭里斯的未来，未来的彭里斯 **设计：**刚普蒙·于尔班事务所
推荐项目：下一代设计指南 **设计：**迪克·理查斯
小型政策、规划及设计理念项目
帕拉玛塔河城市设计策略 **设计：**麦克格雷戈·考克萨尔事务所

2012欧洲城市公共空间设计奖

　　欧洲城市公共空间设计奖每两年举办一次，由欧洲七个机构共同组织，目的是褒奖及鼓励对欧洲城市公共空间的保护和创造。这个奖项于2000年设立，到2012年已经是第七届。2012年的欧洲城市公共空间设计奖于4月19日～20日在巴塞罗那当代文化中心举行。评委会由Josep Llinàs主持，从来自36个国家的347件作品中评选出如下的获奖作品：

联合优胜奖：
卢布尔雅那河岸翻修 **地点：**斯洛文尼亚 **完成时间：** 2011
罗维拉塔山顶景观修复 **地点：**西班牙 **完成时间：** 2011
特别提名奖：
展示路 **地点：**英国 **完成时间：** 2011
废除奴隶贸易纪念馆 **地点：**法国 **完成时间：** 2011
在别处 **地点：**瑞士 **完成时间：** 2010
特别奖：
占领太阳门广场 **地点：**西班牙 **完成时间：** 2011

碧山公园举办开幕庆典

联合国最新统计指出，到2025年全世界会有60%的城市面临水资源短缺。而相反，全球很多城市却面临着洪水泛滥的威胁，加冷河与碧山——宏茂桥公园项目为蓝绿城市设施提出了新的理念。作为新加坡政府2006年年初推出的"活跃、美丽、洁净——全民共享水源计划"（The Active，Beautiful and Clean Waters，简称ABC水源计划）的旗舰项目，它不仅缓解了洪涝和干旱问题，同时还为人们的城市生活创造了新的空间和自然环境。该项目将沟渠和水道改造成为美丽的滨水环境，鼓励社区居民加入到保持水道清洁的工作之中，使新加坡成为一个更加充满活力的城市花园。

德国戴水道设计公司（Atelier Dreiseitl）是碧山——宏茂桥公园和加冷河改造的首席设计师，同时也是水流域战略规划和全民共享水敏设计指导设计师。2009年10月就开始了对水资源的自然式处理加工。两年半后，储水工程于2012年2月竣工，加冷河就像一条金光闪闪的珠宝蜿蜒于繁茂的绿色热带植物之中。自然式河流长达3000米，从上游的汤森路流经碧山公园。在这里，人们可以脱去鞋袜，去河里嬉戏，与大自然亲密接触。（详见P88-97）

葡萄牙"蜂巢式"临时性景观建筑

葡萄牙"蜂巢式"临时性景观建筑位于葡萄牙利马桥镇，由X-REF建筑设计事务所的冈萨洛·卡斯特罗·亨利克斯担纲设计。该景观建筑的设计目的是为游客提供荫蔽。芬芳的植物营造出梦幻般的氛围，吸引人们的到来。这种梦幻的氛围是由一个轻盈透明的蜂巢式结构营造的，可以在一天中创造动态的光照和丰富的色彩。该景观建筑规避了对自然景观的模仿与对抗，寻求人、自然以及技术三者之间的协调。

蜂巢式结构使用空心聚碳酸酯材料制成一个双曲面，重现了蜂巢的规则结构。其特殊的几何形状主要参考了三点：抛物线拱、双曲表面和材料适应过程。因此，蜂巢结构的部件成为若干相互支撑的拱楔块，采用双曲面的结构（双曲抛物线），依据其在整个结构的相对位置调整大小。位于建筑底部的结构较大，随着高度的增加大小逐渐递减。整个结构的制作和加工采用了数字化建造技术。

建筑师开发了一个施工系统，以组装这个复杂的蜂巢式结构，该系统对技术要求不高。面板主要由聚丙烯管和圆盘连接，圆盘被尼龙扎带固定。现场的金属连接件和线缆也可用作连接面板。正如在蜂巢里一样，这个系统也需要协同工作才能实现。蜂巢的网状结构和自组织性不仅激发了人工智能的产生，也同样是这个方案的灵感来源。"蜂巢式"临时性景观建筑是一种生物科技艺术，体现了人与自然之间的共生关系。

海湾花园正式开放

新加坡海湾花园项目一期工程正式对外开放。南海湾花园由世界顶级的英国设计团队格莱特事务所设计。海湾花园是世界上同类公园中最大的项目之一。这个超大型的花园占地101公顷，包括3个不同的花园——南部湾、东部湾和中心湾。海湾花园坐落于新加坡马里纳新城区，将会成为国内外游客独一无二的娱乐胜地。这个充满生机的花园里种植了大量的热带花朵和五彩缤纷的植物，展示了热带园林文化和花园艺术的魅力。

该项目是新加坡"花园城市"计划中必不可少的一部分，设计目的是提升新加坡城市的国际形象，同时展现了园林文化和花园艺术的魅力。格莱特事务所从兰花的形象中得到灵感，所设计的方案融自然、科技和环境管理于一体。这座极富魅力的建筑中融合了各式各样的园艺展示、日常灯光和声音演示、湖泊、森林、活动空间以及许多餐厅设施。整个计划拥有一套智能的环境设施，这样就可以种植一些正常情况下不能在新加坡地区生长的植物，从而为国民提供了娱乐性和教育性。

海湾花园的设计亮点

植物冷室：建筑师威尔金森·艾尔设计了两个巨大的植物冷室——"云之穹顶"和"云之森林"，分别占地1.2公顷和0.8公顷。植物冷室中展示了地中海气候条件和热带山区环境下生长的植物，使其成为全天候的"寓教于乐"式空间。

超级树：格莱特事务所设计了18棵"超级树"，高度在25~50米不等，成为标志性的垂直花园。其重点就是通过攀爬植物、附生植物和蕨类植物的垂直展示，营造出一种令人为之惊叹的效果。夜晚时分，树冠上的照明和投影设备让这些树木充满生机。悬空于超级树之上的空中通道给游客提供一种与众不同的视角来欣赏花园全景。超级树上嵌入了可持续能源系统，以及植物冷室降温所需要的水处理设施。

园艺花园：两件设计作品"遗址花园"和"植物大世界"主要是以"植物与人"和"植物与地球"为中心。连同大量的花朵和五彩缤纷的树叶景观，这两个园林作品在花园内形成一幅集颜色、材质和香气于一体的盛宴，为游客提供了一次迷人的经历。

罗贝尔风景区
——斯普林菲尔德城镇中心公园

设计师：Vee 设计事务所 丨 项目地点：澳大利亚，斯普林菲尔德

1. 靠近便利设施和咖啡馆的游乐场区域
2. 儿童游乐场
3. 游乐场的喷水设施是整个公园的焦点

项目名称：
罗贝尔风景区
——斯普林菲尔德城镇中心公园
完成时间：
2011年
客户：
伊普斯维奇市议会
首席设计师：
大卫·哈瑟利
预算：
2700万美元
摄影师：
克里斯多夫·佛雷德利克·琼斯和全帧摄影
占地面积：
200000平方米
奖项：
2011年澳大利亚景观设计师协会景观设计奖
2011年澳大利亚城市发展研究所大奖

1-4. 夜间的草坪
5. 七个灯塔照亮中央草坪并且带动了灯光和声音的效果

罗贝尔风景区位于昆士兰地区的斯普林菲尔德。20公顷的公园既是社区中心，也是一处儿童游乐场。该项目的主要设计目标是使其成为斯普林菲尔德地区的主体开放空间，用于举办一些重大活动和节日庆典。

罗贝尔风景区于2011年5月正式向公众开放，是迄今为止澳大利亚最大的单阶段景观设计项目。Jmac事务所与Vee设计事务所通力合作，将设计规划变为现实。将这处闲置的空地转变成现如今的公园，这对所有参与其中的人来说是一份丰厚的礼物。

公园设计了功能多元化的休闲项目来满足不同类型的游客和使用者。这些功能和形式与当地自然水的特征和其固有生态价值观紧密联系起来。伊普斯维奇市政府和伊普斯维奇市社区也参与在整个设计过程中，召开了一系列的研讨会。Vee设计事务所负责该项目的主要景观设计，领导整个团队设计总体规划，直到完成项目的施工过程。

1. 活动区
2. 活动区域和停车场
3. 松树环绕的人行道
4. 草坪（未来也许是水池的选址）
5. 雕塑草丘
6. 活动野餐——烤肉区
7. 山顶艺术瞭望台
8. 森林野餐——烤肉区
9. 溪沟野餐——烤肉区
10. 野餐区停车场和入口
11. 沼泽地
12. 人行桥
13. 凉亭
14. 溪沟阶梯座椅
15. 有标识的入口广场
16. 森林
17. 多岩石的河床
18. 白色胶铺设的地面
19. 环礁湖瞭望甲板和住所
20. 瀑布瞭望码头和住所
21. 溪沟小路
22. 热带雨林小溪
23. 蕨类植物环礁湖
24. 低处水池
25. 瀑布
26. 城市湖泊
27. 城市瀑布
28. 花饰的阶梯
29. 瞭望塔和标志性建筑
30. 花卉园林和艺术草坪
31. 入口广场和小瀑布瞭望台
32. 行人行车桥
33. 湖边阶梯
34. 湖边通道
35. 家庭玩水区域
36. 公用卫生间和食品站
37. 标志性商业网点
38. 入口广场
39. 现有人行桥的改造
40. 停车场和入口广场
41. 行人吊桥
42. 山顶广场
43. 木质人行道
44. 木板铺成的小路
45. 入口广场
46. 区域性游乐场
47. 公用卫生间
48. 食品站和辅助设施
49. 种植桉树的广场
50. 艺术草坪
51. 白色桉树瞭望平台
52. 伊普斯威奇斯普林菲尔德走廊
53. 野餐区公用卫生间
54. 观景台和住所
55. 地下人行通道
56. 现有的人行通道
57. 生态艺术特征
58. 公共巴士
59. 溪沟牧场
60. 驿站通道
61. 车辆入口
62. 热带雨林
63. 森林
64. 卵石广场

　　该总体规划设计了一处绿色心脏，将城市中3个高度发达的区域联系起来，让人联想到由弗雷德里克·劳·奥姆斯特德早期在纽约和波士顿建成的美国公园大道。

　　桥梁和木栈道提高了游客的视野范围。中心散步长廊环绕着重新建造的水路和湖泊，这也映衬了公园设计的"归化"主题。金字塔形状的大草坪提升了游客从停车场出来的兴趣点，并且可以让孩子们安全地在斜坡上奔跑。像树叶一样的大型野餐折叠伞和金属桌椅，遍布整个公园。公园的中心地带设置了一处嬉水区域，其具有的独特结构体现了现代艺术形式。

　　凉亭和中心舞台成为了中央草坪的边界线，将附近可供儿童玩耍的草坪和嬉水区域紧密连接起来。

1. 雕塑草坪金字塔提供独特的地标
2. 舞台可以俯瞰草坪，并包含举行重大活动所必须的设施
3. 草坪可容纳10000人，用于举办各种社区活动和节日庆典
4. 以凉亭和中心舞台为边界的中央草坪

安琪诺尔广场

设计师：AHBE 景观设计事务所 I 项目地点：美国，洛杉矶

1. 安琪诺尔广场是在洛杉矶市中心的一个小型城市街心公园，靠近珀欣广场地铁站和天使飞翔索道缆车
2. 设计元素包括耐旱植物、木质座位以及独特的广场路面铺装

项目名称：
安琪诺尔广场
完成时间：
2008年
客户：
洛杉矶社区再发展局
首席设计师：
凯文·亚伯
摄影师：
AHBE 景观设计事务所
奖项：
2010年美国景观设计师协会荣誉奖

1. 原始建筑基础作为公园的独特设计元素被保留了下来
2. 该设计为当地居民营造了一处引人入胜的空间
3. 艺术家Jacci den Hertog 为广场创造了独特的地面铺装形式
4. 该城市绿洲为当地居民和游客提供了暂时远离城市的避风港
5. 安琪诺尔广场所在地曾经是一处布满灰尘空旷的场所

4

5

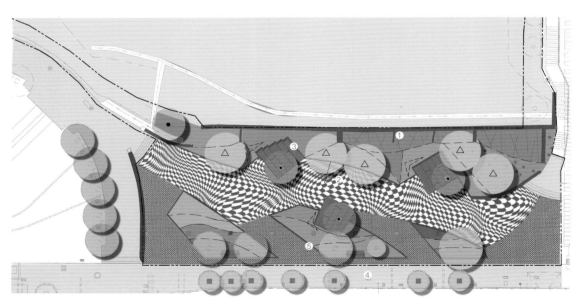

1. 多年生植物园
2. 艺术人行道
3. 休息区
4. 人行道
5. 石块路面

这一城市花园的建设是与美国洛杉矶社区改造署和洛杉矶大都会交通运输管理局合作完成的。设计初衷是使其成为通往珀欣广场地铁站南入口和历史性建筑"天使飞翔"索道缆车的门廊。目的是营造一个休闲的开放空间，吸引更多当地乘坐公共交通工具出行的人们。

自从2008年落成以来，这一城市花园为城市的基础设施建设提供了一方绿色的乐土。这一迷你的街心公园周围绿树成荫，为过往的工人、居民、游客和其他形形色色的人提供了休闲的好去处，也为那些前往珀欣广场地铁站、"天使飞翔"索道缆车、邦克山、中央市场和市中心其他地方的人们提供了驻足之处。设计师与公共艺术家Jacci De Hertog合作，设计出了一种独特的道路铺设方案。蜿蜒曲折的道路形式与地中海植被相互映衬，为人们呈现出了一幅充满色彩、质感和视觉感染力的动态画卷。此外，现存建筑物的地基墙壁被很好地保留下来，不时会唤醒人们对城市历史的美好回忆，同时又像一件立体的手工艺品，点缀了整个花园。这座墙壁与整个公园融为一体，就如一座架设在过去与现在之间的桥梁。设计师的设计还融入了加州当地的植物、耐旱的地中海植物、各种形状的座椅设计以及与这些相互辉映的安全照明系统。该街心花园就是充满着绿色的避风港，让那些在钢筋水泥构成的城市中疲于奔命的人们能够忙里偷闲，享受那短暂而难得的一份惬意。

这一项目堪称典范，使充满绿色植物的空间与钢筋混凝土构成的灰色空间天衣无缝地结合在一起，同时也吸引着洛杉矶市民能够步行前来欣赏这座城市的美景。在美国洛杉矶社区改造署和洛杉矶大都会交通运输管理局的协助下，设计师与整个社会共同努力创造出了一个多功能的作品。这一作品也得到了当地居民和商人们的鼎力支持。

1. 整个广场使用加州当地植物做装饰
2. 公园的设计与洛杉矶的历史相联系，呈现出可持续的绿色未来

雷德芬公园改造项目

设计师：斯帕克曼·莫索普＋麦克 | 项目地点：澳大利亚，悉尼

项目名称：
雷德芬公园改造项目
完成时间：
2009年
客户：
悉尼市政府
首席设计师：
迈克尔·斯帕克曼

预算：
1100万美元
摄影师：
高林斯摄影
占地面积：
56000平方米
奖项：
2010年澳大利亚景观设计师
协会城市设计奖

雷德芬公园是悉尼最重要的公园，它建于1885年。20世纪60年代末期，雷德芬体育场的建成，使得雷德芬公园的范围被大大缩小。实际上，这样的结构把公园分成两部分并且把公园与当地社区分隔开来。

该项目的目的是重新改造雷德芬公园，使它再次成为整个社区的焦点。缩减运动场地，将体育馆移至侧边，这些简单的措施使长期被人遗忘的远景和中心轴得到恢复。"治愈公园"这一比喻使得该项目成为了更广泛的社会工程。在澳大利亚社会中，弱势社区几乎没有其他的表达方式，

1. 公园夜景，展现了改造升级后的运动场和休闲公园的景色

2. 雷德芬公园和运动场配备了特别设计的景观小品

3. 升级改造后的场地为每个游客提供一个全新的休闲空间

然而，以雷德芬全黑橄榄球队和南悉尼的Rabbitohs橄榄球队为代表的体育运动却是一种与弱势社区建立友好关系的方式。本土艺术家菲奥娜·弗利设计了一个游乐场，设计理念体现了当代澳大利亚社会及其与原住民的关系。

　　雷德芬公园朝向街道，热切地邀请着该地区的居民前来使用其中的设施。公园里有两个明显的区域：南悉尼Rabbitohs橄榄球队的新训练场地(不使用时向公众开放)和已经被大范围翻新的19世纪原始公园。该公园目前是雷德芬地区的中心枢纽，在社会、文化和经济等方面，为当地居民创造了新机遇。

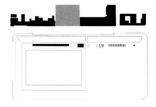
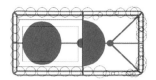

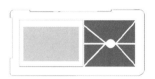
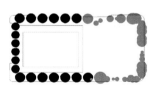
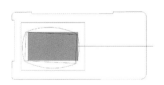
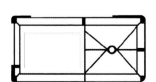
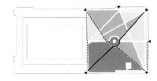

1、2. 公园是整个社区的核心地带

3. 莲蓬状的装饰物遍及儿童游乐区，与当地的社区形成紧密联系

4. 儿童游乐区是开放式的，配备了嬉水元素供儿童玩乐，这对儿童很具吸引力，同时也体现了原住民的文化特征

太平洋罐头厂改建公寓

设计师：米勒景观建筑事务所 ｜ 项目地点：美国，加利福尼亚州，奥克兰

这栋公寓由原太平洋罐头厂改建而来。改建工程中的景观设计共设定了三个目标：一是为当地社区打造既美观又实用的公寓环境；二是在周围拥挤的环境中为公寓住户提供一片绿洲；三是营造出与西奥克兰特有的人文风貌相符的环境。

米勒景观建筑事务所采用两大设计策略，旨在使公寓的人文景观和自然景观都与当地环境相融合。策略一：将通向公寓的两条街道在视觉上进行延伸，给人一种"城市脉络贯穿公寓小区"的感觉。公寓不再是一个幽闭的环境，而是有机融入城市大环境中。延伸进小区内的街道变身为人行道，沿着道路极目远眺，能够望见远处的船厂，视野非常开阔。策略二：街道景观的处理。公寓小区四面都设有入口，跟外面的街道相连。当地许多独门独户的小型住宅也采用这种手法。入口处种植了耐旱的植物，非常适合在这样的露天环境中生长。街道旁边设置了一个大型广场，紧邻入口。广场上有一小块草皮，四周种植高大的棕榈树。更多的绿草沿人行道两边铺展开来，不时点缀几棵树木，形成一种简洁、流畅的韵律。公寓所在地块是一块平地，微风吹来，植物随风摇摆，呈现出一派祥和的自然景象。

除了优雅的环境，小区还应保证住户的安全和隐私。设计师对小区内进行了精心的布局。三个绿意盎然的庭院，设计精致到每个细节。此外还有一个狭长的"丛林庭院"，种植的都是可以食用的植物。中央设置走道，将小区的交通路线集中在中央，为每个入口处的小花园留出足够的空间。小花园周围种植植物，起到屏障的作用，保护内部的隐私。种植可食用的植物，强调花园内的自然环境（引入自然风、考虑雨水处理），都是为了缓和当地人工建造痕迹过重的问题。

各个庭院的设计丰富多彩，材料的选择多种多样，为住户提供了多样化的空间体验。"用餐庭院"里有一座独具特色的钢铁凉亭。凉亭下方是定制的混凝土桌子和木质长椅，住户可以在此享受户外用餐的体验。这里还种植了一排高大的棕榈树，高耸的树枝直伸到二楼住户，从入口处的玻璃大门外就能望见，跟入口广场的棕榈树相映成趣。几条石板路通向公寓的各个入口，路边设置两用长椅和引水渠。屋顶上收集的雨水流入渠中。渠底铺设鹅卵石。水流从这里流入过道两边设置的两条集水槽中（集水槽采用回收利用的玻璃制成），最终渗入地下蓄水层。集水槽下方设置照明装置，夜晚时分，玻璃在灯光的照明下异常耀眼，变成两条灯带，装饰了中间的过道。

"客厅庭院"中央设一条过道，两边是色彩鲜艳的长条形软座和低矮的小桌。软座拼接成U形布局，适合闲坐、交谈。庭院内大量种植灌木、椤木、棕榈，营造出热带丛林的氛围，下方种植的是需水量很小的植被。

"李玉汉花园"的命名用的是罐头厂原主人的名字（Lew Hing）。架空的木板道是这个花园的一大特色。木板道下方种植的是喜阴的禾本科和开花植物。木板道分出若干支线，支线处竖起细长的石灰岩石块加以标记，通向公寓的各个入口。

"丛林庭院"的狭长过道采用花岗岩碎石铺砌，雨水能够渗入地下。过道两边种植了香蕉树、柑橘树、越橘树、灌木、地表植被等，高矮各异，层次分明，生长得异常茂盛，极具观赏性。电镀种植槽里种的是竹子，形成一道生长的屏障，将原装卸区里私密的庭院隔离开来。

1. 俯瞰用餐庭院。远处是12号大街以及奥克兰一望无际的天际线。生长茂盛的棕榈树和竹子给庭院带来绿荫
2. 用餐庭院一角。雨水通过混凝土引水渠（图中前景）收集起来，再流入过道两边用回收玻璃制成的集水槽中
3. 用餐庭院中有一张公共餐桌，配有红木长椅。钢铁凉亭上爬满葡萄藤，为下方遮荫避暑
4. 用餐庭院中引水渠的人性化设计：靠近公寓入口处设计成座椅

"独特的设计手法为多户型社会公寓开创了一条新路。灵活的改建，巧妙的排水设计，曼妙的夜景。这一切都在面积十分有限的都市环境中得以实现，为该工程增色不少。"

——2010年美国景观设计师协会专业奖评委会

1. 入口广场
2. 丛林庭院
3. 用餐庭院
4. 客厅庭院
5. 李玉汉花园

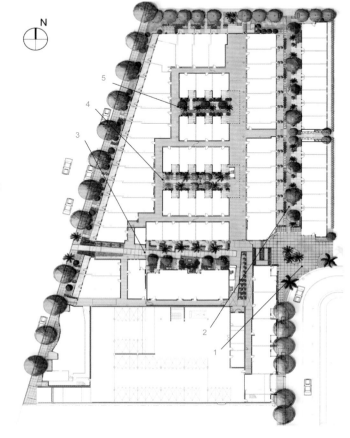

项目名称：
太平洋罐头厂改建公寓
完成时间：
2009年
主持设计师：
杰弗里·米勒
客户： 假日地产开发公司
摄影师：
丹尼斯·莱特拜特
占地面积：
10,926平方米
奖项：
2010年美国景观设计师协会荣誉奖
（住宅类）
2010年美国景观设计师协会北加州
分会荣誉奖（设计类）
2010年太平洋海岸建设者会议最佳
改建工程

1. 暮色中的用餐庭院，集水槽的照明效果
2. 李玉汉花园的命名源自罐头厂的创办人李玉汉——早期著名美籍华裔实业家
3. 丛林庭院里种植的都是可食用植物，中间的过道采用花岗岩碎石铺设
4. 客厅庭院里，混凝土长条座椅适合聚坐闲谈
5. 俯瞰客厅庭院

圣·帕特里克广场

设计师：博发·米斯科尔事务所 ｜ 项目地点：新西兰，奥克兰

1. 圣·帕特里克广场鸟瞰图
2. 独特的地面铺装方式将广场和周围的街区衔接起来
3. 设计重新界定了广场与大教堂的关系

在奥克兰相对年轻的历史当中，圣·帕特里克广场有着独特的地位。它是新西兰天主教区(成立于1841)圣帕特里克大教堂的所在地。如今，该项目将广场打造成为城市中心的西部地区最受欢迎的休闲区域。

2008年，博发·米斯科尔事务所接受市议会的提名与授权，实施广场开发的完整设计理念。该设计需要实现一系列包罗万象的目标：创造一个安全、舒适和愉快的空间环境；保留和提升广场作为城市绿洲的形象；继承广场的遗址和文化意义；重新建立广场与大教堂之间的关系；增加入口的可识别性，使人们能够更轻松地在广场中穿行。

三个独立的水景设施象征着天主教堂的洗礼圣水，并连接了广场的下层阶梯。空间的布局让公众可以在任何时刻都可以用不同的方式在广场中休闲放松。

项目名称：
圣·帕特里克广场
完成时间：
2009年
客户：
奥克兰市议会
首席设计师：
约翰·波特
预算：
920万新西兰元
摄影师：
西蒙·迪维特
占地面积：
4650平方米
奖项：
2010年新西兰景观设计师协会最高荣誉奖（乔治·马尔科姆奖）
2010年景观设计乡村/公园/休闲类金奖

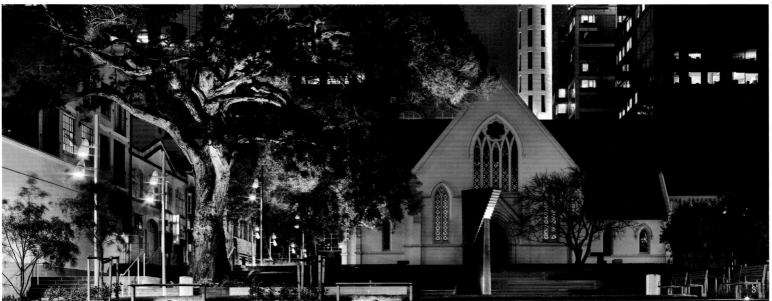

1. 设计理念使整个广场更加突出，犹如城市里的世外桃源

2-4. 广场依旧是一个安全舒适、尽享欢乐的地方

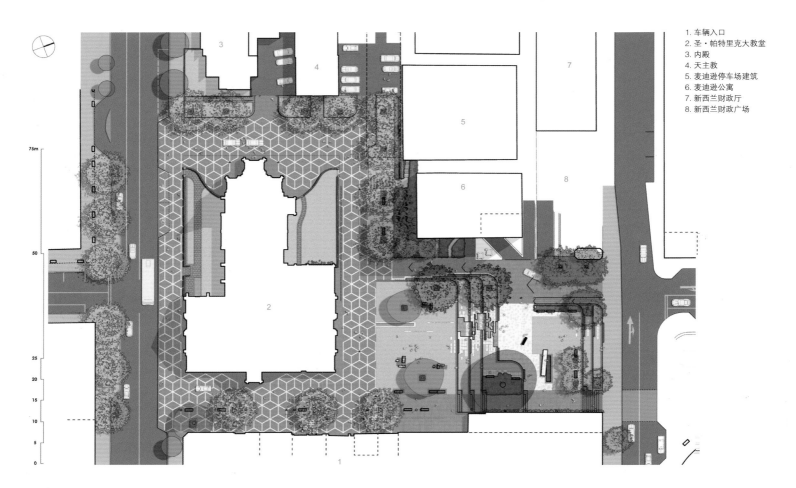

1. 车辆入口
2. 圣·帕特里克大教堂
3. 内殿
4. 天主教
5. 麦迪逊停车场建筑
6. 麦迪逊公寓
7. 新西兰财政厅
8. 新西兰财政广场

循环路线(车辆和行人)经过精心设计，使广场的空间得以充分利用。同时，设计师还设计了中央水景设施和下层阶梯之间的通道以供选择，从而让那些定期来访的游客保持长久的兴趣。通过流水、石头、植物和灯光的应用，该设计理念希望可以提升广场作为"城市绿洲"、"社区中心"和"精神意识"等方面的本质属性，刺激声音、触觉、灯光和颜色等方面的感官意识，从而为城市居民提供与大自然亲近的完美机会。

1. 中央水景和下层阶梯为前来游览的人增添了很多乐趣
2—4. 三个独立水景设计隐含了教堂前面的圣水池与下层阶梯之间的联系
5. 广场为人们休息和娱乐提供了空间

老邮局广场

设计师：阿克图瑞斯事务所，贝尔德·桑普森设计事务所 丨 项目地点：美国，圣路易斯，密苏里

1. 老邮局广场全景
2. 桥的设立为进入位于广场高处的剧场提供了通道

　　该项目的设计方案在一次国际竞赛中脱颖而出，成为圣路易斯市中心振兴计划的城市催化剂。设计灵感来自由著名雕塑家伊戈尔·米托拉吉所设计大型公共雕塑"艾卡罗的躯干"。这尊雕塑也经捐赠安置在该项目当中。该设计创建了空间和程序的三维支架，盘旋上升并环绕在雕塑

周围，从而探索戴德拉思和伊卡露丝神话所引发的思想的深层次结构。戴德拉思不仅是"飞翔与坠落"神话故事中的主要人物，更是一名原创设计师和雕塑家，代表了古希腊早期公共空间和公共艺术。

　　该设计大量使用建筑学和景观元素，战略性地将城市

边界融于整个环境当中，同时戏剧性地改变了由城市空地形成的平地微观地理城。在中心地带，崭新的市政广场成为了举办重大事件的地点和历史邮局的"荣誉庭院"。独特的设计元素和空间排列营造了无障碍的"建筑散步长廊"，并构造出特点和舒适度互补的地形。长椅错落在灌悬铃树丛中，形成迷宫，在夏季为游客提供了阴凉处；高架的"翼型灯柱"遍布广场四周，在举办活动时照亮整个广场；水池环绕广场，带来丝丝凉爽；种植着山楂树的斜坡可供游客就座乘凉，同时将游客的视线引向"高原大剧院"；梯形的石阶上可以远眺整

1. 形状像翅膀一样的照明设施为广场提供照明，同时灯光能够投射到不锈钢制成的荧屏上，反射出的光也照亮了广场南面

2. 广场的开放为很多活动提供了场地，使得很多人能够一起参与活动

3. 沿着镀锌的墙壁，安放了一条长凳，使坐在凳子上的人们能够一起面向南面欣赏整个广场上所开展的活动

4. 广场上设置的一块高地正是一览广场全景的最佳位置，同时也是搭设舞台举办盛大活动的良好地点

5、6. "代达罗斯的崛起"是一个现场浇注成的混凝土结构，它的两旁分别是一面成波浪状的镀锌墙壁和一个镂空的由不锈钢钢板做成的屏风，二者恰好形成了通往剧院的通道

7. 用带刺植物做成的小岛结构从低洼的水坑中向上伸展开来，径直朝向街角。为人们指明广场西南角的入口

项目名称：
老邮局广场
完成时间：
2009年
客户：
Gateway基金会
首席设计师：
巴里·桑普森

摄影师：
山姆·苏特雷斯
占地面积：
3252平方米
奖项：
2010年设计交流——城市设计银奖
2010年美国景观设计师协会，圣路
易斯分会荣誉奖
2009年美国中西部建筑年度最佳小
型项目奖

个水池；可供就座休息的长斜坡周围安装了有孔的不锈钢屏幕，在镀锌的金属保护层"云之墙"上映射出不同形状的光影形象，也为夜间活动提供照明背景；引人入胜的中央小瀑布潺潺流过小型悬臂式瞭望台。从瞭望台上可以俯瞰周围的城市和下面的雕塑。

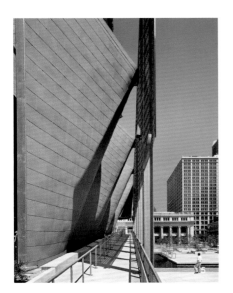

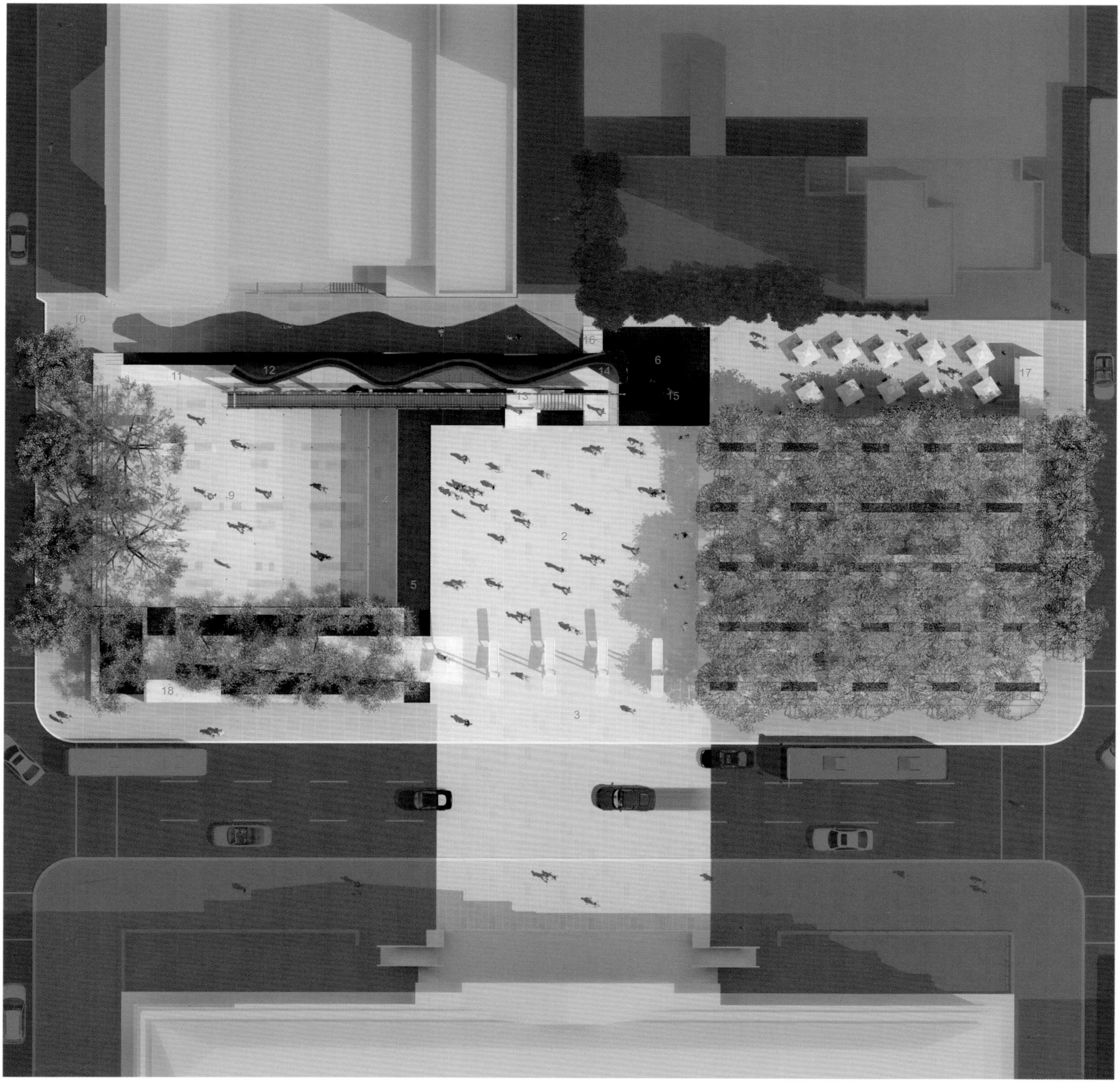

1. 迷宫
2. 广场
3. 翼型灯具
4. 水池
5. 低处水池
6. 高处水池
7. 未来桥
8. 荆棘之岛
9. 高原大剧院
10. 街区广场
11. 戴德拉思的崛起
12. 云之墙
13. 幕之墙
14. 伊卡露丝的坠落
15. 雕像
16. 伊卡露丝的灭亡
17. 中心入口咖啡馆
18. 中心入口

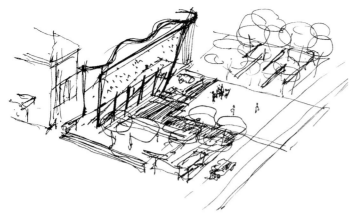

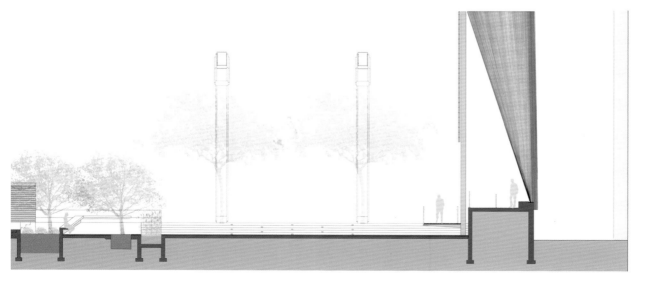

青年广场的艺术公园

设计师：Glavovic设计事务所　｜　项目地点：美国，好莱坞

该艺术公园由一系列可以同时举办各种各样大型活动的空间组成。在这一独特的"活灵活现"的空间组合之中，所有已经建立和设计的元素似乎以一种有机的方式从地面上显露出来，呈现在我们面前。所以，这个公园让每一位游客都沉浸在一种独特感官环境里，仿佛每个人都融入到艺术体验之中，成为市中心的一部分。

艺术公园是可以使各种各样的活动同时发生的区域。在这独一无二的地方，映入我们眼帘的所有被设计过的设施都以有序的方式呈现。所以，公园的游客都有一种感觉，那就是每个人都成为艺术体验和市中心的一部分。

西侧入口

该项目提升了公园的中心地带，建立更加宽广的西侧入口，方便附近的居民进入公园，营造充满活力、绿树成荫、多姿多彩的景观，吸引附近的居民来到这个以节日艺术为导向的新建活动区域之中。通过这一系列的设计，该项目成功地沿联邦高速公路东西方向打造出一条吸引眼球的视觉线索。建筑元素的应用加强了东西轴线，如20米高的中心喷泉面向公园中心，缓缓移动而吸引游客的注意力；定制的现代化照明设施引导人们的目光眺望东方。多层次的变化方式吸引着城市居民到公园游玩。高度的变化创造了一系列大小不同的户外空间，为举办各种各样的活动提供空间。公园中还有一系列不同类型的体验和活动设施，吸引着人们不时地重新回来。

项目名称：
青年广场的艺术公园
完成时间：
2010年
首席设计师：
玛吉·诺萨德
客户：
好莱坞市政府
预算：
600万美元

摄影师：
好莱坞城市摄影，
罗宾·希尔
占地面积：
1300平方米
奖项：
2009年美国设计师协会杰
出设计奖
2009年新时代最佳公园奖
2008年最佳建筑奖

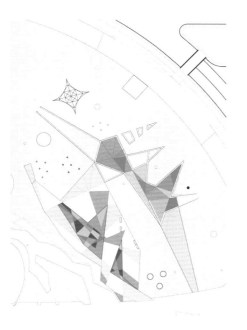

1. 视觉艺术中心
2. 视觉艺术中心的主入口
3. 动感的儿童设施
4. 设有艺术喷泉的道路交叉处

千年喷泉

　　该艺术公园有意成为一件活灵活现的艺术品，随着时间的推移而发展变化，让每个在园中的游客都能够体会到。这种体验需要不断提高，最终形成一件专注于该公园特性的完整艺术品。这就是由国际知名艺术大师田甫律子所设计的标志性艺术品。它由三个主要部分组成，设计目的旨在揭示周围环境，反映当地历史，并连接21世纪的信息系统。

猴面包树的声音艺术

　　在公园的西侧边缘种植着一棵猴面包树，6根由艺术家所设计的声柱将其包围。这些声柱每隔一段时间就记录下猴面包树的生命能量波，并将这种能量波用声音播放出来。设计师用种植在日本北部山区的谷物纤维制成礼绳，穿插悬挂在猴面包树的主干上，从而突出了猴面包树的重要性，并且象征着猴面包树所承载的内容还有更多。艺术品的另一个组成部分——"电子雕塑"也是项目的重要部分。

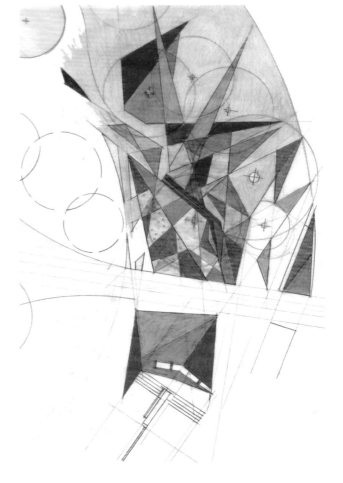

水景雕塑

　　水景雕塑包含了一系列长而细的喷泉喷嘴。多达60个喷嘴可以将水喷到高达18英尺的空中。尽管这些水柱看上去是自由地起伏波动，但实际上一套由麦克风和扬声器组成的系统从附近巨大的猴面包树上测量到生命能量波，并将其转换成电子脉冲，从而指导和控制喷泉水柱的高低起伏。

中央庭院广场

　　中央庭院广场比周围的散步长廊高出大约8英尺，是举行特殊活动和节日庆典的极佳场所，并为人们提供了宽敞的视野，可以清晰地看到"艺术公园"、"艺术文化中心"、中央商业区以及文化研究院。这一抬高的观测点让人们在广场上就可以观赏到圆形露天剧场所进行的表演。如果活动和庆典不需

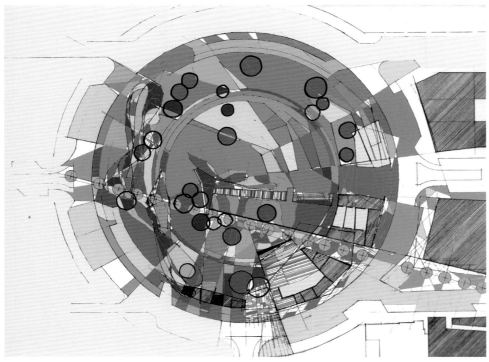

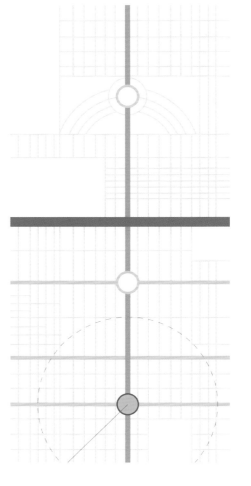

1. 从南面鸟瞰所看到的景色和视觉艺术中心

2. 孩子们在游乐场上活泼的玩着娱乐设施

3. 东西鸟瞰图

1. 动感的儿童设施在夜晚也充满生气
2. 夜晚时的景观设施
3. 艺术公园的鸟瞰图

1. 东西侧入口
2. 历史中心
3. 千年喷泉雕像
4. 约瑟夫青年雕塑
5. 大型广场
6. 草地
7. 小树林
8. 儿童游乐区
9. 棕榈庭院
10. 视觉艺术中心
11. 表演艺术中心

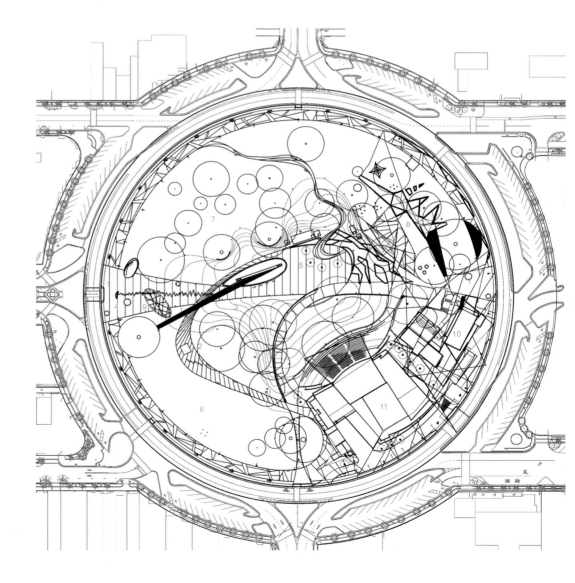

要完善的舞台布置的话，那么中央庭院广场是举办这些活动和庆典的完美场地。广场上可以安置桌椅，也可以像周围的街区一样，设置一些购物推车和售货亭以及艺术品的展览。

草地

从已修复的历史建筑的红色瓦片屋顶上看去，便可眺望一片休闲区域，即草地。游客们可以在这里玩飞盘亦或是标签游戏。沿着通向草地的小路，可以看到供游客使用的桌子和固定座椅，桌面上还嵌有游戏棋盘。

小树林

公园的中央广场是社区的活动中心，因而有意保留了充斥在城市生活当中的喧嚣气氛。约上几个好友在这里相聚，坐在喷泉旁边悠闲地度过炎炎夏日，感受着喷泉的雾气弥漫在自己的脸上。与此同时，还可以在小树林这个户外阅读空间中沉思冥想，放松自我，体会到另一种完全不同的感受。小树林位于中央庭院广场的北部。在这里，人们可以坐在葱郁的草坪上度过一整天，享受枝繁叶茂的大树所带来的阴凉。小树林是为了读书人、聊天者以及对其他活动有兴趣的人而特意设计的。定制的座椅环绕着大树，呈现出凤凰树的质感和纹理，让游客体会嘈杂的城市以外的一处安静休闲之处。

儿童游乐场

小树林一直延伸至儿童互动游乐场，从蜿蜒曲折的小路走去，渐渐看到了建造的另一种景观，即花团锦簇的阶梯，也可用作休息的长椅。大型的儿童雕塑游乐场中充满了感官元素，从而让孩子们也成为景观的一部分，并试图使他们能像鸟儿一样自由地翱翔，充满欢声笑语。此外，还可以让孩子们与家庭的其他成员一起，在感官的环境中培养无限的创造力。该区域的设计目标是提供互动的家庭空间，将整个社区连接成为一个大家庭，制造与传统游乐场设备不同的体验，培养孩子们的参与意识和社会归属感。儿童游乐区还设置有互动喷泉和游乐设施，即使在不使用时，也可以起到视觉吸引的效果。

四方家园的屋顶花园

设计师：Trop设计事务所 | 项目地点：泰国，曼谷

四方家园是位于曼谷地区的一个大规模高档居民住宅项目。Trop设计事务所在其周围建造了三个花园，其主要设计理念是尊重并保护现有的"居民"——巨大的雨豆树和其他野生动植物（松鼠和鸟类），在此前提下让新居民与大自然亲密接触，和谐生活。在整个设计中，设计师将雨豆树木作为设计重点，而花园中的其他元素则是为了进一步装饰这些树木。

综观曼谷现状，在充斥着沥青和混凝土的城市中很难找到一片土壤。曼谷地区居民的生活习惯和生活方式也发生了很大的转变。在过去，人们更喜欢住在市郊，住在带有小花园的房子里，每天往返于城市和市郊。但是现在这种方式已经不复存在了。为了适应当今的快节奏生活，越来越多的泰国年轻人搬出位于城郊的家，住进位于市中心的高层建筑中，习惯了混凝土钢筋制住宅。平行的生活方式结束了，取而代之的是垂直的生活方式。

基本上，人们好似生活在盒子里，更确切地说是生活在堆叠而成的盒子中。不管是30平方米的小房子还是更大的空间，依旧只是盒子。混凝土制成的盒子相互叠加，取代了土壤。这与每个人心目中"家"的理想概念相去甚远。如果让孩子们勾勒他们心中理想的"家"，你会清楚地看到每幅画中存在相似之处——一座房子、一个花园，花园旁边是鱼池，等等。与我们现在住的盒子相比，我们的确还有个房子，但是花园和鱼池却消失了。

但是，这样状况并不好，我们需要改变这样的情形。

1. 主水池刻意被安排在远离树根的地方。水池是高出地面的，并且是没有边缘的，让人们能够听到自然的流水声。设计师也没有挪动树木，使其保持原来的样子

主花园

四方家园的原址是一座带有大花园的旧房子。当设计师步入场地，首先映入眼帘的是美丽的雨豆树，已经种植在场地的中心超过40多年了。设计师最初的想法是"不管用什么样的方法，都要保留这些树"。经过业主、建筑师和其他法律顾问之间的通力合作，设计师成功地将位于植物旁边的2层住宅高楼移走。这样的做法，业主虽然损失了很多可供出售的空间，但是最终保住了场地中的最珍贵资源——雨豆树。

设计师的下一步是将主花园安置在雨豆树的周围，打造曼谷中心的都市绿洲。设计师开始学习相关的植物知识及其对周围环境的所有影响。比如，阳光透过雨豆树的小树叶洒下来，为树下的空间制造舒适的温度。

毫无疑问，树枝下的区域成为了设计师的休息亭。为了使雨豆树的根部受到最少的影响，设计师避开了硬景观区域。相反，设计师在场地中设置了一系列平台，平台上种植着鼠尾植被，并用小型鹅卵石点缀其中，创造出微气候的效果。主水池的位置也远离树木的根部。界墙旁边的边缘区高出花园大约80厘米，周围不断溢出的水流制造出"白色噪音"的效果，这也有助于大幅度减小交通噪音。

设计师的设计灵感来自于项目的名称——四方家园。所以设计师设置了矩形组合，创作出三维效果的花园。大一些的矩形变为平台，而相对较小的被用来做步行道的阶梯。一系列矩形的石头也被用来当做是亭子的墙壁，为用户创造半封闭的空间。

总体来说，主花园可以让这里的新居民想起他们之前位于城郊的旧家。天地之间只有开阔的空间和雨豆树天棚似的树荫，别无其他。在同类项目中，这样的情形相当少见。

1. 在某些特定的地方，景观墙上还挂着镜子，可以使花园看起来更大
2. 所有的设计元素都是长方形的
3. 花园里种植了当地的树种，如百花海芒果和印第安橡树，因为这些植物不需要经常维护

项目名称：
四方家园的屋顶花园
完成时间：
建设中
客户：
Sansiri公司
首席设计师：
波克·考坤桑迪
预算：
106.5万美元
摄影师：
维森·汤舒亚
占地面积：
8023平方米
奖项：
2012年美国景观设计师协会住宅类
荣誉奖

屋顶花园

设计师在每栋楼的屋顶上设计了小型花园。

在A栋楼的屋顶上，水池平台很巧妙地设计在停车结构的顶部。这样的设计不仅可以帮助提高此小区单元的销量，水池的水也有助于降低低层单元的温度。

因为屋顶的空间很小，留给设计师的绿色空间就更少了。设计师并没有在水池周围种植小型条状植物，而是精心挑选了两株独特的鸡蛋花树。树枝延伸至水面上，其形成的树荫也可以减少反射到周围单元的强光。

B栋楼离主公园很近。所以设计师不需要另外再设计一个水池。相反，设计师创建了多用途的社交平台。平台被分为两个小型的硬景观区域，清澈的池塘在中间作为过渡用，同样可以降低温度。

屋顶还种植了曼谷当地的植物——印度橡树和乒乓树，从而可以在平台上创造出微气候效应。因此，无论曼谷有多热，两个平台都可以全天使用。

虽然这里的新居民是泰国的年轻一代，但是亚洲生活方式跟西方始终是不同的。三世同堂的景象相当常见，在四方家园也一样。有些人将父母接过来一起住，还有些人将很快拥有自己的小家庭。设计师希望为他们创造的不仅仅是一座花园，而是一个特别的地方：一个可以度过他们余生的地方；一个适合安度晚年的地方；一个可以抚育自己孩子的地方；一个真正的适合三代人的都市绿洲。

1. 花园里的流水大大降低了建筑物顶部的热量
2. 虽然不大，但屋顶的摆设却可以随意移动，以适应不同场合的需要

2

"颜色、灯光和形状都与景观的形式呼应。线条清晰，设计新颖。就连小品设计都与景观造型匹配的非常完美。项目的设计以尊重树木为前提，因此整个广场被树荫所覆盖着。"

—— 2012年美国景观设计师协会专业奖评委会

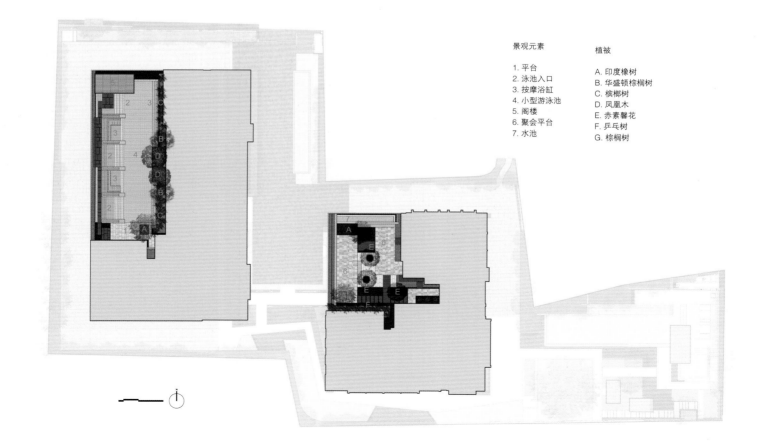

景观元素

1. 主入口
2. 保安亭
3. 特色墙
4. 冥想区域
5. 草坪与池塘
6. 池塘与雕塑
7. 排水
8. 砾石庭院
9. 停车场
10. 草坪
11. 阁楼
12. 小型泳池
13. 按摩浴缸
14. 儿童泳池
15. 泳池露台
16. 卫生间

植被

A. 皇家金凤花
B. 鸡蛋花
C. 崖豆藤属
D. 凤凰木
E. 面包树
F. 毛竹
G. 葫芦瓜

现有树木

H. 盆架木
I. 菩提树
J. 雨豆树
K. 粉喇叭
L. 橘色茉莉

景观元素

1. 平台
2. 泳池入口
3. 按摩浴缸
4. 小型游泳池
5. 阁楼
6. 聚会平台
7. 水池

植被

A. 印度橡树
B. 华盛顿棕榈树
C. 槟榔树
D. 凤凰木
E. 赤素馨花
F. 乒乓树
G. 棕榈树

1. 台阶被分割成更小的形状，以减少光和热的散发，同时台阶上面也有水和鹅卵石的点缀
2. 水在很大程度上起到降低温度的作用

凤凰之花——Garscube景观连接设计

设计师：7N 事务所，Rankinfraser景观设计事务所 ｜ 项目地点：英国，格拉斯哥

1. 在夜晚，照明系统改变了整个空间布局
2. 五颜六色的花朵使人们想起了因建设公路而毁掉的公园

　　格拉斯哥运河重建项目 (GCRP)由格拉斯哥市政府与ISIS滨海重建规划部共同合作，并得到了英国及苏格兰航道部门的支持。Garscube景观连接设计是GCRP项目所发起的斯皮尔斯水闸重建计划中第一阶段。项目提倡从根本上重新振兴和活跃运河网络与格拉斯哥市中心之间的重要连接关系。20世纪60年代，由于M8高速公路的建设，两者之间的连接关系被切断。

　　"凤凰之花"这一工程项目的建成改变了M8高速公路Garscube路段下面的公共领域的状态。这一新的连接将成为斯皮尔斯水闸区和福斯克莱德运河的入口点，成为连接北格拉斯哥的大部分区域与城市中心之间的一座桥梁。

　　地下通道之前的环境极其恶劣：阴暗肮脏、吵闹不堪，令人畏惧。该项目极大地扩展了地下通道的空间，并把它改造为一条双向通行的道路。路采用了红色的树脂覆盖，使其更加平整，便于行人通过。道路的表面同样也考虑到统一性，根据道路两侧的不同情况，进行了相应的处理，使道路两边协调一致。在高速公路建成以前，该地点曾是一个公园，名

项目名称：
凤凰之花——Garscube景观连接设计
完成时间：
2010年
客户：
格拉斯哥运河重建组委会
预算：
120万英镑
摄影师：
戴夫·莫里斯
占地面积：
3850平方米
奖项：
2010年苏格兰设计奖
2010年玫瑰创意奖

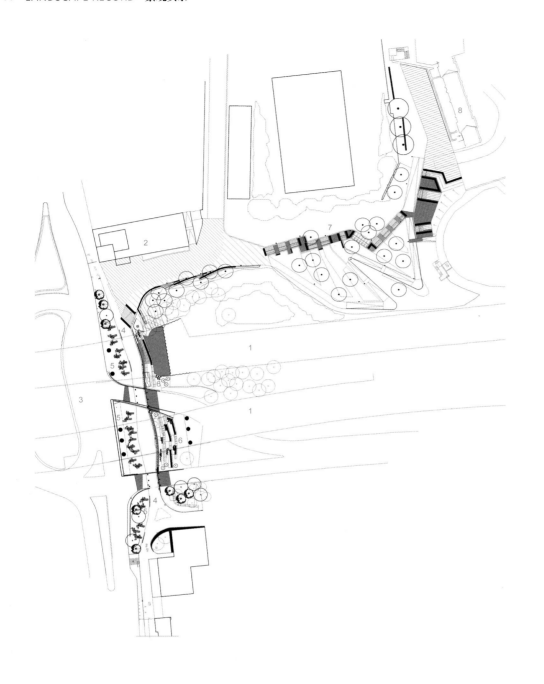

1. 高速公路
2. 酒店预留地
3. Garsube路
4. 景观连接
5. 凤凰之花
6. 阶梯
7. 运河预留地
8. 福斯–克莱德运河

为凤凰公园，而这次道路设计中也体现了对这座公园的回忆。道路的西面安装了一系列铝制的灯具，并刻意做成花朵的造型，为道路提供照明。这些花朵造型也与高速公路本身因钢筋混凝土结构所凸显出的孤立性形成了鲜明的对比。摇曳在8米高的空中，凤凰之花将游客吸引到这个空间中来，同时也唤醒了人们对凤凰花园的记忆。设计师利用先前拆除场地时所留下来的石头，在道路的东面建设了一系列的梯田型结构，并用柯尔顿钢覆盖其表面，防止其生锈，最后用植被覆盖其上。项目中还规划了一些裸露的岩石区域和一个雨水收集系统，直接收集雨水来浇灌那些位于道路下方的植被。

1. 为了降低传统地下通道给人们带来的幽闭恐惧感，设计师在人行道上铺上了"地毯"，并一直延伸到一侧路基的上面
2. 这一新建的空间既已经被滑板少年们所占据
3. 连接道路不同区域的设施既是行人的通路也是行人们停歇的地方

圣·安德鲁广场

设计师：Gillespies 设计事务所 ┃ 项目地点：英国，爱丁堡

1、2. 水池的周围种植着不同植被，展现出了不同的色彩特质，也为整个景观增添了生气

3. 广场的一角设有一个小咖啡厅，是一处休闲放松的好去处

4. 公园经设计后成为大众休闲放松的地方

5. 设计突出强调了梅尔维尔纪念碑，中心地区的设计即现代又优雅

项目名称：
圣·安德鲁广场
完成时间：
2009年
客户：
爱丁堡市议会
首席设计师：
琳达·科尔
预算：
240万英镑
摄影师：
约翰·库珀摄影室
占地面积：
10000平方米
奖项：
2009年总统奖（最佳英国景观设计项目）
2009年景观研究所最好的景观设计
2009年公民信任推荐奖
2009年苏格兰表彰计划奖

位于爱丁堡地区的圣·安德鲁广场公园经过Gillespies 设计师事务所设计之后，第一次以全新的景观形式向公众开放。

项目所在地位于爱丁堡地区的中央，联合国教科文组织世界遗址的的中心地带。该设计保留了这一历史广场的完整性，同时也融入了许多新的景观元素，实现两者之间的平衡，更好地适应现代的使用模式。

此设计以梅尔维尔纪念碑为中心，营造出一片广阔的中央空地。整个布局突出了纪念碑的重要性，从视觉上恢复了该纪念碑与爱丁堡地区其他主要的购物街道之间的联系。水池周围的植物，展示了颜色和纹理的不同变化。

这个项目成功地把现代的空间融入到历史背景之中。这个曾是未被充分利用的私人花园，现在已经面向公众开放。小咖啡馆设置在花园的一个角落，强化了广场作为休闲目的地的作用。该设计表明了即便在最脆弱敏感的环境之中，也可以用一种崭新的现代设计手法来实现对保护区和世界遗址场地的保护和再利用。

该设计方案的成功之处在于突出强调了公园的使用。公园作为休闲场所，自开放之日就立刻被公众所喜爱和接受。公园很好地与城市结构融合在一起，供当地人和游客使用。

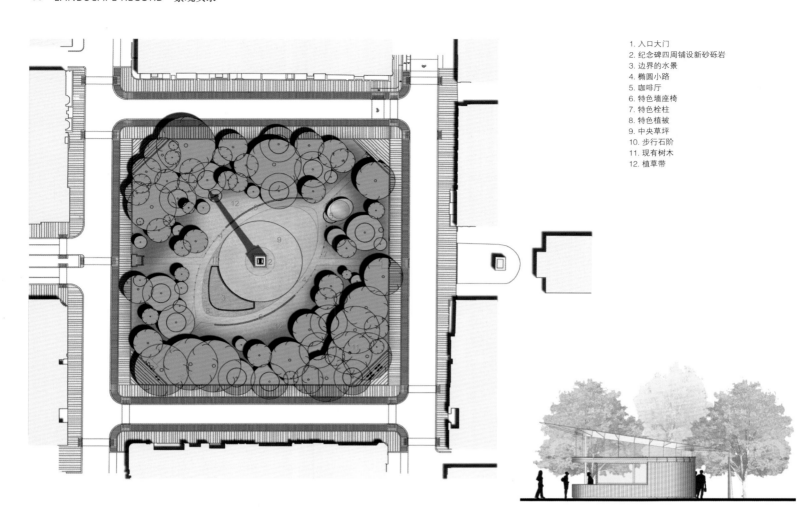

1. 入口大门
2. 纪念碑四周铺设新砂砾岩
3. 边界的水景
4. 椭圆小路
5. 咖啡厅
6. 特色墙座椅
7. 特色栓柱
8. 特色植被
9. 中央草坪
10. 步行石阶
11. 现有树木
12. 植草带

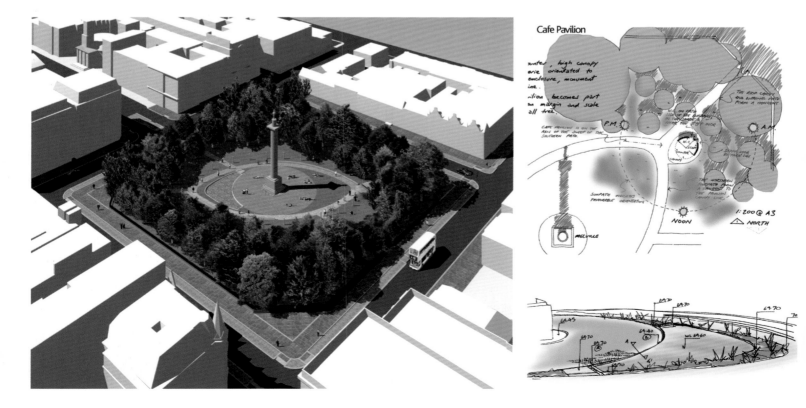

Cafe Pavilion

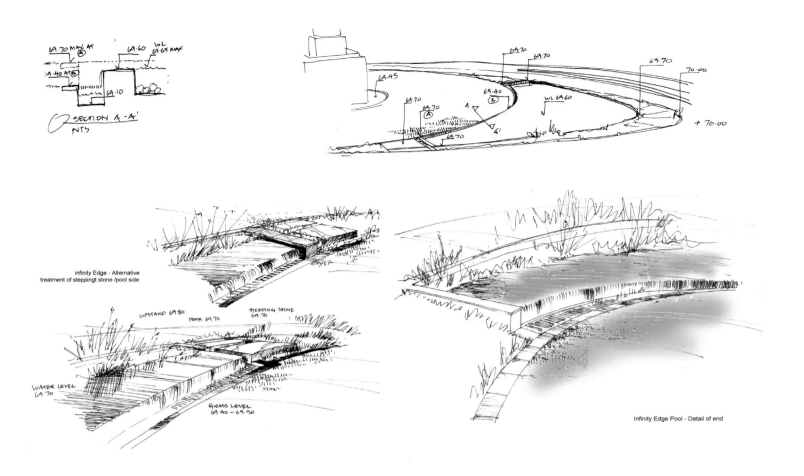

69.70 MAX AT A
69.60 WL 69.65 MAX
69.40 AT B
69.10

SECTION A-A'
NTS

69.45
69.70
69.70
69.40
69.70
69.70
WL 69.60
70.00
+ 70.00
A B
A'

infinity Edge - Alternative
treatment of steppingt stone /pool side

UPSTAND 69.80
PATH 69.70
STEPPING STONE
69.70
WATER LEVEL
69.70
GRASS LEVEL
69.40 - 69.50

Infinity Edge Pool - Detail of end

1

马林郡日间学校

设计师：CMG景观建筑事务所 | 项目地点：美国，加利福尼亚州

1. 马林郡日间学校校园
2. 第二阶段规划全景

　　2006年，CMG景观建筑事务所与马林郡日间学校及EHDD建筑公司联手，为K-8私立学校研究拟定了一套25年发展计划，并在随后设计了第二和第三阶段的计划。校园坐落于环形山的一个山谷中，四周被蛇形的山脊围绕。历史上，这座山谷曾充满了蜿蜒的小溪和沼泽，将占地70英亩的环形山水域的水引入旧金山湾。CMG景观建筑事务所的设计不仅有利于保护和恢复当地的生态系统，还能为学生与自然互动，了解当地生态环境提供机会，推动学校及其学科的快速发展。首先，CMG景观建筑事务所对形成校园现有景观的生态和人文系统进行了研究，并与建筑师合作，调查了建筑的体量、校园的开放空间、人员来往情况及其自然系统等要素，希望借此建立课程与校园生态环境之间

项目名称:
马林郡日间学校
完成时间:
2010年
客户:
马林郡日间学校
首席设计师:
威力·莫斯
摄影师:
迈克尔·戴维德·罗斯和CMG景
观建筑事务所
占地面积:
418平方米
奖项:
2011年美国建筑师协会旧金山建
筑设计最高荣誉奖
2010年美国建筑师协会 "小公
司,大项目"奖
美国建筑师协会加州分会,K-12
类成就奖
美国绿色建筑委员会LEED铂金奖

1. 朝北的阳台
2. 朝北的阶梯
3. 宽梯道
4. 银杏树和孩子
5. 入口小树林

的联系,促进生态环境的恢复以及学校水文学等学科的发展。

第二阶段的规划则是对整个校园东侧进行重新设计,其中包括:设计新的学习资源中心,"升级"圆形剧场、低年级操场和低中高年级美术室,对低中高年级教室进行翻新,以及对沿着山谷西侧流淌的一条溪水进行改造。

校园所在山谷与水之间的紧密联系促使设计团队在第二阶段中寻求了水资源整合的所有可能性,包括雨水收集、污水再利用、雨水过滤及对当地溪流恢复等。新学习资源中心收集了所有屋顶的雨水,将之储存于位于低年级操场地下、能够容纳15000加仑的水箱中。收集的雨水将被应用于建筑的加热和制冷系统中,并用来冲洗卫生间。水表能够监控和报告从屋顶所收集的、用在污水系统的水量,与饮用水量形成清晰的对比。安装在校园西侧的多个自然清洁设备可以对项目地点

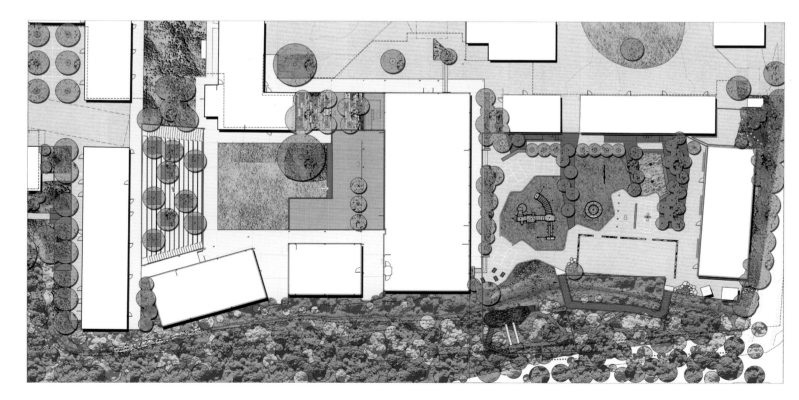

1. 圆形剧场
2. 草坪
3. 庭院
4. 入口树林

5. 废弃红木改造而成的座位区
6. 高年级生态湿地的小桥和座位
7. 河边生境和溪流修复
8. 低年级操场

9. 溪水
10. 梦幻游乐区
11. 低年级生态湿地

的所有雨水进行过滤。高年级操场和教室屋顶的雨水首先会被引入高年级校区的生态湿地，经过湿地植物的过滤后，流入附近溪流。生态湿地设置了长凳和小桥，增强了人们对空间的意识，并为学生与自然系统进行直接的互动提供了空间。低年级操场和教室屋顶的雨水则被引入位于低年级教室北侧的生态湿地中，湿地中栽植着如摇钱树、旱柳等拥有果实和有趣枝条的"梦幻游戏植物"，孩子们可以用来做手工或是玩伪装游戏，最后水会经溪流流入到旧金山湾中。

圆形剧场和庭院被学习资源中心和美术室所环绕，象征着学校最主要的仪式——"升级"典礼。每一年毕业后，学生们都会"升级"到上一个年级。第二阶段中，圆形剧场原有的成熟红木材料被修复，重新设计成座椅元素，用在庭院和入口小树林中。

1. 低年级操场环境
2. 由废弃木材改造而成的基座
3. 西侧外墙

林地社区航道广场

设计师：佐佐木景观建筑事务所 ｜ 项目地点：美国，得克萨斯州

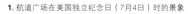

1. 航道广场在美国独立纪念日（7月4日）时的景象
2. 街道因节日而封锁
3. 水墙和喷泉

　　林地社区航道广场占地1英亩，拥有独特的水景和绿色空间，是林地社区的心脏地带。经过佐佐木景观建筑事务所的精心打造，静态的土地也变得令人兴奋，配合动态的轻风和潺潺的流水，刺激着人们的感官。

　　林地社区位于休斯敦北部，是一个占地28000英亩的新兴混合开发区，航道广场就坐落于林地社区的中心，是该区的主要公共空间和地标性场地。

　　航道广场充分利用所在地特殊的地形，形成上上下下若干个阶梯，将社区中心的人行道和航道连接起来。广场的水景设施包括一面长120英尺的水墙、瀑布、垂直水柱，以及一处供玩耍的互动水上乐园。喷泉、照明和音乐系统经过整合和精心设计，产生一系列不同的效果。开放式草坪和树林为非正式集会、娱乐以及欣赏小型表演和喷泉表演提供了场地。

广场周围包括新的办公楼、酒店、住宅以及零售餐饮空间，令广场更具活力，同时也巩固了航道广场在林地社区的中心地位。

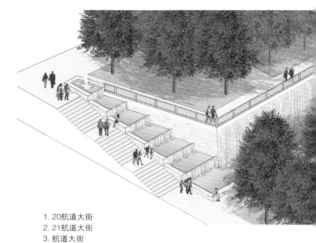

1. 20航道大街
2. 21航道大街
3. 航道大街
4. 航道

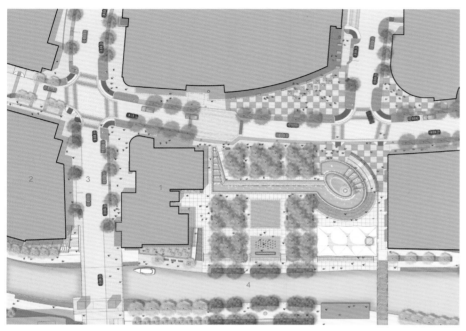

项目名称：
林地社区航道广场
完成时间：
2008年
客户：
林地社区土地开发公司
首席设计师：
艾伦·沃德
预算：
650万美元
摄影师：
克雷格·科耐
占地面积：
6070平方米
奖项：
2009年得克萨斯州娱乐与
公园协会，公园设计优秀奖

1. 通向航道的小路
2. 儿童互动水上乐园
3. 程控水景设施
4. 喷泉和湖泊
5. 航道广场上层和水墙风貌

第五大道200号翻新项目

设计师：Landworks景观设计公司 ｜ 项目地点：美国，纽约

1. 庭院和植物架
2. 灯光棒和苔藓

Landworks景观设计公司对第五大道200号这栋历史悠久的地标性建筑进行了翻新，大楼毗邻纽约麦迪逊广场公园，翻新为大楼广阔的空间注入新鲜活力，同时也激发了市民的积极性。一个现代感十足的中庭成为整座大楼的中心，庭院古老的墙体得以保存，与新加入的现代元素形成碰撞。中庭灵活的结构和茂盛的植物令整个区域更加明亮，呈现不一样的质感，为市民提供了更加舒适的聚会区域和花园景致。

曾以国际玩具中心而为人们所熟知的纽约第五大道200号近几十年来一直是众多玩具制造商的聚集地。大楼始建于1909年，被认为是纽约"熨斗区"珍贵的建筑遗产，其独特的U形楼面板、室内的充足自然光线以及别致的中庭设计，在当时都可谓独树一帜。

为了给这座15层的商业大楼重新注入活力，改善办公环境，同时不破坏其珍贵的历史建筑元素，第五大道200号的新主人于2007年聘请了一个专业的设计团队对大楼进行翻新。翻新工程采用了一系列环境保护措施，如提高能源利用率、节约水资源和光能以及使用绿色建筑材质等。这些措施不仅可以节能减排，同时有助于建立一个更加优质的办公场所。除了清除室内有毒物质和增强空气循环外，设计团队还对庭院进行改造，增加室内与室外的联系，进而改善室内空气质量。郁郁葱葱的庭院不仅为久居城市的曼哈顿居民提供难得的新鲜空气，还配合了现代办公文化追求灵活和动态的趋势，起到增加机遇、缓解工作压力的作用。

从设计之初团队就一直坚持的一个设计理念是：在视觉上将庭院与麦迪逊广场公园（位于百老汇和第五大道交叉点）联系起来。建筑团队利用"本土化干预"的策略，首先保留了大楼的原始入口，然后把大楼最初的坚固内墙换成一面15层楼高的玻璃幕墙，从而在视觉上将麦迪逊广场公园与大堂空间及庭院连接在一起。麦迪逊广场公园景致的引入不仅能让第五大道200号在视觉上更具美感，还能提高建筑的可持续性发展水平。设计团队还充分利用露台的狭小空间，建造了一系列小花园，唤醒人们对佩雷公园以及菲利普·约翰逊MoMA花园的记忆。为了不破坏历史建筑，团队新建了一个接地层，室内外运用统一的光照、植物等，令整个空间看起来更加开阔。

庭院的标志性设计元素是它的白色浮动地面系统，从大堂层一直延续到第五层。浮动地面系统结构牢固，由基座支撑，上面铺陈的预制混凝土铺砖重量很轻，有助于减轻建筑外墙板的负荷，虽然只有两英寸厚，这些铺砖却十分坚韧。白色的地面在边缘处突起，形成长椅和花盆。庭院的中间是一个造型感十足的花盆，同样由超轻混凝土材料制成，里面栽种着比赛特竹，与周边的白色混凝土材料对比强烈。庭院的地面被几条对角线和细长的镶嵌式LED灯切割，使庭院被划分成几个不同的区域，但在视觉上依然是一个统一的整体。此外，庭院的苔藓上安装着不锈钢薄管，将室内光线反射到庭院，使室内与室外空间的联系更加紧密。

选择合适的植物对建立庭院和麦迪逊广场公园之间

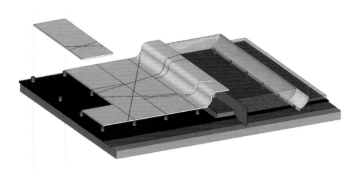

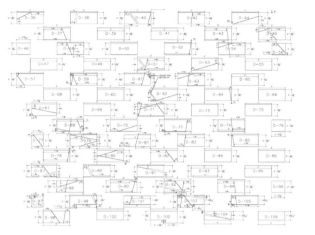

的视觉联系至关重要，花盆里栽植着白纹矮竹，地面是蕨类苔藓，庭院新的玻璃外壁爬满了五叶木通，增强了庭院层的连通性。此外，设计师还在大楼的内壁上安装了攀爬缆线，藤蔓植物可以沿着这些缆线一直爬到顶层楼。狭长的阶梯上栽植着景天属植物，不仅令庭院愈发郁郁葱葱、顶楼的视野愈发迷人，还能增加庭院周围空间的出租价值。这个占地5400英尺的新景观提供了多种多样的室外集会场所，无论是晚间活动、中午聚餐或是办公会议，都可以在这里进行。

除了实践和社会效益外，第五大道200号在环境保护方面也取得了巨大的成功。2010年，美国绿色建筑委员会授予第五大道200号绿色环保建筑金奖，成为纽约第一个获此殊荣的地标性建筑。景观技术的运用对大楼能够获奖起到了很重要的作用：创新的屋顶雨水收集系统为植物提供灌溉水，节省了近百分之七十的饮用水，减轻了城市地下水系统的负担；墙面上的绿色攀爬植物不仅可以减低墙体的热量积累，节约空调成本，还对人的身心健康有很大益处。设计师选择了混凝土、玻璃和钢铁等可回收利用的材料作为主要景观材料。拥有强韧品质和超薄属性的聚合混凝土为整个翻新工程节省了大量的材料，浅色的外皮可以降低城市热岛效应，还能将自然光反射到办公室内，节约人工照

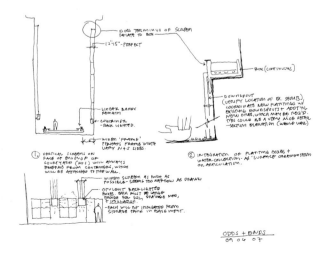

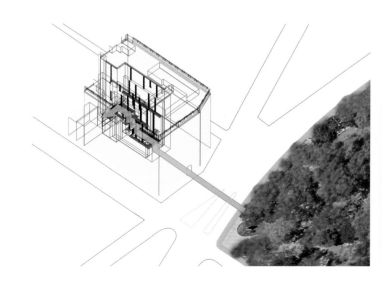

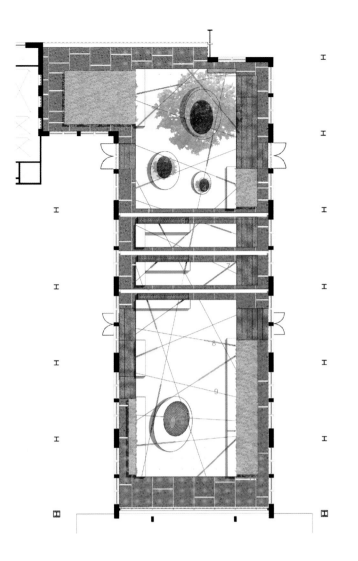

项目名称：
第五大道200号翻新项目
完成时间：
2009年
客户：
L&L控股公司
摄影师：
Landworks景观设计公司
奖项：
2010年美国建筑师协会纽
约建筑类成就奖
2012年美国景观建筑师协
会综合设计类荣誉奖

1. 苔藓
2. 混凝土和石质坡道
3. 树木
4. 灌木
5. 蕨类植物
6. 藤蔓植物攀爬所需的缆线
7. 排水沟
8. 灯光设施
9. 混凝土接点或排水槽
10. 花岗岩水景
11. 不锈钢框架

明设备。一系列可持续性策略的运用令建筑拥有较高的透明度，可以直接通往室外，呼吸新鲜空气。

现代景观的融入令这座著名却略显陈旧的历史建筑能够适应当代工作关系的复杂性和动态性。客户、建筑师和景观设计师密切合作，追求创新性，不仅提高了大楼的地产价值、减少环境污染的足迹，还为大楼的使用者提供了一个更加生动、欢快、功能性很强的办公空间。

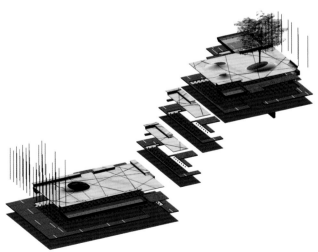

1. 庭院
2. 预制地面铺设和花盆

"简单而不失精巧。只通过几个位置的变动，就已经创造了神奇。只要站在不远处的广场或是露台上，便可感受到所有考究的设计细节。整个工程的用料控制值得称赞。"

——2012年美国景观设计师协会专业奖评委会

施玛尔卡登历史中心公共区改造项目

设计师：特拉·诺瓦景观建筑事务所　|　项目地点：德国，施玛尔卡登

1. 老市场

2. 景观小品装饰

3. 教堂屋檐板细节

项目名称：
施玛尔卡登历史中心公共区改造项目
完成时间：
2010年
客户：
施玛尔卡登市政府
首席设计师：
彼特·维奇
摄影师：
鲍里斯·史托斯建筑摄影公司
占地面积：
8500平方米
奖项：
2011年德国天然石奖广场设计特别奖
2010年入围促进建筑文化奖
2009年图林根景观建筑奖
2009年德国国家综合城市发展和建筑文化大奖
2009年德国景观建筑奖最受欢迎奖

施玛尔卡登历史中心改造项目显示了两个不同的城市规划部署：一方面要解决老市场的发展问题，老市场始建于11世纪，曾是城市的中心；另一方面则是要改造城市的新中心，即始建于15~16世纪之间的新市场。"Altstadt"（老城）充分展示了不同小径、街道和空间之间所呈现的一种富有韵律的变化。

与之相反，"Neustadt"（新城）的城市结构则更有规律性。富有特色的地面铺设成为这两个截然不同的城区改造所共有的基本元素。因此，"老城"和"新城"分别铺设了能够体现各自区域特征的路砖。路砖的风格虽然对比鲜明，纹理和质地却是和谐统一的。鉴于"老城"公共空间的多样性和变化性，该区域采用了不规则的铺陈方式，相反，"新城"的地面则是规则的图案。

追溯与未来——施玛尔卡登历史中心公共区的设计融合了许多历史元素，帮助人们了解他们所生活的城市。广场采用的许多设计元素都是为了重现城市的历史风貌。某些特别的场地还设计了具有照明设施的人造小溪，迷

1. 夜景
2. 灯光照明

1. 天然石板、碧玄岩堆叠而成的黑灰色表面
2. 基床、单一大小的混凝土C8/10，d=10 cm
3. 碎石结构0/32(Ev2 min 150MN/sqm)
4. 防冻层0/56(Ev2 min 120MN/sqm)
5. 接地层q min. 2.5%，(Ev2 min 45MN/sqm)

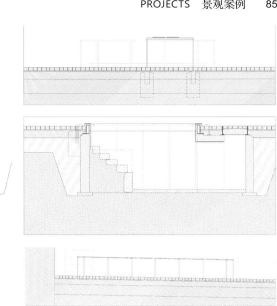

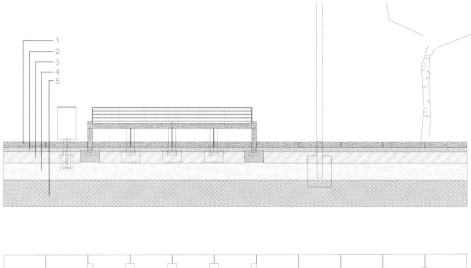

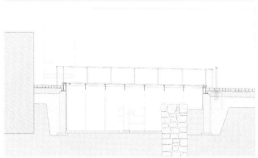

1. 教堂庭院
2. 老市场
3. 喷泉
4. 长凳
5. 缝合板
6. 人造小溪
7. 阶梯

人而具有历史感。

　　设计师利用简单的几何图形、地面浮雕和水景等设计元素加重了历史喷泉在整个区域所占据的地位。这些人造的景致仿佛在轻轻诉说着这座古老城市的一个个意义非凡又深得大众喜爱的小故事。

　　人工照明设计理念——除了基本的照明设备外，小径、街道和其他空间还安装了一种匀质型路灯。有些小径和街道还安装了墙灯，根据不同地块的不同特点，有的地段只安装了一侧，有的则两侧全都安装。墙灯为建筑表面提供直射和非直射光线。在一些比较开阔的空间，照明设计也有所调整，在建筑上安装反射镜系统，产生更多的光照。

　　广场空间还配备了其他照明设备，令空间更为多元化。人造小溪、喷泉和地面浮雕等元素的应用则起到了画龙点睛的作用。各种各样的材料以及逐渐增强的光照使地面铺设所呈现的对比效果愈发明显。

1. 老市场全景
2. 喷泉
3. 人造小溪

1. 现地土壤
2. 防冻层土壤变化0/56
3. 接地层(Ev2 min 45 MN/sqm)
4. 防冻层0/56 (Ev2 min 120 MN/sqm)
5. 沥青路地基WDA 0/22 (Ev2 min 180 MN/sqm)
6. 燧石基床2/5
7. 天然石地面(d=12–18 cm)

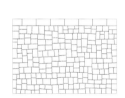

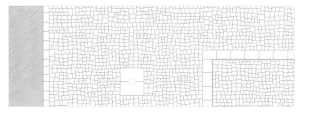
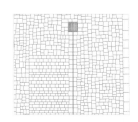

新加坡加冷河与碧山——宏茂桥公园修复

设计师：德国戴水道设计公司 | 项目地点：新加坡

项目名称：
新加坡加冷河与碧山——宏茂桥公园修复
完成时间：
2012年
项目面积：
620000平方米（3000米河道）
客户：
新加坡公用事业局，国家公园局
预算：
4500万欧元
摄影师：
德国戴水道设计公司，
新加坡公用事业局
奖项：
2012年新加坡游憩场地设计奖
2012年世界建筑节最佳景观设计项目奖

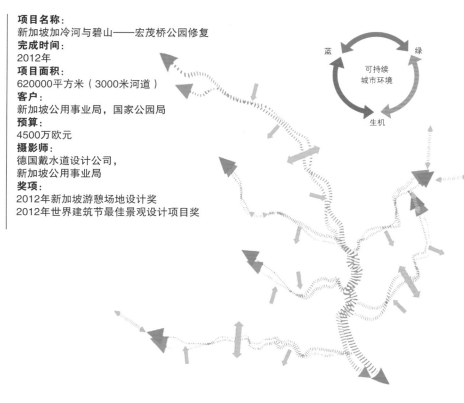

蓝 绿
可持续
城市环境
生机

项目目标

　　该项目的目标是改造加冷河以及碧山——宏茂桥公园，使之成为新加坡打造绿色城市基础设施的新篇章，既满足新加坡国内水源供给和防治洪灾的需要，也增设更多供人们休闲与娱乐的场所。

项目创新

　　新的任务：新加坡国家公园局及新加坡公用事业局水务管理机构旨在将碧山公园与自然河道系统融为一体。相关部门相互配合，负责设计、审批和维护的任务。

　　新的技术：这是河岸生态修复工程技术第一次应用于热带国家。因河道改造而废弃的混凝土将100%得到循环再利用。公园用水也通过一个生态水源净化系统进行过滤，每天可以节省15万升的饮用水。不仅如此，改造过程中30%受影响的树木也被迁植到公园内其他场地。

　　新的参与者：学校的孩子们设计了公园的某些元素。

　　新的认识：该项目其中一个目标是鼓励市民珍惜水源，亲近水源，并重拾与大自然的亲密关系。由此，加冷河与碧山——宏茂桥公园制造并融合了社区和户外活动的休闲空间。

1. 2012年竣工后公园和河流的鸟瞰图（版权：新加坡公用事业局）
2. 公园位于新加坡一处成熟居民社区之中，附近居民成为了公园的常客
3. 公园内游人体验与水互动的新方式

1

1. 荷塘
2. 探索游乐园
3. 停车场
4. 信息获取处
5. 生态净化群落
6. 池塘
7. 健身区
8. 水上游乐场
9. 小型瀑布
10. 游戏区
11. 泡泡游乐场
12. 亲水足疗区
13. 河边步道
14. 快餐店
15. 游戏区/活动举办场地
16. 使用循环石材建造的台地
17. 蜻蜓池塘
18. 食品购买&餐饮区
19. 宠物通道
20. 健身区/游乐场

项目介绍

新加坡从2006年开始推出"活跃、美丽、洁净——全民共享水源计划"（The Active， Beautiful and Clean Waters， 简称ABC水源计划），除了改造国家的功能性排水沟、水道和蓄水池，还与周边发展完美结合起来，使其成为美丽又清洁的水景观和休闲空间。预计到2030年，将推出超过100个以"水"作为设计主题的的项目 。目前，有20个项目已经完工。。

加冷河与碧山——宏茂桥公园是ABC水源计划下的旗舰项目之一，由于公园需要翻新，公园里的加冷河混凝土渠道需要升级来满足由于城市化发展而增加的雨水径流的排放，因此这些计划被综合在一起，进行重建。加冷河从笔直的混凝土排水道改造为蜿蜒的天然河流。这是第一个在热带地区利用土壤生物工程技术（植被、天然材料和土木工程技术的组合）来巩固河岸和防止土壤被侵蚀的工程。通过这些技术的应用，还为动植物创造了栖息地。新的河流孕育了很多生物，公园里的生物多样性也增加了30%。

公园和河流的动态整合，为碧山公园打造了一个全新的、独特的标识。崭新、美丽的河岸景观培养了人们对河流的归属感，人们对河流不再有障碍、恐惧和距离感，能够更加近距离的接触水体、河流，开始享受和保护河流。此外，在遇到特大暴雨时，紧挨公园的陆地可以兼作输送通道，将水排到下游。碧山公园是一个启发性的案例，展示了如何使城市公园作为生态基础设施，与水资源保护和利用巧妙融合在一起，起到洪水管理、增加生物多样性和提供娱乐空间等多重功用。人们和水的亲密接触，提高了公民对于环境的责任心。

1. 软质的自然式边界邀请人们与水互动
2. 公园全天24时开放，夜间可以很好地进行例如足球等活动（版权：GW Wang）
3. 之前旧的混凝土河道将住宅区域、公园与水道划分开来。自然弯曲河流概念的引入将这些版块与景观整合起来
4、5. 生态净化植物群落使周围池塘中的水体得以净化和循环

生态工法

　　生态工法技术包括梢捆、石笼、土工布、芦苇卷、筐、土工布和植物，是指将植物、天然材料（如岩石）和工程技术相结合，稳定河岸和防止水土流失。与其他技术不同的是，植物不仅仅起到美观的作用，在生态工法技术中更是起到了重要的结构支撑作用。这一技术可以追溯到古代的亚洲和欧洲。在中国，历史学家早在公元28年就有对生态工法使用的记录。

　　生态工法结构的特点是能够适应环境的变化，并且能够通过日益增加的坚固性和稳定性进行自身修复。这种技术安装成本低，并且从长远利益看，比僵硬的混凝土河道更具有可持续性和长期经济效益。

安全考虑

　　碧山——宏茂桥公园中安装了全面的河道检测和水位传感器预警系统，包括警告灯、警报器和语音通报设备。沿着河岸也设置了一些警告标志、红色标记和浮标。在大雨来临前或者水位上升时，水位到达安全节点，河道检测系统将触发警告灯、警报器和语音通报设备，提醒公园里的公众远离红色标记区。即使在遭遇特大暴雨时，河里的水也是慢慢填充，所以人们可以轻松地从河边转移至更高的地方。

　　此外，在选定的地方还设置了带浮标的安全线、闭路电视和24小时巡逻队。

项目经验

　　最能彰显该创新的部分就是在将混凝土水渠改建成为自然河道的同时，融入了雨水管理设计。这为城市的发展提供了无限创意空间，比如在管理河流和雨水、自然与城市相结合、提供市民休息娱乐场所等方面。城市一直以来被认为是大自然的对立面，而如今，需要将二者融为一体。城市的韧性需要增强，因为气候变化容易导致洪灾，而干旱期则极大地影响了城市发展。这个创新项目的一体化概念能够帮助新加坡等城市更好地面对未来的挑战。它能够有效地对雨水进行处理、有助于净化市民的饮用水；能让植物和动物种群回归城市；它还能够为市民创造更多娱乐休闲的场所，并提供更多亲近大自然的机会。

1. 德国戴水道设计公司设计的新颖桥梁
2. 多样的生物工法和植物覆盖形式第一次被应用于东南亚国家
3. 旧河道改造后循环利用的混凝土石材被用于创建一处面向河流的崭新观景点。当地艺术家凯尔文·利姆设计的雕塑"围合的摆动"被置于顶端

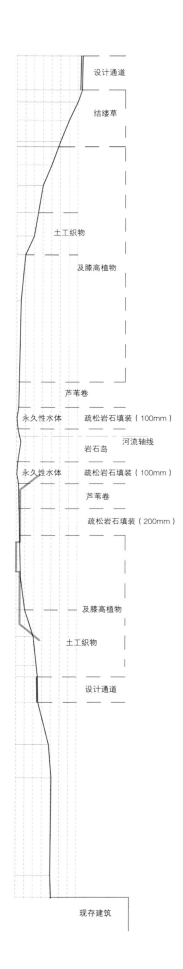

设计通道

结缕草

土工织物

及膝高植物

芦苇卷

永久性水体　疏松岩石填装（100mm）

河流轴线

岩石岛

永久性水体　疏松岩石填装（100mm）

芦苇卷

疏松岩石填装（200mm）

及膝高植物

土工织物

设计通道

现存建筑

1. 建造之前，使用测试床检测多种生物工法
2. 使用生态洼地作为运输通道，将水管理与自然景观整合在一起
3、4. 公园服务于广泛的人群，孩子们在浅流里捉鱼，人们在这里进行锻炼
5. 泡泡游乐场是公园内新建的3个主题游乐场之一

首尔西部湖畔公园

设计师：CTOPOS设计事务所 Ⅰ 项目地点：韩国，首尔

1. 多媒体艺术花园：右边是一个多媒体艺术瀑布，包括一面能够展示数字艺术的LED屏幕以及一个可以投射多媒体艺术、反射周围风景的池塘

2. LED屏幕位于瀑布的后侧

项目名称：
首尔西部湖畔公园
完成时间：
2009年
客户：
首尔市政府
首席设计师：
崔申贤
摄影师：
CTOPOS设计事务所
占地面积：
225368平方米
奖项：
2011年美国景观设计师协会综合设计类荣誉奖

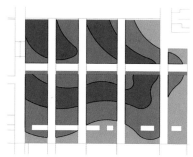

1. THK 5.0柯尔顿钢
2. 支架：规格为150×150，材料为柯尔顿钢
3. 基板：规格为200×200@1200，材料为THK5.0柯尔顿钢

　　首尔西部湖畔公园的前身是1959年建立的新月净水厂。从1979年到2003年，该厂每天都为首尔阳川区供应12万吨的自来水。项目位于首尔和富川的交界处，为两座城市的居民提供交流与聚会的场地。这片曾一度环境质量很差的土地，如今已被转变成一个环境友好型公园，为所在区域重注活力，提高了周围居民的生活质量。公园的设计以重生、人文、环保以及沟通为主题。

设计理念

本案的核心设计理念为重生、人文、环保和沟通。设计团队重新设计了公园与社区的交界区域，把公园融入到周边社区生活中，尽可能地为当地居民提供便利。

首先，设计师把公园打造成为一个"开放式的文化艺术空间"，展现该区域的多重身份和多姿多彩的城市文化，同时充分利用当地的自然风光，开辟一片服务于每个居民的文化交流区域。其次，设计师保留了地块的原始地形和自然风光，将自然、文化以及首尔的都市风格相融合，打造其独有的都市生态环境。再次，这是一个"人民的公园"：种类繁多的园内活动和别具一格的项目设计吸引更多的人来到此处。同时它也是一个"公民的公园"，鼓励更多公民参与其中，增进人与人之间的交流。园内的生态教育学校不仅可以让人们认识到水和森林等自然资源的价值，了解风景保护和自然研究的意义，所设课程还能鼓励学员之间的交流。最后，作为一处由自来水处理厂改造而成的城市文化景观，废弃工厂所留下的材料被以非常独特和创新的方式重新利用，将这片未经开发的荒芜之地改造成为一片崭新的生态环境功能区。

"在废弃工厂的旧址上修建这样的一座公园，令人惊奇。首尔西部湖畔公园的设计融合了大量的工业碎片。这一项目充分展示：当一个基础设施不再发挥其最初的用途时，它依然有其存在的意义。这样的旧设施不一定要销毁，而是可以被重新利用的。"
——2011年美国景观设计师协会专业奖评委会

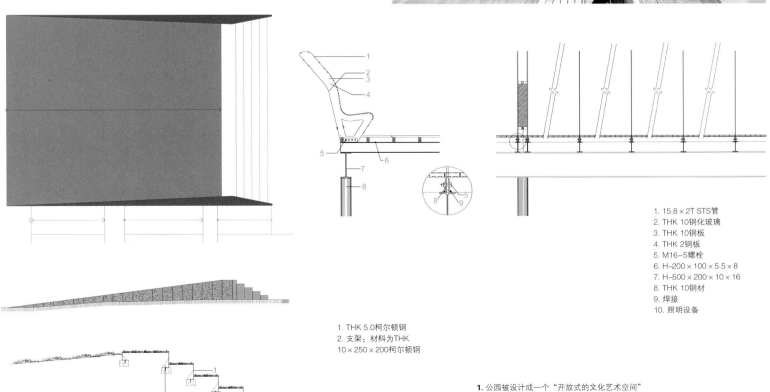

1. THK 5.0柯尔顿钢
2. 支架：材料为THK
10×250×200柯尔顿钢

1. 15.8×2T STS管
2. THK 10钢化玻璃
3. THK 10钢板
4. THK 2钢板
5. M16-5螺栓
6. H-200×100×5.5×8
7. H-500×200×10×16
8. THK 10钢材
9. 焊接
10. 照明设备

1. 公园被设计成一个"开放式的文化艺术空间"
2. 直径1米的旧钢制水管是从废弃工厂回收而来的
3. 长长的柯尔顿钢制墙壁与混凝土搭配，形成北侧的私人花园和南侧的公共花园
4. 为了方便人们欣赏湖光景色，设有湖畔观景台和文化广场

1. 990×T5.0柯尔顿钢
2. R540×W50×THK10.0柯尔顿钢
3. 焊接
4. L40螺栓(@250)
5. 照明设备
6. THK 5.0钢板
7. THK 10.0钢化玻璃

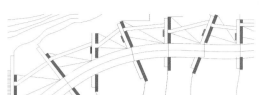

环境保护意识和可持续发展战略

上述的四条设计理念都源于一个主题——重生。虽然重生意味着新生命的诞生，但这种改变也不是推翻过去的一切，而是要以一种新的方式进行重塑。设计团队面临的最大问题是如何将一个废旧的自来水处理厂变成一个可以促进人们交流的场地。水、管道、钢筋加固的混凝土结构、储水池、抽水系统、过滤系统、微型蓄水池以及湖泊等构成了公园独特的水处理系统。另一个问题是如何解决公园附近机场每隔一段时间就会响起的长达一两分钟的飞机轰鸣声。设计师只能最大限度地利用现有资源来解决这些问题。

考虑到项目所在区域原有的独特元素，设计师决定利用这些元素来打造一座融现代性和未来感为一体的别具一格的公园。因此，设计团队在地块

原有生态环境的基础上，融合了现代文化、自然和人文元素。公园所用的建造材料包括钢管和混凝土等是从废弃工厂回收的旧材料，并添加了一些能与旧材料搭配的新材料。此外，不同的空间和结构还采用了灰色、深棕色、绿色、少量的红色以及白色等配色方案。

设计方案和设计意图

进入首尔西部湖畔公园，首先映入眼帘的是大片的棕色，分布在入口通道、廊柱、"首尔西部湖畔"的标识牌、长凳以及自行车停放处。这些设施全部是由原厂留下的直径为1厘米的钢管改造而来的，展现重生后的公园环境保护的主题。直径约1米的旧水管纵横交错，形成特别的姿态，同样暗示了公园设计的环保和亲水主题。

公园的中心是一片面积约18000平方米的人工

湖，这样的规模在整个首尔市都是十分罕见的。这片曾为自来水处理厂供水的人工湖被较为完整的保留了下来，湖面波光粼粼，湖畔上的植物郁郁葱葱，湖内还生活着各种水生物。为了方便人们观赏湖水景色，湖畔和废弃工厂的旧址之间原有的4米高石景被拆除，改造成为观景广场和瞭望台。然而，真正吸引眼球的其实是坐落于湖中心的声控喷泉，这一设施让以往令人反感的飞机噪音获得"重生"。公园附近的金浦机场的飞机在起飞或是降落时，会产生81分贝甚至更大的噪音。由41个独立喷泉组成的声控喷泉群感应到飞机声后可以喷射出高达15米的水柱。困扰当地居民多年的飞机噪音如今被转变成一件令人赏心悦目的美事，居民们成群结对前来这里观景。

公园另外一个风格独特的空间当属蒙德里安广场。设计团队拆除了自来水处理厂原有的加固钢筋混凝土沉槽，只保留了几个标志性的结构。还在广

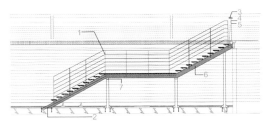

1. THK 6×50钢板
2. THK 10.0钢板（焊接）
3. 150×70硬木
4. THK 10 柯尔顿钢
5. 15.8 STS管
6. THK 7.5×200×80钢管
7. 125×75×T3.2钢管

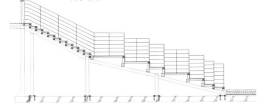

1–3. 直径约1米的旧水管纵横交错，形成特别的姿态，暗示了公园设计的环保和亲水主题
4. 沉降槽结构的顶端被改造成为3个不同的观景台
5. 由柯尔顿钢板构成的植物槽分布在不同的高度上，层次感十足，与本土植物颜色对比强烈
6. "野花花园"是柯尔顿钢制墙围成的长方形结构，从这里可以欣赏绿色景致
7. 不同的层次给人们提供了丰富的空间感受
8. 多媒体艺术瀑布形成人们日常生活的美丽背景

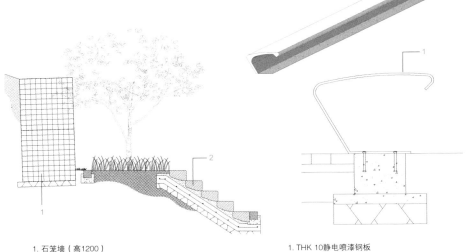

1. 石笼墙（高1200）
2. 花岗岩石阶（宽320，高200，长1000）

1. THK 10静电喷漆钢板

1. 污水净化系统曾是旧自来水处理厂的一部分，不仅形成了"浮动长廊"的基本结构，同时提供美丽而私密的景观
2. 天桥将花园在垂直方向上连接在一起，风景迷人，游客可以在这里欣赏蒙德里安广场的每一个细节
3. 带有靠背的长凳不仅可以充当栅栏和护栏，还为公园的使用者提供充足的座位和宽阔的视野

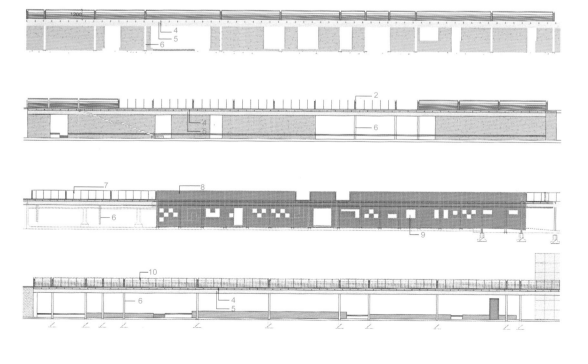

1. 钢化玻璃防护装置
2. 照明设备
3. 钢丝护网
4. 桁条H200×100×5.5×8
5. SG1，SB1：H−500×200×10×16
6. SC1：190.7×7
7. 钢化玻璃防护装置
8. 柯尔顿护栏
9. 观景窗
10. 长凳

场上建造了一个方形的花园，里面融合了规模大小不一的蒙德里安结构，并利用水平和垂直的线条营造出和谐美观的效果。

长长的柯尔顿钢制墙壁与混凝土搭配，将大小相近的北部私人花园和南部公共花园分隔开来。柯尔顿钢制墙壁上安装着精致的长方形结构，从这里可以欣赏绿色景致。废弃工厂原有的混凝土墙和新增的柯尔顿钢墙建构出一个个层次分明的庭院，令人流连忘返。

蒙德里安广场上的"多媒体艺术喷泉"拥有无可比拟的吸引力，它高3米、宽40米，可再生LED技术设备可以在不同季节播放各式各样的美丽影像和音乐，吸引无数儿童前来嬉戏玩耍。沉降槽结构的顶端被改造成为3个不同的观景台，站在上面可以俯瞰公园美景，引人神往。

首尔西部湖畔公园的翻新在没有破坏原址构造的基础上，打造了一个独特的景区，为城市基础设施的重建和改造做出了重要的贡献，将文化、生态和人居理念完美地融合。

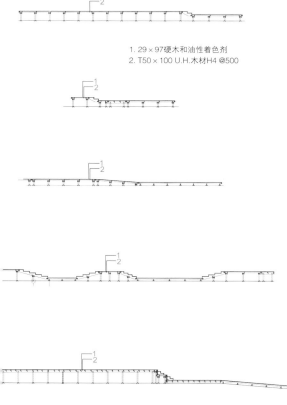

1. 29×97硬木和油性着色剂
2. T50×100 U.H.木材H4 @500

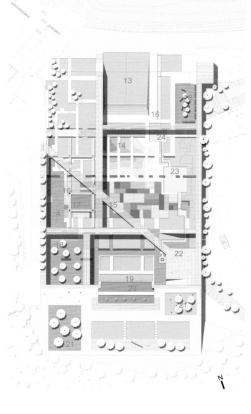

1. 再生花园
2. 户外开放场地
3. 游乐场
4. 梯台式花园
5. 艺术平台
6. 游客中心
7. 利用原址改造而成的雕塑公园
8. 侧门
9. 声控喷泉
10. 入口广场
11. 可容纳100人的条形餐桌
12. 净水池
13. 方便观赏的坡形草坪
14. 野花花园
15. 浮动长廊
16. 净水水道
17. 荷花池
18. 休息平台
19. 多媒体艺术瀑布
20. 喷水池
21. 雕塑花园
22. 室外咖啡厅
23. 生态池塘
24. 小瀑布

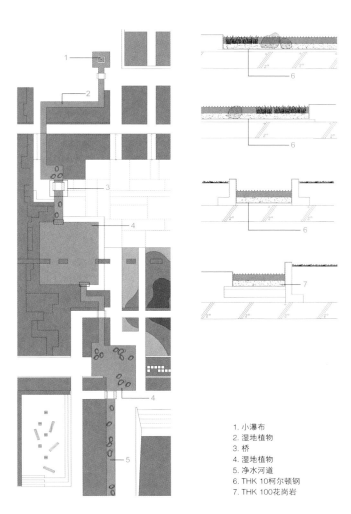

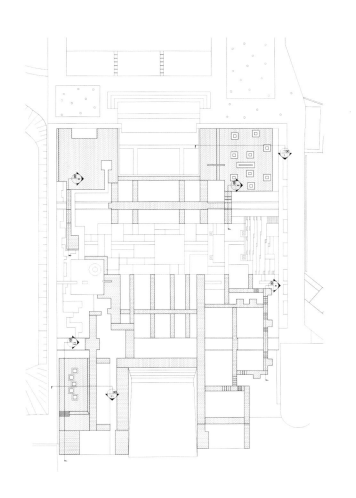

1. 小瀑布
2. 湿地植物
3. 桥
4. 湿地植物
5. 净水河道
6. THK 10柯尔顿钢
7. THK 100花岗岩

2013年中国锦州世界园林博览会凯尔特式花园

项目名称：
2013年中国锦州世界园林博览会凯尔特式花园
预计完成时间：
2013年
项目地点：
中国，锦州
占地面积：
3200平方米
设计师：
laND30景观建筑事务所
摄影师：
laND30景观建筑事务所
客户：
2013年中国锦州世界园林博览会
参赛名称：
"世界是个大花园"
——2013年中国锦州世界园林博览会
参赛时间：
2011年
比赛规模：
世界
参赛名次：
第一名
承办单位：
海滨城市中国锦州。并得到国际景观设计师协会(IFLA)和国际园艺生产者协会（AIPH）两大国际园艺权威机构的大力支持

竞赛信息

作为2013年世界园林博览会（以下简称世园会）的主办城市，中国锦州收集了大量来自世界各地景观和园艺大师的优秀作品，通过一系列竞赛和评估，以及在会场真正建造和展览，从中选出20个最佳作品，laND30事务所马丁·托米的作品——凯尔特花园就是其中之一。

世园会将占地7平方千米，囊括来自世界各地的20个园艺作品。如今，世园会园的总体规划已经完工，正在建造中。

获奖理由

laND30在竞赛中脱颖而出的原因是他们打造了一个能够代表其独特地理特征和文化的人造景观，用一种全新的、现代的方式，重新演绎古老的东西。这种极富代表性的文化传承方式，正是此次世园会所要大力发扬的。

项目描述

凯尔特式花园获得43届IFLA国际景观设计师协会景观设计大奖，将成为2013年在中国锦州举行的世界园林博览会的一部分。

凯尔特式花园以凯尔特传统的城堡为原型，由几个大小不同、功能不一的圆形结构堆叠而成。花园的中心是坐落于湖水中的一个玻璃柱体建筑，充当花园的解说中心。湖边不同设施的建造也全都遵循其原有的地形特征。解说中心的一侧是形状和结构各不相同的草坪，另一侧则是一系列圆形结构，包括休息区、秘密花园和发现王国等。

花园中种类繁多的植物种植在圆形的树坑和种植槽上，为花园添加了不同的色彩和纹理。植物与植物之间形成崎岖的小径，具有很强的引导力，邀请游客们在花园中漫步。

1. 湖泊
2. 解说亭
3. 主入口
4. 湖上的入口
5. 山丘
6. 休息区
7. 草坪
8. 地被植物
9. 地面铺设
10. 白色碎石
11. 装饰植物
12. 树木

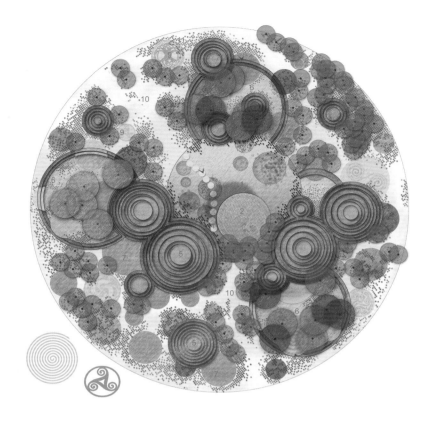

 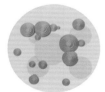  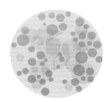  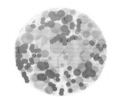

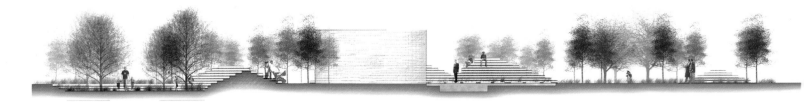

湖泊： 出于安全上的考虑，湖水并不深，周围栽种的植物形成自然的过滤系统。湖水中的石头小径可以指引人们直接通往解说中心。

山丘： 大小不一的山丘建立在覆盖着绿草的金属圈之上，遍布园区各处，可以充当座位区和阶梯。这些山丘结构令园区更有组织性，为花园带来不同的景致。

展馆： 看起来仿佛是一座从湖水中生长出来的大玻璃柱体，外壁布满了凯尔特书法，字的浓淡变化不一，令整个展馆在视觉上更具层次感。展馆被用作观赏亭和解说中心。

花园的功能性： 凯尔特式花园包含两个功能：一方面观赏者可以感受不同的空间形式，大小不一的山丘

形成公共和私密空间，形状特别的湖泊则展现了色彩和纹理的变化；另一方面，通过解说中心里所展现的一系列标志和文字，观赏者可以更好地了解凯尔特文化以及它与自然之间的关系。

美国景观设计师协会专业奖与学生奖

美国景观设计师协会每年都会嘉奖全球范围内的优秀景观设计作品，而美国景观设计师协会学生奖作品让我们预先看到景观行业发展的未来。

美国景观设计师协会奖的声望很大程度上依赖于每年都有一批高素质的评委会来审核所有提交的项目。美国景观设计师协会奖项咨询委员会力图召集更多行业内的专家来担任评委。这些专家来自私人机构、政府机关、研究机构和学术组织，从而丰富评委会的专业经验、地域、性别和种族方面的多样性。

2012年美国景观设计师协会综合设计类优秀奖获奖作品：城市绿色海绵——哈尔滨群力国家城市湿地

• 专业奖

如要参加综合设计类、住宅设计类或是分析和规划类奖项的正式评选，参赛者必须是美国景观设计师协会的准会员、正式会员，或有资格加入美国景观设计师协会的设计师。沟通交流类奖项对非专业人士开放，但是正式的参赛者必须是美国景观设计师协会的附属会员、准会员、正式会员或国际成员。非会员的参赛费用包括美国景观设计师协会一年的会员费。地标奖的参赛者不要求加入美国景观设计师协会。

评委会进行的是"盲审"。换句话说，参赛者和创意团队的身份对评委会保密。专业奖项评委会的成员，以及他们所代表的公司、组织、机构或是雇主都没有资格参加专业奖项的评选。美国景观设计师协会有权取消不合格作品或是存在利益冲突作品的参赛资格。在这种情况下，所交款项不会被退回。

综合设计类

资质： 位于特定场合内的景观设计。专业奖作品必须是建成的；学生作品不要求是建成的。

参赛作品的主要类型包括： 公共组织、研究机构或私人设计的各种类型景观（除住宅设计之外）、历史遗址的保护与改造、绿色屋顶、雨水处理及可持续设计、交通或基础设施设计、景观艺术或装置、室内景观设计等。

标准： 评委会将考虑设计的质量及执行力（主要针对专业奖作品）、设计背景、环境敏感性和可持续性以及对客户和其他设计师的参考价值。

住宅设计类

资质： 在某一具体位置上的居住类景观设计。此类专业奖作品必须是建成的；学生作品不要求是建成的。

参赛作品的主要类型包括：独栋或是多户家庭的居住项目、供烹饪、娱乐及休闲放松场所、可持续性的景观设计、新建成或改造项目、历史保护、可实施的景观理念和改革等。

标准：评委会将考虑设计的质量及执行情况（主要针对专业奖作品）、设计环境、环境敏感性和可持续性、以及对客户和其他设计师的参考价值。

分析与规划类

资质：一系列能够指导并评估景观设计的活动。此类竞赛作品不要求建成或是实施。

参赛作品的主要类型包括：城市、郊区、农村或区域规划、发展纲领、交通、城镇或是校园规划、棕色地带改造规划、与政策倡议或是法规控制相关的环境规划、文化资源报告、自然资源保护、历史保护规划等。

标准：评委会将考虑分析与规划效果的质量、背景、环境敏感性和可持续性、成功实施的可能性、以及对客户和其他设计师的参考价值。

交流设计类

资质：在宣传景观设计的案例、技术、工艺、历史和理论方面取得成就，所授课程对目标观众、爱好者有价值。

参赛作品的主要类型包括：印刷媒体、电影、视频、音频、CD或DVD、网络交流、讲解性的设计、展览设计等。

标准：评委会将考虑信息描述的有效性、方法上的创新和对目标观众的价值。

备注：交流设计类的参赛者不需要是景观设计的专业人士。

研究设计类

资质：为识别和调查景观设计中的挑战而进行的研究，提供使行业知识主体向前发展的结果。

参赛作品的主要类型包括：有关景观设计的方法、技术或材料的调查；景观设计与法律、教育、公共健康与安全等关系的研究。

标准：评委会将考虑研究的框架；研究的环境与资源；调查的方法和结果；研究结果对行业领域的价值。

备注：研究设计类的参赛者不需要是景观设计的专业人士。

褒奖：专业奖评委会和学生奖评委会在综合设计、住宅设计、分析与规划、交流设计及研究设计这5大类别中分别选出一个优秀奖和多项荣誉奖。

地标类

资质：15~50年前完成的著名景观设计项目，保留其原始设计的完整性，对其所在的公共领域有很大的贡献。

参赛作品的主要类型包括：公园、广场、雕塑公园、植物园、滨水路等。公共行政官员和机构、公民和历史保护组织和有兴趣的个人都是鼓励提交项目的对象。

标准：评委会将考虑项目对所在社区的持续发挥的价值和该项目的设计表达所保持的作用。

备注：此类奖的正式参赛者不需要是美国景观设计师协会的会员。欢迎当地组织、公共行政官员和其他感兴趣的个人参与。

褒奖：专业奖评委会选出一个地标奖。

• 学生奖

正式参赛者必须是学生或美国景观设计师协会的学生附属会员，或有资格加入美国景观设计师协会的学生。除了学生合作类，学生还能以个人或团队的形式参赛。如以团队方式参赛，团队成员必须是学生或美国景观设计师协会的学生附属会员。非会员的参赛费用包含美国景观设计师协会一年的学生会员费。需同时向组委会提交报名表、一份列有所有团队成员的名单及团队成员的有效学生证副本。

2012年美国景观设计师协会综合设计类荣誉奖获奖作品：加拿大糖果沙滩

2012年美国景观设计师协会综合设计类荣誉奖获奖作品：温尼伯滑冰者之屋

学生社区服务类

资质： 展现出合理的设计原则和景观设计价值的学生公益性社区服务。

参赛作品的主要类型包括： 学生无论是以个人、团队或组织参赛的，都应提供公益社区宣传或公共服务。

标准： 评委会将考虑相关服务的有效性及其对于其他社区、学生和专业人士的示范价值。

学生合作类

资质： 景观设计专业的学生与其他相关专业或互补性专业的学生合作设计的作品。其中，这些专业包括其他设计专业、商务专业、自然与科学专业等，学生的作品是不需要建成的。

参赛作品的主要类型包括： 由景观设计专业的学生与其他相关专业或互补性专业的学生共同设计的景观作品，符合综合设计、住宅设计、分析和规划、研究设计、交流设计以及社区服务的设计标准。

标准： 提交此类奖项评选的项目必须是团队项目。每队必须包含至少一名景观设计专业的学生和一名非景观设计专业的学生。评委会将根据不同类别的评奖标准来评估项目，也会考虑团队中各专业之间相互协作示范作用。

褒奖： 学生奖评委会将在学生社区服务类和学生合作类这两大类别中各选出一个杰出奖和多项荣誉奖。

• 制胜策略

2012美国景观设计师协会共收到来自美国和其他国家的618份参赛作品。评委们经过3天激烈的讨论和审议，评选出50个获奖作品。那么，一个作品如何能得到评委的青睐呢?下面有一些小窍门可以增加作品的获奖机会。

保持简洁，照说明去做

如果希望自己的参赛作品能够在众多作品中脱颖而出，最好的方法就是通过清晰明了的叙述和高质量的图片及平面图来吸引评委们的目光。将项目描述用彩色的方式影印出来，或是提交一个拼图，从而容纳更多的照片。但这种方式会分散评委对项目的注意力，致使你失去参赛资格。重点在于让评委了解该项目设计的价值所在。

专注文字描述

以直接明了的方式将所要求的信息提炼出来，将该项目与众不同之处彰显出来，比如其环保因素、长期的价值、如何提升其专业价值。不要写的太冗长，使用可读性强的字体——Arial字体、Garamond字体和Times New Roman字体比较好，字号在10磅左右。将单倍行距改成1.2倍行距，段落之间隔两行，这样也便于阅读。

2012年美国景观设计师协会综合设计类荣誉奖获奖作品：四方家园的屋顶花园

切记：图片是关键

你要知道，世界最优秀的项目描述也不能弥补劣质图片造成的负面影响。对于设计比赛来说，你要请一位专业的摄影师来为你的项目拍照。光线也是至关重要的，专业的摄影师能够充分表现出项目的最大优势。要有创意：在不同的季节为项目拍照，如果可能的话，日景和夜景都应该有。照片最好是高像素的，大小为3000x2400，分辨率在300dpi。不要提交照片的彩色复印件；专业处理过的图片不要小于8x10英寸。关于图片质量的甄选，可以参考美国摄影师协会手册。

注意组织性和系统性

不要一直拖延，直到最后一分钟才准备你的参赛方案。预先保留一份参赛文件，大部分的参赛要求都是每年设置的，程序上的变动非常小。越早收集资料，越可以有充足的时间来准备。最好有两个人来校对文字描述和打印稿。保持整洁很重要。

等待植物生长成熟

项目中植物的生长情况是一个项目至关重要的成分。请等植物成熟以后再为项目拍摄照片。一些公司会等待3年的时间再为项目拍摄照片。

考虑参与非传统奖项的评选

大部分的作品可以参与不同类型的奖项评选。比如，美国景观设计师协会专业奖主要有五个奖项类型：综合设计类、居住设计类、分析与规划类、交流类和研究类。综合设计类的竞争无疑是最激烈的，其参赛作品比第二大奖项类别——分析与规划类的参赛作品足足多一倍。仔细研究公司在过去几年的所有设计项目，也许会发现一些项目可以参加其他类别的奖项评选。

不断提交您所信任的项目

如果第一年你的提案没有通过，请不要放弃——下一年再重新提交。评委每年都换，或许第一年吸引评委的作品却不被下一年的评委看好。如果可以，你可以向评委会询问其对作品的评价。小小的变化，比如更好的照片或是等植物长成，这些都有助于作品获胜。

做好获奖的准备

事先查询好奖项揭晓的时间。如果你没有一个专门处理公共关系事务的员工，那么委派一位员工来处理媒体事宜，协调公司对获奖情况做宣传。记得让你的接待员知道会有什么样的来电，相关联系人是谁。

来源：www.asla.org

澳大利亚景观设计师协会景观设计奖

• 介绍

澳大利亚景观设计师协会景观设计奖为景观设计师的作品提供了高端的展示平台，旨在通过以下几个方面来提升并促进景观设计行业的发展：

- 通过会员制鼓励景观设计师实施优秀设计方案
- 提升澳大利亚景观设计师作品在公众中的认知度
- 为澳大利亚的景观设计事业提供本地性、区域性、国家性和全球性的宣传平台

• 澳大利亚景观设计原则

1. 重视我们的景观。
2. 保护、提升、革新。
3. 怀有敬意地进行设计。
4. 设计着眼于未来。
5. 采用针对性设计。

澳大利亚景观设计师协会通过以上原则引导协会制定政策指导方针，特别是针对气候变化应变策略、景观设计师执业发展项目以及宣传培训等方面提供指导方针。

景观设计原则是评价参赛作品的重要标准之一。澳大利亚景观设计师协会致力于通过评选流程推广景观规划、设计、管理、研究以及应对紧急气候变化的城市规划等领域内的创新性设计方法。

评委会将评估参赛作品是否能体现澳大利亚景观设计原则。

• 强调可持续性

除了景观设计原则之外，澳大利亚景观设计师协会的奖项还特别强调了协会会员应在作品中针对气候变化和可持续性做出考量。

除了阐述自身在设计、规划、土地管理、研究和交流方面所采用的详细策略之外，参赛作品还应提供资料说明自己是如何在气候变化和可持续性问题上进行考量和应用的。

参赛作品所提交的文件应当包含一份大纲，解释项目所采用的可持续标准（环境、社会、经济），其中包括规划、设计和施工期间所实施的措施以及与长期管理体制相关的议题。相关议题可能包括土壤健康、植被、生物多样性、水文地理、材料供应和使用、能源使用、社区健康和福利等。

缺乏上述内容将不利于参赛作品的评选。

• 奖项类别

景观设计类

景观设计类的奖项接受任何已建成的景观设计项目，规模不限。这一类别包含新建的景观设计项目和特定景观设计的翻新项目。项目必须在提交参赛申请之前完成。如果项目的分期规划十分明确，那么相关阶段的建设必须已经完工。

项目的规模不受限制。该类别特别鼓励那些采用创新措施的小型项目参赛，尤其是那些能够体现景观设计师重要作用的项目。参赛公司可以提交一系列小型项目来证明他们的创新能力。参赛作品需要提交简介、预算和其他相关的细节。

2012澳大利亚景观设计奖获奖作品：杰克·埃文斯船港——堤维德岬

设计规划类

这一类别包含城市发展、住宅和小区、本地社区以及区域规划的策略性设计和指导方针文件。

参赛项目必须在提交之前完工并交付使用。

项目的规模不受限制。该类别特别鼓励那些采用创新措施的小型项目参赛，尤其是那些能够体现景观设计师重要作用的项目。参赛公司可以提交一系列小型项目来证明他们的创新能力。

城市设计类

符合城市设计类奖项的项目，其景观设计必须在高端城市规划的协调、设计和实施中起到关键性作用。城市设计介于景观设计、规划和建筑之间，涉及城市公共空间和定居点的可持续性规划和建设。

景观设计中的城市设计在多个层面上对环境起到了关键作用，它将城市规

划、交通、建筑形式、社会公平、经济发展和工程学等课题汇聚到一起，为一个地区打造可持续性的规划前景。设计规划必须是可实现的。这包括为人类提供活动场所，包括人与场所、运动与城市形态、自然以及建成的城市网络之间的相互联系。

土地管理类

这一类别包含景观的修复、保护、优化和养护方案或策略。

如有可能，参赛作品提交的文件应包含景观设计师的景观管理策略在项目中实施两年后的结果。

参赛作品提交的文件还应当包含相关文档或图像，说明土地管理策略实施的进程和结果。

重要提示：与文化性或历史性土地管理相关的参赛项目必须在提交的文件中包含项目所采用的、详细的研究说明方式（例如：对文化和历史环境的理解、

对创新性设计方法的阐释、对存在问题的项目和场地进行的保护）。如有可能，参赛项目最好还能展示对生态土地管理技术的理解和应用。

研究和交流类

这一类别的评选对象包括能够拓展景观设计知识的研究或实践。

研究，包括原创研究、针对一个问题进行彻底调研的论文及报告、支持原创的分析法，以及对景观设计行业和社会有价值的解决方案。参赛作品应提交能够证明研究方法和结果的相关文件。

交流，包括与景观设计行业相关的写作或已发表的文章、视听展示资料，可包含（但不局限于）技术手册、与景观设计历史相关的出版物或电影、艺术或植物素材名录等。其中可包括出版文献或公共文档、展览以及其他媒体展示。参赛项目应当明确项目的受众群体。

此类项目的参赛者包括致力于宣传景观设计工作和研究，并拓宽公众对景观设计认知范畴的政府部门或其他公共团体。

埃德娜·沃灵国家住宅景观设计类

埃德娜·沃灵设计类奖项旨在表彰在住宅景观设计实践中有着出色表现的景观设计师。任何类型的住宅景观参赛作品都在埃德娜·沃灵奖的评选范畴之内。

参加此类评选的作品必须满足两个条件：首先，参赛项目应通过上述五个类别之一的评估；其次，该项目还应符合以下附加的条件：

- 项目属于小型或大型的独立住宅
- 项目属于小型活动空间或大型住宅区内的多户住宅空间

如果项目成功通过住宅景观奖的评估，会获得埃德娜·沃灵国家奖这一单一奖项，不再并列获得原参赛类别的奖项（例如，设计奖）。

• 关键标准

关键标准适用于所有类别的参赛作品。

标准说明：参赛作品必须符合以下五项标准及其相关条目。除这五项标准外，参赛作品可附加或替换其他标准来解释项目所取得的成就。

标准1: 卓越

1. 创新——展示景观设计的新方向。
2. 最佳实践技术的应用——明确设计意图和方法。
3. 展示实践与理论的融合。

标准2: 设计纲要

1. 符合功能要求，明确受众，为其量身打造。

2. 有效应对并扩展设计纲要。
3. 高品质的内容、结果和表现。

标准3: 影响力

1. 针对多学科合作项目：应明确阐述景观设计师在团队中的角色和影响力。
2. 包含有效的社区参与。
3. 促进人们支持并理解景观建筑。
4. 提升社区对环境、文化价值及景观设计流程的认识和理解。

标准4: 澳大利亚景观设计原则

参赛作品需要符合以下设计原则。

1. 重视我们的景观

大型景观项目的前期规划和设计应采用创新型方法（例如：景观评估和场地选择策略、合作或跨界规划方案、社区参与及咨询、研究规划等）。

2. 保护、提升、革新

景观项目的设计和管理过程应采用创新型方法（例如：创造性的项目实施和设计开发方案——创新的设计、施工和评估技术、采购和配送方式、跨界合作的安排、教育和研究等）。

3. 怀有敬意地进行设计

用创新型方法解决当前景观设计所面临的社会文化、环境和经济问题（例如：新兴的经济、社会、政治和人口分布潮流、资源供应和分配问题、生物多样性的缺失、气候变化的影响等）。

4. 设计着眼于未来

项目应当展示一定的创造性复原力，为提升下一代的社会文化、环境和经

2012澳大利亚景观设计奖获奖作品：悉尼Pirrama海滨公园

济水平做出贡献（例如：规划和资源分配策略、管理事宜、社区能力构建、教育和研究等）。

5. 采用针对性设计

项目应当展示创新型设计流程，包含可评估的框架，并提升应对社会文化、环境、经济变化的潜力（例如：综合评估策略、调查、监控和研究项目、教育培训和创新方案）。

标准5：突出可持续性

参赛作品应当提供设计大纲，解释其所采用的可持续标准（环境、社会、经济），其中包括规划、设计和施工期间所实施的措施以及与长期管理体制相关的议题。相关议题可能包括土壤健康、植被、生物多样性、水文地理、材料供应和使用、能源使用、社区健康和福利等。

• 参赛条件

1. 如要参加国家奖的评选，项目需曾经参与过澳大利亚景观设计师协会州立奖项的评选，但无需是获奖作品。根据设计公司所在地，在当地提交项目。

2. 参赛项目的所在地可以是澳大利亚境内也可以是境外。

3. 海外设计公司可以直接提交海外项目，无需在澳大利亚设有办公机构。所提交的项目需要由一名澳大利亚景观设计师协会注册会员审查（海外项目参赛不需要满足"项目需曾经参与过澳大利亚景观设计师协会州立奖项的评选"这一条件）。

4. 项目可以多次参与某一奖项的评选。

5. 同一项目只允许申请一种奖项类别的评选。

6. 如项目未获奖，可以继续参选下一届的国家奖。

7. 如项目已经获得国家奖，则不能继续参与国家奖的评选。

8. 每项提名需包含一份声明，证实所提交的项目是由该参赛者设计或者在其监督之下完成的。尤其是当参赛项目是由一支来自多领域的人员组成的团队共同完成，而景观设计师仅是其中的一部分时，这就需要项目经理或资历与之相当的人员进行确认。

9. 澳大利亚景观设计师协会有权长期保存所有参赛作品及其照片，并出版其所提交的材料（纸质图书或网络图书），除非参赛者事先要求所提供的信息不允许出版；参赛项目将存入澳大利亚景观设计师协会档案馆。

10. 所提交的照片可供颁奖典礼、其他宣传活动及媒体使用

11. 参与澳大利亚景观设计师协会国家奖的任一类别的评选，都需要缴纳参赛费用。每个作品的参赛费用为220澳元（含税）。

12. 如参赛作品没有按照所要求的格式提供相应信息及照片，评委会将拒绝该作品参与评选。

13. 评委有权将参赛项目归入至他们认为最适合的奖项类别当中，从而提高该项目的获奖机会。

14. 如果对参赛条件或参赛资格等非评审事件产生异议时，由澳大利亚景观设计师协会评选委员会的主席作出判决。

15. 参赛作品必须在所公布的截止日期（下午5点）之前提交——请预留足够的时间以保证参赛作品按时邮到。不以邮戳日期为准——参赛作品需要在所公布的截止日期之前邮寄到指定地点。

16. 评委会的决定即为最终评选结果。

17. 澳大利亚景观设计师协会有权更改这些参赛条件，尤其是当评委会的评选需要澄清某一参赛条件之时。

18. 一旦奖项确定，所有的光盘资料都将存档于澳大利亚景观设计师协会国家办公室。

来源：www.aila.org.au

2012澳大利亚景观设计奖获奖作品：澳大利亚国家美术馆澳大利亚式花园

探索景观与生态网之间的联系

——访美国景观设计师凯文·亚伯

凯文·亚伯

凯文·R·亚伯设计有限公司创始人
（后发展为现在的AHBE）

教育背景
哈佛大学景观建筑学研究生学位
加利福尼亚州立大学波莫纳分校景观建
筑学本科学位

所属团体和协会
美国景观设计师协会注册景观设计师
日美文化和社区中心董事会成员
奥蒂斯艺术与设计学院董事会成员
美国建筑师协会附属会员
亚裔美国人建筑师和工程师协会会员

1. 您为什么要当一名景观设计师？景观哪里最让您感动？

我在加利福尼亚一个小的郊区长大。我们自给自足：我们从两口井中打水喝，饲养小鸡，并且浇灌大面积的蔬菜园地。我和我的兄弟们在自家房屋的小溪边玩耍，在一起抓小蝌蚪和其他的小动物。这些经历让我更加热爱宁静而又不断变化的大自然。

职场生涯的早期我就已经担任POD公司设计部门的设计主管，但是我感觉公司的文化氛围还有很大的局限性。于是我自己开了一家公司，营造出适合个性化人才工作的氛围。公司理念与众不同，整个团队有一个共同的奋斗目标：解决城市环境中的复杂问题。在这里，每个人都是一个独立平等的贡献者，每个人都珍视创造力、自我表达力和团队精神。

2. 安琪诺尔广场这个项目为AHBE赢得了荣誉奖。您能多谈一些关于这个项目的信息吗？有哪些困惑或是挑战呢？

该项目与洛杉矶城市社区再开发机构和洛杉矶城镇都市交通机构（MTA）合作完成。这个城市花园设计在城镇的入口处，直通珀欣广场地铁站南入口和天使飞翔索道缆车。该设计的目的是为当地居民建造一个引人注目的空间。

安琪诺尔项目在2008年竣工，在城市设施之间建造了一个花园轴线。花园的周界上种满了植物，这个袖珍公园为路过这里的居民和游客提供了一个休闲之地，从这里可以到达珀欣广场地铁站、天使飞翔索道缆车、邦克山、中心市场和其他商业目的地。我们与大众艺术家Jacci De Hertog一起合作开发这个与众不同的平面铺装样式。蜿蜒曲折的铺装样式构成了地中海植物调色板，用颜色、材料和视觉效果创造出动感的构图。另外，原有的建筑基础墙被保留

了下来，成为花园的一处空间工艺品。这面墙融入到公园设计之中，从而将过去和现在连接起来。我们的设计将加利福尼亚本土植物与耐旱的地中海植物搭配种植，座椅与照明设施恰当的放置在一起。这里是绿色的天堂、疲惫者的度假胜地、周边城市混凝土气息中的一片绿洲。

这个项目将整个绿色空间融入到城市的灰暗格调中，希望能够吸引洛杉矶市民步行于此来欣赏美景。在当地居民和商业人士的大力支持下，我们与CRA/LA和MTA一同协作，为这个社区提供了各式各样的娱乐健身项目。

3. 在研究了您以往的景观设计作品后，我们发现，贵公司在城市地区完成了大量的高质量景观作品。您对城市景观建设抱有如此高的热情，为什么？

早期的时候我就对景观设计抱有两个想法：景观作为艺术形式以及景观作为环境和社会实践。我总觉得这两个想法并不是一分为二的，而是应该作为一个独立框架去研究和探索。在加利福尼亚南部，设计景观既是独一无二的挑战，也是难得的机遇。

在这个半干旱环境下，对于淡水的不断需求成为我所要研究的问题。

　　尽管景观城市化理论还不是公共对话的一部分，但是景观在塑造城市和社区形象中扮演着越来越重要的角色。景观城市化就可持续发展和景观作为城市设施角色提出了重要的问题，评估我们同自然和生态的关系。一个城市的设施如何与自然系统联系起来应该成为我们对话的部分内容。

　　AHBE的办公空间，还有更大的洛杉矶地区都是活生生的景观城市化实验室。我们在公司积极地提倡用研究的方式对公司进行重塑，使AHBE与景观城市化密切相连。通过与很多城市之间的合作，我们积极地倡导这种精神，比如说伯班克水力项目同时监视和检测原有项目的一些成果，从而测试可持续发展的街道设计或是"绿色街道"项目在这个半地中海气候下运行的实际效果。

4. 就景观建筑来说，您如何定义 "可持续性"？

我认为，可持续性是指我们所生活的社会、文化和自然都是相互联系又相互独立的个体。地球上的自然资源不会被现在的人类完全消耗掉，而是可以将它们留给下一代人继续享用。人们可以畅所欲言地讨论全球问题的解决方案。

5. 您认为景观应该具备哪些元素可以被称为可持续性景观？

景观之所以可以被称作可持续性景观应具备能够加强、支持和模拟历史自然生态景观的品质。城市景观必须具备 "履行职责" 的素质，因为景观还被看成用来去除城市污染、再建住所、重建自然系统的基础设施。

6. 在审美和功能之间，您认为对于景观项目来说哪个更重要呢？您在工作中如何平衡这两者之间的关系？可以举例说明吗？

我认为，这两个因素对于一个成功的景观项目来说都是必不可少的。景观不但要作为实际方案和工作系统，同时还要激发美感，营造出一种奇妙、美好且人性化的氛围。

7. 您认为对地块进行研究对于一个景观项目来说重要吗？如果重要，能否谈一下原因？

对地块进行研究是一个成功项目的基础。我们对于最基础元素了解是至关重要的，比如土壤、水、太阳能、气候和风等。这些领域的任何一个要素都在解释理念和设计表达中扮演着重要的角色。

8. 越来越多的调查研究表明，除了可以在城市中建造一座座城市绿洲外，城市景观还能有助于缓解城市居民的压力和疲惫感。您如何看待景观建筑的社会意义？

我认为，城市里的景观确实可以减小压力和疲惫感。人类与自然之间存在一定的内在联系。如果生命中缺少自然，我们的生活就会陷入瘫痪和亚健康状态。比如说，在美国，我们正经历着一场健康危机，而这些可以通过预防疾病和健康生活得到改善。举例说，肥胖就是切断身体和自然之间纽带的一个因素。美国人过于依赖科技，从某些方面来说，这也导致了懒惰情绪，我们已经忘记了大自然赋予我们生命的自然能量。自然有能力促进教育，提供真正平衡精神和灵魂的力量。

9. 在开始一个新任务之前，您会做哪些研究和学习？

我们的基本设计方法就是一系列调查和探索的过程。在我们要开始一项新的任务之前，我们需要研究和学习自然系统、文化和历史故事以及这个社区的存在意义和价值。融入了这些元素的整体设计方案不但行之有效而且还具有艺术性。

为客户提供卓越设计和个性化服务

——访澳大利亚景观设计师大卫·哈瑟利

大卫·哈瑟利

教育背景

澳大利亚昆士兰科技大学景观建筑学专业研究生学位

澳大利亚昆士兰科技大学建筑环境学（景观建筑）专业本科学位

工作经历

2011年至今：澳大利亚景观设计师协会昆士兰分会副主席

2005年至今：Vee景观设计事务所所有者和主管

2001年6月至2005年6月：EDAW公司业务经理

1994年3月至2011年6月：哈塞尔设计集团（Hassell）合作景观设计师

1. 您的作品罗贝尔风景区——斯普林菲尔德镇中心公园为您赢得了澳大利亚景观设计师协会国家奖。能告诉我们一些关于这个项目的设计理念吗？

这个公园坐落于新斯普林菲尔德镇的中心商业区。罗贝尔风景区的特色在于拥有城市公园里的各式各样的迷人空间和设施。这个公园建造的目的是成为斯普林菲尔德镇的中心灵魂，吸引大量的游客。公园设计的一个主要的目标就是为斯普林菲尔德和伊普斯威奇社区提供大量的娱乐项目和设施。这些娱乐项目和设施充满乐趣、与众不同，且与城镇中心公园的身份相符。

2. 在设计罗贝尔风景区——斯普林菲尔德城镇中心公园时，您遇到了哪些挑战？是如何战胜这些困难的？

这其中的挑战主要是在曾经的洪涝之地上开发，要保存好原有的树木，并且应对斯普林菲尔德恶劣的自然环境。我们需要与承包人协作，谨慎地处理这些问题。我们设计了小路和城市元素，确保树周围原来的地形不被打破。同时，价值昂贵的地产资源被建在防洪线之上，使其免受洪涝之灾。事实证明，这些限制让斯普林菲尔德镇中心公园成为一个十分独特的地方，充满了惊喜，等待人们去探索。

3. 在开始设计这项占地20公顷的大型娱乐公园项目之前，您都做了哪些研究和调查？

我们对其他国家与罗贝尔地区的地形特征相符的公园作了大量的调查，与客户和项目的主要负责人绘制了所有的可能性与限制因素，最终制定了一套可行的方案。除此之外，我们还与其他专家合作，调查和研究了当地的自然生态状况。

4. 在罗贝尔风景区这个项目中，您保留了许多原有的植物，尽小的改造原有地势。您是如何保持这两者之间的平衡，既要满足设计需要，又要最大化保护该地原有的自然特征？

在设计这一公园时，我们有意保留了原有的桉树和溪流的自然地理形态，将当地独有的特色最大化。设计的欲望需要对该地原有的自然属性负责。我们不希望打乱原来的秩序，而是根据这里的地势寻找适合的机会来进行设计。因此，设计后的空间既具备功能性，又能保持自然之感。这就实现了有机环境和建造环境之间的平衡，从而营造出具有社会意义的交流空间。

5. 能谈谈您是如何为一个具体的项目选择材料和植物的吗？

我们会选择适合该地环境的植物和材料。斯普林菲尔德地区的环境恶劣，我们选择的植物大都是本地的，也有一些外来植物，突显出城市的区域特色。

6. 您认为一个好的景观设计项目最重要的特征是什么？

好的景观项目应当有社会意义的可用空间，将设计与原来的自然环境天衣无缝地融合在一起，同时将自然价值最大化地展现出来。

7. 您认为一名优秀的景观设计师需要具备哪些最重要的品质？

一名优秀的景观设计师需要能够解决在景观设计中所遇到问题，除了审美、原创、与自然的和谐相处之外，还要提供功能性设计方案。

8. 罗贝尔风景区——斯普林菲尔德镇中心公园这个项目中包含了哪些可持续方案？

在这个公园项目中，我们运用了不少可持续性设计方案。公园附近的商业建筑所产生的废水会被收集起来，经过公园的过滤池过滤后，重新利用作为公园的灌溉用水。大多数的植物都就地取材，以更好地适应当地的气候条件。场地当中的材料也被循环使用，用作覆盖物或是用在土方工程当中。此外，我们还采用了低能耗LED，从而减少能量的耗损。

9. 就景观建筑来说，可持续性不仅关乎生态环境，还与历史、文化等方面的可持续性密切相关。您能举例解释您对此的想法吗？

斯普林菲尔德相对来说是比较新的城镇，然而伊普斯威奇地区历史悠久。我们想要将这个公园建成伊普斯威奇居民目的地。活动场所是设计中的重要元素，这里可以举行节日庆典和文化庆祝活动。设计的主要目标是尊重伊普斯威奇原有的文化，并突出斯普林菲尔德这个新兴城市的未来科技感。

10. 水在罗贝尔风景区这个项目中扮演了一个至关重要的角色。中国有句俗语叫做，"没有水的地方就没有风景"。请问作为一名景观设计师，您是怎么看待水这一景观设计元素的？

我们把水看成是一个审美元素，也是设计中至关重要的元素。水为开发娱乐性游戏提供了一个平台，能够充分调动人的各种感官系统，是非常有意义的经历。这也是为什么我们如此关注该项目中水元素设计的原因。

11. 罗贝尔风景区的照明设计太美妙了。您能多谈谈它吗？

我们确实花费了很多精力来设计罗贝尔风景区的照明系统。我们与照明设计师紧密合作，希望在夜晚为游客们提供一个与众不同的体验。社区的活动草坪上有七个照明灯塔，在每个夜晚都提供照明，并为社区活动提供各种音响效果。

LANDSCAPE
RECORD 景观实录

主编/EDITOR IN CHIEF	宋纯智, scz@land-ex.com
编辑部主任/EDITORIAL DIRECTOR	方慧倩, chloe@land-ex.com
编辑/EDITORS	宋丹丹, sophia@land-ex.com
	吴 杨, young@land-ex.com
	殷文文, lola@land-ex.com
	张 靖, jutta@land-ex.com
	张昊雪, jessica@land-ex.com
网络编辑/WEB EDITORS	杨 博, martin@land-ex.com
美术编辑/DESIGN AND PRODUCTION	何 萍, Pauline@land-ex.com
技术插图/CONTRIBUTING ILLUSTRATOR	李 莹, laurence@land-ex.com
特约编辑/CONTRIBUTING EDITOR	邹 喆 高 巍 李 娟
编辑顾问团/ADVISORY COMMITTEE	Patrick Blanc, Thomas Balsley, Ive Haugeland, Nick Wilson, Lars Schwartz Hansen, Juli Capella, Elger Blitz
	王向荣 庞 伟 俞昌斌 孙 虎 何小强 黄剑锋
市场拓展/BUSINESS DEVELOPMENT	李春燕, lchy@mail.lnpgc.com.cn
	杜 辉, mail@actrace.com
发行/DISTRIBUTION	袁洪章, yuanhongzhang@mail.lnpgc.com.cn
	(86 24) 2328-0366 fax: (86 24) 2328-0366
读者服务/READER SERVICE	何桂芬, fxyg@mail.lnpgc.com.cn
	(86 24) 2328-4502 fax: (86 24) 2328-4364
	msn: heguifen@hotmail.com

图书在版编目（CIP）数据

景观实录. 都市垂直花园 / 《景观实录》编辑部编；殷
文文等译. -- 沈阳：辽宁科学技术出版社. 2013.3
ISBN 978-7-5381-7846-3

Ⅰ. ①景… Ⅱ. ①景… ②殷… Ⅲ. ①垂直绿化—景
观设计—作品集—世界—现代 Ⅳ. ①TU986.2
中国版本图书馆CIP数据核字(2013)第014730号

景观实录NO. 3/2013

辽宁科学技术出版社出版/发行（沈阳市和平区十一纬路29号）
各地新华书店、建筑书店经销
深圳利丰雅高印刷有限公司印刷
开本：880×1230毫米 1/16 印张：8 字数：100千字
2013年3月第1版 2013年3月第1次印刷
定价：**48.00元**
ISBN 978-7-5381-7846-3
版权所有 翻印必究

辽宁科学技术出版社 www.lnkj.com.cn
《景观实录》 www.land-ex.com

LANDSCAPE
RECORD 景观实录

15

03 2013

封面: 康索乔圣地亚哥大厦, 恩瑞克·布朗及博尔哈·维多布罗设计

本页: 迪赛总部, 拉尔斯·施瓦茨建筑设计事务所设计, 拉尔斯·施瓦茨·汉森摄

下页左图: 易披巴塞罗那专卖店, 垂直花园设计公司设计, 垂直花园设计公司摄

下页右图: NATURA塔楼, 垂直花园设计公司设计, 垂直花园设计公司摄

8

39

最佳私人领地奖

　　"最佳私人领地奖"，一个令全球景观设计师垂涎三尺的国际园艺设计奖于2012年9月29日举行了第五届授奖仪式。包括桂冠在内的诸多重要奖项，在上届竞赛中由美日参赛者包揽，而今年的幸运女神却落花欧洲。15000欧元的奖金将全部赠予获奖者，以鼓励其在可持续性户外私人空间设计领域所作出的杰出成就，并以此提高园艺设计的质量，促进园艺景观设计师和园艺爱好者之间的广泛交流。

　　由组委会召集而成的专家评委会将亲自为获奖者颁奖，其成员包括斯蒂格 L. 安德森(丹麦)，弗郎西斯卡·巴克·哈根 (瑞士)，特里萨·摩勒(智利)，弗拉基米尔·斯塔(捷克/澳大利亚) 和 汤姆·斯图亚特·史密斯 (大不列颠)。

提名奖

获奖者: 1:1 Landskab

国籍: 丹麦

作品名称: 哥本哈根，玻璃庭院

版权所有者: 1:1 景观事务所

一等奖

获得者: Mann 景观建筑事务所

国籍: 德国

作品名称: 埃尔福特，园林迷宫

版权所有者: 约格·贝伦斯

二等奖

获得者: 爱娃·瓦格讷若娃

国籍: 捷克斯洛伐克人民共和国

作品名称: 布尔诺，Trnka 花园

版权所有者: 爱娃·瓦格讷若娃

三等奖

获得者: 克里斯蒂娜·罗滕贝齐

国籍: 奥地利

作品名称: 安德热贝奇，安格朵夫花园景观

版权所有者: 沃尔夫冈·格泽尔

提名奖

获得者: 杜克西阿迪斯

国籍: 希腊

作品名称: 安迪帕罗斯岛，共栖的景观

版权所有者: 凯茜·坎利夫

伦敦欢乐花园的 Per Speculum展馆

2012年伦敦建筑节在伦敦欢乐园举办。尼古拉斯·柯克建筑事务所专门为其设计了一个展馆——Per Speculum。伦敦欢乐园位于人迹罕至的皇家伦敦码头，其存在意义独特。各行各业的人们曾经在这里举办集会和庆祝活动，但是自从沃克斯豪尔欢乐园建成之后，这种景象便没有再现过。

Per Speculum展馆微妙地扭曲了空间的规模和比例，从而压制了人们的观景视线。这种设计旨在挑战理性，鼓励游戏和表演，以此来融合伦敦建筑节的主题——多彩的城市以及在伦敦欢乐园举行各种活动。

Per Speculum展馆将游客们从日常环境中脱离出来，为人们开启了一道深入想象和探索的大门，让人们沉浸于一个梦幻世界中。欢乐花园庆祝地点的入口全天候开放，观众们可以从另一种角度欣赏建筑，在这个富有创造性的空间中尽情享受。

尼古拉斯·柯克建筑事务所的设计以埃姆斯小屋为基础，希望营造出一种错觉，让人感觉立体图在空间范围内被扭曲一般，这种伎俩常常出现在电影和电视中。初始设计立面醒目、棱角分明，地板向上倾斜，并且规模逐渐减小，期冀给人一种景观逐渐缩小的假象。

随着设计理念的发展，建筑依据码头的古老场景，在展馆两侧的建筑表皮上制出肋骨状的效果，为建筑带来一种复古风格的美感。建筑尾部的窗口正对着码头上一座年代久远的工厂，可以从窗口欣赏其风景。最后，设计师运用红黑"棋盘"形的地砖，赋予建筑动感，不禁妙趣横生。展馆建材廉价且易于获取，但是却创造了戏剧化动态的效果。

挪威特罗斯蒂格国家旅游线路对外开放

雷乌夫·拉姆斯塔建筑事务所（Reiulf Ramstad Architects）于2004年赢得了重新设计和开发挪威国家旅游景点——特罗斯蒂格高原的邀请赛。自这以后，他们与这个高原相伴了八年之久。2012年6月16号，挪威公共道路管理机构在特罗斯蒂格高原举行了庆典，正式庆祝此景点对外开放。挪威交通运输部长蒙格黑德·麦尔特威尔·科莱帕（Magnhild Meltveit Kleppa）参与剪彩。

特罗斯蒂格高原坐落在挪威西海岸独特的陡峭峡湾之间。由于冬季气候恶劣，这里的景色只能在夏天欣赏到。尽管如此，该项目的设计借助其险峻的天然地势，建造了一套完整的旅游环境，包括山顶旅馆、餐厅、画廊，再到防洪设施、瀑布、桥梁、小路、室外设施以及用来观赏景色的亭阁平台等。所有这些元素都融入到景观设计之中，让游客可以近距离接触此地的美景。这个设计作品精妙绝伦，不禁令人肃然起敬。它就像一条细线，引领着游客前往一个又一个奇妙的景点。

无论是从规划、复杂性和扩张程度上讲，特罗斯蒂格高原都是一个非常复杂的建筑项目。它占地60万平方米，从一端到另一端走完全程需要花费大概20分钟的时间。

整个设计突显出特罗斯蒂格高原独一无二的特征，为游客提供一些与旅游体验相关的附加值。所有的设计元素都顺应场地的自然条件，融于整个环境之中，并与这个令人惊叹的景观形成互动，而不是与其争锋。整个结构选用了钢制材料，表面则采用了耐候钢，这也是适合于这个环境最天然的材料。

观景台的基底是就地浇铸的混凝土结构，通过几根钢芯管定位于地面上。观景平台上的悬臂梁由钢条组成，铸进混凝土基底之中。设计师将基底设计成两个层面上的设施，使其看起来就像是山脉长在了耐候钢铸造而成的平台里一样。粗糙的混凝土表面和锤打而成的斑点衬托出山脉的厚重感，同时也映衬了钢铁的优雅和绿草的轻盈。

荷兰MVRDV建筑事务所赢得2022年Floriade世界园艺博览会设计方案

荷兰阿尔梅勒市携手MVRDV设计事务所获得2022年Floriade世界园艺博览会的举办地。在荷兰芬洛举办的蒂尔堡园艺协会（NTR）会议上，举办方宣布阿尔梅勒市将获得十年举办一次的Floriade世界园艺博览会的举办地，以表彰其MVRDV设计方案的优秀才思。

阿尔梅勒市的MVRDV建筑事务的设计方案并非为迎合展览赛事而临时搭建，而是怀着将现有市中心发展成永恒的绿色理想城市的目标而兴办的。市中心对面的水岸景致将得以开发，成为令人振奋的市区新景，同时，一座宏伟的植物图书馆将拔地而起，与这次博览会相伴相生。

这一宏伟愿望将在现有绿地展览的基础上，复增两倍植被，既让其实至名归，又使其发展永恒：场地内的每个项目都将与植物相生相伴，营造富有韵律的惊异、革新和生态之美。此外，展览园旁将拔地而起一座比以往Floriade世界园艺博览会的任何建筑都更富有城市化气息的宏伟建筑，譬如大学、酒店、码头、政府机关或家庭住宅，使其成为绿色城市的典范。阿尔梅勒市携手MVRDV，击败了鲍斯贾泼的OMA/雷姆酷乐哈斯事务所、格罗尼珍的West8事务所、阿姆斯特丹比周米尔的MTD景观建筑事务所。

阿尔梅勒市的Floriade世界园艺博览会将呈现为格型花园，坐落在45公顷的方形半岛之上。每个街区都将种以不同的植物，并可能兴建一座以字母顺序排列的植物图书馆。街区也将兴建各种项目，涵盖步行街、民居、政府机构，甚至是大学。大学将按阿诺多姿的植物园样式构建。在这样的垂直生态系统里，每间教室都将拥有不同的气候环境，种植不同的植物。游客可休憩于茉莉旅馆，可畅游于百合池塘，可畅饮于玫瑰花园。这座城市将建民宅于果园之中，将政府机构置于内有芳草之香，外有竹林环绕的仙境之中。展览园和新的市中心将会是生产食品与能量的场所。这个绿色的城区将以精妙的画笔描绘出一幅植物融汇生活点点滴滴的画卷。

Mihály Möcsényi教授荣获2012年杰弗里·杰里科奖章

第49届国际景观设计师协会世纪大会在南非开普敦举行。会议宣布来自匈牙利的Mihály Möcsényi教授荣获2012年杰弗里·杰里科奖章。

国际景观设计师协会所设立的杰弗里·杰里科奖章是为奖励景观设计师所颁发的最高殊荣。该奖项每年颁发一次，授予那些堪当功勋的个人，用以肯定在世的景观设计师一生的成就，表彰他对社会福利事业、环境事业以及促进景观建筑事业所做出的独特而持久的贡献。

自1945年始，Mihály Möcsényi教授便已经开始在大学从事教育工作，主教景观设计和景观美化课程。1970年出任位于匈牙利布达佩斯城一所大学的园艺和景观设计系主任，将技术能力、艺术知识、生态观念和经济意识整合到一起，注入到景观建设教育事业中。1968年，他正式将景观定义为具有"人性的文化"的"文化产品"。这一具有整合意义和生态意义的伟大举措为匈牙利的景观建筑与规划奠定了基础，就传统意义上的地理景观艺术而言，实现了革命性的飞跃。

长期以来，一直作为国际景观设计师协会的成员，他在促进国际景观设计师协会发展的进程中做出了很多重要贡献。1982年至1986年，出任国际景观设计师协会中央地区副主席；1986年至1990年间出任国际景观设计师协会主席。为吸纳东欧各国加入国际景观设计师协会，他做出了不可代替的贡献，并在促进这些国家建立国际关系的进程中发挥了重要的作用。

同时，作为景观设计领域的从业者，他毫无置疑地为推动景观建筑事业的发展做出了独特而持久的贡献，并为景观设计领域的职业发展做出了贡献。在70余年的工作生涯中，Mihály Möcsényi先生以其充沛的活力打开了一扇扇门、激活了一份份思想，唤醒了一颗颗心灵，引领人们走近将景观设计融入生活的意识之中。

2013年国际景观设计师协会世界大会

2013年4月10日–12日，国际景观设计师协会将以"变革时代的共享智慧"为主题在奥克兰召开规模盛大的世界大会，此次会议既是第五十届世界景观设计师协会世界大会，也是新西兰景观设计师协会建成四十周年庆典。

第五十届世界景观设计师协会世界大会将重点讨论在这个频繁变化的变革时代，如何应对全球环境为人类所提出的挑战。此次会议将唤醒景观从业人员的意识，探索塑造和管理未来的新举措。

新加坡的新景点——榜鹅景观路

新加坡在东北海岸线铺设了一整条榜鹅景观路，成为一个新的令人向往的海滨休闲胜地。榜鹅景观路是嵌入周边城区景观的滨海地貌景观区，为游客提供了一幅时空交互缠绕的诗样天堂。那些标记性的建筑，使人们缓缓展开对过往的回忆，再将思维慢慢拢回现实，于是在灵魂深处升华出对历史和生命的全新思考。这份身临其境的心灵体验如此震撼，一份与自然和谐呼应的顺从感便因之油然而生。

抛开周遭遮挡视线的公共建筑，站在榜鹅景观海滩边，伏在坐立于黑色混凝土地基之上的直线扶栏上，目光情不自禁地望向远方，遥望那浩渺无际的天空与海面，无限延伸，交织一线。

各种装饰材料铺设在4900米

景观路上，仿佛一块绚烂多彩的调色板，唤起人们对往日榜鹅乡村风情的回想，那曾是一个铺满耕田和果园林地、以"田园"风格而闻名，人居密集的地区。散乱的鹅卵石松散地铺叠在一起，氧化的钢构和红土诉说着一份脚踏实地的本真与诚实，抹消了城市文明的虚幻游离所带给人们的那份隔阂感。增强型玻璃纤维仿木结构随着蜿蜒的小路，慢慢地带给人们一种绵延的触感。

融汇了雕刻风格的休息区散落在景观路两侧，热情地欢迎着游客栖身纳凉，暂时告别热带高温的侵袭。一只钢结构采用铝镀覆面，而遮阳篷的其他部分则吸收了海浪背景的元素，构建出动态漩涡的形体，融汇着翻滚的海浪和旋动的海螺的气息。外部覆层采用了独体三

角模块结构，以适当的变换展示着独特的几何之美。出于对抗反社会行为的思考，设计师精心构思了保护性设计，将这种多功能结构也融入了其他的半闭合掩体，透露出美感。

滑铁卢青年机构正式启动

滑铁卢青年机构建址于久居滑铁卢地区的社会弱势群体居住区和新建立的富裕人群居住区之间的分界线之上。因此，建筑物和景观处理必须经得起严重的刻意破坏行为和随处可见涂鸦行为。该项目由建筑师、景观设计师和客户通力合作而完成。

植物在设计中扮演了重要的角色，赋予建筑以自然的外表，以此抵消建筑孤立于草丛的突兀感。随着植物与建筑的逐渐融合，建筑的绿色覆盖率会随之增加，而当有花卉点缀其中或开遍其上时，建筑将成为本地的标志性风采。同时我们采用挡土墙以不规则几何图形与建筑屋顶形成呼应，出入口嵌有盲文字母，并以肉质植物覆盖其上。小巧的内部庭院构成建筑的核心。屋顶与草丛相互呼应，仿佛意味着这是个可以食用的美味花园。

易披巴塞罗那专卖店

设计师：Vertical Garden Design垂直花园设计公司　|　项目地点：西班牙，巴塞罗那

意大利品牌易披位于巴塞罗那格拉西亚大街上的专卖店，拥有一个面积超过100平方米的垂直花园。店面醒目而有趣，除了两层楼高的绿墙外，还拥有瀑布、雕塑以及一些反差很大的装扮材料。

作为大自然本身的垂直花园，瀑布作为研究垂直花园设计的起点当之无愧。仔细观察瀑布周边环境，不难发现，它的形态会随底层岩石的裂纹及裂缝所构成的线性的变化而变化。正如受侵蚀的岩石会不定时地发生几何破裂一样，植物群也会按照特定的模式生长。

项目名称：
易披巴塞罗那专卖店
竣工时间：
2011年
客户：
易披专卖店
首席设计师：
迈克尔·赫尔格伦
建筑师：
Studio 10设计事务所
摄影师：
Vertical Garden Design垂直花
园设计公司
面积：
室内100平方米，室外11平方米

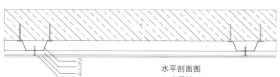

水平剖面图
1. 支承墙
2. 砖木墙壁
3. 泡沫聚氯乙烯
4. 塑料网（用作灌溉）
5. 塑料薄膜（用作灌溉）

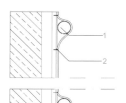

垂直剖面图（排水渠道嵌于地下）
1. 滴流灌溉水管
2. 防锈钉
3. 植物槽
4. 砖木墙壁
5. 泡沫聚氯乙烯
6. 塑料网（用作灌溉）
7. 塑料薄膜（用作灌溉）
8. 排水沟

垂直剖面图（排水渠道位于地面上）
1. 支撑墙
2. 可以用来排水的位置点
3. 砖木墙壁
4. 泡沫聚氯乙烯
5. 塑料网（用作灌溉）
6. 塑料薄膜（用作灌溉）
7. 排水沟

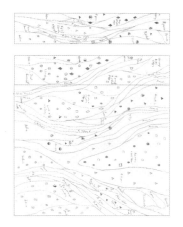

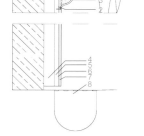

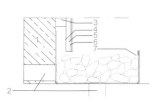

店内宽阔的墙面可以容纳多种植物，其中，大量的秋海棠属植物、不同种类的蕨类植物、小而长的天南星科植物（如常见的小叶喜林芋及星点藤）等形成背景，上面点缀着更具戏剧效果的波斯顿蕨、穴果棱脉蕨或较大的天南星科植物（如海芋以及红宝石喜林芋）。

店铺还拥有一个室外垂直花园，位于店后的露台。由于部分墙体被周围建筑物所遮盖，这面西南朝向的墙的上部可以充分沐浴在热情的地中海阳光之下，而底部则被阴影所覆盖。根据其所能得到的光照强度，这面绿墙的顶端种植了一些较为典型的地中海植物，如薰衣草、迷迭香以及艾草，而底部则选择吊兰及八角金盘等喜阴植物。中间位置种植少量的大叶片植物，长势繁茂，与其所依托的金属网格形成戏剧性的反差效果。

迪赛总部

设计师：拉尔斯·施瓦茨建筑设计事务所 ｜ 项目地点：意大利，布雷朗兹

　　意大利时尚品牌迪赛的新总部坐落于威尼斯郊区的白云石山脉脚下。受周遭美景的启发，迪赛在大自然中打造了一座迪赛村，不但自然风光旖旎、视野辽阔、光线充足，更为在这里工作的人们带来最大程度的舒适感。

　　本案的设计意图旨在拉近人与自然的距离，并将周围景致引入大楼内部。"室内垂直花园"作为本案设计不可或缺的一部分，设置在主接待区，也就是室内和室外的连接处，不仅使大厅的空气清新自然，景致也十分美好，给人带来无尽的视觉享受。垂直花园高达25米，居欧洲之首，同时也是欧洲最大的室内花园，表面面积为250平方米。垂直花园拥有30种不同的物种，共9000多株植物。这些植物首先被培植在1米X1.5米的板子上，在温室中培育几个月后方可移植到混凝土墙上。垂直花园中安装着灌溉系统，花园背后的技术监控室装有服务器，可以自动调整花园的光照和湿度。接待处的桌面上放置着一部香味扩散器，扩散垂直花园所散发的香味，使垂直花园周围区域更具整体感。到了夜晚和寒冬，花园的灯光被点亮，整个

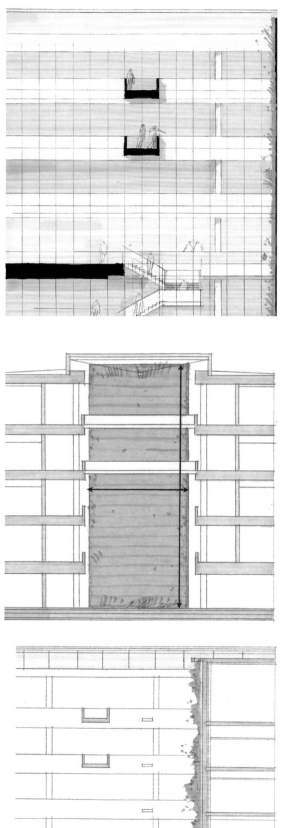

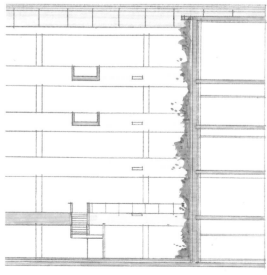

1. 铝制结构板（100厘米×150厘米）
2. 铝制结构（4厘米）
3. 灌溉水管（4厘米）
4. 混凝土墙壁（40厘米）
5. 栽种在植物槽内的绿植
6. 织物面板（4厘米）
7. 灌溉水管（300米）
8. 共9000株植物
9. 共30个不同物种

项目名称：
迪赛总部
竣工时间：
2010年
客户：
迪赛总部
首席设计师：
拉尔斯·施瓦兹·汉森
摄影师：
拉尔斯·施瓦茨·汉森
面积：
250平方米

办公楼都变得别样美丽。卫生间被设在垂直花园的后面，每一间都以垂直绿化为主题，采用了大量不同的绿色以及花园装饰品，让每一个进入这里的人仿佛踏入温馨的小花园中。大楼的每一层都会有一些会议室和办公间与垂直花园相连接，这些空间同样秉承着"绿色、花园、自然"的设计主题。垂直花园附近还设有休息区，受到垂直花园的启发，休息区的座椅拥有不同的色彩。

毫无疑问，选择在办公大楼内部打造这样一个巨型垂直花园取得了巨大的成功。垂直花园不仅易于维护、可在不同季节呈现不同景致，同时还能为每天经过这里的人们带来充足的氧气、能量，增加幸福感。绿墙跨越的每一个楼层均采用了仿古木质地板，让在这里工作的人们仿佛并非处在一栋硕大的办公大楼内，而是置身于一间温馨的乡村别墅里。每个楼层都因为绿墙的存在而变得生机盎然。

Anthropologie品牌专卖店

设计师：Biotecture有限公司 | 项目地点：英国，伦敦

本项目的客户是美国著名服装连锁店城市旅行者（Urban Outfitters）旗下品牌Anthropologie在欧洲的第一家旗舰店。

垂直绿墙被设在楼梯所靠的那面墙上，共覆盖3层楼，跨越2个夹层。设计师希望打造一面看起来像是花纹布料的绿墙，因此，每个植物带和植物块都栽植着不同种类的植物，也正因如此，整个绿墙看起来格外的生机勃勃。虽然因为距离太近，人们很难看清绿墙的全景，但毫无疑问，这面规模巨大的绿墙确实给人以温馨亲切的感觉。

项目名称：
Anthropologie品牌专卖店
竣工时间：
2009年
客户：
城市旅行者品牌专卖店
首席设计师：
理查德·赛宾
面积：
150平方米

经店员介绍，与他们以往工作的环境相比，安装了绿墙后，店内空气质量有了明显的改善。商业店铺由于要不断地运进具有挥发性有机化合物的新产品，素以空气质量差而闻名。而美国宇航局的调查表明，某些特定植物是可以去除这些污染物的，本案绿墙就运用了许多这样的植物。

本项目的环保效益:

激发灵感;

净化空气;

加湿室内空气;

声能耗散;

积极的心理影响。

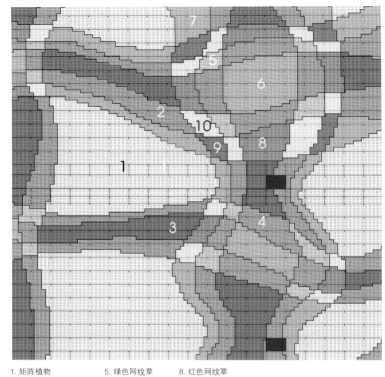

1. 矩阵植物	5. 绿色网纹草	8. 红色网纹草
2. 圆叶椒草	6. 金边吊兰	9. 花叶冷水花
3. 白鹤芋	7. 薜荔	10. 金边石菖蒲
4. 贯众蕨		

谷歌悉尼总部

设计师：Futurespace建筑事务所 | 项目地点：澳大利亚，悉尼

在《商业评论周刊》五月号所进行的"最为理想的工作场所"调查中，谷歌公司被评为澳大利亚最佳工作场所。

Futurespace协助谷歌公司将其的新办公室迁移到派尔蒙特区的一栋绿色建筑中，这也是新南威尔士州的第一栋获得六星绿色星级评价的多租户建筑。考虑到谷歌公司"吸引和留住最优秀和最聪明人

项目名称：
谷歌悉尼总部
竣工时间：
2009年
客户：
谷歌悉尼总部
首席设计师：
安吉拉·弗格森
垂直绿墙：
Exparrot有限公司
植物供应商：
Schiavello公司
摄影师：
蒂龙·布兰尼根
面积：
7,000平方米

才"的发展策略，在设计过程中，Futurespace与办公环境策略公司DEGW通力合作，以营造最佳办公氛围。设计师必须跳脱框架思维方式，寻求一种更为创新的设计方式，打造多个主题不一的空间，供员工工作和举行会议使用。

对于一个企业来说，人才乃是其最宝贵的财富之一（"谷歌人"则是谷歌公司最宝贵的财富）。为了给员工提供最为优质的空间、最为可口的饭菜，让更多的人才愿意成为谷歌的一员，谷歌公司做了大量努力。正因如此，谷歌的100个职位空缺就会吸引成千上万的应聘者申请也就不足为奇。

谷歌总部所在的大楼采用了节水措施和冷梁技术。办公楼内的温室可以提供自然通风，外部遮蔽装置能够有效地控制阳光，地下水系统可以将污水回收再利用。此外，总部内还安装了一个热电联产系统的燃气发生器。

Futurespace的设计方案不仅要配合谷歌的企业文化，还要富有澳洲风情，同时还要将可持续性发挥到最大程度。可持续性是谷歌悉尼总部设计的重中之重，因为悉尼总部不仅将成为谷歌少数几个环境友好型办公总部的一员，更要成为谷歌全球办公室设计的一个基准。

谷歌公司打造"绿色建筑"的主要动力：

1. 承担社会责任；
2. 遵守最基本的建筑守则；
3. 保证谷歌员工的健康和幸福；
4. 保持谷歌公司的创新性、符合业务发展目标；
5. 为遍布全球的其他谷歌办公建筑确立标杆。

　　对于设计团队来说，最大的挑战在于如何将这样一个高科技公司与环境的可持续联系起来，使之成为环境保护的前锋。谷歌人愿意走"绿色"路线，同时他们又十分小心，警惕"可持续性"可能给"谷歌风格"带来的影响。

　　Futurespace在谷歌悉尼总部中全面而完整地实施了"绿色之星"计划，设计团队与维护工程师、项目顾问以及承包商紧密合作，保证所有人都向着同一个目标前进，即

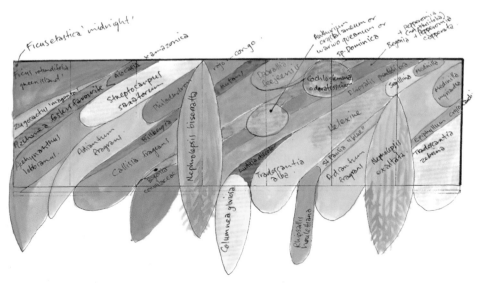

获得"绿色之星"评级系统办公室内设计类卓越奖。

为了让"谷歌人"更为安心，Futurespace在进行设计工作之前先对谷歌员工进行了"绿色之星"环保教育，证明采用这样的设计是一个极好的机会而绝非风险。

整个谷歌悉尼总部的设计既具澳洲风情，又不失谷歌特有的风格。室内灯光设计独特，在进行室内设计时，设计团队还综合考虑了澳洲本土的气候、文化等因素。

本案所采用的一些好的方法和举措：

1. 循环利用大量家具——将近90%的家具用品包括桌子、工作椅、会议室用椅以及特色座位区等都是原本就存在的，新购的家具很少；

2. 办公空间主要是开放式的；

3. 垂直花园系统（专利权：Schiavello）；

4. 接待区的垂直绿墙；

5. 地毯、油漆等材料均为低挥发性有机化合物，甲醛含量低，环保效益高；

6. 采用GECA认证的石膏板；

7. 与获得ISO 14001认证的承包商合作；

8. 依据客户的个性化需求，制定操作流程。

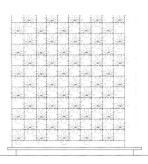

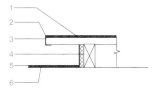

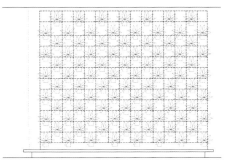

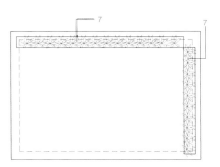

1. 按照ffe规划和地面设计图完成的地面装饰
2. 顶角位于地毯以下2毫米处
3. 扁铝线与钻孔的平头螺丝配件形成一定角度，平头螺丝沿平台边缘等距离分隔，与经阳极化处理的铜件相匹配
4. 每隔450毫米安装一个110毫米×50毫米木龙骨底座支架
5. 经阳极化处理的铜件边缘与分区边缘相匹配
6. 参考家具和细木工制品所做的植物绿墙
7. 参考家具和细木工制品的设计图而设计的植物墙

Koleksiyon家具设计公司

设计师：Biotecture有限公司 ｜ 项目地点：英国，伦敦

Koleksiyon是一家来自土耳其的室内家具设计公司。他们要求在其位于克拉肯威尔的旗舰店的入口处安装一面绿墙。

客户并没有特别的设计要求，而是由设计师提出几种不同的方案，从中选择最佳予以实施。绿墙植物带的设置很好地配合了分布不均的光照（顶部的光照强度最高）。由于位于底部的植物被隐藏在柜台后面，光照强度较低，因此设计师对植物类别进行了调整，选择了一些更能适合这种光照环境的植物。与此同时，设计师对其周围的灯光设施进行了改善，绿墙变得愈发生机勃勃。

项目名称：
Koleksiyon家具设计公司
竣工时间：
2011年
客户：
Koleksiyon家具设计公司
首席设计师：
理查德·赛宾
摄影师：
马克·劳伦斯
面积：
30平方米

本项目的环保效益:

激发灵感

净化空气

加湿室内空气

声能耗散

积极的心理影响

植物名称：金边吊兰
植物类型：室内盆栽植物
生长条件：适当光照、半阴环境
植物特点：多年生常绿草本植物
原产地：南非
植株大小：30厘米
开花时间：春季、夏季
适宜墙面朝向：北、东
注释：吊兰植物，极强的吸收有毒气体功能，花朵及幼叶悬挂
维护：保持生长环境干净整洁

植物名称：钮扣蕨
植物类型：室内盆栽蕨类植物
生长条件：避免阳光直射
植物特点：植株小，茎部拱起
原产地：新西兰
植株大小：20~30厘米
抗逆性：强
适宜墙面朝向：北、东、西
注释：叶片圆润，富有光泽
维护：少量施肥，定期去除死叶

植物名称：白鹤芋
植物类型：室内盆栽植物
生长条件：低光照
植物特点：常绿叶片，白色花序
植株大小：50厘米
开花时间：夏季
抗逆性：强
适宜墙面朝向：北、东
注释：极强的空气净化功能
维护：定期修整保持整洁

植物名称: 天冬草
植物类型: 多年生草本植物
生长条件: 光照充足、干燥环境
植物特点: 茎部拱起
原产地: 南非
植株大小: 60厘米
适宜墙面朝向: 东、西
维护: 定期修整以控制植株大小、定期去黄叶

植物名称: 袖珍椰子
植物类型: 棕榈植物
生长条件: 光照充足、干燥环境
植物特点: 常绿小灌木
原产地: 危地马拉
植株大小: 100厘米
维护: 定期修剪，控制植株的形态及大小

植物名称: 花叶万年青
植物类型: 室内盆栽植物
生长条件: 喜半阴、阴暗环境
植物特点: 灌木状草本，宽大的杂斑叶片，植株紧凑
植株大小: 30~40厘米
抗逆性: 强
适宜墙面朝向: 北、东、西
注释: 叶片宽大、观赏价值高
维护: 极少需要维护，偶尔去除死叶即可

植物名称: 桃心花木孔雀草
植物类型: 蕨类植物
生长条件: 阴暗处
原产地: 南非
植株大小: 30~40厘米
抗逆性: 强
适宜墙面朝向: 北、东、西
注释: 叶片形状富有特色，观赏价值高
维护: 极少需要维护，偶尔去除死叶即可

植物名称：巴拿马冷水花
植物类型：室内盆栽植物
生长条件：避免阳光直射
植物特点：低地被植物
原产地：波多黎各
植株大小：20厘米
抗逆性：强
适宜墙面朝向：北、东、西
注释：叶片纹理清晰美观
维护：极少需要维护

植物名称：金囊水龙骨
植物类型：蕨类、附生植物
生长条件：阴暗、半阴环境
植物特点：附生、根状茎，避免阳光直射
原产地：佛罗里达州
植株大小：30厘米
抗逆性：强
适宜墙面朝向：北、东
注释：蕨叶二次羽状分裂，中绿色
维护：需较少维护，偶尔清理即可

植物名称：圣保罗冷水花
植物类型：室内盆栽植物
生长条件：避免阳光直射
植物特点：低地被植物
原产地：巴西
抗逆性：强
适宜墙面朝向：北、东、西
注释：叶片纹理清晰美观
维护：极少需要维护

植物名称：虎耳草
植物类型：室内盆栽或着室外生长
生长条件：半阴
植物特点：圆形树叶，纤匐枝
原产地：亚洲
植株大小：20厘米
花期：5~6月
抗逆性：在阴暗处抗逆性较强
适宜墙面朝向：北、东、西
注释：蔓生植物、枝叶茂盛，花多、呈白色
维护：极少需要维护

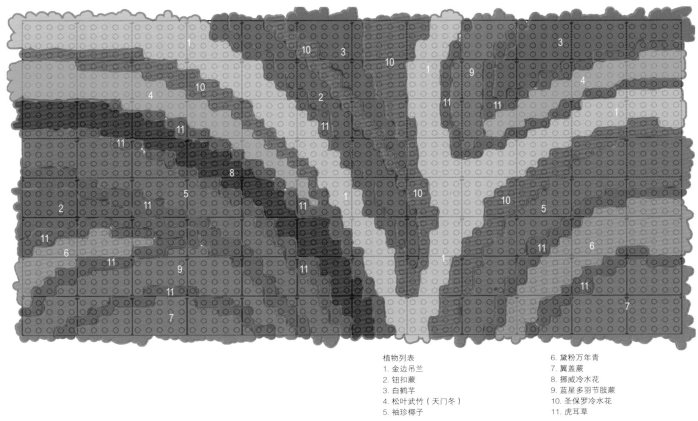

植物列表
1. 金边吊兰
2. 钮扣蕨
3. 白鹤芋
4. 松叶武竹（天门冬）
5. 袖珍椰子

6. 黛粉万年青
7. 翼盖蕨
8. 挪威冷水花
9. 蓝星多羽节肢蕨
10. 圣保罗冷水花
11. 虎耳草

罗意威巴塞罗那店

设计师：Vertical Garden Design垂直花园设计公司　|　项目地点：西班牙，巴塞罗那

西班牙奢侈品牌罗意威的巴塞罗那店拥有一个四面环墙的小庭院,今年3月份,庭院的四面围墙被改建成由四面垂直绿墙构成的垂直花园。花园位于高层建筑群的后侧,高达7米,下半部分的光照强度低,必须安装人工照明设备。受到雕塑"齐丽达"的启发,设计师把这座垂直花园设计成与室内空间相似的几何形状。由于花园靠下位置的光照强度低,因此设计师选择了一些较为稳定的植物,如:常青藤、吊兰、丛林地杨梅以及薜荔等。相反,靠上位置因为拥有较为充足的自然光线,则选用了珊瑚钟、心形黄水枝、刺毛耳蕨、棕鳞耳蕨、武当玉兰等植物。这些植物的颜色和生长习性各不相同,能够打破庭院特殊几何形状的束缚。

项目名称：
罗意威巴塞罗那店
竣工时间：
2012年
客户：
罗意品牌专卖店
主设计师：
迈克尔·赫尔格伦
建筑设计：
皮特·马里诺设计事务所
摄影师：
Vertical Garden Design
垂直花园设计公司
面积：
70平方米

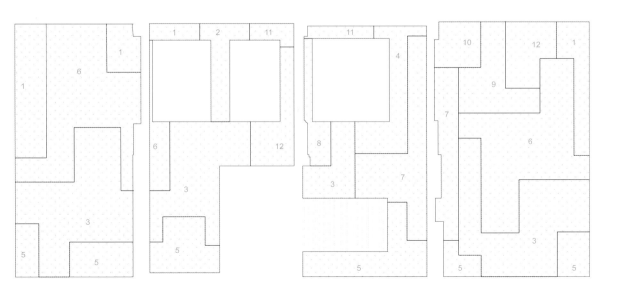

1. 松叶武竹（天门冬）
2. 心形黄水枝
3. 吊兰
4. 薜荔
5. 常青藤
6. 夹可宾常春藤
7. 丛林地杨梅
8. 棕鳞耳蕨
9. "果酱"珊瑚钟
10. "黑曜石"珊瑚钟
11. "彩叶"爬行卫矛
12. 淫羊藿

NATURA塔楼

设计师：Vertical Garden Design垂直花园设计事务所 Ｉ 项目地点：葡萄牙，里斯本

NATURA塔楼是葡萄牙一家建筑公司的新总部,位于里斯本的Telheiras区。里斯本冬季气候温和,几乎很少有霜冻,因此设计师的选择很多,从典型的地中海植物到异国热带物种均在可选范围之内。

本案包括入口处的室内垂直花园和一座室外垂直花园。室外花园包含朝南、朝东和朝北三面绿墙,将两栋楼宇之间的小广场三面环绕起来。绿墙并不是完全封闭的,而是留出门和窗等必要的开口,形状也因为两个楼梯的存在而变得不规则。这样灵活的设计让花园变得更加有趣,吸引更多的人走近观赏。

项目名称：
NATURA塔楼
竣工时间：
2009年
客户：
MSF总部
首席设计师：
迈克尔·赫尔格伦
建筑设计：
GJP设计事务所
摄影师：
Vertical Garden Design
垂直花园设计事务所
占地面积：
室外23平方米，
室内37平方米

　　因为没有直射太阳光，北面绿墙以耐阴植物为主，比如铁角蕨、蹄盖蕨、凤尾蕨和耳蕨等大量的蕨类植物，秋海棠属、冷水花属和海芋属的某些大叶子植物，再搭配些蝴蝶花和吊兰等，很有热带感觉，看起来像湿润的雨林。

　　因为被其中一座塔楼遮掩，东面绿墙也几乎没有直射太阳光，所以选择了与北面绿墙植物习性相近的物种，多为小而紧凑的植物。

　　东面楼梯底下与北墙的连接处还有一面朝东的绿墙，这里在上午可以获得几个小时的太阳光，风力较强，植物则延续了东墙的选择。

　　南面绿墙因为拥有充足的太阳光，所以选择了比其他墙面更为绚丽的开花植物，如：鼠李、天竺葵、倒挂金钟、岩白菜、萼距花、珊瑚钟、马樱丹以及风铃草等。门和窗外围则选择了小型淡色系植物，可以起到修饰作用。

　　室内的垂直花园被黑板岩石水景分成两部分，水景看起来像是热带溪流或瀑布。

　　垂直花园的植物选择以蕨类和小型阔叶植物为主。一系列极具热带风情的天南星科植物则令花园更具特色。秋海棠属、天冬和蕨类等一些特定的物种既可以用于室内花园，也可以用在室外。

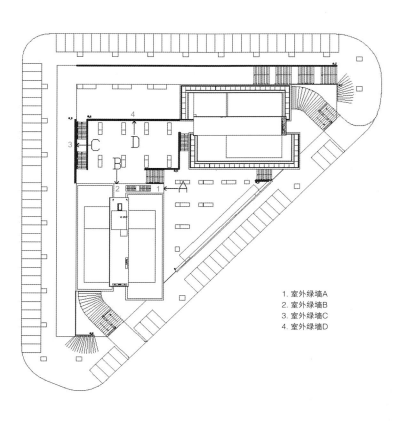

1. 室外绿墙A
2. 室外绿墙B
3. 室外绿墙C
4. 室外绿墙D

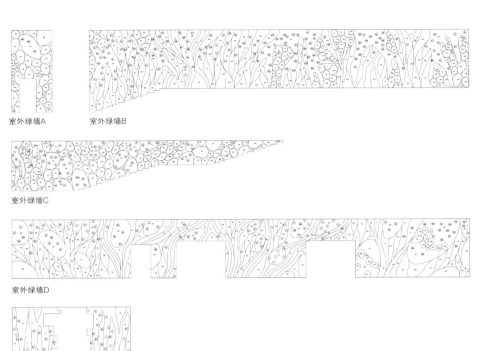

室外绿墙A　室外绿墙B

室外绿墙C

室外绿墙D

巴塞罗那植物绿墙

设计师：卡贝拉·加西亚建筑设计事务所 ｜ 项目地点：西班牙，巴塞罗那

位于巴塞罗那的这座垂直绿墙由一个栽种着绿色植物的独立式结构组成，植物将建筑的外立面覆盖，形成垂直花园。

本案是一栋临街老楼，在拆除了部分外立面后，墙体被裸露在外，十分扎眼，影响城市的美观。因此，有人提议以植物为主要材料对建筑进行改造。

巴塞罗那议会倡导了这一理念，并为"植物建筑"（vegitecture）领域促生了一种全新的建造方式。

新增的垂直绿墙拥有独立的金属结构和独立地基，与楼体外立面平行。垂直绿墙高21米，墙体自下而上逐渐变窄。金属结构包括若干层，其中的一个低层和8个高层可以从内部的楼梯直接抵达。1层到8层的植物模块被整齐的安放在金属平台的边缘。通过内部楼梯便可抵达是本案与众不同的地方，其他的垂直绿化设施往往要通过外部升降设施才能进行再次栽培和维护，不仅过程繁琐、经济成本高，还需要专业的劳动力。

在城市中心安装这样一面绿墙可以带来视觉上和环保上的双向优点和益处。首先，把原本暴露在外的墙体用绿墙覆盖，

项目名称:
巴塞罗那植物绿墙
竣工时间:
2011年
客户:
自然系统
首席设计师:
帕梅拉·科森
建筑设计:
胡利·卡贝拉
摄影师:
卡贝拉·加西亚建筑设计事务所
面积:
288平方米

 A　钮扣藤　　　露草

 B　薜荔　　　白花丹

C　常青藤　　胡颓子

D　多花素馨　　景天

 E　蒂氏荚蒾

 F　五叶地锦

明显地增加了城市的美感。其次，垂直绿墙是一个不断变化生长的绿色表面，具有防护效果，夏天可以散热，冬天可以吸热。同时它还能有效地保护环境，生成氧气，吸收二氧化碳，降低空气中的粉尘和其他微粒物质，对抗暴雨和冰雹，并且形成隔音屏以降低噪音污染等。再次，在受限很多的城市空间，垂直绿墙采用了多种植物，有利于生物的多样性。

垂直花园结构由现场组装的预制镀锌钢构成，拥有极佳的抗腐蚀能力。每一层的植物平台也同样由镀锌金属制成。一楼的墙体更像是一面干石墙，由铁锈棕色的石英岩构成，一直延续到楼前小庭院的石路。庭院处设有三个花盆、木凳、喷泉和一个望远镜，便于观察花草树木的细节。建筑的外立面还

放置了一些由镀锌钢板制成的鸟类剪影。

对于如何维护垂直绿墙上的植物，建筑师考虑了所有因素，如何清理绿墙，如何确保安全，如何做到可持续等，绿墙系统还安装了滑轮系统以运送材料。垂直绿墙安装的一个自动控制排水和施肥的滴灌系统，可以将水的消耗降低到最低。巢箱也被融入到绿墙的设计中。总的来说，本案的设计灵感源于"节水型园艺"，提倡合理利用灌溉水、种植本地植物，采用高效、生态的设计方法和低维护标准。

独立金属结构的设计灵感源于树木的形态。金属架每一层的设计各不相同，令垂直绿墙的外观更具活力。金属架特殊的形状使依据不同植物的特

点安排植物间距成为可能。整个金属架构成一面巨大的三维立体屏幕，上面布满了种类繁多的花草植物。绿墙的外观会随着季节的变化而变化，在特殊的气候条件或是特殊的节日，人们还可以对它的外观进行调整。垂直绿墙生机勃勃，充满活力，与众不同，表层面积约为200平方米，能够产生不同的阴影，由于植物种类繁多，绿墙所呈现的绿色也会拥有不同的纹理。

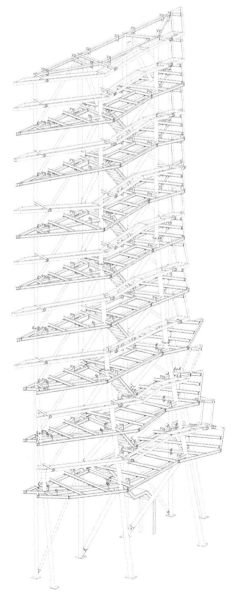

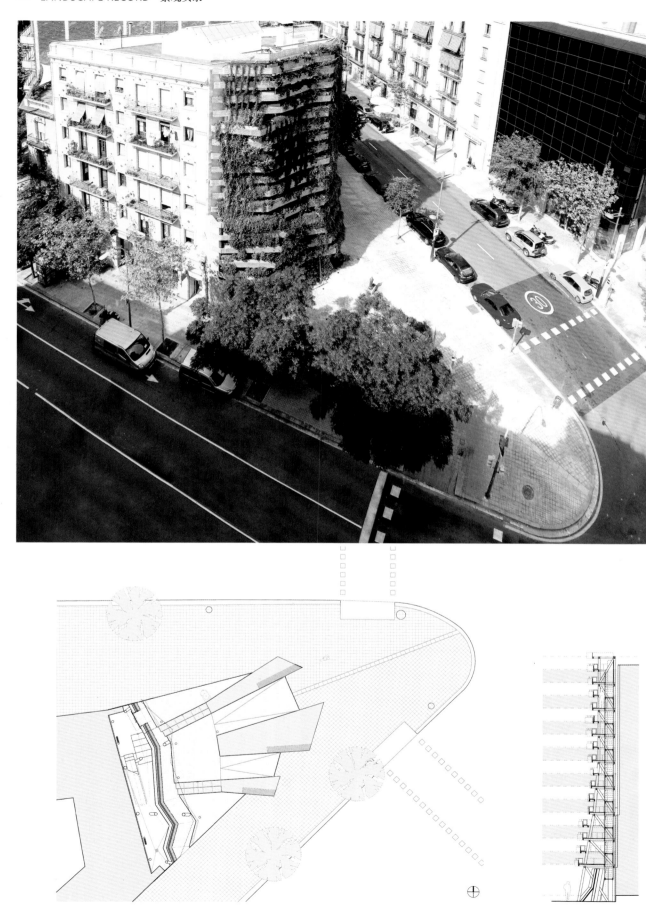

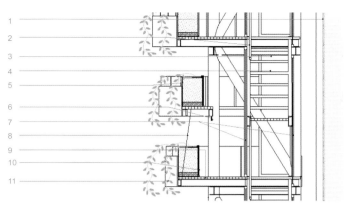

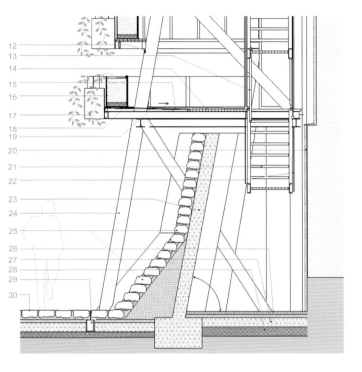

1. Mediatrix恢复和防水设备
2. 由镀锌钢管组成的栏杆
3. 照明设备维护
4. Religa梯
5. 栽种在强聚酯材料中的绿色植物
6. 绿墙维护设施
7. 栏杆
8. 植物中的尼龙扎带
9. Religa地面铺陈
10. 自动灌溉水管
11. 镀锌钢板网
12. 绿墙维护设施
13. 镀锌钢管栏杆
14. Religa地面铺陈
15. 镀锌钢板地面铺陈

16. 聚酯树脂植物
17. 镀锌钢板网
18. 自动灌溉水管
19. 雨水收集设备
20. Mediatrix恢复和防水设备
21. Religa梯子
22. 栏杆
23. 混凝土墙
24. 反涂鸦设备
25. 石材包覆
26. 磨平混凝土地面
27. 钢筋混凝土底座
28. 砂砾层
29. 有井盖的排水道
30. 铺路石

汉伯学院法医学中心

设计师：高·黑斯廷斯建筑事务所 丨 项目地点：加拿大，安大略省，多伦多

汉伯学院法医学中心于2010年秋季正式对外开放，可以称得上是汉伯学院旧楼改造项目的典范，此前汉伯学院就计划将多伦多湖畔校区的几座废弃建筑改造成专业的教育空间。

法医学中心位于湖畔大道，曾是一座有40年历史的汽车经销处和修理车间，如今被改造成为拥有一流配备的犯罪现场调查学、警察询问学以及法医学的教学空间。

这样的学校建筑在安大略省可谓独树一帜。建筑提供多样化空间，可以更好地为各种教学计划服务，如血迹喷溅分析课程以及一个为期三年的警务基础教学计划。汽车经销处的服务区如今被改造成犯罪现场调查实验室，曾经的展示厅则被转变成教室，既可用作常规教室，也可用作模拟法庭。

汉伯学院给出的时间和成本预算都十分紧张，同时希望这座不寻常的建筑能够产生最大的影响、获得更多的关注，让更多的人们意识到在当代社会中学校才是学习的最佳场所。此外，校方要求不能破坏建筑最初的结构，希望建筑和工程师团队可以寻求更有创意的方式来对建筑进行改造。因此，建筑团队保留了原建

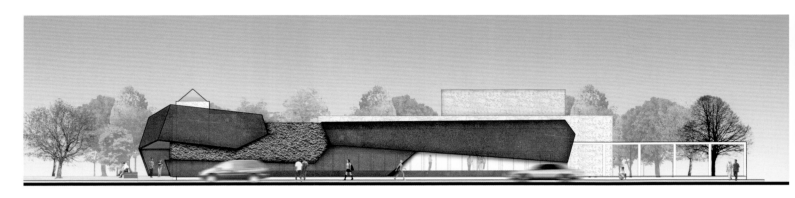

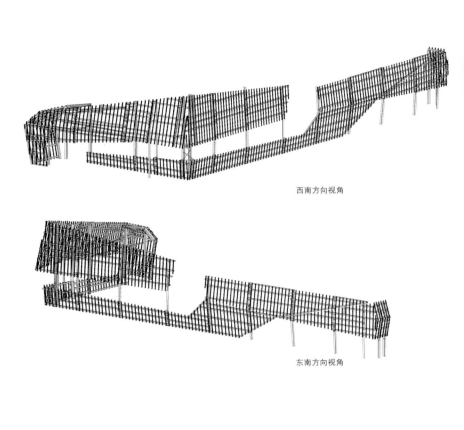

西南方向视角

东南方向视角

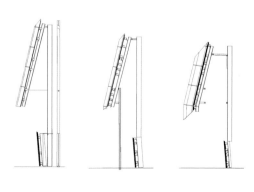

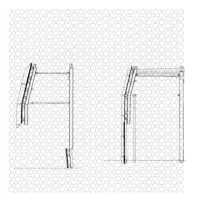

项目名称:
汉伯学院法医学中心
竣工时间:
2010年
客户:
汉伯学院
首席设计师:
瓦莱丽·高，菲利普·黑斯廷斯
摄影师:
汤姆·阿本摄影
面积:
2,415平方米

筑的外墙和机械系统。新增建筑则符合环境工程最高标准，采用了一系列的节能措施，如：利用占位传感器来控制建筑的机电系统，用高性能温控系统来替代原先的供热器，将能量回收，增强建筑的隔热效果以维持室内空气质量等。建筑团队还去除了隔油器和液压梯，减少碳氢化合物的潜在威胁。

为了保留建筑最初的混凝土构架和板条结构，高·黑斯廷斯建筑事务所采用了一个相对简单的解决方案：用一个棱角分明的金属网将建筑的南墙（面街）和部分西墙重新覆盖，整个建筑因此而焕然一新，变得诱人而神秘，极具视觉冲击力。除此之外，金属网还起到减少强光和降低太阳辐射的作用。金属网的裂缝和凹陷处隐藏着长方形的种植槽，其中所栽种的本土植物可以对原始建筑和新增外墙起到保护作用。同金属网一样，绿色植物同样起到装饰原始建筑、增加建筑私密度、减少强光和热量的作用，并与金属网冷酷的雕塑造型和街道无趣的铺陈形成鲜明的对比，令建筑更加苍翠繁茂。当夜幕来临，安装在金属网后的大型LED字标发出柔和的光，不仅让建筑更加有趣，同时也增加了其周围的安全性。

在建筑上增加第二层外墙是一个可以节约时间和成本的可持续性解决方案。与拆除原建筑再重新建造相比，该方案节省了大量的经济成本，大大减少对环境的冲击。外墙由循环材料制成，需要较少的维护。所有室内材料、涂料油漆和家具用品都经过精心挑选，节能而环保。巨大的窗户使大量的自然光进入教室和办公空间。通用设计法则和无障碍通道被应用于整个大楼。为了能够节约用水，大楼安装了无水小便池、节流淋浴器和高效水龙头。绿色外墙的水系统也经过了特别的设计，几年后当植物初步生长后，水系统可以轻松转化成雨水收集和灌溉系统。

汉伯学院法医学中心改造项目在加拿大的各大报纸和杂志中广受好评，甚至被刊登在荷兰和阿联酋这样遥远国家的设计杂志上。2011年，法医学中心获得由安大略省建筑协会颁发的杰出设计奖。

法医学中心令其所处区域更具活力，其现代的建筑表面使周围街景更具魅力。教职员工和学生的存在成为一道风景线，更促进当地经济快速增长。

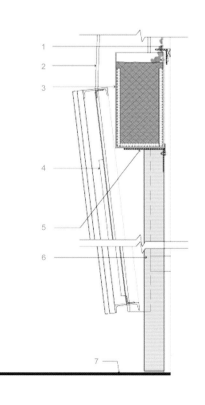

1. 绞股钢丝绳系统
2. 垂直联排焊接镀锌钢
3. 独立式不锈钢焊接植物槽
4. LED照明灯表面
5. 植物槽支撑物（250毫米宽镀锌钢板）
6. 植物槽支撑物
7. 既有人行道

埃奇韦尔路地铁站

设计师：Biotecture有限公司 丨 项目地点：英国，伦敦

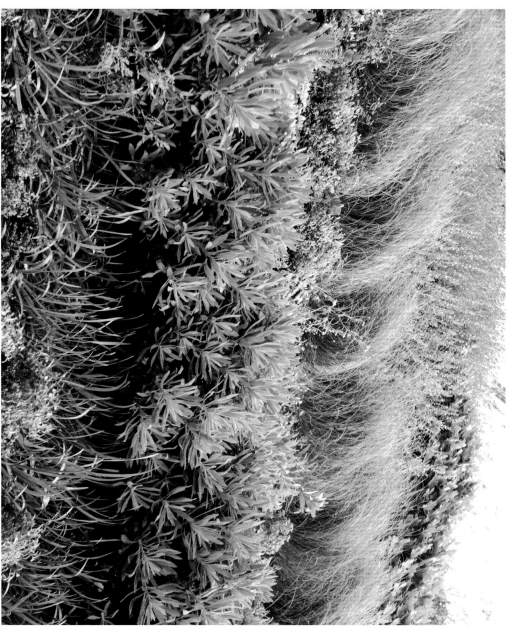

本案的设计目标是测试垂直绿墙去除空气中污染物，尤其是清除PM10柴油废气颗粒的能力（PM10指粒径在10微米以下的颗粒物）。绿色植物主要是通过叶片来吸附这些颗粒物的，因此设计团队选用了一些叶片较小、多毛、多褶皱的植物，以吸附更多的污染物。本案位于"城市街谷"（urban street canyon），风会在绿墙上下移动或在其周围形成旋涡，增加了植物叶片与风的有效接触。

设计师并没有对绿墙的美观度做过多的考虑，而是采用了大胆而富有动感的设计方式，极具视觉冲击力，这条伦敦最为繁忙也是污染最为严重的街区也因此焕然一新。

出于对墙面朝向的考虑，设计师主要选用了一些适宜朝南的植物，如薰衣草、天竺葵以及羊耳水苏等。这样的选择可谓是一个大胆的尝试，因为之前并没有任何研究证明这些植物适合该类型的垂直绿墙。

项目名称：
埃奇韦尔路地铁站
竣工时间：
2011年
客户：
伦敦交通部
首席设计师：
马克·劳伦斯
摄影师：
Biotecture有限公司
面积：
180平方米

植物名称：孟士德薰衣草
植物类型：草本植物
生长条件：阳光充足
植物特点：地中海草本植物喜干热环境
原产地：地中海地区
植株大小：30~40厘米
抗逆性：较强
适宜墙面朝向：南、东、西
注释：芳香草本植物，较受蜜蜂和花虻喜爱。植株紧凑，花朵呈紫蓝色
维护：开花后进行修剪，不适宜过多修剪

植物名称：桂竹香
植物类型：多年生常绿植物
生长条件：阳光充足
植物特点：多年生桂竹香，灰绿色叶片，花朵呈淡紫色
原产地：欧洲
植株大小：50厘米
开花时间：4月
抗逆性：较强
适宜墙面朝向：南、西
注释：多年生、常见桂竹香植物
维护：每年修剪，开花后去除残余花朵

植物名称：贝文天竺葵
植物类型：多年生半常绿植物
生长条件：阳光充足
植物特点：紧凑型地被植物，半常绿
原产地：欧洲
植株大小：30厘米
开花时间：5~6月
抗逆性：较强
适宜墙面朝向：北、南、东、西
维护：每年修剪，或开花后去除残余花朵或春天进行修剪

植物名称：绵毛水苏"银色地毯"
植物类型：多年生常绿植物
生长条件：多光少荫
植物特点：叶表面覆盖一层银色，叶片多毛
原产地：土耳其、伊朗
植株大小：20~30厘米
开花时间：6~7月
抗逆性：较强
适宜墙面朝向：南、东、西
注释：无花植物
维护：定期去除死叶和坏叶

植物名称：玛玛蕾都珊瑚钟
植物类型：多年生常绿植物
生长条件：阳光充足、斑点树荫
植物特点：常绿丛生植物
原产地：北美
植株大小：30~40厘米
开花时间：6~7月
抗逆性：较强
适宜墙面朝向：北、东
注释：属较新物种，叶片美观，呈深紫色，开粉色或白色的细小花朵
维护：秋季去除花朵残头，春季去除死叶

植物名称：大戟
植物类型：多年生常绿植物
生长条件：阳光充足
植物特点：紧凑型亚灌木植物，叶片常绿、呈蓝绿色，花朵为绿橙色
原产地：南欧、土耳其
植株大小：120厘米
开花时间：5~6月
抗逆性：强
适宜墙面朝向：南、东、西
注释：叶片优美，呈蓝绿色
维护：每年修剪，或开花后去除花朵残头、或春季去除死叶，要注意，树液对皮肤具有刺激性

植物名称：大萼金丝桃
植物类型：多年生常绿植物
生长条件：斑点树荫、深度树荫
植物特点：常绿大叶片，适宜在林地生长
原产地：欧洲东南部以及亚洲西南部
植株大小：30~45厘米
开花时间：7~8月
抗逆性：强
适宜墙面朝向：北、东
注释：被称为"沙伦的玫瑰"，有效的常绿地被植物，叶片坚韧、表面光滑
维护：每2年或3年在晚冬进行大的修剪

植物名称：金边石菖蒲
植物类型：常绿草叶植物
生长条件：潮湿松软的地面，光照充足
植物特点：丛生常绿草叶植物，生长于沼泽或河边地带，叶片呈黄色
原产地：亚洲
植株大小：30~50厘米
维护：去除死叶，春季可作适当修剪

植物名称：蕊帽忍冬
植物类型：常绿灌木、地被植物
生长条件：阳光、半阴以及阴暗环境
植物特点：小型常绿灌木植物，颜色呈翠绿色
植株大小：5~10厘米
抗逆性：强
适宜墙面朝向：北、南、东、西
注释：中小型灌木地被植物，稳定性强
维护：除了作适当的修剪外，几乎无需维护

植物名称：祖母绿和金色扶芳藤
植物类型：常绿灌木、地被植物
生长条件：阳光、半阴、阴暗环境
植物特点：小型常绿灌木，呈黄色
植株大小：5~10厘米
抗逆性：强
适宜墙面朝向：北、南、东、西
注释：中小型灌木地被植物，稳定性强
维护：除了作适当的修剪外，几乎无需维护

植物名称：银边扶芳藤
植物类型：常绿灌木、地被植物
生长条件：阳光、半阴、阴暗环境
植物特点：小型常绿灌木，呈黄色
植株大小：5~10厘米
抗逆性：强
适宜墙面朝向：北、南、东、西
注释：中小型灌木地被植物，稳定性强
维护：除了作适当的修剪外，几乎无需维护

植物名称：地被婆婆纳"蓝色水域"
植物类型：低植被植物
生长条件：阳光或半阴环境下
植物特点：婆婆纳属植物，低植被、常绿，生长于林地或者草堤
原产地：英国，欧洲
植株大小：10~20厘米
开花时间：4~6月
抗逆性：强
适宜墙面朝向：北、东、西
注释：夹杂在其他植物或是独自生长的低植被植物，开花时间长
维护：开花后去除残头

植物名称：小蔓长春花
植物类型：低植被植物
生长条件：阳光或半阴环境下
植物特点：低植被、常绿，生长于林地或者草堤
原产地：欧洲、西亚、英国
植株大小：10~30厘米
开花时间：4~6月
抗逆性：强
适宜墙面朝向：北、东、西
注释：小长春花，夹杂在其他植物或是独自生长的低植被植物，开花时间长
维护：于春季或秋季去除多余嫩枝

植物名称：林石草
植物类型：低植被植物
生长条件：阳光或低荫环境下
植物特点：匍匐草莓状叶片、黄色花朵
原产地：欧洲、东亚
开花时间：5~6月
抗逆性：强
适宜墙面朝向：南、东、西
维护：偶尔修剪死叶或者多余叶片

本项目的环保效益:

净化空气

隔热作用

缓解城市热岛效应

声能耗散

积极的心理影响

利于维持城市生态平衡

植物列表：
1. 薰衣草
2. 条叶糖芥"淡紫色鲍尔斯"
3. 天竺葵
4. "银毯"水苏
5. 橘红苔草
6. 矾根"梅子布丁"
7. 矮胖大戟
8. 大萼金丝桃
9. 金边扶芳藤
10. 银边扶芳藤

矩阵植物列表
A. 地被婆婆纳"蓝色水域"
B. 小蔓长春花
C. 林石草

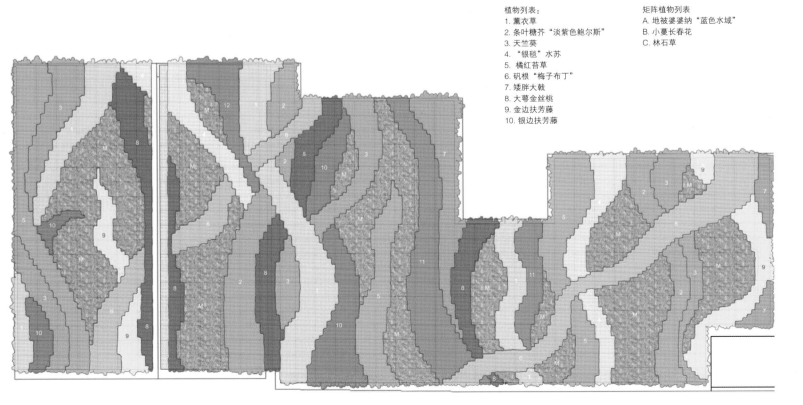

绿色综合大楼

设计师：隈研吾建筑事务所 ┃ 项目地点：日本，小田原市

隈研吾建筑事务所在日本小田原市修建了这座极具视觉冲击力的综合性建筑，由铝制压铸板构成的垂直绿墙为主要特色。这些略微倾斜的压铸板由单块铸块构成，每个铸块被赋予绿色的生命，看上去像是被腐蚀的泡沫，构成一个巨大的有机体。

项目名称：
绿色综合大楼
竣工时间：
2011年
首席设计师：
隈研吾
摄影师：
阿野太一
面积：
1047.80平方米

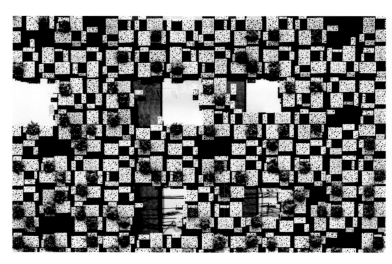

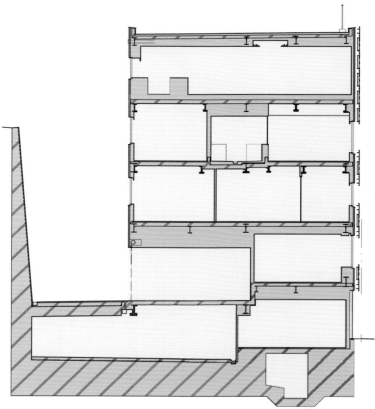

1. 铝窗框
2. 冲洗软管
3. 垂直绿墙
4. 聚丙烯箱
5. 植物底垫
6. 铝制压铸板
7. 水泥板
8. 雨水槽
9. 通风设备
10. 钢窗框

这座5层楼高的建筑于2011年夏季完工。地下和一楼设有停车场，以及药店和诊所。2楼和3楼拥有办公空间和一个职业学校，4楼是一个两房的住宅，从这里可以直接通往私人屋顶露台。

建筑的外墙被铝制压铸板制成的种植槽覆盖，每个种植槽由3到6个铸块组成。所有的压铸板都是倾斜的，犹如被腐蚀的泡沫一般。铝制压铸板的后面安装了排水管、储气缸和落水管等系统，令建筑外立面的系统更加完善。

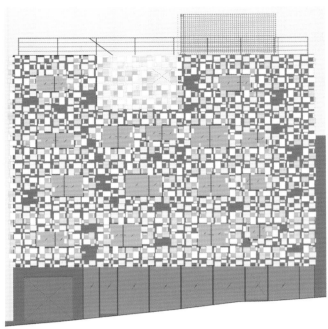

国王十字燃气站

设计师：Biotecture有限公司 | 项目地点：英国，伦敦

本案中，绿墙作为燃气站的一个新的视觉屏幕而存在。绿墙面对一条繁华的街道，旁边是一个城市公园，客户希望能够把公园的绿色延续到燃气站，同时希望利用绿墙来控制昆虫。在否决了大量的不同的设计草图后，一个平行波带图的设计方案最终当选，该方案采用"矩阵"的植物排列方式。绿墙的每个波带所栽种的植物都有所不同，按照它们的耐热度依次排列，耐热度最高的植物位于绿墙的最顶端。

据了解，燃气站所在地未来的规划是，绿墙的南侧将会建造一座高楼，投向绿墙的太阳直射光也将被阻挡。这就意味着，绿墙的植物很可能要全部被替换。本案绿墙的模块系统有效地解决了这一问题，要全部替换植物嵌板只需几天的时间（嵌板上的植物需要提前栽种）。

本项目的环保效益：

视觉绿化

积极的心理影响

利于维持城市生态平衡

声能耗散

净化空气

缓解城市热岛效应

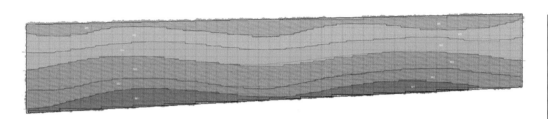

矩阵1	矩阵3	矩阵5
A. 岩白菜	C. 爱尔兰绿色苔草	E. 列那狐老鹳草
B. 紫色矾根	D. 顶花板凳果	F. "银毯" 水苏
C. 爱尔兰绿色苔草	E. 列那狐老鹳草	G. 条叶糖芥 "淡紫色鲍尔斯"
矩阵2	矩阵4	矩阵6
B. 紫色矾根	D. 顶花板凳果	F. "银毯" 水苏
C. 爱尔兰绿色苔草	E. 列那狐老鹳草	G. 条叶糖芥 "淡紫色鲍尔斯"
D. 顶花板凳果	F. "银毯" 水苏	H. "拇指汤姆" 薰衣草

项目名称：
国王十字燃气站
竣工时间：
2012年
客户：
Argent集团
首席设计师：
马克·劳伦斯
建筑设计：
爱丽丝&莫里森，波菲利设计事务所
摄影师：
Biotecture有限公司
面积：
240平方米

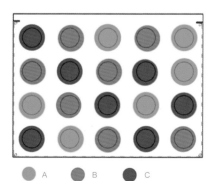

A　　B　　C

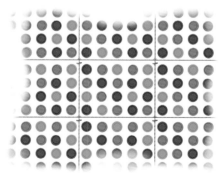

"矩阵"植物设计

整个绿墙由若干植物带构成，每个植物带构成一个"矩阵"，由不同的三种植物构成（每个植物带三种植物所占的比例是固定的）。下一个植物带采用上个植物带中的两种植物，然后增加一种新植物，以此类推。考虑到本案绿墙图案的特点，设计团队选用的植物种类较少，植株大小较为平均。

每个植物带三种植物所占百分比如下：A 30%，B 35%，C 35%

植物名称：岩白菜
植物类型：多年生常绿植物
生长条件：阳光、半阴
植物特点：多年生地被植物，叶片大、呈圆形，春季开粉花，冬季叶片呈红色
原产地：西伯利亚，欧洲
植株大小：20~30厘米
开花时间：4月
抗逆性：强
适宜墙面朝向：北、东、西
注释：叶片小儿强韧，俗称"大象耳"
维护：每年修剪，开花后去除残头，偶尔去除死叶

植物名称：紫叶珊瑚钟
植物类型：多年生常绿植物
生长条件：斑点荫、阴暗
植物特点：丛生常绿叶片，生于潮湿的林地
原产地：北美
植株大小：30~40厘米
开花时间：6~7月
抗逆性：强
适宜墙面朝向：北、东
注释：带绿边的粉色或紫色叶片，花朵呈粉色或白色
维护：秋天去除残头，春季去除死叶

植物名称：爱尔兰绿苔草
植物类型：草叶植物
生长条件：半阴、阴暗
植物特点：莎草科常绿植物，丛生，生长缓慢
植株大小：30厘米
开花时间：5月
抗逆性：强
适宜墙面朝向：北、东
注释：稳定性极高的植物，结构和颜色四季不变
维护：去除死叶，春季可以做大的修剪

植物名称：顶花板凳果
植物类型：低植被植物
生长条件：阴暗或半阴
植物特点：爬行植物，叶片呈螺旋状，花朵小
原产地：日本，中国
植株大小：10~15厘米
开花时间：4月
适宜墙面朝向：北、东
注释：适合背阴墙面
维护：偶尔去除多余叶片

植物名称：肾叶老鹳草
植物类型：多年生半常绿植物
生长条件：阳光充足
植物特点：紧凑型地被植物，半常绿，薰衣草状花朵
原产地：欧洲，西亚
植株大小：30厘米
开花时间：5~6月
抗逆性：较强
适宜墙面朝向：北、南、东、西
维护：每年修剪，或开花后去除残余花朵或春天进行修剪

植物名称：绵毛水苏"银色地毯"
植物类型：多年生常绿植物
生长条件：多光少荫
植物特点：叶表面覆盖一层银色，叶片多毛，被称作"兔子的耳朵"
原产地：土耳其、伊朗
植株大小：20~30厘米
开花时间：6~7月
抗逆性：较强
适宜墙面朝向：南、东、西
注释：无花植物
维护：定期去除死叶和坏叶

植物名称：桂竹香
植物类型：多年生常绿植物
生长条件：阳光充足
植物特点：多年生桂竹香，灰绿色叶片，花朵呈淡紫色
原产地：欧洲
植株大小：50厘米
开花时间：4月
抗逆性：较强
适宜墙面朝向：南、西
注释：多年生、常见桂竹香植物
维护：每年修剪，开花后去除残余花朵

植物名称：孟士德薰衣草
植物类型：草本植物
生长条件：阳光充足
植物特点：地中海草本植物喜干热环境
原产地：地中海地区
植株大小：30~40厘米
抗逆性：较强
适宜墙面朝向：南、东、西
注释：芳香草本植物，较受蜜蜂和花虹喜爱。植株紧凑，花朵呈紫蓝色
维护：开花后进行修剪，不适宜过多修剪

新街广场绿墙

设计师：Biotecture有限公司 ┃ 项目地点：英国，伦敦

受客户委托，Biotecture有限公司为这座地处霍尔本中心的新建筑重新安装了一面垂直绿墙，在此之前也有其他公司为该建筑安装绿墙，但以失败告终。设计团队选择了较为随意的迷彩图案，所选用的大多数植物都能适应较强的太阳光。绿墙植物采用极富创造性的"补丁"＋"矩阵"的排列方式："补丁"是主体植物群，多为植株较大、色彩较深的植物，"矩阵"则指3~5种相对较为矮小的植物以特定的规律重复排列所形成的背景，用来对照和衬托主体植物。

项目名称：
新街广场绿墙
竣工时间：
2011年
客户：
土地证券
首席设计师：
马克·劳伦斯
建筑设计：
拜奈思设计事务所
摄影师：
Biotecture有限公司
面积：
240平方米

植物名称： 大萼金丝桃
植物类型： 多年生常绿植物
生长条件： 半阴、全阴
植物特点： 匍匐生长的常绿植物，
生长于林地
原产地： 欧洲东南部、亚洲西南部
植株大小： 30~45厘米
开花时间： 7~8月
抗逆性： 强
适宜墙面朝向： 北、东
注释： 被称为"莎伦的玫瑰"，叶片强韧、
表面光滑
维护： 每隔二三年于晚冬进行一次大的修剪

植物名称： 岩白菜
植物类型： 多年生常绿植物
生长条件： 阳光、半阴
植物特点： 多年生地被植物，叶片大、呈圆形，
春季开粉花
原产地： 西伯利亚、欧洲
植株大小： 20~30厘米
开花时间： 4月
抗逆性： 强
适宜墙面朝向： 北、南、东、西
注释： 俗称"大象耳"，叶片强韧
维护： 每年修剪，开花后去除残头，偶尔去除死
叶

植物名称： 蓝色狭叶薰衣草
植物类型： 草本植物
生长条件： 阳光
植物特点： 地中海草本植物，喜干热环境
原产地： 地中海地区
植株大小： 30~40厘米
开花时间： 6~7月
抗逆性： 强
适宜墙面朝向： 南、东、西
注释： 芳香草，受蜜蜂及食蚜虻喜爱，叶片紧
凑，深紫色花朵
维护： 开花后进行适当修剪

植物名称： 贝文天竺葵
植物类型： 多年生半常绿植物
生长条件： 阳光充足
植物特点： 紧凑型地被植物，半常绿
原产地： 欧洲
植株大小： 30厘米
开花时间： 5~6月
抗逆性： 较强
适宜墙面朝向： 北、南、东、西
维护： 每年修剪，或开花后去除残余花朵或春
天进行修剪

植物名称： 羽脉野扇花
植物类型： 灌木
生长条件： 阴暗、半阴
植物特点： 生长于林地，冬季开花，花香浓烈，生蓝黑色浆果，叶片颜色深、表面光滑
原产地： 东亚，东南亚
植株大小： 120厘米
开花时间： 1~3月
抗逆性： 强
适宜墙面朝向： 北、东
注释： 冬季开花，花香浓郁，生长较慢
维护： 开花后进行简单修剪，控制植株的大小，保持清洁

植物名称： 珊瑚钟
植物类型： 多年生常绿植物
生长条件： 斑点荫、阴暗
植物特点： 丛生常绿叶片，生于潮湿的林地
原产地： 北美
植株大小： 30~40厘米
开花时间： 6~7月
抗逆性： 强
适宜墙面朝向： 北、东
注释： 带绿边的粉色或紫色叶片，花朵呈粉色或白色
维护： 秋天去除残头，春季去除死叶

植物名称： 蕊帽忍冬
植物类型： 常绿灌木、地被植物
生长条件： 阳光、半阴以及阴暗环境
植物特点： 小型常绿灌木植物，颜色呈翠绿色
植株大小： 5~10厘米
抗逆性： 强
适宜墙面朝向： 北、南、东、西
注释： 中小型灌木地被植物，稳定性强
维护： 除了作适当的修剪外，几乎无需维护

植物名称： 虎纹黄水枝
植物类型： 多年生常绿植物
生长条件： 斑点荫、阴暗
植物特点： 丛生常绿植物，开淡粉色或白色花
原产地： 北美，亚洲
植株大小： 30厘米
开花时间： 6~7月
抗逆性： 强
适宜墙面朝向： 北、东
注释： 稳定性强的林地植物，适合做绿墙植物
维护： 秋季去残头，春季去除死叶

植物名称： 扁桃叶大戟
植物类型： 多年生常绿植物
生长条件： 阳光、半阴
原产地： 欧洲、土耳其
植株大小： 80厘米
开花时间： 5~6月
抗逆性： 强
适宜墙面朝向： 南、东、西
注释： 叶片颜色深，美观
维护： 每年修剪，或开花后去除花朵残头、或春季去除死叶
注意： 树液对皮肤具有刺激性

植物名称： 铁角蕨
植物类型： 蕨类
生长条件： 半阴、阴暗
植物特点： 常绿鹿舌草
原产地： 英国
植株大小： 30~40厘米
抗逆性： 强
适宜墙面朝向： 北、东、西
注释： 叶片极具建筑感
维护： 需较少维护，偶尔去除死叶

植物名称： 银边扶芳藤
植物类型： 常绿灌木、地被植物
生长条件： 阳光、半阴、阴暗环境
植物特点： 小型常绿灌木
植株大小： 5~10厘米
抗逆性： 强
适宜墙面朝向： 北、南、东、西
注释： 中小型灌木地被植物，稳定性强
维护： 除了作适当的修剪外，几乎无需维护

植物名称： 速铺扶芳藤
生长条件： 阳光、半阴、阴暗环境
植物： 小型爬行常绿灌木
植株大小： 5~10厘米
抗逆性： 强
适宜墙面朝向： 北、南、东、西
维护： 除了作适当的修剪外，几乎无需维护

植物名称：黑紫常生花
植物类型：低植被植物
生长条件：阴暗或半阴环境下
植物特点：低植被、常绿，生长于林地或者草堤
原产地：欧洲、西亚
植株大小：10~30厘米
开花时间：4~6月
抗逆性：强
适宜墙面朝向：北、东、西
注释：小长春花，夹杂在其他植物或是独自生长的低植被植物，开花时间长
维护：于春季或秋季去除多余嫩枝

植物名称：顶花板凳果
植物类型：低植被植物
生长条件：阴暗或半阴
植物特点：爬行植物，叶片呈螺旋状，花朵小
原产地：日本，中国
植株大小：10~15厘米
开花时间：4月
适宜墙面朝向：北、东
注释：适合背阴墙面
维护：偶尔去除多余叶片

植物名称：林石草
植物类型：低植被植物
生长条件：阳光或低荫环境下
植物特点：匍匐草莓状叶片、黄色花朵
原产地：欧洲、东亚
开花时间：5~6月
抗逆性：强
适宜墙面朝向：南、东、西
维护：偶尔修剪死叶或者多余叶片

　　绿墙共包含15种植物，与对比鲜明的带状植物排列方式不同，本案的植物搭配更为和谐，不会有某一种植物特别显眼。吸取之前失败的教训，设计团队在选择植物时，除了考虑这些植物所能适应的光照强度外，还把植物的抗逆性作为十分重要的衡量标准。

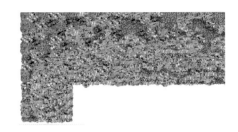

植物列表
1. 大萼金丝桃
2. 岩白菜
3. 羽脉野扇花
4. 绿香彩色矾根
5. 薰衣草贵妇人
6. 老鹳草
7. 苔藓绿忍冬花
8. 虎纹黄水枝
9. 罗比大戟
10. 铁角蕨
11. 速铺扶芳藤
12. 银边扶芳藤

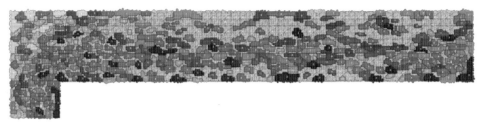

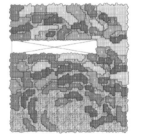

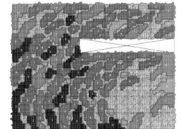

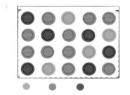

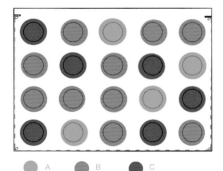

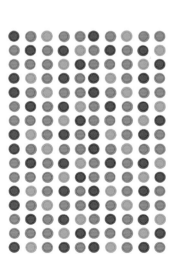

植物矩阵
A. 小蔓长春花
B. "绿毯"富贵草
C. 林石草

马来西亚DiGi技术运营中心

设计师：T.R. Hamzah&Yeang事务所 ｜ 项目地点：莎阿南，马来西亚

　　本案包括DiGi通信公司以及行政办公室、接待大堂、电信塔和服务管理中心（即指挥中心）等附属空间。

　　客户要求设计一个以IT数据中心标准时间协会（IT Data Center's Vptime Institute）的第三平台为基础的数据中心，将安全性提升到与第四平台相当的程度，同时增强其生态性。

　　为满足客户的要求，设计团队在数据中心大楼安装了高效排水和防水系统，并且采用封闭式外墙，不仅可以减少热量吸收，还能提高大楼的安全性。

项目名称：
马来西亚DiGi技术运营中心
竣工时间：
2010年
客户：
马来西亚DiGi技术运营中心
摄影师：
T.R. Hamzah&Yeang事务所
占地面积：
12982平方米

数据中心的外立面被设计成垂直绿墙，可以净化和改善室内空气质量。垂直绿墙是一种有生命的可再生的建筑包层，既可以简单如一件活的艺术展品，也可以复杂如生物空气过滤器。无论是室内或是室外的垂直绿墙都可以起到减少二氧化碳排量、增加湿度、吸收粉尘、降低噪音，为城市野生物创造栖息地的作用。室外的垂直绿墙装置可以通过吸收建筑表面的被动式太阳能来减少能量的耗损，还能降低紫外线辐射和酸雨的刺激，缓解城市热岛效应（城市热岛效应指：当城市的树木被柏油马路和混凝土取代后，城市中心区域的温度会比其他自然区域高很多）。

生态设计特点

植物绿墙：数据中心大楼运用的主要生态设计方案是包裹在建筑外层的植物绿墙系统。绿色植被可以有效地阻挡太阳辐射，还能起到隔绝作用，降低大楼的制冷制热成本。此外，植物还可以作为生物净化器，通过一系列生物化学作用破坏甚至去除空气污染物，对缓解温室效应和减少挥发性有机化合物起到立竿见影的作用。

雨水收集：大楼采用虹吸式雨水管降低了楼顶雨水的流失，雨水被引入埋在地底下的蓄水槽中。蓄水槽采用创新的Versi-Tank系统，百分之百由循环材料做成，可以储存100立方米的水。采集到的雨水经过滤后重新利用，灌溉建筑周围的绿色植被，除此之外，屋顶的直冲式灌溉系统还可用来灌溉绿墙的植物。雨水收集系统的运用令整个运营中心无需消耗任何饮用水来进行灌溉。

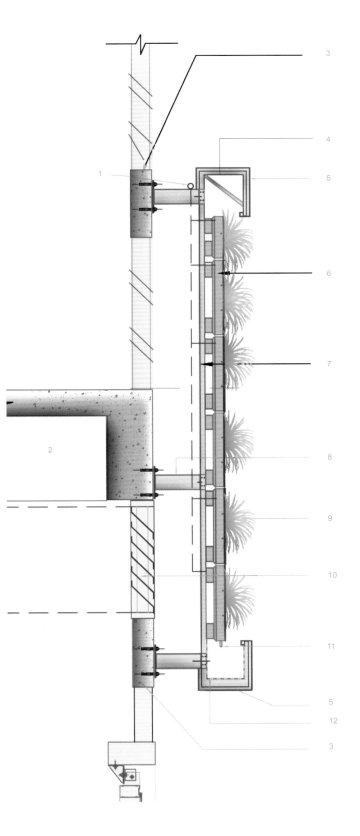

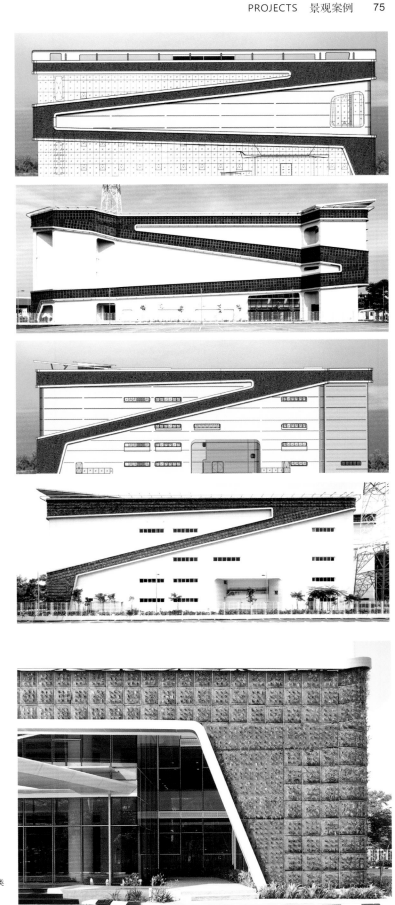

1. 滴灌管细节
2. 新鲜空气入口
3. 用于支撑垂直绿墙的RC斜梁
4. 空心铝型材细节
5. 铝制包层细节
6. 不锈钢绿墙结构
7. 垂直绿墙后侧的防水细节
8. 热镀锌框架细节
9. 专家推荐或景观设计师认可的植物种类
10. 铝制百叶窗
11. 滴水灌溉细节
12. 铝制水槽

桑德罗商业+办公综合楼

设计师：奥斯卡·冈萨雷斯·莫伊斯 ┃ 项目地点：秘鲁，利马

　　应建筑师冈萨雷斯·莫伊斯的要求，桑德罗大厦（Zentro）的一面外墙变身为木板与植被交错的"悬崖"。建筑师旨在通过这面墙给建筑环境带来一丝清新的气息。这面墙壁紧邻中庭和楼梯，而且面向所有办公室，是办公环境中的绿色焦点，所以对于整座建筑来说非常重要。维罗妮卡·克鲁兹负责这面绿墙的设计，设计任务就是将其打造成既有雕塑般的美感造型，同时又是一座清新自然的垂直花园，成为营造整个项目艺术氛围的主角。

项目名称：
桑德罗商业+办公综合楼
完成时间：
2012年
绿墙设计：
维罗妮卡·克鲁兹
客户：
安东尼·艾尔斯·因凡塔
摄影师：
胡安·索拉诺·奥杰西
占地面积：
476平方米

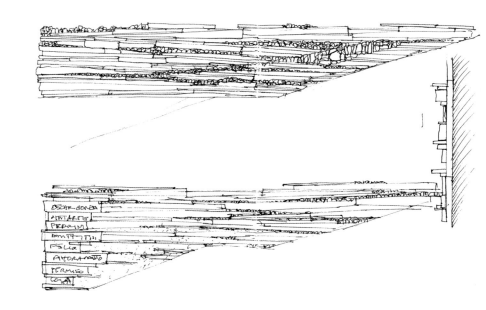

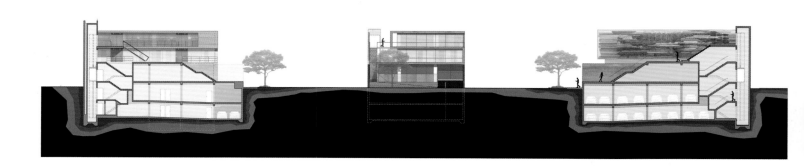

为了满足上述要求，这面墙壁的设计侧重水平方向上的构造韵律，这种韵律伴随着人们走上楼梯，强调了流线和动感，突出了中庭的进深。同时，这种构造也满足了整个墙面的平衡，使所有办公室都能享受充满绿意的视野。

利马的地理环境有一大特色，那就是整个城市坐落在悬崖之上，临海的峭壁展示出岩石的断层。

克鲁兹有意将"悬崖"这一元素运用到墙面的视觉设计中来。墙面的水平构造灵感就来自岩石断层。此外，还增加了令人眼前一亮的植被元素，植物在墙面上自然生长。

整面墙壁是由木板和植被构成的"垂直景观"，二者巧妙结合，相辅相成，融为一体。克鲁兹选用了各种类型的硬木，都是回收利用的材料，尺寸、厚度各异，固定在墙面上不同的高度上。这些木板与植物的布局经过精心设计，颜色、材质、叶片大小等元素都考虑在内。不选用开花植物，否则绿墙容易变成衬托花朵的背景装饰。植被会逐渐覆盖木板间的空位，把整面墙连成一片，充满动感与生机，随着季节的变化呈现不同的风景。

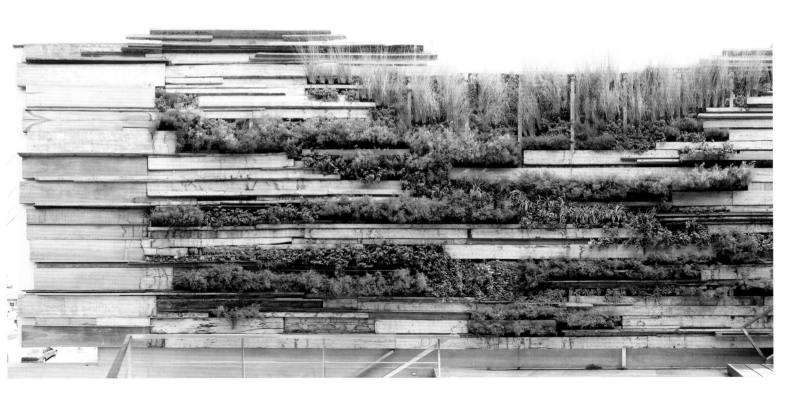

塞西尔街158号

设计师：蒂拉设计公司 ∣ 项目地点：新加坡

塞西尔街158号位于新加坡中央商务区。这是一个加建与改建（A&A）工程。这栋建筑内部没有水平空间留给景观设计。7层高的中庭里有一些过梁，下方是半圆形，可以用作种植槽。于是设计师有了打造墙上花园的想法。植被与玻璃幕墙的结合让建筑极富层次感。

设计的难点是如何为植物生长提供必要的自然条件。设计师凯尔文·康表示："'分层幕墙'的设计手法主要是为了在玻璃之间留出一些空间。两层玻璃之间的空隙是900毫米，各个楼层的玻璃交错排列，满足空气流通的同时，也让雨水能够洒落进来。"

项目名称：
塞西尔街158号
完成时间：
2012年
建筑设计：
AG立面设计公司
主持设计师：
斯里拉蒂塔·戈帕尔、凯尔文·康
客户：
新加坡阿尔法投资有限公司
摄影师：
阿米尔·苏丹
占地面积：
1075平方米

中庭两端各有一面绿墙，都是7层通高，二者之间有两根柱子，从2层直通至10层，表面也覆盖了绿植。设计共用13000盆盆栽植物，安装在金属框架上。10楼安装了水箱，全部植物的灌溉用水都由此供给，通过滴管自动控制。这一技术比之普通的土壤灌溉能够节省大量用水。植物的维护可以通过隐藏在绿色墙面和绿色柱子后面的平台和楼梯来进行。原有的钢筋混凝土过梁上方也设置了维护过道。

因为面向东面的中庭能够获得的日照有限，所以需要人工照明，设计师专为所有植物设计了最佳照明方案：150瓦的卤化金属灯（多种色彩）搭配18瓦的荧光灯（主要为蓝色和红色，有助于植物生长）。这些照明灯能为植物提供1000勒克斯的照度，这是最适合植物生长的照明条件。夜晚，建筑照明将这座"垂直花园"烘托得更加美妙，仿佛一个巨大的灯笼，远远就能看见。

绿墙采用的植物种类只有简单的8种，却能搭配出丰富而又极具动感的绿色墙面。这些植物质地丰富多样，叶片的颜色、形状、大小、密度各不相同，给二维的绿植墙面带来丰富的质感。植物的选择考虑到楼内环境的半阴条件，选的都是需水量不大的品种，保证了后期进行方便、高效的维护工作。

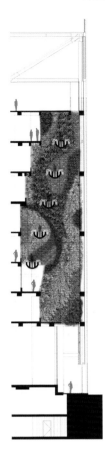

种植槽详图
1. 混合土壤
2. 不锈钢钢板（亚光表面）
3. 防水涂层
4. 沙面层或碎砾石
5. 过道
6. 照明装置预留空间
7. 50毫米排水孔
8. 排水槽（采用土工织物包裹）

连桥结构剖面图
1. 不锈钢扶手（直径：500毫米）与玻璃固定
2. 钢化玻璃栏杆（厚度：6毫米+6毫米）
3. 电镀钢材折叠面板
4. 原有的钢筋混凝土横梁（全部涂成绿色）
5. 钢结构框架（按工程师要求定制）
6. 支撑结构（按工程师要求定制，表面穿孔，覆盖金属粉末）
7. 为悬垂植物设置的可拆卸照明设施，安装在固定金属架之间
8. 重型不锈钢（宽度：200毫米，长度不定，深度：400毫米），土壤深度：300毫米；沙层深度：50毫米；砾石深度：60毫米
9. 与排水管连接

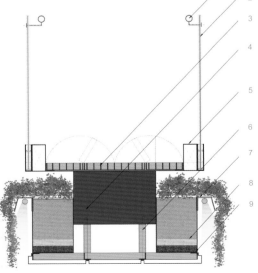

EI日式餐厅

设计师：切莱姆·塞拉诺建筑事务所 ｜ 项目地点：墨西哥，墨西哥城

　　El餐厅波朗科店是El日式餐厅的第二家店,第一家位于圣达菲,自2007年开张至今获得了巨大成功。波朗科店的设计采用了与圣达菲店相同的设计语言和装饰材料,并在此基础上加以创新。餐厅位于墨西哥城十分热闹的街区——波朗科,店铺较圣达菲店更大。

　　El餐厅波朗科店位于一间殖民房的后侧,这里曾是墨西哥城的德语区的心脏。餐厅面积约为235平方米,共两层:一楼是厨房,配有厨师所需的各种高科技设备;二楼是公共空间,可容纳129名客人,该区域还可以分成就餐、酒吧、照烧和铁板烧几个不同区域。此外,二楼还拥有一个可以容纳79位客人的露台,因此,整个餐厅可以接待的客人总数多达208人。

项目名称：
EI日式餐厅
完成时间：
2011年
主持设计师：
亚伯拉罕·切莱姆，哈维尔·塞拉诺
面积：
235平方米
摄影师：
MANUHG摄影公司

在设计中，若干由塑料管制成的罐状物被放置在一起，构成了垂直绿化的灌溉系统。

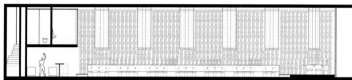

1. 墙体
2. 金属结构
3. 绿色植被
4. 土壤
5. 黑色土工织物

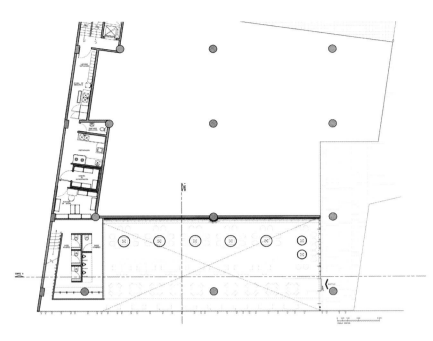

　　餐厅采用现代的设计方式，着重强调天然材料和人工技艺，以唤醒人们对日本文化的记忆，所用的材料包括松木、玻璃以及一种类似于日式榻榻米材质的乌木玻璃大理石。餐厅的墙面和天花板被1英寸边长的木杆所覆盖，这些木杆长短不一，墙和天花板表面也因此凹凸不平，呈现不同的阴影和光线。EI日式餐厅一直秉承这样的设计原则：所用的材料要少而精致，不同材料之间要以一种简洁而优雅的方式形成对比。木头、玻璃和大理石一起，营造了一种温馨而现代的氛围，模糊了室内与室外的界限。

　　把自然融入到室内空间对客户来说具有十分重要的意义，设计团队希望通过营造不同的氛围来唤醒人们对于不同情感和经历的记忆。在景观设计师吉尔默·阿雷东多的帮助下，设计团队打造了一面装有绿色植物和灌溉系统的绿墙系统。该系统操作简单，十分适合室内环境。考虑到餐厅的地理位置以及墨西哥城的环境条件，绿墙采用本土植物，以更好地适应当地环境，令维护更加简单。绿色植物的特殊纹理令其他墙体更显柔和，对比鲜明，个性十足。

设计元素
1. 木质天花板
2. 排气设施
3. 垂直绿化
4. 公共洗手间
5. 服务室、更衣室
6. 吧台
7. 水晶墙
8. 玻璃帷幕墙

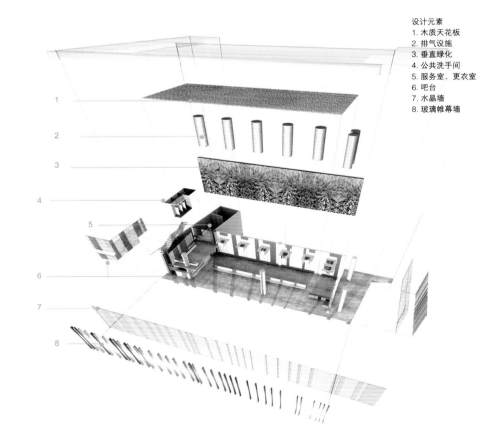

垂直生活馆

设计师：Shma景观建筑有限公司 ｜ 项目地点：泰国，曼谷

本案是由Shma景观建筑有限公司为房地产开放商Sansiri设计的售楼处项目，用来展示新城市生活概念。售楼处最初的设计是表面全部被玻璃覆盖，看上去过于庄严传统，缺少"家"的温馨。考虑到曼谷市被过多的混凝土建筑充塞，Shma建议采用这样的植物绿墙，令售楼处更具特色，吸引公众的目光。

除了增加建筑的美感外，绿色外墙还能在确保室内拥有充足自然光的前提下，降低室内温度和太阳光的强度。垂直绿墙由预先制好的铝制组合箱构成，再把组合箱安装到金属结构上，简单快捷。绿墙安置了植物种植槽和滴流灌溉系统，该系统物美价廉又方便安装。此外，设计师也解决了绿墙的日后维护问题，使植物的再次种植、去除死叶和修剪成为可能。

由于垂直绿墙在东南亚地区尚未得到广泛认可，因此寻找合适的植物无疑成为最大挑战。经过对本土植物进行一系列实验后，东京矮草因为能够承受曼谷极度潮热和过分污染的环境而当选。为了让植物能够适应新环境，设计团队用了最少两个星期的时间做准备。

这样一个新颖设计的推出无疑在曼谷引起了不小的轰动。结果证明：东京矮草不仅可以在严峻的环境下生存，还能带来更加健康的城市生活。

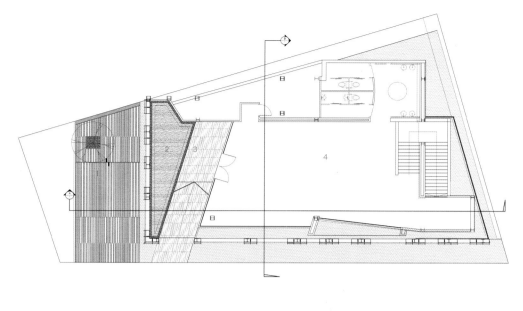

项目名称：
垂直生活馆
竣工时间：
2011年
客户：
Sansirid地产公司
摄影师：
维森·唐坦亚
面积：
440平方米

一楼平面图
1. 停车场
2. 池塘
3. 主入口
4. 展览厅

二楼平面图
1. 卧室
2. 展览厅

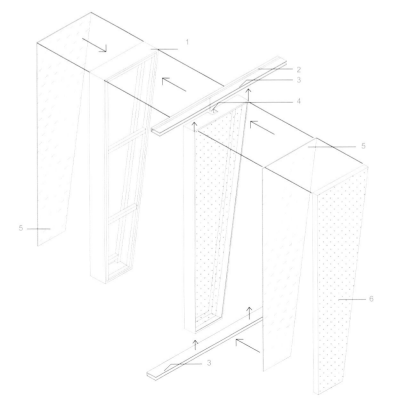

1. 铝塑复合板
2. 滴灌水管
3. 50毫米 x 150毫米 x 6毫米C通道镀锌钢
4. 绿墙铝塑复合板灌溉系统
5. 覆有防水薄膜的8毫米智能板或塑料木，用于覆盖
垂直绿墙的后侧
6. 植物

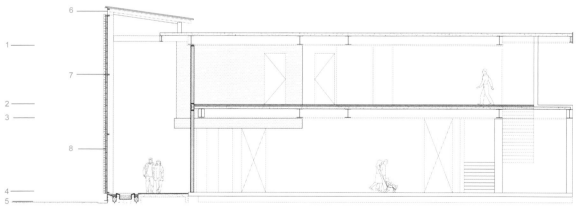

1. 室内净高+8.00
2. 二楼，楼面+5.00
3. 室内净高+4.30
4. 一楼，楼面+0.50
5. 一楼+0.00
6. 380毫米 x 150毫米 x 10毫米C形镀锌板
7. 50毫米 x 150毫米 x 6毫米C形镀锌板
8. 垂直绿墙

1. 室内净高+8.00
2. 二楼，楼面+5.00
3. 室内净高+4.30
4. 一楼，楼面+0.50
5. 一楼+0.00

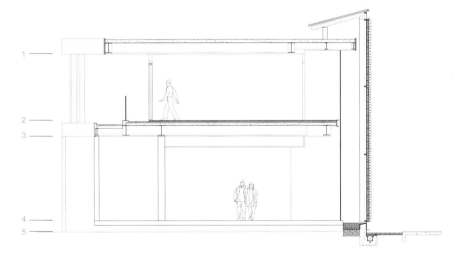

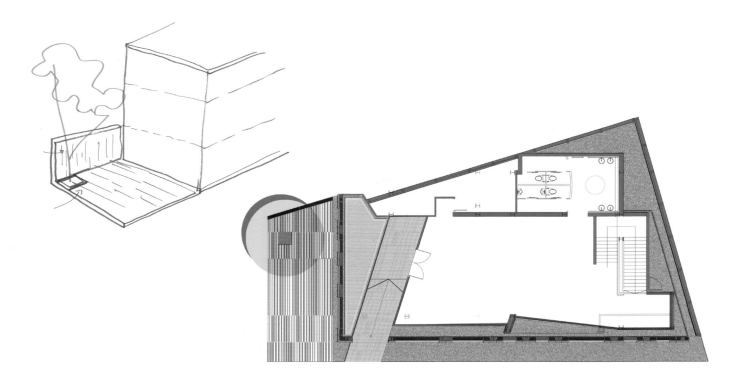

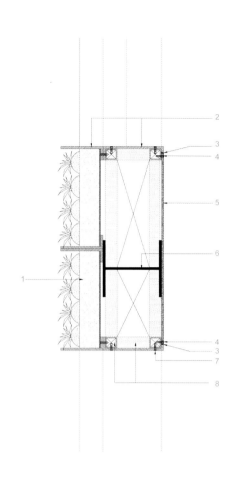

1. 绿墙
2. 铝塑复合板
3. 硅胶灌浆
4. 用来将包层与铝制结构两者固定的S/S螺栓
5. 覆有防水薄膜的8毫米智能板或塑料木，用于覆盖垂直绿墙的后侧
6. I形柱（绿墙结构）
7. S/S螺栓
8. 空心型镀锌钢50毫米 x 50毫米 x 60毫米

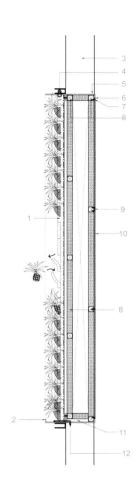

1. 植物槽
2. 铝塑复合槽（25毫米）
3. I形柱（绿墙结构）
4. 绿墙滴灌水管
5. 铝塑复合板细节
6. 5毫米硅胶灌浆
7. 用来将包层与铝制结构两者固定的S/S螺栓
8. 空心型镀锌钢50 x 50 x 6毫米
9. 灌浆
10. 覆有防水薄膜的8毫米智能板或塑料木，用于覆盖垂直绿墙的后侧
11. 用于绿墙排水的25毫米缺口
12. 绿墙灌溉系统的总排水管

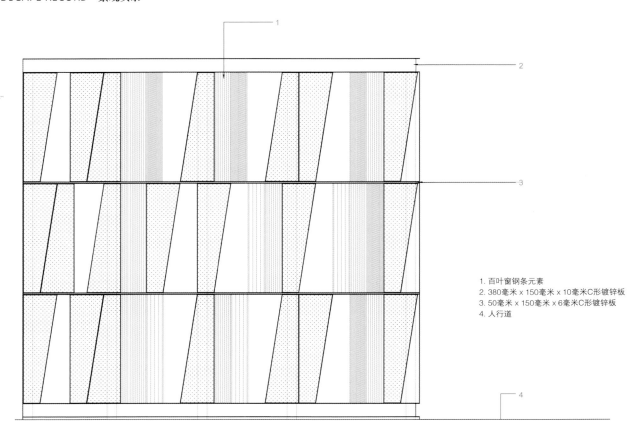

1. 百叶窗钢条元素
2. 380毫米 x 150毫米 x 10毫米C形镀锌板
3. 50毫米 x 150毫米 x 6毫米C形镀锌板
4. 人行道

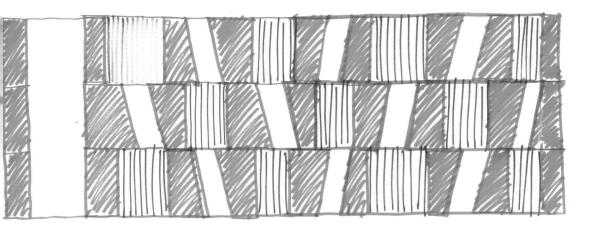

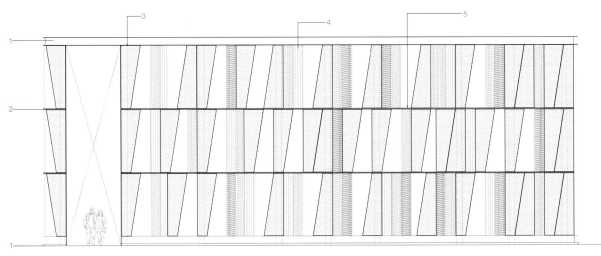

1. 380毫米 x 150毫米 x 10毫米C形镀锌板
2. 50毫米 x 150毫米 x 6毫米C形镀锌板
3. 绿墙内柱线
4. 百叶窗钢条元素
5. C通道镀锌钢

伊比沙垂直花园

设计师：Urbanarbolismo景观设计公司，Alicante forestal公司 | 项目地点：西班牙，伊比沙

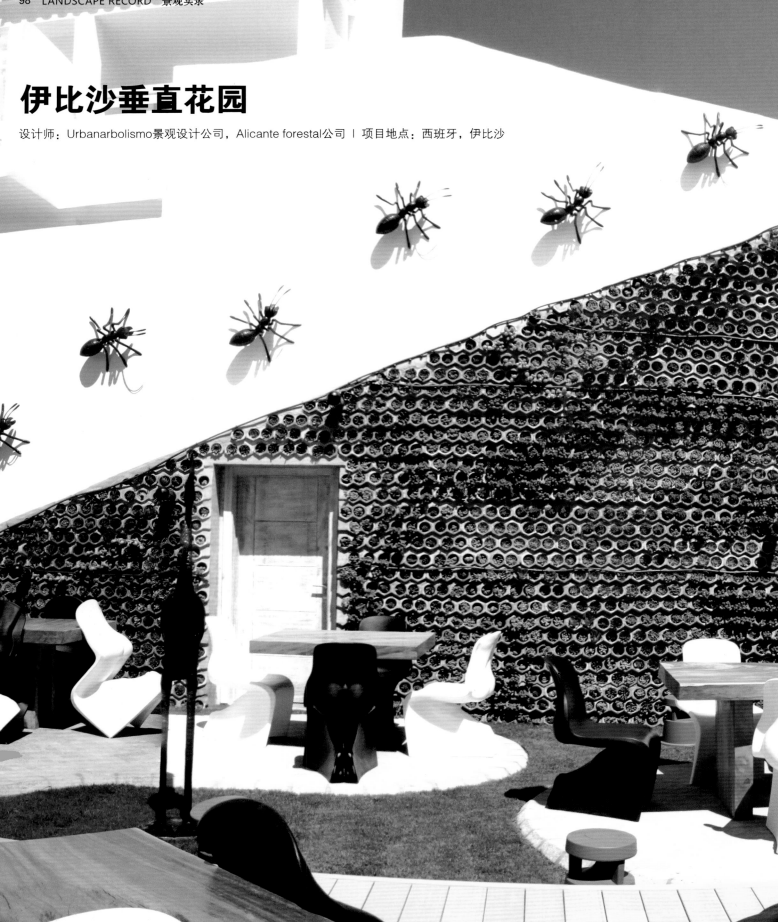

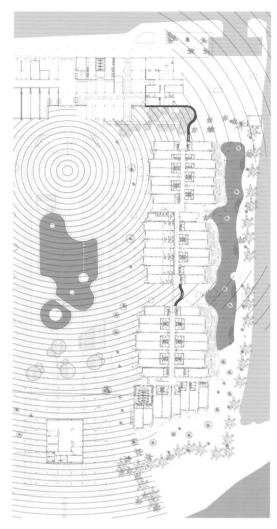

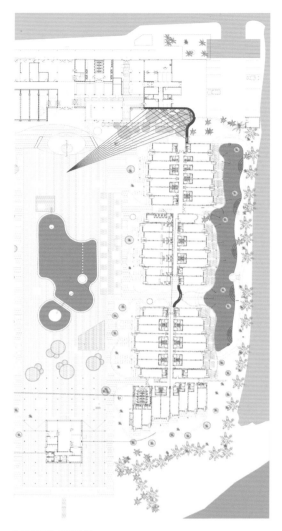

1.总平面图：隔音作用
垂直花园位于伊比沙酒店的庭院，主要目标在酒店中心的室外俱乐部和客房之间形成一道隔音墙。绿墙都可以吸收声波，防止声音从墙的一侧穿到另一侧。

2.总平面图：吸音作用
垂直花园将酒店的日式餐厅围绕，在植物的帮助下，特殊几何形状的墙体可以产生消音效果，吸收声波，降低室外俱乐部的噪音，形成一个更为私密的区域。

项目名称：
伊比沙垂直花园
竣工时间：
2011
首席设计师：
乔迪·塞拉米亚
摄影师：
Urbanarbolismo公司
面积：
400平方米

伊比沙岛以其多彩的夜生活而闻名于世，其独特的垂直花园也为越来越多的人所熟知。西班牙景观设计公司Urbanarbolismo在乌斯怀亚伊比沙酒店的庭院中打造了一面绚丽的垂直绿墙，绿墙不仅对室外俱乐部起到隔音板的作用，还能为洁白的酒店和碧蓝的天空增加一丝色彩，令其更具活力。在Alicante forestal公司和Alijardín公司的共同协助下，绿墙还安装了一个创新的低技术、低维护灌溉系统。

垂直花园在俱乐部的室外庭院和附近的公寓之间形成了一面隔音墙。等到植物日渐成熟，绿墙便可吸收更多的声音，为庭院营造更为私密的氛围。庭院被棕橙色的波浪形围墙所环绕，入口处是一面较小的绿墙。整个垂直花园由若干个六边形陶瓷花槽堆叠而成，花槽里面是土壤和植物。

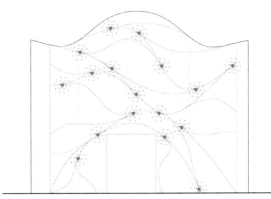

1. 东立面图：灯光和植物分布

2. 西立面图：灯光和植物分布

考虑到伊比沙当地的气候条件，垂直花园选用的主要植物包括：青锁龙属、大戟属、石莲花属、莲花掌属、高凉菜属以及景天属等植物，这些植物能够更好的适应干旱条件和强烈的太阳光。还有一些植物种类因需水量很少而被选择。这些抗逆性极强的肉质植物在一年中可以呈现不同的色彩。

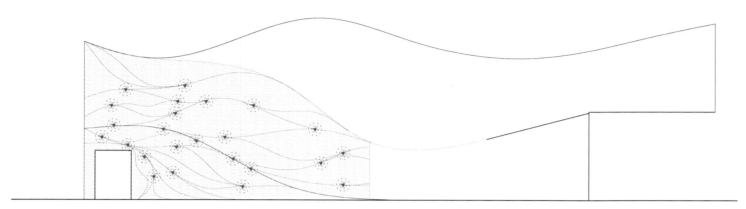

1. 东北立面图：灯光和植物分布

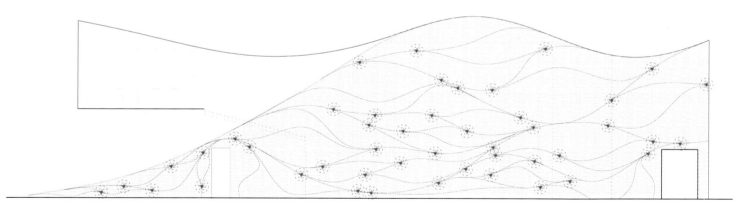

2. 西南立面图：灯光和植物分布

垂直花园主要栽种了大戟属、石莲花属、莲花掌属、高凉菜属以及景天属等适宜在伊比沙岛温热的地中海气候下生存的植物。当植物成熟后，绿墙会呈现彩虹般的色彩，不同的植物也会在一年的不同时期开花。植物的安排十分仔细，充分考虑到土壤类型和日照等元素。

Urbanarbolismo景观设计公司还有意避开了复杂的自动灌溉系统，打造了一个低技术低维护的系统。陶瓷花槽被安装在墙上，与墙体形成一定角度，以保证每个花槽都能收集水。据Urbanarbolismo景观设计公司介绍，伊比沙垂直花园是首个该类型的绿墙，有望在更多的园艺师中推广。

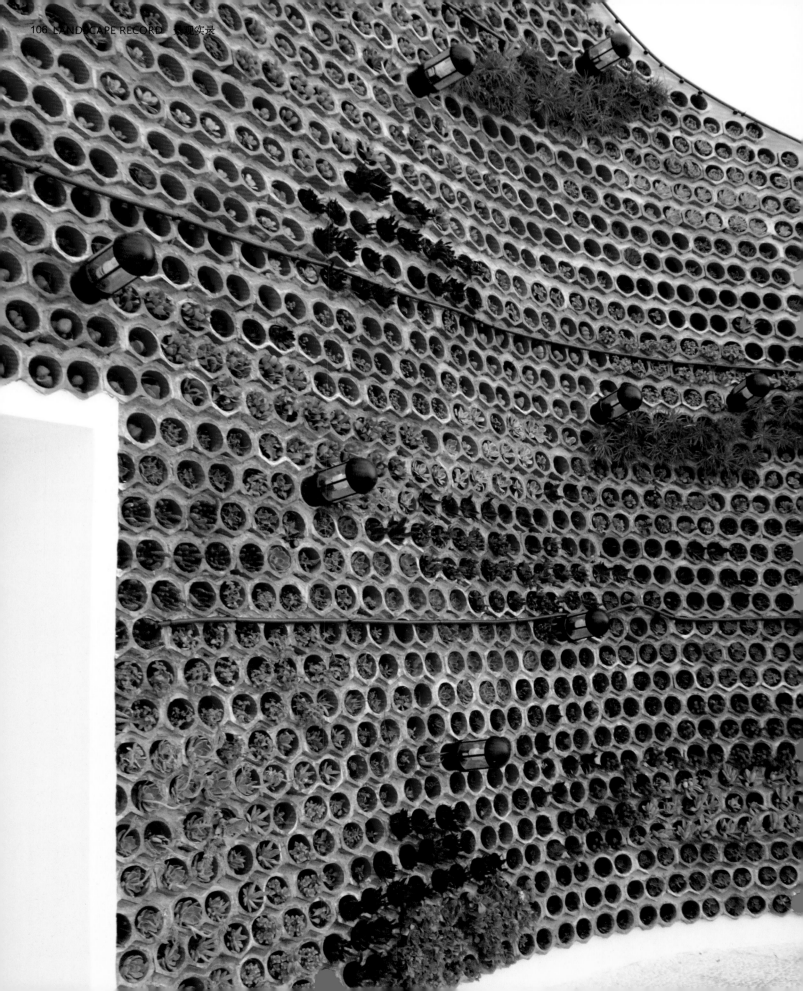

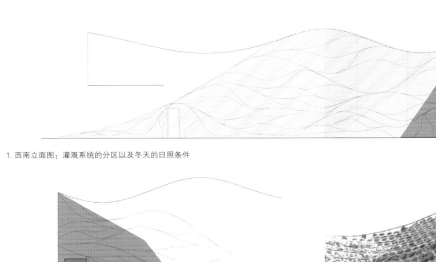

1. 西南立面图：灌溉系统的分区以及冬天的日照条件

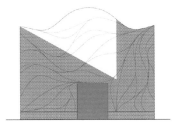

2. 东北立面图：灌溉系统的分区以及冬天的日照条件

3. 东立面图：灌溉系统的分区以及冬天的日照条件

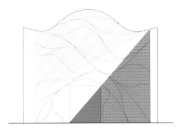

4. 西立面图：灌溉系统的分区以及冬天的日照条件

垂直花园在冬天的灌溉需水量极少，每隔一到一个半月进行一次灌溉即可，夏天则每隔十天左右灌溉一次。垂直花园的耗水量很少，经精心挑选的生长缓慢的植物也几乎不需要维护。

马约大学竞赛项目

项目名称：
马约大学竞赛项目
竣工时间：
2008年
项目地点：
智利，圣地亚哥
建筑师：
恩里克·布朗恩
合作建筑师：
托马斯·斯威特，宝琳娜·费尔南
德斯，乔治·席尔瓦
占地面积：
3058平方米
建筑面积：
17790平方米

本案的设计主旨是将马约大学打造成"修道院式校园"，让学生可以在这里安静的学习，远离喧嚣。从20世纪初开始美国就流行"郊区校园"，在开阔的郊区形成一片片独立校区。本案地处城市，附近有地铁和其他公共交通设施，因此，设计团队提出打造一座"现代而开放的修道院式校园"的设计方案。

校区被分成2部分，其中一区与韦斯普齐大道公园相邻，另一区则在公园的后侧，用作主校区的扩充或是用来出售。区域内的诸多阻碍被清除，令校园更显开阔，公园后侧校区的商业价值也被提升。

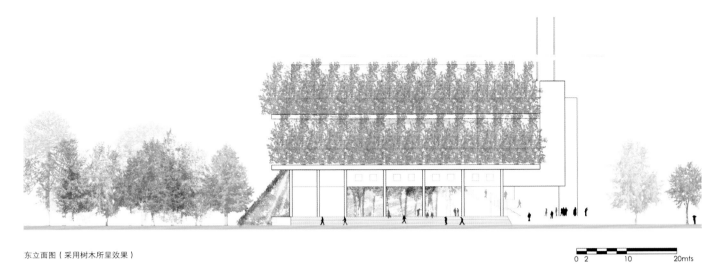

东立面图（采用树木所呈效果）

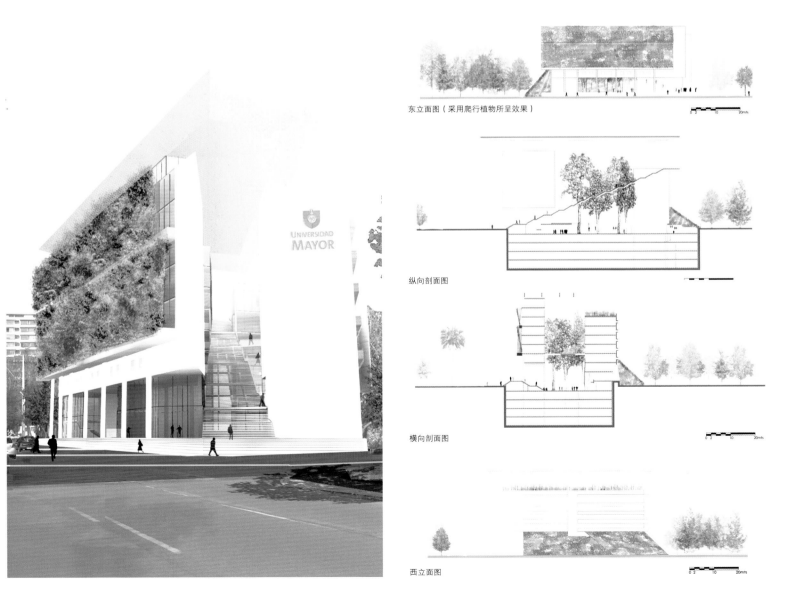

东立面图（采用爬行植物所呈效果）

纵向剖面图

横向剖面图

西立面图

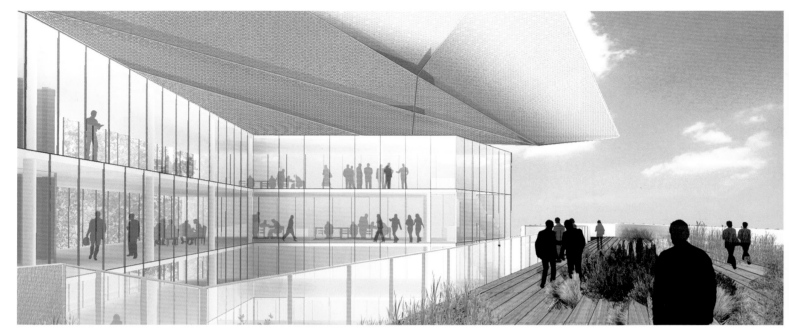

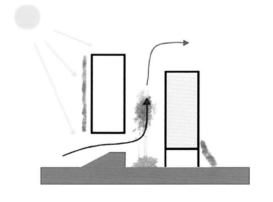

热循环技术图

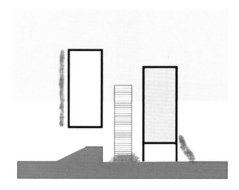

比例图

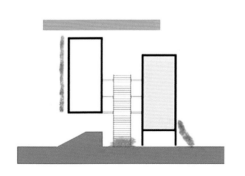

建筑侧面图（安全梯被电梯间取代）

大赛要求设计一栋标志性建筑,这种建筑的建造通常要满足两点:一是建
筑所处地理位置是否足够突出,二是所在的位置是否对建筑的高度和长度有所
限制。按照规定,马约大学校区所在地最高只能建造15层楼高的建筑,显然无
法满足第二条。

因此,本案另辟蹊径,采用巨大的透明屋顶和植物绿墙,使建筑更具有视
觉冲击力,成为一栋标志性建筑。半透明屋顶还能保护天井不被日晒雨淋。建
筑安装了效率高达30%的光电板,平均每天可以产生236千瓦时的电能,只需15

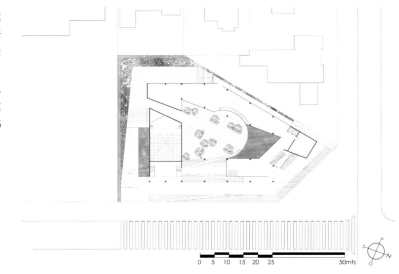

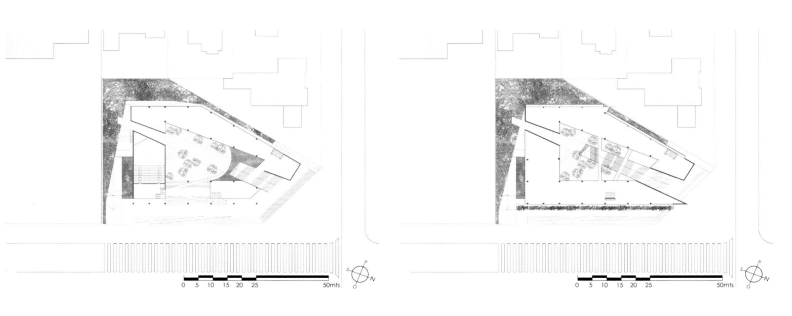

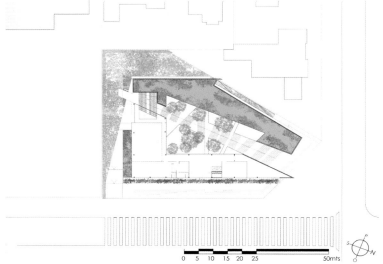

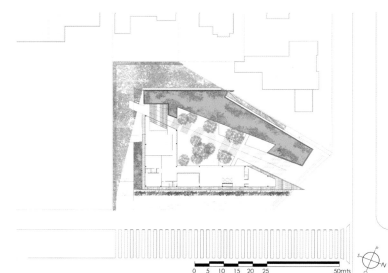

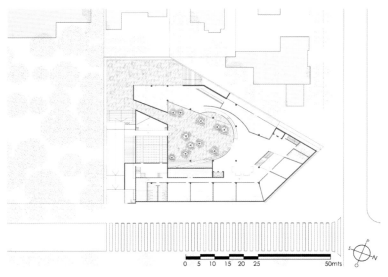

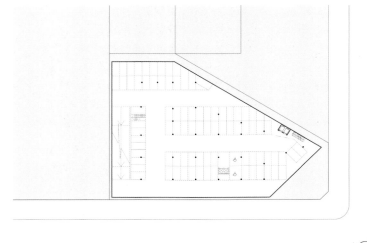

年便可收回光电板所花费的经济成本。此外，建筑的外立面还包裹了一层由攀爬植物和落叶植物构成的"双层绿色皮肤"，植物绿墙的使用让建筑每年可以减少近20%的能源消耗。"双层绿色皮肤"从建筑的东侧到西侧，一直爬到屋顶。绿色的屋顶为建筑和周围区域增添了更多的绿色空间。植物不仅可以减少二氧化碳量，还能在一年的不同时期呈现不同色彩，令所处区域更加生机勃勃。

大学活动本应从"物质层面"提升到"学术和精神层面"。正如抽象艺术先驱康定斯基曾于1912年所说："艺术所赖以生存的精神生活，是一种复杂而又确切的、超然世外的运动。这种运动能够转化为天真，这就是人的认识活动。"

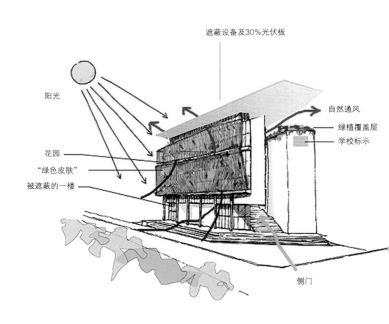

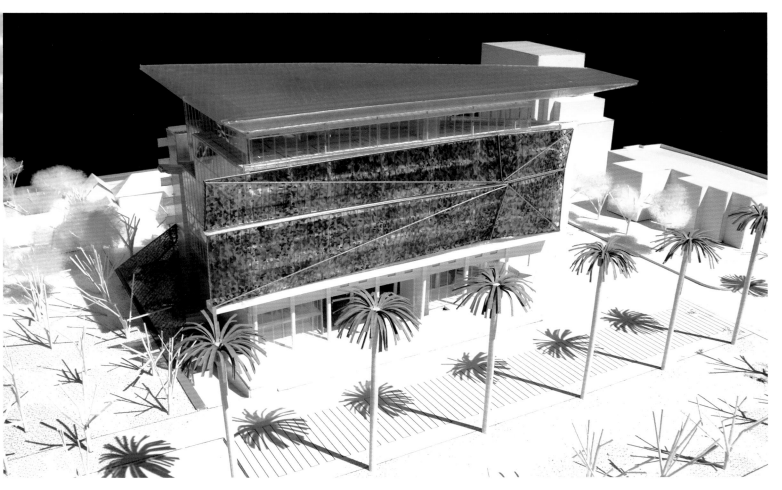

　　将这一理念牢记在心,设计团队将建筑的主入口设在一角,一进门便是电梯而非安全梯。电梯不仅将各个楼层连接起来,还把建筑从南北方向切割开来。学生可以通过电梯上上下下,或是在里面欣赏公园景致。电梯间是校园生活中典型的能够制造交流良机的地方。

　　电梯间镶有玻璃。因为没有安全梯,建筑的布局可以更加随意灵活。整个大楼拥有3个独立却又相互连接的通道:1.经大厅通往教员区。2.经电梯通往研究生院。3.经坡道通往礼堂。

现代巴比伦：都市绿墙

童家林，香港

1. 城市化背景

这是一个城市化的世界！根据联合国的报道，目前超过50%的人口生活在城市里，到2050年能达到70%。

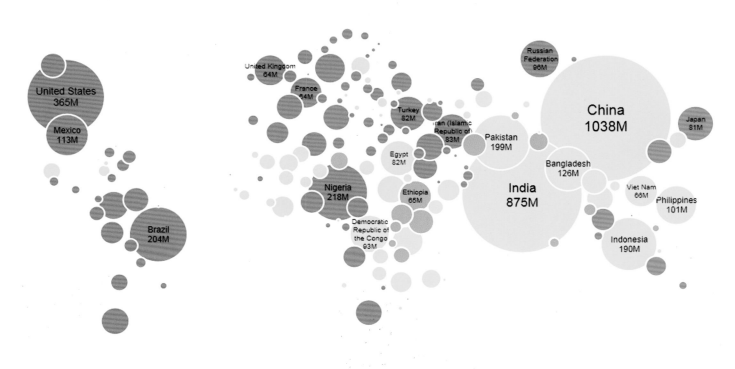

2050年的城市人口（数据来源：联合国）

城市化的扩张导致"混凝土森林"取代了自然植被和森林。这个改变使城市温度升高，增加了建筑物的能耗。像香港这样人口密集的大城市中，建筑物消耗掉89%的电力！

由于受到空间的限制，许多城市逐渐开始选择屋顶绿化和垂直绿化这种充满吸引力的理念，将其应用在城市发展之中，用这种方式让绿色回归到高度城市化的都市之中。此外，一面完全被绿色覆盖的墙可以减少50%的日常温度浮动。

目前，许多组织和会议，如国际绿色屋顶绿化协会，greenroofs.com，世界绿色屋顶和垂直绿化大会等也在推广这项绿色产业，由此可以预见屋顶绿化和垂直绿化的发展趋势。

在20世纪90年代到2010年，帕特里克·布兰克的创新型水培绿墙由于其丰富茂盛的外观汇聚了全世界的目光。很多人看到了这个产业的发展潜力。越来越多的垂直绿化系统被应用在广告、装饰和城市农业等行业中。Gsky设计事务所在北美开发和实施的土壤模块化垂直绿化系统就是一个例子。

波士顿的勒克斯研究中心称，"由于世界各地的城市的推广和运用，到2017年屋顶绿化和垂直绿化的市场价值将高达77亿美元。其中，屋顶绿化约占市场的70亿美元，而垂直绿化将增至6.8亿美元。像聚氨酯泡沫生长媒介这样的材料约占2亿美元。"

在2010年的上海世博会上，很多展馆安装了设计和结构各不相同的垂直绿墙。

对于绿墙的受欢迎程度，我想引用帕特里克·布兰克的一段话：为什么这些建立在不同国家和不同条件下的垂直花园总是能产生同样的影响？也许是因为尽管性别、年龄、文化背景和社会地位不尽相同，任何人站在垂直绿墙的面前，在城市中都能感受到野外的气息。垂直绿墙上的植物自然地生长在垂直的介质之上，带给了我们全新的感觉。植物的各个部分都一览无余：扎于毛毡之中的根部、树冠、分枝、细长的茎、叶柄、树叶、花茎、花朵、果实和种子。无论是平视还是仰视，这些植物都清晰地呈现在人们的眼前。垂直的分布使它们终于可以在平等基础上与人类进行交流。垂直绿墙并非建在难以接近的地方，其人为

干预也减少到最低程度，因此垂直绿墙上的植物在人类眼中犹如自由存在的实体。垂直绿墙周围凉爽纯净的空气让人们的脑海中立刻浮现出热带雨林、喀斯特岩层、瀑布等画面。这就是我的垂直花园或现代伊甸园在城市中心出现能够引起话题的原因。不可以将垂直绿化这个概念简单地解释为植物的垂直生长。我相信植物选择的多样性、植物放置的特殊顺序和模仿自然的景象或许就是垂直花园普受欢迎的原因。

2010年上海世博会，法国馆绿墙

2. 垂直绿墙的定义

垂直绿墙可以被定义为植物生长在建筑物或墙的表面，主要有两种类型：自然绿墙和人工绿墙。

自然绿墙（Natural Green Wall）或绿色外墙（Natural Façade）是由直接种植在墙壁或者专门设计的支撑结构上的攀援植物所构成的。植物的茎轴系统扎根在土壤并沿建筑物的侧面生长。植物从土壤获取水和矿物质，因而在大多数情

况下，不需要额外的灌溉。

人工绿墙（Artificial Green Wall）又名垂直花园、活体绿墙、种植墙。这种绿墙的植物种植床是垂直放置的。换言之，植物不扎根于地面土壤，而是扎根在垂直放置的种植床上。

自然绿墙与人工绿墙的对比结果见下表。

	自 然 绿 墙 （绿色表皮）	人 工 绿 墙 （活化墙）
攀爬植物	适 合	不适合
扎根	扎根于地面土壤或容器中	在墙壁或组织的表层扎根
灌溉	可以灌溉，但不是必需的	必须灌溉

康索乔圣地亚哥大厦的自然绿墙

3. 垂直绿墙系统

　　垂直绿墙系统是植物科学体系与土木工程技术以及艺术表现相结合的一种方式。

　　现今世界上正在研发多种多样的垂直绿墙，基本上，我们可以将其分为六类：水培系统、模块化系统、悬挂系统、钢丝绳系统、铁丝网系统以及攀爬系统。其中，水培系统、模块化系统和悬挂系统属于人工绿墙；钢丝绳系统、铁丝网系统和攀爬系统则属于自然绿墙。

西班牙马德里卡伊萨中心的人工绿墙（垂直花园），帕特里克·布兰克

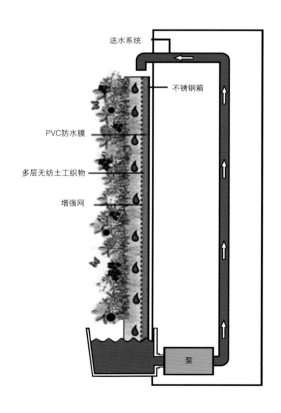

水培系统

3.1 水培系统

垂直绿墙系统是植物科学体系与土木工程技术以及艺术表现相结合的一种方式。

帕特里克·布兰克的垂直花园由三部分组成：金属框架、PVC层和种植媒介层。金属框架悬挂在墙上或者自固定，它能形成一个空气层作为保暖和隔音系统。用铆钉将1厘米厚的PVC层固定在金属框架上，这样可以起到固定整个结构和防水的作用。尼龙种植媒介层钉在PVC层上，起到防腐和使水均匀分布的作用。现在，帕特里克·布兰克最早使用的种植媒介层和生长其上的植物已经长达30年了。植物的根长到了种植媒介层里面。植物可以采用种子、扦插或整棵种植的方式。灌溉系统从顶部提供水，如果使用自来水，则需要提供浓缩的营养液作为补充。当然，最好的解决方法是使用循环用水，例如，盥洗污水或在附近屋顶收集到的雨水，还有空调的漏水。整个垂直花园的重量，包括植物和金属框架，大约不超过每平方米30千克。因此，垂直花园可以应用在任何一面墙上，不受大小和高度的限制。

在垂直花园的组成部分中，种植媒介层是唯一影响植物生物群的因素：根部的纤维能够帮植物保持长期生长并吸收水分和营养成分。垂直花园里的任何石生植物或附生植物都会扎根于种植媒介层，这种方式和植物扎根生长于岩石表面的苔藓床上是一样的。植物根部与种植媒介层交织在一起，完全依靠自身附着并存活下来。完全开放式结构使得灌木和小型草本植物能够在没有竞争的状态下和谐共存，因为种植媒介层能够使水和营养物质在其表面平均分布，每条根茎都可以吸收到。

垂直花园植物种类的安排上很灵活。帕特里克·布兰克在栽种植物的时候使植物稍微向右上方倾斜，在墙体右上方向逐渐消失。根据他的观察，"这是显而易见的，在悬崖上和瀑布边上，植物根据基质不同呈现出两种基本分布形式。如果基质的潮湿度均匀，一个单独物种将按相对垂直的方向逐渐占据整个表面；如果是暴露在风和阳光下的岩石上，植物也能生长在有水和腐殖质的倾斜或水平的裂缝中。"

每个方案中所选择的植物品种的种植顺序有所不同，这种顺序是基于不同地区气候条件所设计的。"在室外的垂直花园中，在顶部暴露于阳光和风中的地方，我采用生长在悬崖表面的植物品种，中下部则采用生长在岩石上的品种，底部则采用林下叶层植物，以适应温度和湿度的变化。对于室内垂直花园，我喜欢在上层采用附生植物和半附生植物，下层则采用林下叶层植物，或者生长在岩石和河堤的其他物种。"

垂直花园不阻碍行人通过的原因在于大型灌木类植物通常种植在高处，小型草本类植物则居于其下，这与我们平常在花园墙边所见的情况正好相反。

室内垂直花园通常需要额外向其提供生长所需的光，LED灯或卤素灯都是有效的。

垂直花园是一种活体绿墙系统，因此需要我们去照顾。全年定期检查灌溉系统是很重要的。其他的维护工作还包括除去枯叶和修剪过长的枝叶。

水培绿墙系统的硬件很简单，但是对"软件"的要求则很高，需要有深厚的植物学知识。这就是为什么我们在不同地区看到很多不同种类的垂直花园，但直至现在，只有帕特里克·布兰克的作品依旧生长良好。

帕特里克·布兰克设计的香港唯港荟酒店的垂直花园

3.2 模块化系统

　　模块化绿墙系统在市场上的应用十分普遍。模块化系统由标准大小的塑料或铁制的盒子或盘子构成，这些盒子或托盘里装满了有机或无机土壤、矿物棉、椰棕或其他供植物生长的物质。同时，系统中也设置了灌溉系统。这些盒子或托盘被直接安置在墙上或是安放在架子上，由于模块化系统比水培系统重，所以需要加装许多承重框架。

　　模块化绿墙可以独立存在，或是起到装饰性的作用，这都要归功于它设计的多样性。而且，更多时候它可以设计成隔音屏。

　　尽管模块化系统比较重，但是与水培系统相比，它能够有更多的植物选择，为其所用。水培系统主要选用一些天然植物，这些植物的生长都不需要土壤，它们本来是生长在热带雨林、瀑布附近、河岸边等地方。模块化系统运用了很多植物生长所需的营养素，这些营养素对在土壤中生长的植物很重要，尤其是对于生长在温带的植物。因为这一系统是以模块为单位安装起来的，所以可以提前分块种植植被，而当有模块出现问题时，也方便更换。

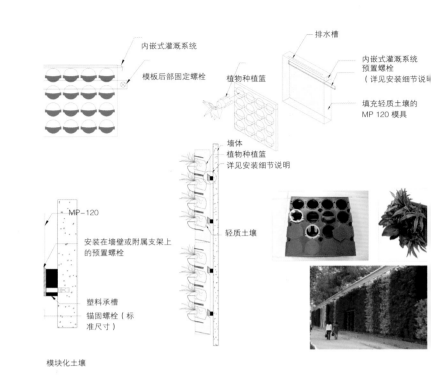

模块化土壤

位于香港九龙东头村的模块化绿墙

3.3 悬挂系统

　　悬挂系统是由悬挂着的袋子或者罐所组成的。许多人也将此系统看作是一种模块化系统，认为它是由一些小的模块组成。但是，这两者到底有什么区别呢？对于模块化系统来说，植物是水平生长的，而对于悬挂系统来说它们却是垂直生长的。

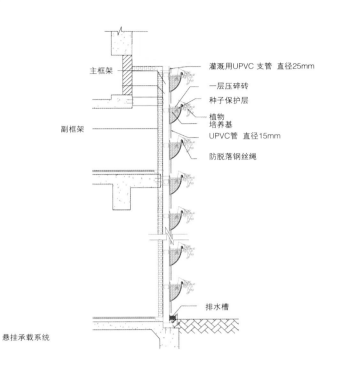

主框架
副框架

灌溉用UPVC 支管 直径25mm
一层压碎砖
种子保护层
植物培养基
UPVC管 直径15mm
防脱落钢丝绳

排水槽

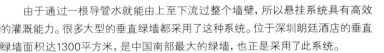

悬挂承载系统

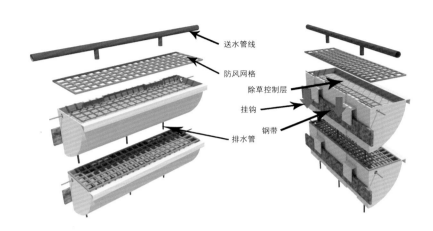

送水管线
防风网格
除草控制层
挂钩
钢带
排水管

位于Sun Po Kan的悬挂绿墙

　　由于通过一根导管水就能由上至下流过整个墙壁，所以悬挂系统具有高效的灌溉能力。很多大型的垂直绿墙都采用了这种系统。位于深圳朗廷酒店的垂直绿墙面积达1300平方米，是中国南部最大的绿墙，也正是采用了此系统。

位于深圳朗廷酒店的悬挂绿化墙

3.4 线缆式、网架式和自行攀爬式系统

　　以上三个系统完全利用天然攀爬植物，使其在垂直墙面上自然生长，从而达到预期效果，无需附加任何灌溉系统。植物直接种植在土壤、种植槽或者其他容器当中。

　　这些系统的成本相对较低，但植物爬满整个墙壁需要花费很长时间。相比之下，人工绿墙则更加方便快捷，短时间就能使整个墙壁生机盎然。而且自行攀爬式系统还存在一个问题，那就是当冬天到来的时候，植物的叶子脱落，会让整个墙壁看起来一片苍凉，毫无生气。

（自由攀爬式）

玉川高岛屋购物中心（网架式）

香港唯港荟酒店（线缆式）

3.5 垂直绿化设计系统的比较

我们可以按照下表的方法对典型的垂直绿化进行简单地比较

序号	搭设类型	种类	保养频率	植物选择	室外	室内	能否即时绿化	造价和养护成本
1	水培型	人工	高	相对广泛	有	有	能	很高
2	模块型	人工	相对较高	广泛	有	有	能	高
3	悬挂型	人工	相对较低	广泛	有	有	能	中等
4	线缆型	自然生长	低	有局限性"攀爬植物或藤属植物"	有	可能有	不能	相对较低
5	网架型	自然生长	低	有局限性"攀爬植物或藤属植物"	有	没有	不能/除非提前栽种	相对较低
6	自由攀爬型	自然生长	低	有局限性"攀爬植物或藤属植物"	有	没有	不能	低

4. 设计因素

如今，我们可以找到很多不同垂直绿墙的设计方案；相比之下，其中有些方案是比较成功的。而有些方案持续的时间不会超过一个植物生长周期，可谓是昙花一现。除此之外，超过2米高的绿墙也会对过往行人的安全造成威胁。那么，设计垂直绿墙时必须考虑哪些因素呢？

4.1 结构的安全性

安全性是重中之重。首先必须视垂直绿化为构成整个墙壁的一个要素。许多国家都规定，在对墙壁进行垂直绿化设计之前，设计师们有义务向相关的政府建设部门提交关于墙壁设计的一些构造性的数据，在得到相关部门的许可之后，方可施工。

当我们对室外的墙壁进行垂直绿化施工时，使用的塑料模具或塑料容器必须是防紫外线的。如果施工现场位于火灾易发区时，则采用金属制作的模具和容器会更安全一些。

4.2 植物生长媒介

植物生长所需的媒介为植物生长提供养分，我们可以找到许多不同的媒介，如有机土壤、无机土壤、矿物棉、泥煤苔、椰子棕等。而选择哪一种，则主要就依赖于设计师的经验，因为在这一领域的研究成果仍然很有限。

能为垂直绿化中的植物提供可持续养分的生长媒介需具备以下条件：
① 重量轻；
② 不易分解；
③ 有很高的含养性和含水性；
④ 具有加固植物根部土壤的作用；
⑤ 排水性好；
⑥ 通气性强。

4.3 植物的选择

对于植物而言，垂直绿墙就是它们的生命支持系统，但是并非所有的植物都能在绿墙系统中存活。选择植物的时候，丰富的科学知识和长期的实践经验都是正确选择植物的必要前提。通常，垂直绿墙系统所使用的植物都是由当地的苗圃所提供的。因此，设计师有必要对当地的植物种类进行实地考察，从而为垂直绿墙选择出最佳的植物。

为了能够选出适合在当地条件生长的植物，设计师需要考虑很多因素，如植物的大小、形状、生长速度、好水量、光照需求等。

4.4 灌溉系统

灌溉系统的设计应该本着简单、易操作和人性化的原则。设计师经常使用自动灌溉系统。由于在使用过程中经常遇到灌溉系统堵塞的问题，所以配备良好的过滤系统是十分必要的。右上图是三种应用广泛的灌溉模式：

4.5 维护和保养

前期的设计和安装仅仅是垂直绿化的第一步。要使垂直绿墙获得成功、保持美观，那么精心的维护和保养是至关重要的，而且在设计之初就应该将维护和保养的相关问题考虑进去。

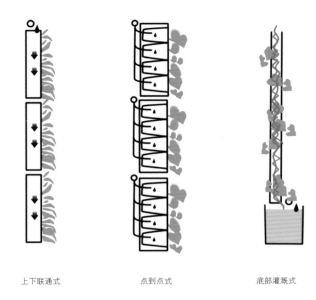

上下联通式　　　　点到点式　　　　底部灌溉式

维护和保养的程度取决于设计最初设计师所选的植物种类和所采用的绿墙系统。不同的植物、不同的绿墙系统需要不同的维护和保养方式。要确保灌溉系统正常工作、每种植物处于健康的状态，这就需要定期进行检查和维护了。

在设计高层建筑的大型绿墙系统时，更需要对维护和保养工作进行慎重考虑。需要一条专门通道，以便于进行后期维护与检查。而且，这条专门通道的设计应在建筑的设计阶段就考虑在内，而不是在建筑设计完成之后才想起来增加这条通道。

5. 总结

如今，越来越多的人意识到全球气候变暖问题，同时，人们也注意到城市的绿色空间越来越匮乏，这就让很多人选择垂直绿墙作为解决方案。但是有一点需要注意，大多数的人垂直绿墙可以安装在任何地点，而事实证明这种想法是错误的。每种设计方案都有它自己的优点和缺点。要想设计方案成功，必须因地制宜进行设计，同时也要考虑到植物的后续保养工作。

我们希望建筑设计师、开发商、政府的相关机构以及其他的有识之士能够充分理解垂直绿化墙壁的真正理念和价值所在。同时，作为垂直绿墙系统的设计方和提供者，相关的设计团队和组织都应致力于此项事业的健康发展。

参考文献：

1. http://www.unicef.org/sowc2012/urbanmap/#
2. http://www.gov.hk/en/residents/environment/global/climate.htm
3. Patrick Blanc, 2008, The vertical garden: from nature to the city,Michel Lafon Publishing ,P87.
4. http://en.wikipedia.org/wiki/File:CaixaForum_Madrid_1.jpg
5. Patrick Blanc, 2008, The Vertical Garden, A Scientific and Artistic approach.

谈垂直花园的设计灵感与可持续性
——访垂直绿化的创造者帕特里克·布兰克

帕特里克·布兰克
植物学家、垂直花园的创造者

教育背景
博士，皮埃尔和玛丽·居里大学，巴黎六大

工作经历
1982年至今，法国国家科研中心，科学家

获得奖项
2010年 英国皇家建筑师协会荣誉会员
2009年 《时代》周刊五十个年度最佳创新
设计之一
2005年 建筑学院银奖
2005年 文学与艺术骑士勋章

1. 设计垂直绿化项目的时候您认为哪个环节最重要?

实际上，我不能将设计与植物的选择分开来。比如说，一面30米高的平坦墙壁之上可分为三个层次，最上层的光线最强，中间少些，到底部就微乎其微了。自然风也是同样的道理。最上层的风力最强，中间减弱，底部就很少了。当水流下来的时候，也就意味着底部总是比上层潮湿。因此，我会按照这个原理来选择相应的植物。比如说，我会分别选择15个品种的植物种植于最上层，15种不同的植物种植在中间层，再选择15种植物种植在最下层。我是一名植物学家，对植物和建筑做过大量研究，我知道植物是如何生长的。当然同样重要的就是了解植物

生长的差异所在，因为最初种植这些植物种类之时，它们都只是小苗。但是等到两年、三年甚至五年之后，有一些植物还是很小，但是有些植物却茂盛地生长。对于两种不同植物，我会选择将小型植物种植在下面，将大型植物种植在上层。当然，如果植物喜光的话，我会将它放在上面。总之，我会将这些植物的成长过程考虑在内。有些客户想在两个月或三个月之内就见到效果，但是对于我来说，我要规划未来三到五年的事情。所以，在概念设计阶段就需要考虑很多因素，包括其生长、效果、生态条件和气候。对设计师来说，全面考虑至关重要。如果植物美观且长势良好，那么其生态环境也会很好。所以我首先要在合适的地点种植合适的植物。

2. 当你接到项目时，由谁决定设计什么样的项目，客户还是你自己？

　　这要看情况，一切皆有可能。有时候客户给设计师打电话，他们知道设计师的需求，也会给设计师提供所有垂直花园的形状。这对我来说很容易。作为一名设计师，设计的项目遍布世界各地，比如悉尼、旧金山南部或是其他地方。有时候客户想要我设计的作品就会让我过去。因此我去过很多地方，而我也乐此不疲，这些地方都很有趣。有时客户知道项目的所在点，但是却不知道具体该如何做。比如说香港的唯港荟酒店，设计之初，室内设计师只需要在走廊尽头做一面简单的墙。我仔细研究了模型，看见有两座十字交叉的走廊，餐厅里面有一个垂直花园。这个地方的造型让我有了设计灵感，从而设计一座有机形状的垂直绿墙将大堂与餐厅连接了起来。我的设计方案十分完美，客服也很满意。所以说，设计一个垂直花园，一切都皆有可能。

3. 所以说，你的设计理念都是即兴得来的？

　　是的，当我到一个地方的时候，我的灵感也随之而来。你看到一个空间的时候，就会了解到所有设计的可能性，很快就会冒出许多想法。当然，之后我还需要调整。

4. 室内垂直绿墙设计和室外垂直绿墙设计有哪些区别？

　　室内垂直绿墙和室外垂直绿墙的设计在很多方面都不尽相同。首先，对于室内项目来说，如果你从远处看通常发现其植物更短一些。但通常情况下你都是近距离观赏室内植物的，因为你会在餐厅或是酒吧这样的室内环境中待上很长一段时间。这种情况下，植物的形状至关重要。比如说，我从不选择大叶子植物，因为近看会有种进攻性。因而，我会选择一些小叶子植物。我的设计里并非只有植物这一种元素，而是各种元素组合在一起。对于室外项目来说，人们匆匆而过。所以我会增加每种植物的种植数量，从而在视觉上给人以更加茂盛的感觉。植物的选择同样也不尽相同。对于室内设计来说，你几乎可以选择世上的任意一种植物，因为室内温度总是保持在20度左右。但是对于室外设计来说，当地的气候条件就是一个需要考虑的问题。北京冬天的气候就和香港的有所不同。因此，室外项目要考虑的不仅仅是选址的问题，同样也是植物选择的问题。于我而言，选择室外项目的植物品种需要花费更多的时间，因为每一个新的项目都是一次新的探险或是一个新的故事。

5. 你在设计项目的时候遇到过哪些挑战或困难？

　　项目所在地不同，相应的挑战必然也不同。如果在一个非常寒冷的地方设计项目的时候，那么耐寒植物的选择就是一个挑战；假如在巴林或是科威特这样的地方设计项目，那么挑战就是所选的植物能否抵抗50摄氏度的高温；有时候项目所处之地非常昏暗，那么你就得选择需要喜阴的植物。设计的项目越多，所接受的的挑战也越来越多。

6. 你能谈谈垂直绿化的未来发展吗？

　　未来当然是要寻找更好的设计方案和技术。现如今，垂直花园已经成为人们关注的绿色产业。它不仅仅是一种商品，同时也是一种有生命的事物。五年前，垂直绿化还是新有名词，世上除了我没有人研究垂直绿化。而现在越来越多的人都开始关注垂直绿化。所以说，垂直绿化设计的未来必定会越来越有吸引力。

7. 你对其他垂直绿化项目的设计师有哪些建议？

我认为，目前垂直绿化所面临的最大挑战在于相关的技术问题。但是，现在越来越多的技术难关都已经被攻破。无论如何，我想告诉设计师，设计理念和植物品种的选择都是至关重要的。

8. 垂直花园有哪些益处呢？

由于其保温隔热的功效，垂直花园在减少能量消耗方面十分有效，不管是在冬天还是在夏天。冬天可以为大楼保暖；夏天会提供天然的制冷效果。垂直绿化同样也是清洁空气的有效方法。除了具有改善空气效果，其根茎和所有的微生物都可以看作是有清新空作用的气生态系统。种植媒介层会从空气中吸收污染颗粒，然后慢慢将其降解并矿物质化，直至变成植物的肥料。因此，垂直花园是改善空气和水质的有效手段。人类可以利用垂直花园再建一个与自然环境相似的生态系统。一旦失去一块自然之地，人们可以采用这个方法来弥补自然的缺失。幸亏掌握了这些生态知识以及丰富的经验，人们才能更好地展示大自然植物景观，虽然这些都是人工作品。任何一座城市，世上任何一个角落的空白墙壁都可以改造成垂直花园，成为宝贵的多功能生物居所。这同样也为城市居民的日常生活增添了一分自然氛围。

从建筑设计到室内垂直花园
——访丹麦设计师拉尔斯·施瓦茨·汉森

拉尔斯·施瓦兹·汉森

教育背景

丹麦奥胡斯建筑学院

经历

拉尔斯·施瓦兹·汉森是丹麦设计师协会的成员。在丹麦3XN和约翰·伍重工作后，2001年他成为意大利时尚品牌迪赛设计师，设计了各式各样的建筑，包括设计并指导建造意大利布雷甘泽的新总部。最新设计是杜卡迪的新摩托车，迪赛蒙斯特杜卡迪店。

1. 关于垂直绿化项目，能否谈谈我们需要关注的焦点是什么？

设计垂直绿化项目的时候要考虑很多现实的条件。首先要考虑花园的周边环境、植物属性、植物品种的选择、照明、日照、水源及维护。这些只是设计师应考虑问题的一部分，其中最重要的是花园的地理位置要与周围的环境以最自然的方式融合在一起。

2. 你认为垂直花园中最重要的是什么？

我认为普通花园和垂直花园最大的区别之一就是垂直花园需要与周围的环境融合在一起。垂直花园不能在某个空间中孤单而立，它还需要有其他的搭配元素。垂直绿化是植物生长的一种非自然方式，因此，垂直花园的效果总是令人惊讶。因此，设计时需要恰当地处理，让其看起来更加自然，能够与建筑融为一体。在设计垂直绿化项目的同时，还要考虑到地面、墙壁、天花板和功能区等，而不仅仅只是花园。所有元素还要使垂直花园看起来更加漂亮，与周围环境自然地结合在一起，而不是任意放置。

3. 现在对生态和可持续性的要求日益增加，你能解释下迪赛总部这个项目在这方面的应用吗？

作为一名建筑设计师，可持续性是你在接手项目之初就应该考虑的重要因素。许多细节和解决方案都受到生态和可持续性投入的影响。这不仅赋予项目新鲜且富有创意的解决方案，同时也可以讲述一个引人入胜的精彩故事。迪赛总部在意大利被评为最高A级别项目，使用了特殊的节能玻璃材料、绝缘隔热材料、太阳能电池、循环水和现代先进能源储存发电机。可持续性在设计建筑中是一个至关重要的因素，最好将其以一种自然的方式融入其中，它不需要随时随地都能看得见，但是在建筑解决方案中却应该信手拈来。

4. 对于室内垂直绿化，您能解释下如何实施灌溉和废水处理的吗？那么如何解决光照问题呢？

垂直花园建在控制板上，后面设有灌溉系统，并且使用了300米长的灌溉管道。整个控制系统与电脑相连，每6小时就进行测量并管理其湿度。花园上一个巨大的天窗呈拱形弯曲状，因此阳光不会直射进来，但照射进来的光照却足够花园植物的生长，因为意大利夏天的光照太过强烈，不利于植物生长。直射的太阳光会在春秋季节出现于花园上空，当太阳落山时会从侧面的窗户射进来，因此光照不会太过强烈，却可以为植物增加光亮和颜色。

5. 你平时最喜欢什么类型的植物？这些植物好照顾吗？

迪赛总部这个项目采用了很多户外植物，从而使垂直花园看起来更加野性和自然。由于植物在种养初期需要更多的照料，因此前3个月将植物先种在温室里的，这样一来，其维护工作就减少到了最小程度。迪赛总部的垂直花园非常大，我们加入了不同品种的花朵，从而突显出季节的不同。选择花朵的时候注意这个品种是否会开出新鲜的颜色，并与几个月前种植的植物有所区别。这样的点缀让人眼前一亮，也使得花园更加缤纷多彩，但是花园也需要更多的维护，确保植物的长势良好。

6. 您认为垂直绿化和建筑之间存在什么样的关系？

垂直绿化就是建筑！景观和绿化过去常常在建筑中被分为独立的元素，但是对于现今的垂直绿化来说，它已经成为建筑中的一部分。

7. 在设计迪赛总部的时候,请问您的设计理念和灵感来源是什么?

垂直花园设计之初的想法是想要将室外的绿色与室内连接在一起,将室外的美景引入室内。迪赛总部坐落于意大利郊区,周围环绕着绿树青山。因为其周围景色是大片绿色,所以室内垂直花园需要一定的体量才能引人注目,成为当地美景中的一部分。因此,总部的室内花园是已建项目中面积最大的一个。小规模的室内垂直花园在这个特殊案例中行不通。

8. 您设计了很多享有盛誉的项目,那么您认为最困难的是什么? 你又是如何克服的呢?

垂直花园对室内有很强的冲击力,所以如果你决定设计一个垂直花园,那么你需要把它作为一个非常重要的元素来设计、开发和监督施工。你需要花费一定时间。首批植物和绿色布局对于达到惊人的效果方面扮演着至关重要的角色。如果你想参与设计某个垂直绿化项目,那么你就要花费大量的时间来设计和研究。

9. 迪赛总部有30多个不同的物种,9000多种植物,如何让它们和谐共生呢?

当你拥有如此大规模的一个垂直花园,你会有不用的方案来解决这些主要靠光照和温度生长的植物问题。迪赛总部的垂直花园高25米,在花园里有不同的生长方向。垂直花园的底部温度在16摄氏度左右,而顶部温度达26摄氏度左右。底部的光照比较暗,照明几乎都集中在顶部了。这些差异就要求

种植不同种类的植物。设计理念是使这个花园尽量野性自然,因此各种植物种植在一起形成了一片和谐景色,当你走近去观赏这些植物时,你还会感受到它们的错综复杂。最终,30个物种和谐共生,但是在视觉上却不觉得太过杂乱。

10. 迪赛总部有一面室内垂直绿化墙,你能就室外垂直绿化和室内垂直绿化的区别作些评论吗?

室内花园的环境稳定,容易控制,温度、光照和季节变换差异不大,而室外花园却要经历很大的变化。这就需要种植不同种类的植物作为解决方案。室内垂直花园和室外垂直花园都是令人愉快的,关键是要找到正确的植物,选出最好的品种,这样它们就会欣然生长。

11. 垂直绿化涉及很多专利技术,其专利一般表现在哪些方面?

垂直绿化是现代建筑中一个非常重要的部分。它有能力挑战和影响建筑的各个方面,包括从最初的设计理念到后来的施工细节。没有一个具体的方面与垂直绿化相联系,因为它能够与任何环境和条件融为一体。垂直绿化的使用范围非常广泛。

12. 水培系统的优点和目前存在的问题,是否成本最高,为什么?

我们已经渐渐开始关注水培系统。城市及周边环境中的很多元素都有助于理解和研究其可持续性发展。垂直绿化就是一个非常有益的研究案例。

13. 垂直绿化对于选址有什么要求,是否需要考虑承重问题? 对高度有无上限要求?

总体上说,垂直绿化没有太多限制。植物的选择和建筑系统在高度上非常相似。考虑到其承载力、高度和其他条件,垂直绿墙做到一定高度都没有问题。

14. 垂直绿化在城市环境中扮演了至关重要的角色吗? 从哪些方面说呢?

垂直绿化在城市环境中扮演了非常重要的角色,尤其是在视觉效果上。生活在城市的人们每天路过此地的时候感到心旷神怡,神清气爽。

15. 垂直绿化的形状都很有限,其设计作品也通常是一面墙,它们是否有形状上的变化呢?

垂直绿化的形状没有限制。植物可以在任何地方生长。很实际的挑战就是将不同的植物种出不同的形状。我的经验就是选择那些生命力强,能很快适应周围条件的植物。

16. 如果您选择开花植物,您通常会选择哪些品种? 有何特殊注意事项的吗?

说到开花植物,实际上可选择的类型很多。有些你能经常见到,这也许是因为它们只在某段时期才开花,因此需要在一年中选择不同种类的开花植物来种植。既美观又易于种植的植物当属兰花。

因地制宜，创建垂直绿洲花园

——访西班牙设计师胡利·卡贝拉

胡利·卡贝拉

教育背景

巴塞罗那建筑学院毕业

经历

设计杂志 De Diseño 和 Ardi 的创始人

Domus 杂志的设计部负责人

2009-2011 加泰罗尼亚政府文化与艺术委员会成员

设计与建筑圆桌会议成员

2001-2005 FAD（艺术与设计推广）负责人

2003设计之年发起人

2000 国家设计奖提名

1. 关于垂直绿化，能否谈谈我们需要关注的焦点是什么？

垂直绿化的设计应努力优化植物的生长环境，同时还应考虑到植物生长的必要条件及其生长方向，尽量减少气候对植物的影响。此外，垂直绿化的设计应确保对植物进行有效地维护与保养。

2. 您认为垂直绿化中最至关重要的是什么？

植物的茁壮生长和简便的维护与保养方法是我们设计垂直绿化项目时要考虑的很重要的因素。

3. 您曾说过，更多地关注了植物灌溉系统的生态性和可持续性，您能谈谈这在巴塞罗那植物绿墙这个项目中是如何体现的吗？

该项目的植物灌溉系统通过一套自动系统来实现。该系统以水滴作为计量的系统。负责保养的团队成员在任何地方都可以通过计算机对其进行控制。

4. 巴塞罗那植物绿墙的高度很高，又是室外的项目，请您谈谈如何解决排水问题？当遇到暴风雪和台风时，怎么办？

污水是通过独立金属结构的污水排放管道流入城市污水处理系统的，这种结构是建立在一个独立的基础结构之上，正如其他建设标准一样。

5. 哪些植物会得到您的青睐呢？是很容易打理的植物么？

我们认为，选择当地的植物是很方便的，因为就生态方面而言，这就意味着可以进行更有效的维护和保养。

6. 您能结合例子给我们讲解一下，金属结构如何才能与植物更好地融合好呢？

关于巴塞罗那植物绿墙的设计的确与其他垂直绿化的设计不同，因为其方便的金属结构能作为植物的支撑，这对于维护和保养有着巨大的帮助。快速生长的植物遮盖了金属结构中很大的部分，这也是我们希望通过设计达到的重要目标。

7. 关于巴塞罗那植物绿墙，请问您的设计灵感是来自于哪里？

我们的设计灵感很明确——那就是树木本身。这就是我们为本案设计独立技术构架的灵感来源。通过各种层次的设计，体现出圆柱表面的形状、动态的外观等。

8. 我们知道您设计很多出色的作品，您能谈谈最困难的是什么？您是怎样克服的？

每个项目都是独一无二的，因此就需要了解每个项目的不同需求，找出不同的解决方法，最终实现设计目的。对我来说，这就是挑战。

9. 您认为垂直绿化和建筑之间存在怎样的关系呢？

在我看来，垂直绿化就是建筑的另一种形式。以前，绿色植物是和建筑物分开的。但是随着越来越多的人开始提倡生态元素和可持续发展之后，垂直绿化就开始成为建筑不可分割的一部分，让整个建筑更加完整。

10. 垂直绿化是否在城市环境发展中扮演着重要的角色? 主要体现在哪些方面?

这是当然的。无论是从绿色的视觉冲击还是它带给人们的感官效果来说,垂直绿化对城市环境发展都起到了至关重要的作用。这些作用主要体现在: 每当我们看到这些绿色墙面的时候,它会使我们精力充沛、活力四射,以更好的状态迎接新的挑战。

11. 对于水培系统的优点和目前所存在的问题,您能否谈谈您的观点? 它的造价很贵么?

水培系统是溶液培养的一个分支,也就是不用土壤,在水中栽种植物的方法,使植物吸收矿物质营养液而生长。水培系统的主要优点包括: 在没有适合栽培的土壤时,使植物的产量最大化; 不受环境温度和季节的限制; 更有效地利用水和肥料; 节省空间; 机械化种植; 能更好的控制植物的病虫害。与传统的土壤种植方式相比,水培系统有一个很重要的优势,它使得植物完全与土壤分离开来,让植物远离因土壤引起的疾病、盐碱化问题以及贫瘠干旱的问题。水培系统省去了既耗时又费力的土壤杀菌和开垦的麻烦,使得植物能够快速成长,以达到绿化的目的。

与传统的土壤栽培方法相比较,水培系统当然也有它的不足之处。如高成本和高能源的投入,以及对高超管理技术的需要等。大家都知道,如果我们安装人工的制冷或加热系统,如电风扇或加热垫,以改变植物生长的环境的话,运行成本势必会增加很多,而这些成本在进行自然种植时是不需要投入的。正因为水培系统的高成本性,决定了它的种植对象一定是具有高回报率的植物,而在一年当中这些植物的生长期通常是受到限制的。

12. 垂直绿化对于选址是否有局限? 是否要考虑承重问题? 对于高度是否有限制?

垂直绿化可以在任何位置。总体来说,如果采光和通风条件不是很好的地方,我们要通过辅助光照和改善通风系统来给植物一个适合生长的环境,使其能发挥生态作用,从而达到可持续发展的效果。

13. 谈到常绿植物在垂直绿化中的应用,有什么需要特别注意的么? 设计师应参照什么标准?

的确,我偏爱很多植物,但如果要进行垂直绿化设计的话,恐怕我就要放弃我的这些偏好了。选择植物的时候,我们需要很多科学知识,并且利用长期实践所得到的经验,才能选出最适合的植物。通常,我们所用的植物都是当地的,所以我们最好到处转转,看看当地的哪些植物是最佳候选者。

至于标准的问题,我们只有一个标准,那就是: 你选择什么样的植物完全取决于你所面临的当地的环境。要确保垂直绿化方案得以成功实施,我们必须要了解当地的气候、光照、降水和其他一些因素,这样我们才能选出最恰当的植物进行垂直绿化设计。

LANDSCAPE
RECORD 景观实录

主编/EDITOR IN CHIEF　　　　宋纯智, scz@land-ex.com

编辑部主任/EDITORIAL DIRECTOR　　方慧倩, chloe@land-ex.com

编辑/EDITORS　　　　宋丹丹, sophia@land-ex.com
　　　　　　　　　　吴　杨, young@land-ex.com
　　　　　　　　　　殷文文, lola@land-ex.com
　　　　　　　　　　张　靖, jutta@land-ex.com
　　　　　　　　　　张昊雪, jessica@land-ex.com

网络编辑/WEB EDITOR　　杨　博, martin@land-ex.com

美术编辑/DESIGN AND PRODUCTION　　何　萍, pauline@land-ex.com

技术插图/CONTRIBUTING ILLUSTRATOR　　李　莹, laurence@land-ex.com

特约编辑/CONTRIBUTING EDITORS　　邹　喆　高　巍　李　娟

编辑顾问团/ADVISORY COMMITTEE　　Patrick Blanc, Thomas Balsley, Ive Haugeland
Nick Wilson, Lars Schwartz Hansen, Juli Capella,
Elger Blitz
王向荣　庞　伟　孙　虎　何小强　黄剑锋

市场拓展/BUSINESS DEVELOPMENT　　李春燕, lchy@mail.lnpgc.com.cn
　　　　　　　　　　杜　辉, mail@actrace.com

发行/DISTRIBUTION　　袁洪章, yuanhongzhang@mail.lnpgc.com.cn
(86 24) 2328-0366 fax: (86 24) 2328-0366

读者服务/READER SERVICE　　何桂芬, fxyg@mail.lnpgc.com.cn
(86 24) 2328-4502 fax: (86 24) 2328-4364
msn: heguifen@hotmail.com

图书在版编目（CIP）数据

景观实录. 屋顶绿洲 /《景观实录》编辑部编；李婵译.
-- 沈阳：辽宁科学技术出版社, 2013.05
ISBN 978-7-5381-7848-7

I. ①景… II. ①景… ②李… III. ①屋顶－景观设计
－作品集－世界－现代
IV. ①TU986.2
中国版本图书馆CIP数据核字（2013）第014730号

景观实录NO. 3/2013

辽宁科学技术出版社出版/发行（沈阳市和平区十一纬路29号）
各地新华书店、建筑书店经销
利丰雅高印刷（深圳）有限公司
开本：880×1230毫米 1/16　印张：8 字数：100千字
2013年5月第1版　2013年5月第1次印刷
定价：**48.00元**
ISBN 978-7-5381-7848-7
版权所有　翻印必究

辽宁科学技术出版社　www.lnkj.com.cn
《景观实录》 www.land-ex.com

LANDSCAPE
RECORD 景观实录

shore

100

05 2013

封面: 植物之被——拉普绕18号公寓花园。Shma设计公司。威森·汤森亚摄
本页: 芭提雅中央区希尔顿酒店。TROP景观事务所。威森·汤森亚摄
对页左图: 努韦勒园。玛莎·施瓦兹合作事务所。B.K博利摄
对页右图: 悉尼屋顶花园。"悉尼秘密花园"设计公司。贾森·布什摄

64

54

安德鲁·格兰特当选2012年度皇家工业设计师

英国格兰特景观事务所创始人兼董事长安德鲁·格兰特（Andrew Grant），凭借在可持续生态景观设计领域的开拓性表现，被授予"皇家工业设计师"（RDI）称号。

格兰特的景观设计十分注重可持续发展理念，贯彻了生态种植、生物多样化、节水灌溉等可持续理念的基本要素，切实满足建筑师和环境工程师对景观的实际需求。

安德鲁凭借一系列创新性的杰出设计作品，在国际上享有盛誉。在他的作品中，自然、技术和设计三者融为一体，广受好评的新加坡"海湾花园"（Gardens by the Bay）就是一个范例，该项目于2012年竣工。其他作品包括：英国剑桥的阿科迪亚住宅小区（Accordia）、英格兰巴思的韦塞克斯水利中心（Wessex Water Operations Centre）以及马来西亚吉隆坡新国际金融区的"敦拉萨国际贸易中心"（Tun Razak Exchange，简称TRX）。

"皇家工业设计师"称号始于1936年，由英国皇家艺术学会（RSA）发起，旨在提高工业设计师的地位和工业设计的水平，在英国一直被视为设计师的最高荣誉，授予有持续的杰出设计表现、在作品中体现出超凡的美学价值、对社会有重大贡献的设计从业者。

"皇家工业设计师"称号一次只授予200位设计师。2012年有140位设计师获得"皇家工业设计师"称号，61位获得"皇家荣誉工业设计师"称号，其中一位是园林设计师兼广播员丹·皮尔逊（Dan Pearson）。其他获奖者包括：特伦斯·康兰、乔纳森·艾夫、詹姆斯·戴森、维维恩·韦斯特伍德和托马斯·希斯维克等。

"国际商学院创意工厂"竣工

2012年12月6日，丹麦亲王宣布，由施密特·哈默·拉森建筑事务所（schmidt hammer lassen architects）操刀设计的"国际商学院创意工厂"（IBC Innovation Factory）正式竣工。这栋大楼建筑面积12,800平方米，此次的整体翻新工程旨在倡导新型教学空间体验。

事务所创始人之一约翰·拉森（John Foldbjerg Lassen）解释了这项工程的始末："2010年夏天，国际商学院收购了韦里涂料厂的这栋厂房。这座建筑物非常特别，有一种突出的新锐感和先锋精神。这是丹麦第一座将生产和管理置于同一空间中的厂房，两个部门可以看到对方的运作过程。"

六大元素——火、水、植物、光、声和空气——构成了这间"创意工厂"的设计理念，强调对使用者的感官刺激。大楼中央的空间布置别开生面：奇异的斜坡造型采用道格拉斯松木为材料，搭配室内景观，打造出多样化的学习和交流空间。

第三届国际绿色屋顶大会

3rd International Green Roof Congress

第三届国际绿色屋顶大会即将拉开帷幕！大会由国际绿色屋顶协会（IGRA）主办，将在德国汉堡举行，为期三天（2013年5月13日至15日）。本届大会由德国联邦交通建设与城市发展部赞助。

本届会议的议题聚焦可持续城市发展项目中的绿色屋顶，关注垂直绿化设计的最新动态，为与会者提供与业内国际领军人物互动交流乃至合作的机会。届时，主办方将组织与会者参观杰出的绿色屋顶设计项目，并参加同时在汉堡举行的各种活动，包括国际花园展（IGS）和"创建新城市"国际建筑展（IBA）。

本届大会参会者身份不限，只要你的职业与绿色屋顶有关，或者有兴趣关注这方面的最新技术进展，都可以参加。与会者主要包括建筑师、景观设计师、规划师、当地有关部门和环境机构代表、投资人、生产商及装配商等。2013年的会议将为与会者开拓新市场带来巨大商机。

基莱斯伯格公园竣工

斯图加特市长沃尔夫冈·舒斯特和景观设计师雷纳·施密特共同宣布：基莱斯伯格公园（Killesberg）正式竣工。基莱斯伯格公园历史上是个工业采石场。虽然地处黄金地段，但鉴于从前的工业用途，这块坡地并不适合修建建筑物。因此，市政府于1939年申请在斯图加特举办德国园艺展，以期借此机会促进这一地区的发展，打造一片城市绿洲，而要想使这片绿洲融入广大市民的生活中，交通和景观都需要重新规划。20世纪30年代的园艺特色是尽量保留自然景观的基本结构，追求步移景异的园林景致。基莱斯伯格公园当年由赫尔曼·马特恩设计，如今是唯一一座完整地保留了这些特色的公园。

自20世纪20年代以来，这一地区的规划一直试图将各个公园和花园连成一体。拆除了南面的几个古老的露天广场后，基莱斯伯格公园得以向南扩建。

公园的设计理念是合并基莱斯伯格区的两大主题——柔和的自然与坚实的地貌。二者相辅相成，再加上采石场的历史，形成了当地特有的景观——冷硬的喀斯特地貌，仿佛刀斧雕凿一般，并随着时间的流逝而变换模样。

公园内采用碎石铺装地面，纵横交错的碎石小径将大片绿地切分出优美的形态。蜿蜒的地形将"费尔巴哈荒地"、"绿色节点"和基莱斯伯格公园这三个区域连成一片，成为一个优美、和谐的整体。

纽约医院皇后医疗中心披上绿装

纽约医院皇后医疗中心（NYHQ）地处纽约皇后区内的法拉盛区（Flushing），屋顶面积约1860平方米，模块式绿化工程目前正在施工中。这项工程的目标是减少雨水排放量，减轻这一街区的下水管道排水负担。

这项工程是纽约市环保局（DEP）拨款启动的"法拉盛湾与郭瓦纳斯运河（Gowanus）市政绿化工程"的一部分。整个工程旨在鼓励兴建大规模市政绿化项目，以便减少雨天排水量。雨水会携带沉积物、垃圾、肥料、化学溶剂以及地面上的汽车残留液体（如传动液、刹车油等）排放入下水道中。大量研究已经表明，这些进入下水道的化学元素会产生不良影响。而且，纽约市的污水管道和雨水管道是连在一起的。遇到大雨天，排水量常常超标，而且雨水和污水混在一起排入下水道中。

曼哈顿大学用环保局的拨款发起了皇后医疗中心的绿化工程。曼哈顿大学工程学院助理教授司各特·洛（Scott Lowe）博士是这项工程的负责人，他与HDR建筑工程公司合作，共同负责这个模块式绿色屋顶的设计和施工。曼哈顿大学工程学院的学生将全程参与该工程的各个阶段。屋顶竣工后的4年里，学生将收集并分析相关数据，测算出确切的屋顶雨水采集量。

纽约市环保局向未来可能进行大规模推广的

模范工程颁发了奖项。选择法拉盛湾和郭瓦纳斯运河这两个区域开展工程是因为这里的排水管道一直以来饱受水质恶劣问题的困扰，而且污水管道和雨水管道相连。绿色屋顶能利用植被和土壤吸收并蒸发雨水。这类工程也是纽约市可持续发展计划"绿化纽约"（PlaNYC）的重要环节，因为它不仅有助于城市环境的遮荫和降温，而且能够改善空气质量，提升房产价值。环保局表示："绿色工程具有节能

运行（包括自然资源和人力资源）、快捷安装的特点，不仅符合成本效益原则，而且能带来立竿见影的效果。"

纽约医院皇后医疗中心是"绿化纽约"计划的合作单位，在减少碳排放方面已取得显著成果。这项绿色屋顶工程是该中心的又一关键举措，完善了自身绿化的同时，进一步推动了纽约可持续发展计划的实施。

福特·梅森设计竞赛决赛名单揭晓

福特·梅森设计竞赛聚焦美国旧金山福特·梅森中心（Fort Mason Center）的景观设计，主要包括广场、滨水区、停车场和一号码头（共两层，建筑面积将近4300平方米）。共有20家设计公司受邀参赛，其中三家进入决赛名单，分别是布鲁纳/科特事务所（Bruner/Cott）、西8景观设计与城市规划事务所（West 8）和AMP建筑事务所（AMP Arquitectos）。

历史悠久的福特·梅森中心码头坐落在旧金山北部风景秀丽的海滨，旧时是美国军方的物资装卸港口。而今，福特·梅森中心作为当地社区的文化活动中心，已有超过35年的历史，经常举办各种文艺活动。在军事用地和军事建筑的"古为今用"方面，福特·梅森中心可以说是一个成功典范，里面包括博物馆、剧院以及各种文化展览和活动场馆。中心地处旧金山湾，是美国国家公园金门国家游乐区（Golden Gate National Recreation Area）的一部分。

福特·梅森中心设计竞赛旨在寻求创新又实用的设计理念，对这块土地重新进行规划，使之重焕生机。设计方案要将福特·梅森中心的潜力全部开发出来，使之不仅成为当地文化艺术活动的重要场馆，同时也是一个引人入胜的旅游景点。

参赛方案将根据设计亮点和对中心的积极影响这两个方面进行评估，最终选出一个获胜方案。入围决赛的三个方案可以在福特·梅森中心设计竞赛网站上看到，并在福特·梅森中心D座现场展出。

布鲁纳/科特事务所参赛方案　　西8景观设计与城市规划事务所参赛方案　　AMP建筑事务所参赛方案

七支设计团队入围香港西九文化区艺术主题公园竞赛

香港西九文化区管理局（WKCDA）近日宣布了入围的七支设计团队，后者受邀为香港首个艺术主题公园的规划提交技术方案。这座公园占地14公顷，座落于九龙海滨，将为西九文化区提供艺术文化交流的绿色公共空间。

公园预计于2014/15年度起分阶段启用，并将成为香港首个作为文化活动场所的公园。崎岖的地形和茂盛的植物，将在城市的中心提供一个户外绿化空间，并为音乐、舞蹈、戏剧、艺术展览及其他免费户外文化活动提供场地。如何最大限度地实现绿化，并将创新的绿化概念融入公园设计中，是设计师将面临的挑战。

入围的七支设计团队分别是（按英文字母顺序排列）：
- 库克·罗伯汉建筑事务所（Cook Robotham Architectural Bureau）
  福格特景观设计公司（VOGT Landscape）
- 刘荣广武振民建筑师事务所（DLN）
  合作单位：格里姆肖建筑事务所（Grimshaw）
  荷兰西8景观设计与城市规划事务所（West 8）
  傲林国际（ACLA）
- 美国迪勒·斯科菲迪奥+伦弗罗建筑事务所（Diller Scofidio + Renfro）
  合作单位：奥林公司（Olin）
  都市实践（Urbanus）

- 英国格兰特景观事务所（Grant Associates）
  威尔金森·艾尔建筑事务所（Wilkinson Eyre）
  维思平建筑设计有限公司（WSP）
- 古斯塔夫森·波特事务所（Gustafson Porter）
  MDP事务所（Michel Desvigne Paysagiste）
  福斯特建筑设计事务所（Foster + Partners）
- 哈格里夫斯景观事务所（Hargreaves Associates）
  九柱神建筑事务所（Ennead Architects）
- 詹姆斯·科纳事务所（James Corner Field Operations）

汤姆·大卫建筑事务所赢得"可持续农贸市场竞赛"

荷兰汤姆·大卫建筑事务所（Tom David Architecten）在卡萨布兰卡可持续农贸市场设计竞赛中拔得头筹。农贸市场毗邻阿拉伯人聚居区麦地那（Medina），这一选址决定了它将融入老城区社会、经济发展的脉络中。这里，街边到处是市场摊位，合法的、非法的都有，是当地经济的重要支柱。但是，街道上过于密集的市场贸易也造成城市公共空间的污染和退化。

汤姆·大卫建筑事务所的设计方案主要关注改善当地垃圾处理问题，利用本地的低科技含量技术（如蒸发冷却）实现可持续发展，并采用维护成本较低的当地材料。

造型新颖的遮篷是方案中的一个亮点，设计灵感源于自然，模拟树木的形态。遮篷部分重叠，确保雨水沿边缘流下，且空气能顺畅流通。曲线造型和混凝土选材，既是向20世纪50年代以来蕴含女性柔美形态的现代卡萨布兰卡建筑致敬，也符合当地街头突出的男性文化氛围。

在这里，"可持续"不再仅仅作为设计工具，而是一种社会进程。新的认识、新的技术、新的行为方式以及随之而来的文化变迁，共同促进这一进程的发展。这一发展过程具有积极意义，需要广大民众负起对当地经济、社会、生态发展的责任。

设计方案对可持续发展的贡献体现在两个方面。第一，利用当地朴素的技术对雨水进行收集、再利用，包括冲厕所、清洗地面；利用太阳能和风能来实现蒸发冷却，进而促进室内空气流通。第二，为确保可持续设计是一项功在千秋的事业，必须消除对环境的负面影响。市场中采用垃圾废物处理系统，打造了健康的生活环境；使用维护成本较低的材料，有助于使用的耐久性。

百老汇大街684号公寓顶楼

设计师：巴尔莫里联合事务所 | **项目地点：**美国，纽约

1. 重蚁木观景露台的上层是室外厨房和休闲区
2. 白桦树穿透地板
3. 斜坡上种植的植物不怕踩踏

　　探索建筑与自然之间的界线是设计师的设计主旨。通过重新规划二者之间的空间并建立新的联系，设计师打造了更加流畅的空间，并不是让建筑与景观的界线变得模糊，而是拓宽这条界线。这条拓宽了的界线，或者说"界面"，为设置新型空间创造了条件。景观与建筑在垂直与水平两个方向上纵横交替，带来变幻的空间体验。这是一个复杂的界面空间，分成多个层次——界面越宽越好，成为一种全新的空间实体。

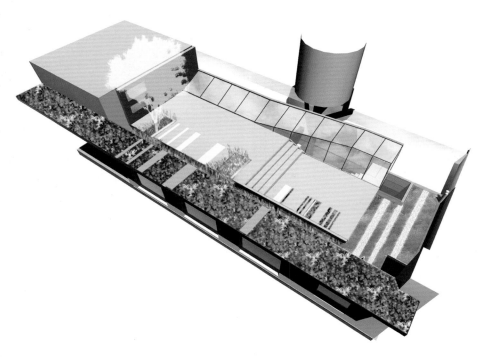

项目名称:
百老汇大街684号公寓顶楼
完成时间:
2007年
建筑设计:
乔尔·桑德斯建筑事务所
室内设计:
安德烈娅·斯蒂尔建筑事务所
景观顾问:
R2P景观建筑工作室
客户:
布莱索房地产公司（马修·布莱索）
摄影师:
彼特·艾伦，Esto摄影工作室
马克·戴伊
占地面积:
288平方米（住宅）+ 204平方米（屋顶花园）

这一"界面"是一种可持续性设计策略。设计师在这栋翻新公寓及其屋顶空间的水平和垂直方向上扩展出绿色空间，从而促进生物多样性和可持续设计在城市中的深入发展。设计师将这一人工打造的自然景观称为"超自然"。它包含各种自然形态和自然现象，又超越自然，成为融入都市生活中的一道独特的迷人景观。生态和艺术在这里碰撞出新的火花，让大自然的生命力在城市环境中爆发出来。

这栋公寓顶层有一扇6米多长的天窗，下方是个室内花园，景观与建筑之间的"界面"就从这里开始。花园中种植了大叶植物和紫竹，仿佛在通往屋顶的飘浮楼梯下方铺了一张绿地毯。花园和主浴室用一道玻璃隔断隔开，透过玻璃可以看到，在精致的紫竹叶片上方，是一面爬满了卫矛属攀援植物的绿墙，形成一个梦幻般的"垂直花园"。绿墙上方是另一扇天窗，透过这扇天窗可以看到屋顶上的植物。

屋顶上布满各种野花，四周围绕着高高的禾本科植物，纤细的叶片在微风的吹拂下随风摆动，打造出美轮美奂的屋顶景致，充满自然的气息。

1. 重蚁木观景露台的下层是按摩浴缸和日光浴平台，比较私密
2、3. 绿色的坡面从屋顶延伸到天际

1. 双层的重蚁木观景露台悬浮在绿草之上
2. 室外淋浴间在楼梯间对面
3. 斜坡上景色极佳

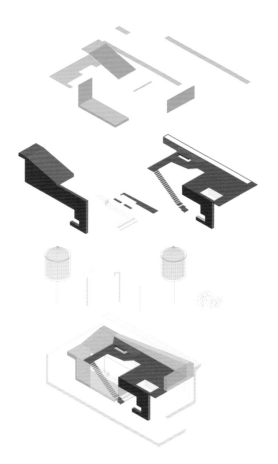

一个双层的重蚁木观景露台"漂浮"在一片绿草的海洋上。在观景露台的下层，一条石子小径通向观景台（这里可以看到地势较低的东面景致）、室外淋浴间和日光浴场（有按摩浴缸和日光浴平台，在楼梯间的对面，较为私密）。步上五级台阶就来到观景露台的上层，这里是室外厨房和休闲区。白桦树穿透上层的地板，摇曳的树影为午后休憩提供了绿荫遮蔽。茂盛的景天属植物无边无际地生长，以天际线为背景，形成一片绿色的海洋。

女儿墙的对面是楼梯间，斜面直升入天际。斜坡上密集地种植了各种不怕踩踏的植物，可以恣意躺在上面，展望天空云卷云舒。台阶通向屋顶花园的顶端，可以一览无余地俯瞰东面的风景。

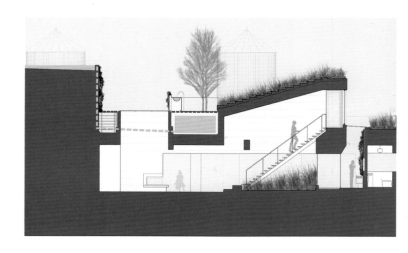

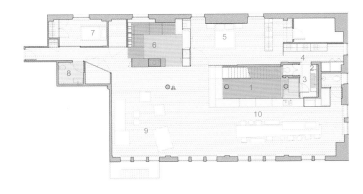

1. 室内花园
2. 带天窗的绿墙
3. 主浴室
4. 更衣室
5. 主卧室
6. 休闲区
7. 客房
8. 客房浴室
9. 起居室
10. 餐室、厨房
11. 室外淋浴间
12. 闲坐区
13. 室外厨房
14. 屋顶种植区
15. 水疗休闲区
16. 雨水蓄水池

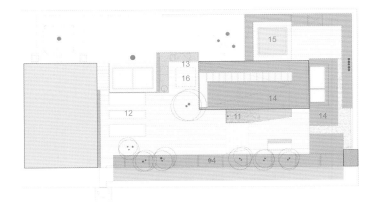

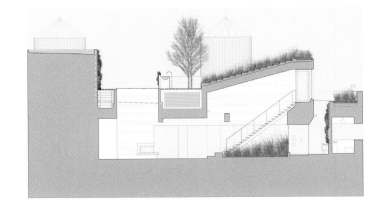

1. 施工中的露台
2. 施工后的露台
3、4. 大叶植物和紫竹营造出一张茂密的"绿毯"，铺在通往屋顶的飘浮楼梯下方
5. 绿墙上爬满卫矛属攀援植物

克拉克救世军社区中心

设计师： GLS景观建筑事务所 ｜ **项目地点：** 美国，旧金山

1. 庭院上安装了儿童娱乐设施
2. 庭院鸟瞰图。天窗周围的植物、电力设施维护结构（也出自GLS事务所之手）、
人工草皮以及座椅，共同组成了这个多功能庭院

　　田德隆区（Tenderloin）是旧金山市内最穷最乱的一个街区，救世军慈善基金会就在这里新建了一座综合性的社区中心和住宅小区，耗资5700万美元，于2008年竣工。美国计划在全国兴建大约30个这样的社区中心，这是第一个，全称是"雷&琼·克拉克救世军社区中心与雷尔顿住宅小区"，因为部分资金来自琼·克拉克（麦当劳创始人雷·克拉克的夫人）15亿美元的遗产。这个社区中心对田德隆区来说可谓雪中送炭，为居民提供了基本的娱乐活动和社会服务，也是救世军慈善基金会在旧金山125年的历史中承担的最大的复兴工程。

　　克拉克社区中心建筑面积约12,577平方米，每年为2000多人服务。社区中心的建筑围绕中央的绿化屋顶庭院布局，设计师的景观设计就集中在这里。庭院下方是公共空间，包括社区大学健身房、舞蹈室、健身中心、教育辅导室、游泳馆、救世军礼拜堂、娱乐室、计算机实验室和图书馆。公共空间上方是雷尔顿住宅小区，有自己专门的兴建资金，共有110个住宅单元，提供给租不起房子的人，有些是过渡性的，有些是永久居住。过渡性是指其中27间给18至24岁的年轻人住（超过18岁就不能依靠美国的"助养计划"了），另外83间给流浪者和退伍老兵永久居住。

　　庭院位于健身房的屋顶上，在嘈杂的田德隆区开辟了一块净土。院内种了很多杨梅属和红胶木属的花木，也为儿童嬉戏预留了足够的空间，包括开放式的人工草皮和攀爬墙。为了让健身房有充足的日照，减少

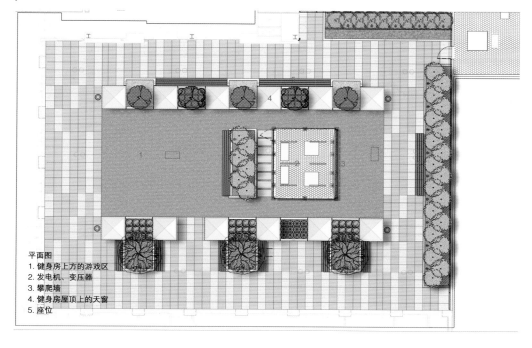

项目名称：
克拉克救世军社区中心
完成时间：
2008年
主持设计师：
加里·斯特朗
客户：
救世军慈善基金会
摄影师：
帕特里克·阿加斯
占地面积：
650平方米
奖项：
2012年美国景观设计师协会北加州分会优秀奖

人工照明，屋顶上留了很多天窗，景观设计巧妙地与之配合。GLS事务所还精心设计了一个立方体结构，将发电机和变压器围合在中央，其中一个表面设计成攀爬墙，夜晚有蓝色的灯光照明，营造出曼妙的气氛。庭院四周是住宅单元，住户可以欣赏到美丽的庭院景致，同时每户都能保证充足的自然采光。

1. 在植物的掩映下，庭院成为嘈杂城市环境中的一片绿洲
2. 夜幕降临，蓝色的荧光灯和树木的照明灯一起点亮
3. 庭院的设计策略是将混凝土种植槽（种植杨梅属花木）和照明装置巧妙布置在健身房屋顶上的天窗周围，这就要求结构和防水的设计要紧密配合。田德隆区的万豪酒店在背景中若隐若现
4. 健身房屋顶天窗周围种植的植物将庭院分成不同的功能区：设备/游戏区和闲坐区，座椅都设在小径旁

平面图
1. 健身房上方的游戏区
2. 发电机、变压器
3. 攀爬墙
4. 健身房屋顶上的天窗
5. 座位

花坛横剖面详图
1. 表面石膏板厚1.6厘米，里层是胶合板，含防水层
2. 胶合板厚1.6厘米
3. 电镀金属（平合缝宽度：1.9厘米）
4. 热塑性塑料衬垫
5. 定制的轻型混合生长介质
6. 护根覆层（7.6厘米厚）
7. 经加压处理的北美黄杉木（尺寸：5厘米x10厘米）
8. 碎砾石排水沟（1.9厘米）
9. 经加压处理的北美黄杉木（尺寸：5厘米x20厘米，中心距离40厘米）
10. 经加压处理的北美黄杉木（尺寸：5厘米x20厘米）
11. 长椅

1. 庭院的边缘种植了大型灌木，既保护了庭院的私密性，也美化了田德隆区的环境。在嘈杂纷乱的田德隆区，这座庭院是名副其实的一片绿洲，切实改善了居民的生活环境
2. 庭院阴面的一侧，大型种植槽里种的是高大的红胶木，布局也灵活地配合健身房屋顶天窗的位置。地面铺装采用规格为61厘米x61厘米的预制混凝土铺筑材料
3. 庭院竣工开放的首日，一名儿童在攀爬墙下嬉戏
4. 电力设施设置在庭院中央，其维护结构由GLS事务所亲自设计，其中一面做成攀爬墙，下方是人工草坪，防止儿童跌落受伤。这个维护结构采用电镀钢材制成，侧面采用重蚁木镶板和铝制格栏，防止儿童攀爬到顶端

椰林屋顶花园

设计师：雷蒙德·容格拉斯设计公司 ｜ **项目地点：**美国，佛罗里达州，迈阿密

1. 混凝土地面铺装周围的石子是一个设计细节，模仿地面花园的感觉

2. 入口旁边有一面墙长5.5米，上面的不锈钢格栏是为藤蔓植物攀爬准备的，未来会开满芬芳的花朵

3. 池边铺设重蚁木台阶和平台，泳池与花园自然地融为一体

埃拉·丰塔纳尔斯-西斯内罗斯是一名设计爱好者、艺术收藏家、杰出的慈善家。该项目是她的私人寓所屋顶花园。"天边就是界限。"——她说服雷蒙德·容格拉斯设计公司接手这个案子的时候如是说。不是玩笑，她是认真的——这栋公寓大楼高34层，位于迈阿密椰林区（Coconut Grove）的一条林荫大道上，帆船湾（Sailboat Bay）对面。

站在"L"形的屋顶上放眼望去，风景一望无际，蔚为壮观（当然对于某些恐高的人来说就变成惊险了）。景观设计师、埃拉，还有她请的西班牙室内设计师路易·布斯塔曼特，三方共同定下了设计方案：屋顶花园应该舒适、安全，尺度要以人为本；楼顶的风很大，阳光也很炽烈，在这样的条件下要让植物茂盛地生长；

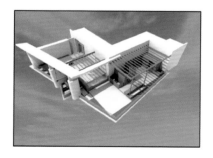

项目名称:
椰林屋顶花园
完成时间:
2008年
主持设计师:
雷蒙德·容格拉斯
（美国景观设计师协会会员）
客户:
埃拉·丰塔纳尔斯-西斯内罗斯
摄影师:
史蒂文·布鲁克
占地面积:
236平方米
奖项:
2008年美国景观设计师协会佛罗里达
州分会荣誉奖

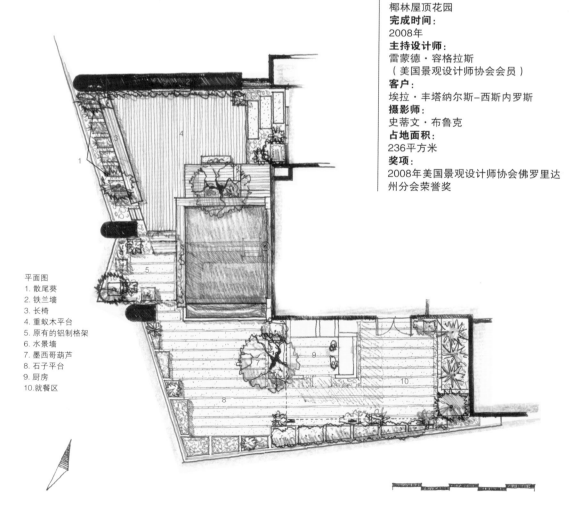

平面图
1. 散尾葵
2. 铁兰墙
3. 长椅
4. 重蚁木平台
5. 原有的铝制格架
6. 水景墙
7. 墨西哥葫芦
8. 石子平台
9. 厨房
10. 就餐区

选用的植物品种要耐旱且便于维护；花园环境要既适合三五好友小聚，又能满足大型聚会的要求，比如50人甚至更多。

　　设计师将4.6米见方的泳池加长，改变了长宽比例，增加了一个宽敞的休息区。池边采用重蚁木大台阶，巧妙地消除了泳池的体量感。另外，池边的一堵石墙也弱化了泳池的大尺度。石墙缝隙中加入了数以千计的光导纤维，夜晚会闪烁耀眼的光芒，与美丽的城市夜景交相呼应。泳池其中一边略低，哗哗的流水沿着瓷砖流入下方1.2米深的小池中，别有一番情趣。面向帆船湾的建筑外立面有两根高大的柱子，高出屋顶外，设计师对其进行了处理，使泳池边更加畅通无阻。

　　泳池边缘、台阶、平台的铺装用的都是重蚁木，于是墙面也用了同样的板材，风格统一。池边留出一小块地，安装了一个储藏柜，也可以用作种植槽；此外还有一个小厨房，就餐区旁边还有运送饭菜的小升降机。设计师在就餐区和厨房上方安装了铝制格架，跟这栋建筑的外观很协调，格架的遮篷可以撤下，十分方便。

　　屋顶入口旁边有一面墙长5.5米，上面的不锈钢格栏是为藤蔓植物攀爬准备的，这些植物未来会开满芬芳的花朵。格栏中央种的是一片铁兰，由詹妮弗·达维特设计。

1. 不锈钢格栏是为藤蔓植物攀爬准备的
2. 就餐区和厨房上方安装了铝制格架，营造出家庭温馨感
3. 水从石墙上流下，流入泳池中。从这里可以俯瞰迈阿密商业区，这也是屋顶花园的一大风景
4. 花园入口种植了凤梨科植物

"生长" 绿色屋顶

设计师：BENT建筑事务所 ┃ **项目地点：**澳大利亚，斯普林菲尔德

1. 屋顶上设置了花坛、座椅和烤肉设施
2. 中央的绿化假山上面种植了攀爬类的紫藤

　　"生长"绿色屋顶是世界上第一个资金充足、脱胎于竞赛的绿色屋顶翻新设计。

　　屋顶的翻新由墨尔本"未来聚焦小组"委员会发起。该委员会成立了"2030年气候变化未来图景特别工作组",针对全球气候变化,建议对墨尔本市内建筑的屋顶实施绿化工程。作为"墨尔本绿色屋顶蓝图"的模范案例,该绿色屋顶源自一场公开设计竞赛,设计界的领军人物、供应商、顾问等受邀为实现此设计提供资金和物资的援助。

屋顶平面图
1. 不同尺度的休闲空间围绕中央的绿化假山而设
2. 环形布局，中央假山和四周边沿凸起，二者之间形成私密的空间，使人在绿意的环绕中尽享惬意的闲暇时光
3. 恶劣的天气里也能在凉亭小聚
4. 阶梯休闲区，适合比较正式的谈话和稍大型的聚会（下方是雨水收集槽）
5. 原有的发动机设备间
6. 中央假山，上面爬满紫藤

7. 花坛，种植着茎叶肥厚的开花植物
8. 中央假山旁边种植的是茎叶肥厚的低矮植物
9. 花坛，种植着可以食用的植物
10. 渗透性地面铺装（采用回收利用的玻璃）
11. 渗透性地面铺装（采用石子）
12. 原有电梯和楼梯入口；墨尔本大学研究花园、微型气象站和太阳能板都在上面

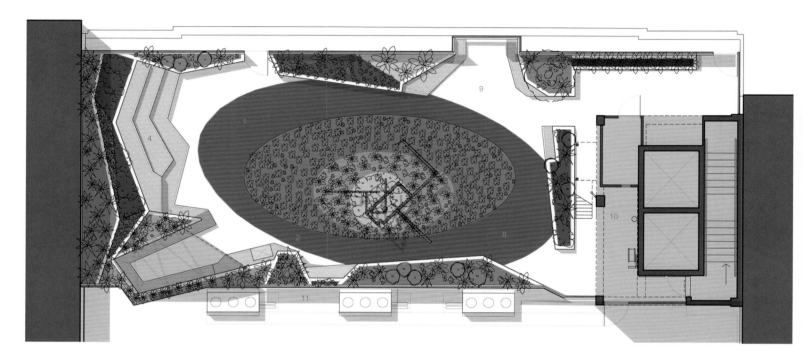

　　该设计探索了绿色屋顶在环境、社会、空间上的开发潜力。这栋建筑位于皇后大街131号，墨尔本中央商务区商业和金融的繁华地段，业主包括很多类型，如佛光缘美术馆（Fo Guang Yuan Art Gallery and Temple）、澳大利亚函授大学（Open Universities Australia）、莱西书院（Lyceum Language School）等。建筑功能如此多样，所以其屋顶也应该具备空间多样性。屋顶空间围绕中央的绿化假山而设，包含一系列不同尺度和朝向的空间形态，用户可以在此小聚，共享惬意的花园时光。四周有形态各异的座位和花坛，使人置身于一片绿意的包围中。

　　设计中采用可持续性设计原则和技术，不仅有利于这栋建筑本身，对整座城市的可持续发展也是

一种贡献。植物种类和灌溉用水技术都经过精心选择，以便降低这栋建筑带来的"城市热岛效应"，同时减轻墨尔本市雨水处理的负担。从周围屋顶收集的雨水在重力的作用下自动流入屋顶的水箱中，用于灌溉可食性植物；其他植物主要选择耐旱类品种。地面铺装具有渗透性，能够控制流入的雨水。墨尔本大学的研究人员提供了监控设备，包括微型气象站，用于收集资料，为未来的绿色屋顶设计提供借鉴。

　　项目中用到的材料都符合环境可持续发展原则，包括地面铺装用到的可再生玻璃和石子、花坛用到的可再生木质贴面板、中央假山用到的可再生膨胀性聚苯乙烯、座位区用到的废弃的二手瓷砖等。

　　这座屋顶花园里有1300多种植物，绝大部分是本地的耐旱品种，且易于维护。植物的品种、色彩、形态和尺度各异，满足了环境和空间多样性的要求。花园里还有果树和草本植物，大受用户欢迎。而且这座花园能够自给自足——修剪下来的植物枝叶，还有大楼内产生的食物垃圾，一起变成供养花园的堆肥。

　　该设计充分展示了绿色屋顶给环境、社会和经济带来的好处，也证明了建筑顶层可以如此轻松、快捷地修建屋顶花园，希望由此给更多业主带来思考，想想你的大楼屋顶是不是也能这样利用，从中汲取灵感，勇于面对挑战，让更多的大楼就如该项目的名字一样，再次"生长"。

项目名称：
"生长"绿色屋顶
完成时间：
2010年
客户：
131号业主委员会
摄影师：
戴安娜·斯奈普
占地面积：
220平方米
奖项：
2010年墨尔本商业建筑设计大奖
2010年新加坡建筑师协会（SIA）
摩天楼绿化设计三等奖

1. 绿化假山周围是一系列花坛
2. 阶梯座椅既适合小聚，也能满足多人
聚会的要求

1

1. 植物精心选择，尽量减少后期维护的需要
2. 花坛里种植了茎叶肥厚的开花植物
3. "生长"花园是一个世外桃源，一个适合静静思考的地方，一个读书的地方，一个聚会的地方，也是一个远离俗事、反省生活的地方

雨水处理

原有的屋顶结构能收集雨水，雨水在重力的作用下自动流入屋顶的水箱中。渗透性地面铺装和排水系统在雨水流入城市排水道之前先进行过滤。

植被种植

屋顶花园里有1300多种植物，绝大部分是本地的品种。屋顶上开辟了一块种植区，供墨尔本大学的科研人员使用，主要研究哪些植物品种和种植技术最适合墨尔本的气候。

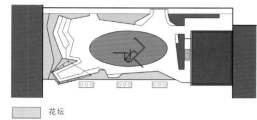

花坛
绿化假山
可食性植物园
墨尔本大学研究用地

1. 中央假山上也种植了茎叶肥厚的植物，下方是个爬满紫藤的结构，是整个花园的焦点

2、3. 渗透性地面铺装

空间规划

新绿色屋顶——空间多样性

多样化的屋顶空间是对建筑功能多样性的呼应。使用者可以同时享受多样化的绿色空间。

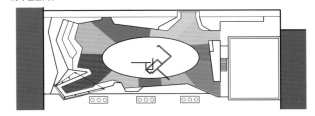

原建筑——功能多样性

这栋建筑位于皇后大街131号，墨尔本中央商务区商业和金融的繁华地段，业主包括很多类型，如佛光缘美术馆、澳大利亚函授大学、莱西书院等。

交通路线——休闲空间

屋顶的交通路线围绕着中央的假山，四周是座位和植物。漫步于屋顶上，你将从头至尾完全沉浸在绿色体验中。

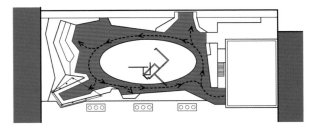

世外桃源——风光无限

这座屋顶花园在墨尔本城市上空打造了一片绿洲。它身处整个城市环境中，又仿佛从这环境中跳脱出来，成了一个与世隔绝的世外桃源。中央的假山让整个花园有一种朝中心聚集的"向心力"。花园的环境使人有一种远离凡尘俗事的惬意感，无论坐立，都能俯瞰整个城市的美景。

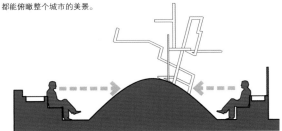

四周设座椅——独坐与小聚皆可

座椅遍布屋顶四周，尺度、朝向各异。

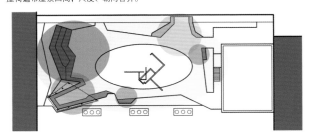

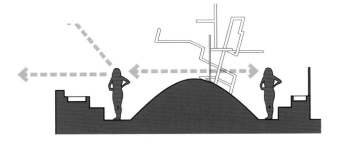

旧金山现代艺术博物馆雕塑花园

设计师：CMG景观建筑事务所 **｜** **项目地点：**美国，旧金山

1. 花坛、长椅、树木，三者结合，打造出休闲空间
2. 城市、艺术、自然，三者相辅相成，融为一体

　　旧金山现代艺术博物馆（SFMOMA）的屋顶雕塑花园是一个露天休闲广场，雕塑、空间和照明三者交相辉映，为旧金山商业区的天际线增添了一片新的公共绿洲。广场四周由博物馆顶层的黑色墙壁所围合，营造出花园的感觉，不会觉得封闭。黑色的围墙不但不会阻挡旧金山明媚的阳光洒在广场的雕塑上，反而为广场上方的天空加上了一圈黑框，使天空的景色变成一幅活的风景画。在杰森建筑事务所的通力协助下，CMG景观建筑事务所的设计方案在竞赛中拔得头筹。这个方案的设计目标是将这座博物馆从盒子式的建筑中解放出来，也就是说，让博物馆的参观之旅扩展到博物馆之外，让传统模式的室内参观延伸到室外的城市环境中来。

　　屋顶花园中，休闲空间与艺术展品巧妙穿插布置。树木、花坛和长椅三者搭配，这样的组合，广场上共有三处，营造出花园的氛围。人们聚在这里，就艺术问题相互交流。园中每个细节都经过精心处理，体现出极简主义风格，凸显材料本身的美感，让参观者与雕塑作品置身于同一空间中，带来更纯粹的艺术体验。

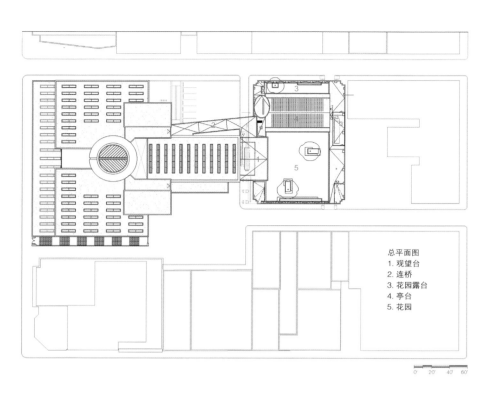

总平面图
1. 观望台
2. 连桥
3. 花园露台
4. 亭台
5. 花园

项目名称:
旧金山现代艺术博物馆雕塑花园
完成时间:
2009年
主持设计师:
凯文·康格
建筑设计:
杰森建筑事务所
客户:
旧金山现代艺术博物馆
摄影师:
伯纳德·安德烈、理查德·巴恩斯、亨里克·卡姆
占地面积:
1,486平方米
奖项:
2010年美国建筑师协会旧金山分会杰出建筑荣誉奖
2009年美国建筑师协会加州分会建筑优秀奖

1. 亚光的混凝土地面也出自景观设计师之手，从室外一直延伸至展馆内
2. 大型室外雕塑摆在屋顶上感觉非常自然

花园的墙壁上长有苔藓，生动地说明旧金山的天然矿物资源在加州复杂的生态系统里占有一席之地。苔藓也是花园的一部分，体现了藻类（原生生物）和菌类二者之间的共生关系，就是这种共生将光秃秃的岩石变为肥沃的土壤，让生态得以产生、衍化。在专家特雷弗·郭瓦兹看来，苔藓是"发现了农业的真菌"。当细菌孢子找到合适的藻类，苔藓就会出现。它会不断繁殖，迅速发展成一大片，形状看似没有规律，但其实是有其道理的。苔藓生长的形态不可预测，也不由人所决定，但某些品种会因森林、城市、洞穴等局部地区的"小气候"中的某些因素，相较其他品种具有明显的生长优势。随着时间推移，苔藓会将土壤和植物种子包裹起来，生态系统便由此起源。

加州有1200多种苔藓，但在旧金山商业区你一种都看不到。这是由于苔藓对空气质量很敏感，另外也因为城市里墙面、地面经常翻新：刷漆、铺装、清洗或剥除表面等，这都破坏了苔藓生长的环境。设计师大胆地在旧金山商业区中打造了一个"苔藓花园"，等于是设计师在宣布从此改善城区空气质量，对改变目前的状况十分乐观。苔藓生长很慢，它是博物馆的一个大背景，默默见证馆中艺术展览的变换更迭。信息时代的繁忙都市生活仿佛在这里放慢脚步。这是一个充满耐心与从容的花园——媒体饱和时代的高速、嘈杂、漠然在这里不见了踪影，取而代之的是绵绵无尽的静谧与绿意。

这座屋顶花园提出了这样一个问题：旧金山的未来会是什么的天下？这座花园其实很简单：地面是混凝土，墙上长着苔藓，再种上几棵树，遮阳避暑，人们相聚在这里，思索艺术的魅力。它简单得真实，毫无矫饰，抛开历史，不假装深沉，也不把自己竖立成完美景观的典范。艺术与最原始的自然，这两股不可预知的力量，在这里相辅相成。花园竣工了，但谁也不知道这里未来最终会是什么样子，旧金山将见证它未来的进化发展。

1. 秋季到来，银杏树成为屋顶上的焦点
2. 白色的悬臂式座椅非常休闲
3. 植物和木质长椅是空间中的天然元素
4. 椅子灵活摆放，空间更具生机
5. 花坛的白色边沿也是长椅的边界线，混凝土与硬木搭配，精致到细节
6. 木质长椅和现场浇铸的混凝土墙都非常精致

上海大剧院空中花园

设计师： 1moku co.设计公司 ｜ **项目地点：** 中国，上海

2

1. 花园上是一个多姿多彩的自然世界，红花绿草，分外宜人
2. 屋顶花园延续了老上海的装饰艺术风格

一座装饰艺术风格的空中花园

上海大剧院是亚洲第一家电影院，是一座装饰艺术风格（Art Deco）的建筑，始建于1928年。这栋建筑体现了中国传统文化的历史传承。日本1moku co.设计公司在楼顶规划了一个空中花园，延续了20世纪20年代老上海非常流行的装饰艺术风格，向这段历史致敬。另一个设计目标是让这座花园成为俯瞰上海美景的观景台。

屋顶上风很大，阳光也很强烈。针对这样的环境，景观设计师建议选择强壮的植物。他们找到这家电影院从前的照片，作为屋顶设计的主题，地面的设计和材料的选择都尽量围绕这一主题。地面采用花岗岩铺装，形成整齐有序的纹理。

项目名称:
上海大剧院空中花园
完成时间:
2009年
主持设计师:
菅广文
客户:
Maverick D.C. Group株式会社
摄影师:
石野隆
占地面积:
1,500平方米

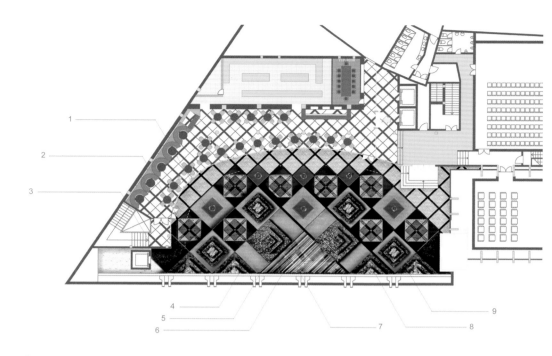

平面图
1. 喷泉和照明装置
2. 休闲区（黑白两色瓷砖）
3. 黑色花岗岩铺装
4. 草坪
5. 红墙
6. 条纹铺装地面
7. 花池
8. 植物（高度：0.8米）
9. 植物（高度：0.5米）

花园里留出一块空地，可以根据需要灵活使用，比如举办各种活动或者婚礼。喷泉以黑色石材为背景。黑白两色的瓷砖形成鲜明的对比效果。尤其值得一提的是，这样的颜色使人想起古老的黑白电影。几根柱子屹立园中，花草植物攀爬其上，形成趣味盎然的"垂直花园"。整个花园空间布局规整，不同元素各司其职，多而不乱，杂而不繁。

这座屋顶花园形成了一个多姿多彩的自然世界，红花绿草，分外宜人。华灯初上，LED照明点亮整个花园，花草随风舞动，呈现一派和谐的自然景象。

1. 花岗岩地面铺装形成整齐有序的纹理
2. 选择能够适应屋顶环境的强壮植物

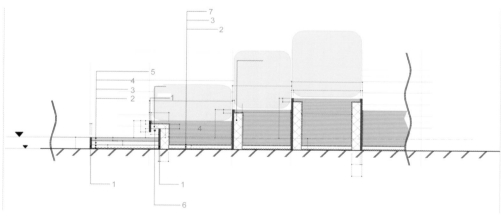

剖面图
1. 黑色花岗岩
2. 防根刺排水板
3. 绿化层
4. 松土
5. 草坪
6. 照明装置
7. 无纺布

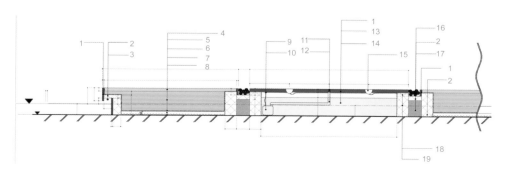

剖面图
1. 黑色花岗岩
2. 水泥基础
3. 照明装置
4. 草坪
5. 松土
6. 织物层
7. 绿化层
8. 防根刺排水板
9. 插座
10. 水泵
11. 喷泉口
12. 管道φ20
13. 水
14. 光纤加强塑料防水层
15. 上方照明装置
16. 黑色巨石φ30
17. 碎石
18. 排水管φ20
19. 水泥基础（70毫米）

1. 植物攀爬柱形成趣味盎然的"垂直花园"
2. 整个花园空间布局规整，不同元素各司其职
3. 花园休闲区
4、5. 从花园可以俯瞰上海美景

中央大街选民服务中心

设计师：保罗·默多克建筑事务所 | **项目地点：**美国，南洛杉矶

1、2. 屋顶花园的开放空间
3. 社区培训中心

　　中央大街选民服务中心位于南加州历史悠久的中央大街社区内，是当地的一座标志性建筑，也是当地经济复兴的一个重点工程。建筑师使用了环保设计手法，向公众展示了可持续性设计的创新发展，也在建筑中体现出当地在爵士乐方面的历史。选民服务中心内有政府办公部门、当地议会部门、一间会议室（也是培训中心）以及若干公共花园，面向公众开放。

　　这栋建筑所在的街区毗邻中央大街，正好位于"中央大街复兴规划"的范围内。复兴规划主要是在该街区的各条小巷两侧建一批单体多层商业建筑和单体多层住宅。中央大街在爵士乐方面有着悠久的历史，

项目名称：
中央大街选民服务中心
完成时间：
2010年
主持设计师：
保罗·默多克
摄影师：
布鲁斯·德蒙特摄影公司
奖项：
2011年洛杉矶商业委员会可持续
设计奖（新建筑类）
2011年"健康城市绿色屋顶"组
织（GRHC）颁发的绿色屋顶与
墙面优秀设计奖
2010年美国绿色建筑委员会LEED
金级认证
2010年美国公共工程协会南加州
分会可持续设计奖
2010年美国规划协会加州洛杉矶
分会大型工程杰出规划特别奖

西立面

东立面

这个社区每年都举办一次爵士音乐
节。选民服务中心落成后，庭院里每
周举办一次农贸集会。建筑设计主
要包含两大功能区：一是社区培训中
心，二是政府和议会的办公室。培训
中心为社区居民服务，在此曾举办过
数百次社区会议、健身活动、烹饪培
训等。

　　培训中心和办公区二者分离，确
保办公时间结束后培训中心还可以
灵活使用。入口设在中央大街和院内
停车场上。两排太阳能光电板，随着
太阳移动的轨迹变换角度，界定出庭

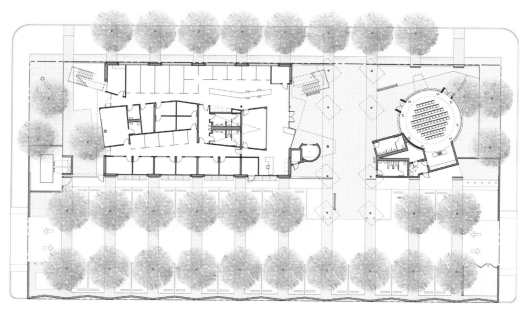

场地平面图

院入口。庭院经过绿化，地面铺设的是回收利用的玻璃砖，向公众充分传递了环境保护意识。

洛杉矶的这个街区是市内居住率最低的街区。为改变这一现状，设计师将整个建筑场地都进行了绿化，种上树木，铺上地砖，营造出公园一般的氛围。办公室一侧种植的树木仿佛一道绿色屏障，使建筑立面掩映在绿意之中。场地四周的树木形成绿墙，既保证了空间的开放性，也兼顾了安全性。建筑结构和立面的韵律跟树木的布局彼此协调，成为一个不可分割的整体环境。不规则的弧形或折线形的墙体、楼梯、电梯，包括两排太阳能光电板的布局，与树木和地面铺装的规则布局形成对比，呼应了中央大街的爵士传统。彩色壁画也是向爵士乐致敬。

选民服务中心的屋顶花园满足了社区的环境与社会需求。屋顶花园为公众提供了一个休闲放松、欣赏自然植物的开放式空间。这一地区很多地面公园都发生过行车中开枪射杀的案件。于是，议会代表提出在屋顶上为社区居民建造一个安全的开放式花园。屋顶周围设置凸起的坡形种植槽，起到保护作用；内部的种植槽则较低矮，可用作座椅。四周的不锈钢扶手不会阻碍从下方欣赏花园的视线，同时也让花园有一种开放式的感觉。屋顶绿化是城市环境中的一种新型景观实践，对减少雨水排放、缓和城市热岛效应、降低建筑能耗、减少温室气体排放都有益处。

屋顶上种植了40多种植物，都是南加州本地品种，需水量小，能够适应屋顶上恶劣的生长条件。设计师特意选用开花植物，以期吸引蜂鸟和蝴蝶来此流连。建筑正面和场地四周都筑起篱笆，这些地方都能种植植物。当地青年志愿者组成一个团队，负责花园的维护工作。随着季节变换，屋顶将呈现不一样的风景。此外，还有一个蓄水池，回收废水用于植物灌溉。屋顶也能够收集雨水，雨水从不锈钢筛孔流入花园和喷泉。

1. 鸟瞰图
2. 公共屋顶花园

悉尼屋顶花园

设计师："悉尼秘密花园"设计公司 ｜ **项目地点：**澳大利亚，悉尼

1. 屋顶上的水池
2. 鸟瞰图

　　"悉尼秘密花园"是一家住宅类景观设计公司，负责住宅花园的设计、施工和维护，创立至今已17年，曾获多项大奖，以其富有创意的设计、先进的工艺和高水准的服务赢得了业内一片赞誉。其设计团队包括经验丰富的资深建筑师、景观设计师、施工顾问以及园艺专家，共35人，志在让他们打造的每一个花园充满生机。

　　悉尼屋顶花园是一间公寓的露台设计。这栋公寓顶部的三个楼层都有露台，但是在设计之前却没能利用，看上去也不甚美观。住户从公寓内无法上到顶层的露台上去，要上去就必须先出公寓，然后走消防通道。顶层的露台跟其他户外空间以及公寓内部都没有联系。

项目名称：
悉尼屋顶花园
完成时间：
2009年
主持设计师：
马修·坎特韦尔
客户：
个人
摄影师：
贾森·布什

1. 下层平台铺装
2. 日光浴平台
3. 躺椅
4. 圆形水池
5. 热水浴缸
6. 休闲区与小桥、池塘相连

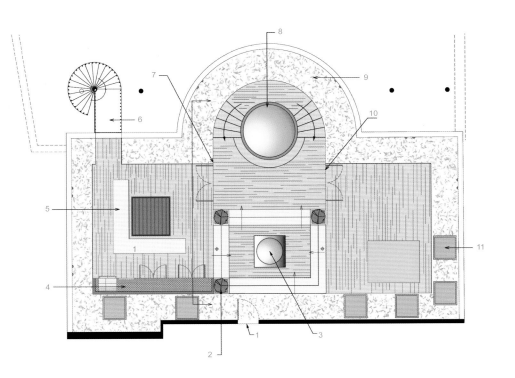

上层平面图
1. 入口
2. 三个方形花坛（里面种植着九重葛）
3. 圆形水景（水池1.2米见方，沉入木板平台下，池沿宽度为30毫米）
4. 烧烤区、长椅
5. 预制桌椅
6. 走道（通向新建的旋转楼梯）
7. 下方是水疗过滤器和机房
8. 水疗区
9. 石子铺装
10. 下方是躺椅储藏室
11. 深灰色立方体种植槽（尺寸：900毫米×100毫米×100毫米，栽种植物作为屏障）

5

6

由于当地有严格的建筑法规，详细规定了什么能做什么不能做，所以设计师必须与当地建筑管理部门合作，共同商定设计方案，以便确保能够满足客户的要求。方案中要用的东西都得从电梯运上来，这也是设计中需要考虑的一个重要因素。最终的方案围绕露台上的悬浮结构来布局，采用组合式构建，每个标准组件的尺寸都是2米见方。当地法规禁止建筑结构上有任何加建部分，这让设计师最终决定采用整体式构建。

中间层的露台跟公寓内的书房和卧室相连，设计师将其打造成一个静谧的花园，通过水池和小桥与休闲区连接起来。露台上的植物非常抢眼，修剪成团状，更加凸显形态之美。

设计师增加了一部旋转楼梯，将中间层和顶层这两个主要的露台连接起来，住户要上到顶层露台也不用走消防通道。顶层的设计以娱乐空间为主，休闲区配有遮阳篷，还有热水浴缸和日光浴平台，可以充分享受阳光的滋润。邀请朋友来此共度新年前夜是再好不过了，可以欣赏悉尼美丽的新年烟花。

第二层露台上，水池四周设计了许多花坛，几乎覆盖了整个露台。花坛的高度不超过300毫米，采用排水板，水可以在花坛内的排水槽内流动。

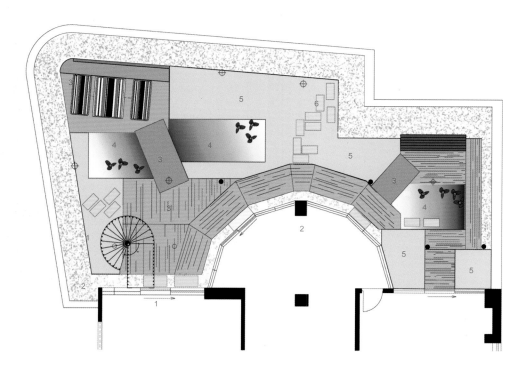

下层平面图
1. 入口
2. 石子铺装
3. 平台
4. 水池
5. 花园
6. 园圃中间的踩踏石

1. 从屋顶上可以远眺悉尼风景
2-4. 池塘特写
5. 植物经过修剪，凸显形态之美

丰碑——牛津广场改建工程

设计师：泰勒·布拉默景观建筑事务所 | **项目地点：**澳大利亚，达令赫斯特

1. 从休闲平台上可以看到圣玛丽教堂的尖顶。棕榈树的布局由下方承重柱的位置决定。

2. 用浅浅的水池将入口通道和庭院分隔开来。种植槽位于承重柱上方，里面种植了澳洲蒲葵属棕榈树、红叶茉蕉和初绿。

"'魅力'的定义是：诱人的美或吸引力，通常与性感相关。"

牛津广场改建工程是位于悉尼近郊达令赫斯特的"丰碑"公寓的屋顶花园。设计师通过极具创意的材料运用，打造了非常实用的户外空间，完美地衬托出这栋公寓建筑的现代气息。

项目名称：
丰碑——牛津广场改建工程
完成时间：
2007年
客户：
"多元"建筑公司
摄影师：
西蒙·肯尼
占地面积：
1,300平方米

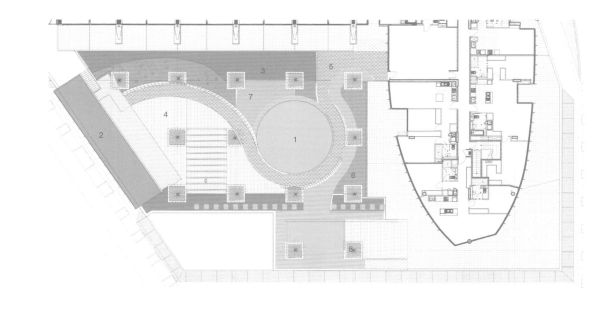

总平面图
1. 中央草坪
2. 游泳池
3. 水景
4. 木质平台
5. 坡道
6. 石子铺装地面
7. 种植区
8. 围栏内的棕榈树

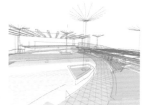
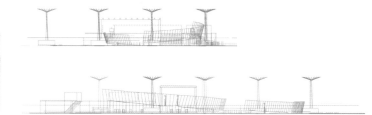

1–4. 木质小径蜿蜒而上，通向泳池

这是一片充满魅力与创意的美丽绿洲。它置身于市中心区的熙攘与喧嚣中，却又能做到出淤泥而不染。面对高强度、多样化的都市生活，它通过丰富的材料、形态和空间来刺激你的感官，不觉成为改建后的牛津广场上一道亮丽的风景，在形象和材料上都与这栋公寓大楼完美融合。

"丰碑"公寓地处悉尼闹市区一条繁华的街道上。每天清晨，这座三层高的屋顶花园就在这里沐浴悉尼和煦的朝阳。改建之前，当地居民就已经充分利用这个屋顶：游泳、娱乐、晒太阳、傍晚闲谈……虽然屋顶上空无一物，但确实是个消遣放松的好去处。此次改建让屋顶焕然一新：开阔的空间、生机盎然的植物，还有最受瞩目的游泳池，四周

采用透明的玻璃围栏，从大街上就能看见。

设计师通过材料的选用，突出了屋顶空间的感官体验；通过大尺度的空间布局，捕捉到都市生活时尚、现代的精髓。平行设置的水池界定出花园的边界，池中泛着波光的水面在白天和夜晚呈现出不同的景象，再加上玻璃围合而成的泳池，营造出一个波光粼粼的水世界。水边种植着棕榈树，布局均匀、整齐，树下采用统一形制的围栏，表面贴深红棕色的瓷砖，上面有金色的斑点。除了棕榈树外，围栏里还种了低矮的观赏植物，叶片有红灰二色。花园里设置了一处观景露台，地面采用木板铺装，在弧形坡道和圆形草坪的装点下，成为整个花园一个灵动的焦点，与公寓大楼的坚实实体形成对比。

花园中的植物品种都是设计师精心选择的，其属性、质感、色彩等因素都经过深思熟虑，以便与花园中采用的钢和玻璃材质相融合。为了进一步突出棕榈树和观赏植物，还统一采用了棕色抛光瓷砖的围栏。在夜间照明的衬托下，更凸显了景观的生机和空间的质感。

精挑细选的材料和植物，打造出独一无二的屋顶空间，受到当地居民和来访者的高度赞扬。设计师应用了"生态可持续发展设计原则"（ESD），包括节水设计、可再生材料的运用、大尺度的便利设施等，打破了原有场地的局限，实实在在地节约了成本。

1. 观景露台上的木质廊架
2. 从泳池平台上展望花园
3. 种植着澳洲巨杉、红叶茉蕉和初绿的种植槽
4. 圆形草皮下方是生长介质，深200毫米。小径围绕草皮铺设，直通泳池

努韦勒花园

设计师：玛莎·施瓦兹合作事务所、大地设计公司 | **项目地点：**美国，马萨诸塞州，内蒂克

1. 花园中央的球类游戏区
2. 花园采用流线型布局，各个空间彼此自然衔接

屋顶漫步，体验绿色。
　　努韦勒公寓位于内蒂克购物中心，公寓屋顶面积4,856平方米，包含一系列户外空间，为住户提供了丰富的绿色空间体验。从上方鸟瞰，屋顶仿佛一幅常换常新的美丽油画。屋顶设计采用了多种材料，植物品种也丰富多彩，空间体验可以说是步移景异，美轮美奂的自然景致给社区、生态以及经济的发展带来益处。

项目名称：
努韦勒花园
完成时间：
2009年
主持设计师：
肖娜·吉利斯–史密斯
建筑设计：
ADD设计公司
客户：
美国GGP房地产投资信托公司
摄影师：
土屋弘次、B.K博利、拜伦·霍尔特、玛丽·霍特卡（GGP公司）、查尔斯·迈耶
占地面积：
4,856平方米
奖项：
2010年美国预制、预应力混凝土协会（PCI）设计奖
2009年世界建筑新闻网（WAN）商业奖

总平面图
1. 户外休闲区
2. 木质地板小径
3. 球类游戏区
4. 石子铺装地面
5. 植被

1. 种植槽和座椅的巧妙布局
2. 复合地板铺设的小径在景天属植被"绿毯"中蜿蜒

公寓大楼共6层，有215个住宅单元。屋顶花园下方是精品店，周围有一扇凸起的天窗、住户休闲区以及独立住宅单元。为了让大街上过往的行人注意到上面的屋顶花园，停车场的墙面大胆采用了花草图案。大楼的另一边以及更高层处还有另外两个面积较小的绿色屋顶。"努韦勒花园"是这栋公寓主要的户外休闲区，连接着各个空间，是住户之间彼此交流的好去处。屋顶呈狭长形，长约177米，宽约18米，流线型的布局让各个空间相互连接。地上长满景天属植被，仿佛一张绿毯，复合地板铺设的小径蜿蜒其中，一直通向座位区。设计目标是将屋顶打造成一系列彼此相连的小空间，这样不论单独一人还是和朋友一起，或野餐，或读书，都能找到适合的地方。

屋顶花园的植物设计分为三个层次：地面层是景天属植被和石子；中间层是茂盛的灌木和多年生植物；第三层是高大的乔木。三者的生长介质高度分别是：13厘米、84厘米、99厘米。

各个屋顶都铺上了由景天属植被和石子共同构成的"绿毯"，不论季节如何变换，终年都呈现生机盎然的景象，并且随着观察角度的变化，呈现出不一样的风景。地面共用了4种景天属植物，混合种植。绿色植被与石子铺装相互交错，极具视觉情趣，即使植被处于蛰伏期，也不觉萧条。

种植槽采用耐候钢材，以便承载更深的栽种介质，种植更加茂盛的植物。种植槽有着雕塑般优美的造型，穿插分布在座位区中。为了营造花园般优雅的环境，种植槽里还种上了种类丰富的绿草、多年生花卉以及灌木；植物品种的选择以能适应屋顶恶劣的气候条件为标准（共60个品种）。乔木种植

槽设置在建筑承重柱的上方，茂盛的树冠为下方提供了树荫，随着连香树的树叶随风摆动，为花园平添一丝生气。园内有两个较大的圆形休闲区，5块巨石，形态各异，让花园更有特色，儿童可以爬上石头嬉戏。

努韦勒花园的设计同时兼顾可持续发展理论的三个分支——生态可持续发展、社会可持续发展和经济可持续发展；同时，它为公寓住户创造了一片美丽的屋顶绿洲。这座花园带来的生态效益包括：降低城市热岛效应；减轻城市雨水处理的负担（减缓洪峰流量并减少雨水总量）；创造良好的植物生长环境，延长大楼顶层的使用寿命。

努韦勒花园同时也有其社会功能，它让公寓住户更有集体感，为他们提供了更多交流的机会。展望一下这里未来的图景吧：傍晚时分，大家在屋顶上搞个小型聚会，三三两两散坐在植物丛中；有人带着笔记本电脑，悠闲地啜饮冰镇饮料；旁边有一对夫妻坐在桌旁闲谈。另外一边的休闲区里，又是另一番景象：两位女士在舒适的躺椅里休憩，一个在小睡，另一个在读书；一位男士独自坐在小径边的长椅上，望着花园里宁静祥和的一幕；几对夫妇在小径上散步，喁喁交谈；还有人站在公寓的阳台上，望着花园里的一切。

从经济的角度来说，努韦勒花园增加了公寓的价值，减少了更换楼顶表层、空调以及供暖的费用。在构想之初，大家就一致看好这座花园，因为它不仅为住户提供了必要的户外空间，而且还起到另外一个作用——以前，售楼员担心视野不好的公寓单元（只能望见购物中心光秃秃的屋顶）不好卖，现在这个问题在一定程度上也得到解决。经过精心设计，绿色屋顶在空间和视觉上愈加丰富，完全超越了预期的基本功用，成了这栋公寓销售宣传的亮点。果然，先卖出去的都是面向屋顶花园的单元。

1–3. 植物的选择以适应屋顶恶劣环境为标准
4. 绿地与石子地面相结合
5. 停车场墙面大胆采用花草图案
6. 花坛采用耐候钢制成

瑞斯卡特湾屋顶花园

设计师：大西洋景观设计公司 | **项目地点：**澳大利亚，瑞斯卡特湾

1. 泳池高出地面，周围有平台
2. 泳池表面采用双重照明系统，呈现出一片明艳的蓝色
3. 池边花坛

　　瑞斯卡特湾屋顶花园屋顶面积510平方米，全新的设计让年久失修的屋顶焕然一新。新增的娱乐设施包括：泳池及周围平台、一间带厨房的简易小屋、烧烤区及户外休闲区、遮阳篷、草坪和花园等。

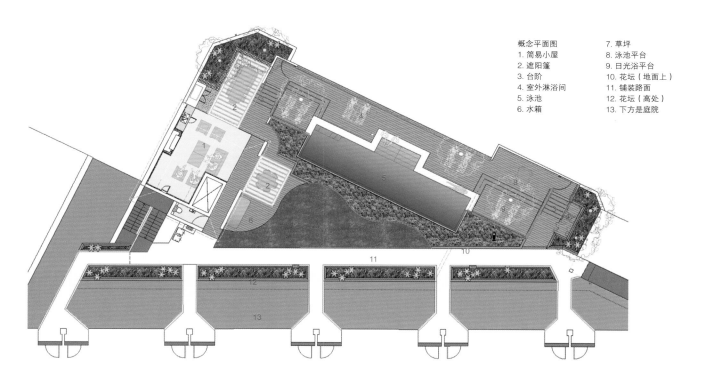

概念平面图
1. 简易小屋
2. 遮阳篷
3. 台阶
4. 室外淋浴间
5. 泳池
6. 水箱
7. 草坪
8. 泳池平台
9. 日光浴平台
10. 花坛（地面上）
11. 铺装路面
12. 花坛（高处）
13. 下方是庭院

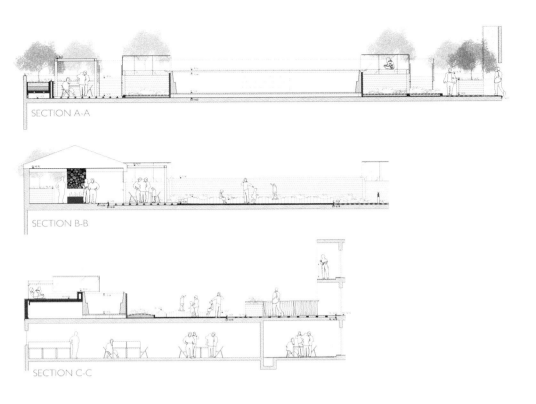

SECTION A-A

SECTION B-B

SECTION C-C

项目名称：
瑞斯卡特湾屋顶花园
完成时间：
2012年
主持设计师：
马克·哈珀
客户：
SP40860业主
摄影师：
马克·哈珀
占地面积：
510平方米

1. 平台铺装采用复合木地板
2. 上层日光浴平台

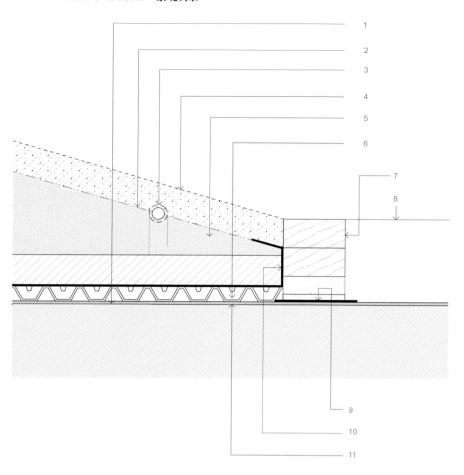

剖面图
1. 粗糙河沙（洗过两次）
2. 生物降解种子层
3. 滴注式灌溉
4. 护根层
5. 生长介质
6. 排水槽和储水盒
7. 木质边缘
8. 毗邻表面
9. 分隔层
10. 花坛底部和四周的隔泥织物
11. 防水层

1. 花岗岩地面铺装
2. 扶手采用316型不锈钢
3. 池边草坪

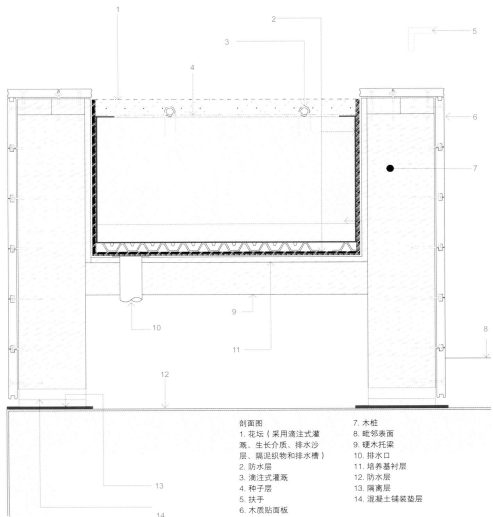

剖面图
1. 花坛（采用滴注式灌溉、生长介质、排水沙层、隔泥织物和排水槽）
2. 防水层
3. 滴注式灌溉
4. 种子层
5. 扶手
6. 木质贴面板
7. 木桩
8. 毗邻表面
9. 硬木托梁
10. 排水口
11. 培养基衬层
12. 防水层
13. 隔离层
14. 混凝土铺装垫层

项目中用到多种绿色屋顶材料，给环境、经济和社会带来诸多益处：轻型植物生长介质；隔热效果更好，降低了采暖和降温的需求，减少住户的碳排放；屋顶使用寿命更长；从屋顶流下的雨水量更少；屋顶温度更低，减轻城市热岛效应；利用排水管和储水盒收集雨水，减轻城市灌溉供水的压力；为鸟类和土壤中的无脊椎动物提供了栖息之所；为住户创造了健康的户外娱乐空间。

设计特色

泳池：长12米，采用纤维玻璃陶瓷混合材料，超大管材（内灌混凝土，这样的管材比普通混凝土材料坚固4倍），表面采用双重照明系统，呈现出一片明艳的蓝色。

复合木地板：采用70%可再生木材和23%PVC塑料，看上去、摸起来都像天然木材一样，但不像传统木质地板那样需要维护。

轻型混合土壤：饱和状态下每立方米重量不超过600千克。

绿色屋顶技术：排水槽和储水盒保证了雨水的储藏、再利用以及多余水量的顺畅排放。

屋顶表层：采用PVC/EVA板材，水气可渗透进去，可以确保20年防水效果。

扶手：316型不锈钢。

地面铺装：采用花岗岩石材，石材下方设置可调节高度的支架。

LED照明：所有灯都点亮时，每小时耗电7库仑。

东村公寓顶楼

设计师:利兹·普尔韦尔 | **项目地点:**美国、纽约

1、2. 中间很宽敞，用于大型聚会

　　曼哈顿东村街区（East Village）的这间顶层公寓有个开阔的露台。新房主是一对年轻夫妇，他们一看到这个露台就觉得非常有开发潜力。但是，等他们搬过来安顿好了，真正要利用这个露台的时候，才发现似乎露台并没有让他们更贴近室外的自然环境。虽然这栋公寓经过美国LEED绿色建筑认证，有两个绿色屋顶，但屋顶空间却显得空旷、冷清、寂寥。怎么用这个露台呢？房主一筹莫展，不知道如何才能打造出他们预期的效果。其实他们想要的，是一种完全不同的空间——一个直插云霄的屋顶花园，长满郁郁葱葱的植物，可以在这里阖家团聚或宴请亲友，也可以在忙碌的一天结束后享受惬意的宁静。

项目名称：
东村公寓顶楼
完成时间：
2011年
主持设计师：
利兹·普尔韦尔
客户：
个人
摄影师：
贾斯丁·梅内德斯
占地面积：
162平方米
奖项：
2011年园林专业维护组织
（PLANET）环境改良奖

顶楼露台平面图
1. 绿色屋顶A区
2. 绿色屋顶B区
3. 重蚁木铺装（尺寸：61厘米×61厘米）
4. 玻璃纤维种植槽（位于地面铺装上）
5. 硬木铺装（尺寸：61厘米×61厘米，与原有混凝土地面齐平）
6. 铝制边缘
7. 重蚁木铺装（尺寸：61厘米×61厘米，位于砂砾地面上）
8. 重蚁木铺装（尺寸：30厘米×46厘米，位于砂砾地面上）
9. 绿色屋顶C区
10. 绿色屋顶F区
11. 绿色屋顶D区
12. 绿色屋顶E区

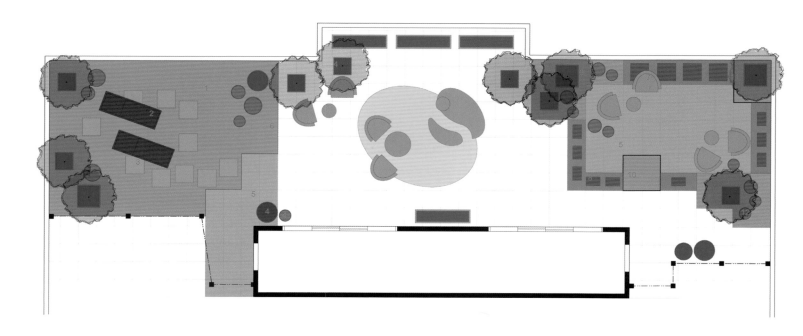

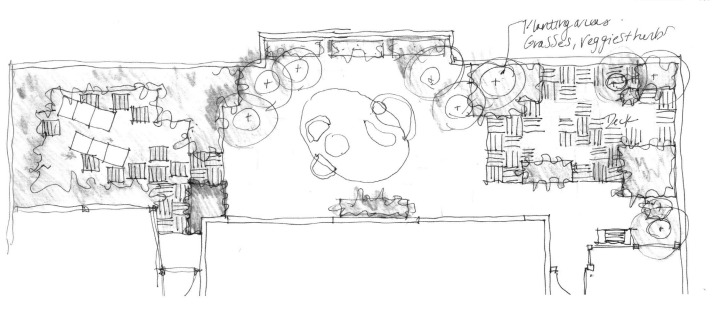

Planting areas:
Grasses, Veggies + herbs

Deck

1. 东侧的空间比较私密，用于人数较少的小型聚会
2. 西边扩建的屋顶花园是夫妻俩种植花木、远离尘嚣的世外桃源

2

1. 东侧的地面铺装采用木板、石子、植被相结合

2、3. 重蚁木地板和原有的混凝土地面共同组成地面铺装

房主很快找到了城市与花园设计公司的设计师利兹·普尔韦尔。在仔细研究了露台、了解了客户的需求后，设计师建议他们将这个宽敞的露台分成三部分，各有不同的功能，通过色彩和材料将这三个空间联系起来。中间的空间最大，用于大型聚会，跟室内的酒吧、厨房、娱乐空间紧密相连。东边的空间用于人数较少的小型聚会，地面铺装也相应地变为木板、石子和植被相结合。西边扩建的屋顶花园，是享受片刻宁静的好地方。茂盛的植物中间摆放着两张舒适的躺椅，是夫妻俩种植花木、远离尘嚣的世外桃源。

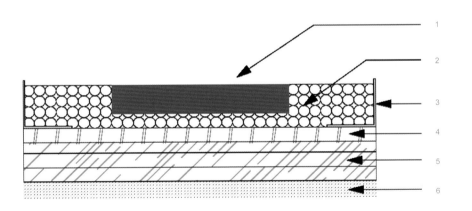

沙砾地面上的重蚁木铺装详图
1. 重蚁木铺装（尺寸各异）
2. 沙砾地
3. 铝制边缘
4. 排水垫（带过滤网）
5. 原有的坚硬保温板
6. 原有屋顶层

1. 西侧是宁静的花园空间
2. 花园采用重蚁木地板
3. 两张躺椅摆放在茂盛的植物间
4. 西侧是夫妻俩种植花木、远离尘嚣的世外桃源
5. 重蚁木地板和绿色植被取代了原来的混凝土地面

在设计方案的实施过程中,拆除了很多原来的混凝土地面铺装,代之以重蚁木地板和大面积的绿色植被,二者巧妙结合,使空间显得温暖、舒适。狭长的绿色屋顶空间进行了扩建,土壤层也加高了(露台四周用了独特的边缘细部设计,采用金属材料,使得土壤层能高于铺装层)。金属边缘的表面也用重蚁木覆盖,以便跟露台上其余地面的铺装统

一。还有更深一些的种植槽点缀在露台中,为各种乔木和灌木提供了充足的生长空间。种植槽和织物明亮的色彩将三个空间联系起来,把目光吸引到露台上,进而引向更远方。竣工后,葱郁的植物、温馨的花园,正是客户所要的那种休闲、放松的感觉。

绿色屋顶与铺装详图
1.女儿墙,高107厘米(土壤层顶部至墙壁顶部)
2.防水板(保持屋面和防水板之间的原有距离)
3.原有屋顶层、防水层
4.增加层(阻止根系过度生长)
5.排水垫(带过滤网)
6.生长介质(深度:10~18厘米)
7.滴注式灌溉
8.屋顶平台
9.铝制边缘
10.原有的坚硬保温层、铺装层下方的垫层
11.原有的混凝土地面铺装(尺寸:0.6米×0.6米)

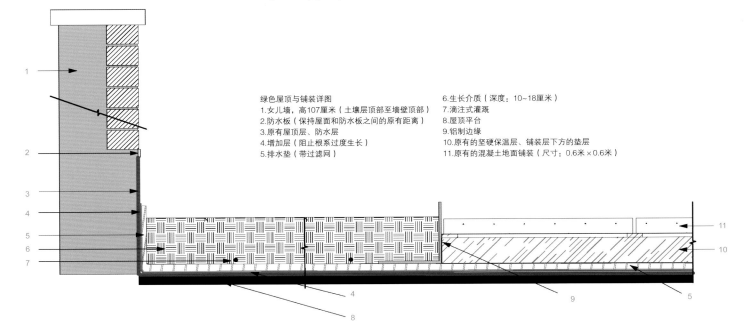

绿之源——香港赛马会跑马地总部屋顶花园

设计师：香港绿色链接库斯特有限公司 ｜ **项目地点：**中国，香港

1. 屋顶花园的设计保留了原来的轨道，从地面到墙体，植物无处不在
2. 采用模块化人工绿墙设计方式，由太阳能定时灌溉
3. 绿墙的植物为：山菅兰、蚌花、佛甲草、虎尾兰

今年首度举办的香港"高空绿化大奖"将非政府机构与院校类银奖颁发给"绿之源"——香港赛马会跑马地总部屋顶花园。这座建筑坐落在香港中心区的欢乐谷（Happy Valley），屋顶花园的设计为都市环境新添了一片美丽的空中绿洲。

"高空绿化大奖"旨在推动香港高空绿化的发展，以期成为香港绿化的新潮流。比赛由香港发展局主办，并由多家协会和机构协办，包括香港绿色建筑协会、环保建筑专业协会、香港建筑师协会、香港工程师协会、香港园林建筑师协会、香港规划师协会和香港测量师协会等。

来自不同专业领域的评审员，按照一系列评审标准，对入围作品进行了评选工作。评审标准包括：建筑与景观是否融合、绿化品质、可持续性设计与成本效益、对周围环境乃至整个城市环境的改善程度、创新性、社区参与、社会互动等方面。

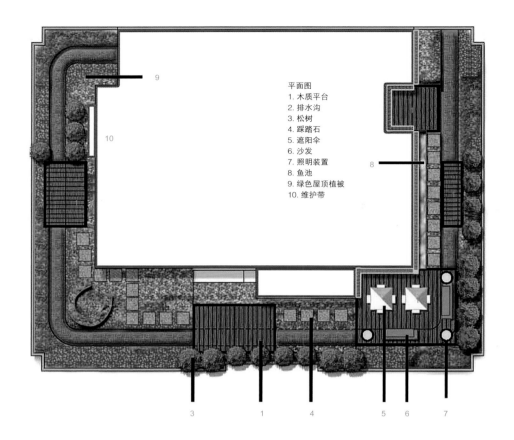

平面图
1. 木质平台
2. 排水沟
3. 松树
4. 踩踏石
5. 遮阳伞
6. 沙发
7. 照明装置
8. 鱼池
9. 绿色屋顶植被
10. 维护带

项目名称：
绿之源——香港赛马会跑马地
总部屋顶花园
完成时间：
2011年
主持设计师：
邱俊宏、童家林
客户：
香港赛马会
摄影师：
童家林
占地面积：
510平方米
奖项：
2012年香港高空绿化大奖非
政府机构与院校类项目银奖

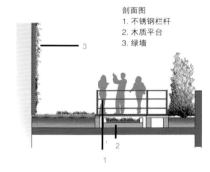

剖面图
1. 不锈钢栏杆
2. 木质平台
3. 绿墙

"绿之源"屋顶花园面积为510平方米，虽然空间不大，但每分每寸都充满环保元素。绿油油的天台上种植了不同品种的植物，不仅可以绿化环境，更有助于降低天台的温度，从而令下层办公室透过恒温系统节省用电，并实现减少碳排放的目标。

同时，天台还采用了许多环保技术，例如太阳能定时灌溉和照明系统、以环保木材制造的露台地板及以旧轮胎装饰墙身等。墙上茁壮成长的植物，则是由天台上大型水冷式空调所排出的水来灌溉，贯彻节省资源的原则。通往天台的走廊两边，是以玻璃瓶循环再造而成的环保砖砌建而成，加上用回收马蹄铁铸造的艺术装饰品，极富特色。

在天台的设计过程中，设计师面临不少挑战，比如如何保留天台上供吊船操作的路轨，就煞费思量。最后，终于研究出灵活的解决方法：以组件形式装嵌天台的露台地板，当需要操作吊船清洁大楼外墙时，便把木板暂时移开，待完成清洁后即可还原。

1. 草丛中的石路和路旁的绿墙，增进了自然与人的关系
2. 旧轮胎装饰墙身
3. 以环保木材制造的露台甲板，走廊两边以回收马蹄铁铸造的艺术装饰品

2

3

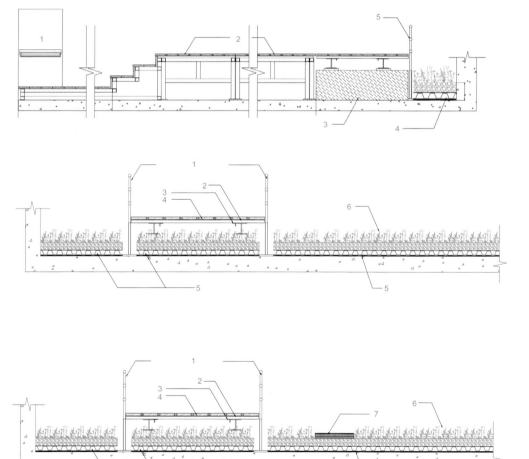

剖面图A–A
1. 入口/出口
2. 木质平台
3. 原有的栏杆底座
4. Greenlink FD25绿色屋顶系统
5. 网状栅栏（可拆除）

剖面图B–B
1. 网状栅栏（可拆除）
2. 木质平台构架（可拆除）
3. 构架固定塞
4. 木质平台
5. Greenlink FD25绿色屋顶系统
6. 绿色屋顶植被

剖面图C–C
1. 网状栅栏（可拆除）
2. 木质平台构架（可拆除）
3. 构架固定塞
4. 木质平台
5. Greenlink FD25绿色屋顶系统
6. 绿色屋顶植被
7. 铺装

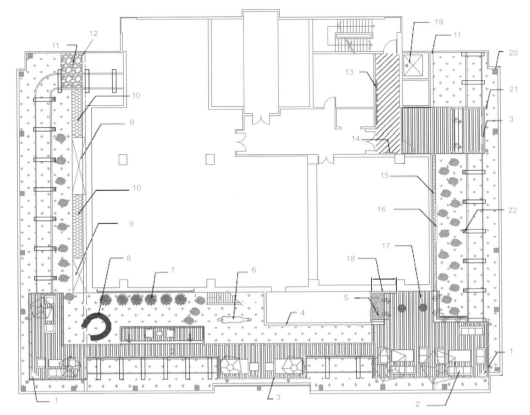

施工图纸
1. 种植槽
2. 家具
3. 轮胎改制的种植槽
4. 两排种植槽
5. 木质平台（木板可移动）
6. 马蹄铁铸造的艺术品
7. 松树
8. 品牌标识（边缘用石子装饰）
9. 空调设备
10. 屋顶耕种区
11. U形槽
12. 石子
13. 海报
14. 品牌标识
15. MP-120模块化绿墙
16. 鱼池
17. 烧烤区
18. Hydro-30绿墙
19. 电梯
20. 原有柱子
21. 太阳能照明灯
22. 太阳能照明灯（照亮人行小径）

1. 空调系统被遮挡起来，排出的水用来灌溉垂直绿墙
2. 轨道里种植了不同的植物

为鼓励员工一起投入绿色运动，认识绿化天台的概念和益处，公司先后举办征名活动和书法比赛，并开放"绿之源"，让员工可于指定的日子在绿化天台上享受阳光与清风，悠闲地享用午餐，甚至可以举办聚会，招待宾客体验这个闹市中的"绿洲"。

"绿之源"贯彻了香港赛马会一贯主张的可持续发展理念。为了确保环保理念切实渗透到公司的运营中来，公司特别发动员工组建了"环境管理委员会"，将各部门的人才召集在一起，共同策划公司的绿色方针，举办各种绿色活动。比如，香港赛马会曾举办资源回收利用活动，在一年内收集了约50000千克玻璃瓶，主要来自公司在香港的两个赛马场和三家俱乐部。这些玻璃瓶经过重新加工，变成了11万块环保玻璃砖。

香港赛马会的"绿色采购"方针也针对办公用品的采办，包括打印纸、塑料袋，甚至车子。公司下属的餐厅全部采用可降解材料制成的饭盒，食物的包装袋也都是环保材料，采用食物垃圾分解器，菜单中绝对没有鱼翅。同时，公司引进100%可循环的赛马赌券。这些努力最终得到回报：2010年至2011年，公司碳排量减少了5.2%。

植物之被——拉普绕18号公寓花园

设计师：Shma设计公司 **｜ 项目地点：**泰国，曼谷

1. 屋顶花园全景
2. 鸟瞰图

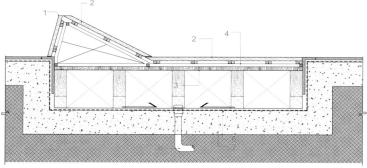

休闲小品沙发床大样图
1. 斜切边缘
2. 木板（缝隙：5毫米；规格：50毫米x 30毫米）
3. 合成木（规格：75毫米x 30毫米）
4. 电镀钢板镂空部分（规格：25毫米x 25毫米x 6毫米）
5. 排水主管道
6. 防水层（严格按照建筑师要求）
7. 工程师设计的结构

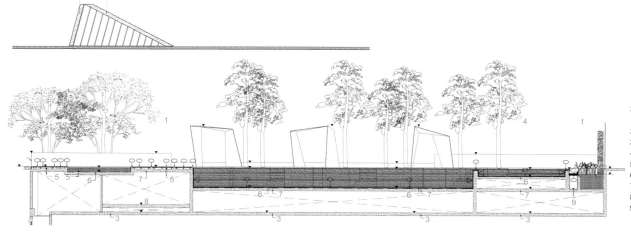

33层（屋顶花园）剖面图
1. 泳池平台
2. 公共空间
3. 泳池
4. 儿童泳池
5. 排水主管道
6. 防水层（严格按照建筑师要求）
7. 工程师设计的结构
8. 专家设计的平衡水箱和泵房
9. 与泵房相连

天台

公寓楼顶层设置了天台，从这里可以180度角展望曼谷的天际。天台上配备各种便利设施，无论是独自一人、夫妻二人，还是三五好友，都能找到适合的消遣方式。另外还有一个小型健身游泳池，在花园的背景烘托下带给你难得的休闲体验。泳池对面的"落日露台"是一个下沉区域，环境舒适，适合跟几个朋友一起欣赏落日的余晖。

设计师的设计宗旨不仅在于打造一个美丽宜人的花园，更重要的是在喧闹的都市居住环境中营造一个真正的世外桃源。

1–3. 泳池边的休闲小品环绕在森林背景下
4–6. 休闲小品特写

休闲小品轴侧大样图
1. 低碳钢板（表面采用船用漆，规格：75毫米 x 10毫米）
2. 铝制网状结构（深灰色）
3. 低碳T形柱（表面采用船用漆，厚度：10毫米）

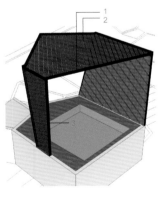

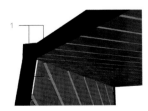

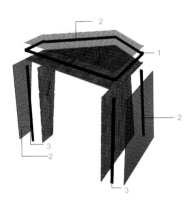

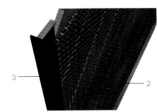

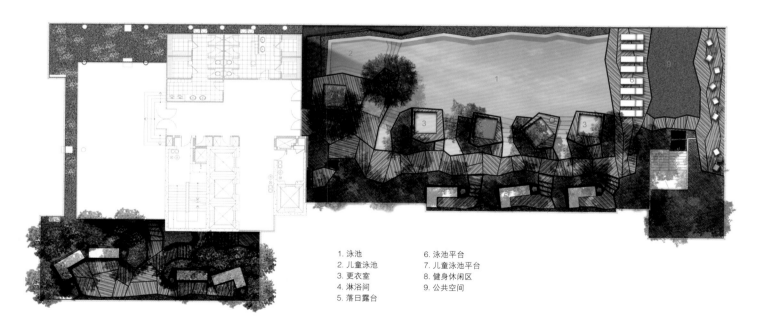

1. 泳池
2. 儿童泳池
3. 更衣室
4. 淋浴间
5. 落日露台
6. 泳池平台
7. 儿童泳池平台
8. 健身休闲区
9. 公共空间

1. 从天台可以180度角展望曼谷的天际

2、3. 下沉区域里的"落日露台"

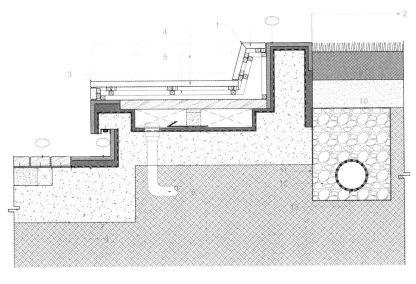

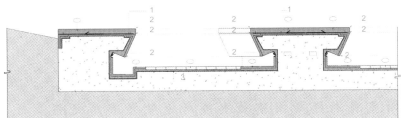

落日露台座位大样图
1. 座椅
2. 种植区
3. 斜切边缘
4. 木板（缝隙：5毫米；规格：50毫米 x 30毫米）
5. 电镀钢板镂空部分（规格：25毫米 x 25毫米 x 6毫米）
6. 排水主管道
7. 防水层（严格按照建筑师要求）
8. 工程师设计的结构
9. 顶层土壤
10. 夯实粗沙
11. 土工织物
12. 松散排布的石子（直径：30～50毫米）
13. 机械工程师设计的穿孔管（与排水主管道相连）

长椅大样图
1. 电镀钢板（厚度：6毫米；黑色聚氨酯表面）
2. 斜切边缘（5毫米）
3. 防水层（严格按照建筑师要求）

前方花园

这栋公寓坐落在曼谷繁华、拥挤的拉普绕路（Ladprao）上。公寓前方是个花园，紧邻路边，是通往后面公寓楼的过渡空间。Shma设计公司将其设计成森林的感觉，让街道的喧嚣淹没在茂密的花草树木中，同时也兼顾了这个过渡空间的基本功能，使其成为居民休闲、散步的好去处。

花园里上下两层植物构成一床"植物之被"。下层是各种喜阴的矮生植被，上层是高大乔木的树冠。二者相结合，没有了森林的野性，取而代之的是园林般的如画美景。园中植物多种多样，在色彩、形态、纹理上形成对比，营造出复杂多变而又静谧宜人的园林景致，同时也丰富了曼谷的生态环境。

园中的折线小径分布在绿意盎然的缓坡上，

在上下两层植物之间纵横交错，使人穿梭其间有一种"探索与发现"的体验。园中设置了几处小品，与视线等高，里面设座椅，从视觉上将花园与毗邻的商店分隔开来，更凸显了园内的静谧氛围。

1. 座椅包围在绿毯之间
2. "植物之被"

项目名称:
植物之被——拉普绕18号公寓花园
完成时间:
2011年
主持设计师:
普拉潘·纳帕翁蒂
景观设计师:
珊农·旺卡仲奇亚
客户:
亚洲公共地产有限公司
摄影师:
威森·汤森亚
占地面积:
3,200平方米

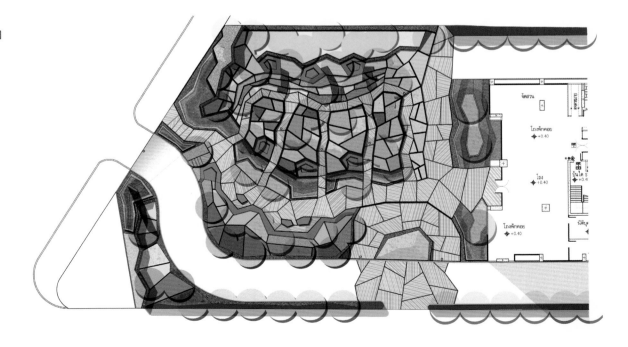

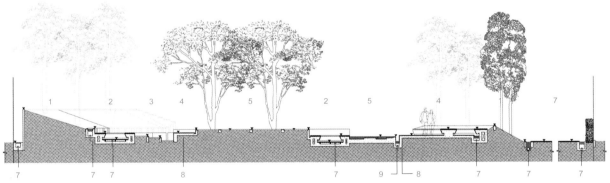

一层剖面图
1. 种植区
2. 下沉座位
3. 阶梯植被
4. 走道
5. 水景
6. 道路
7. 与排水主管道连接
8. 工程师设计的结构
9. 与泵房连接

1. 座椅下的灯带将夜晚点亮
2–4. 蜿蜒的小径在植被间穿梭

芭提雅中央区希尔顿酒店

设计师： TROP景观事务所 ｜ **项目地点：** 泰国，芭提雅

1

项目名称：
芭提雅中央区希尔顿酒店
完成时间：
2009年
主持设计师：
波克·高贡桑蒂
客户：
泰国中央巴塔纳有限公司（CPN）
摄影师：
亚当·布罗颂、查克里特·查塔萨、
波克·高贡桑蒂
占地面积：
2,538平方米

芭提雅中央区希尔顿酒店坐落在一座购物中心上，高耸入云，下面是人声嘈杂的海滩。

芭提雅距曼谷车程2小时，历史上以长长的美丽海滩和一望无际的海景而闻名。但是，由于当地缺乏适当的管理，海滩上现在夜店和酒吧鳞次栉

比，环境十分拥挤。为了避开嘈杂的海滩，希尔顿酒店决定栖身一座新落成的购物中心之上。这家酒店共有200间客房，屋顶设计由TROP景观事务所操刀，打造了一座远离都市喧器的静谧花园。设计师的目标是将屋顶景观与芭提雅美丽的海景联系起来。由于面积有限，所以设计师不得不对屋顶空间布局进行重新规划，主要分为三个功能区：

沙地庭院

位于酒店入口。庭院的设计只用了两种材料：沙子和绿地。选择沙子是为了呼应酒店所在地——海滨。而且，酒店中所有的小品一年四季都以沙子作为背景。

1. 屋顶花园位于16层。泳池的特色照明极具魅力。可以在池边的休闲吧里一边享受美食，一边欣赏芭提雅湾美丽的海景
2. 黑色水磨石点缀在海洋泳池之中
3. 沙子呼应了酒店所在地——海滨

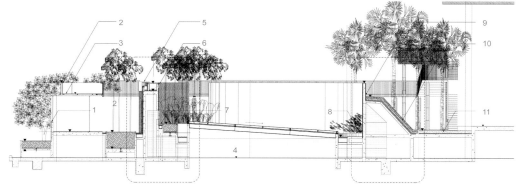

16层剖面图E
1. 健身区
2. 白色涂料粉刷墙
3. 暹罗婆罗双木（规格：0.15米 x 3.70米 x 0.05米）
4. 屋顶平台
5. 不锈钢折线
6. 花岗岩、玄武岩
7. 黑色石块（规格：10厘米）
8. 薜荔
9. 黑色水磨石
10. 护坡道（种植多年生花生）
11. 天然沙子

日光平台

为了让花园尽量宽敞，设计师在健身房和洗手间的上方增加了一个新的"景观层"，将屋顶进行了扩建，与酒店17楼相连（酒店大堂在16楼）。经过扩建，平台的面积加大了，并且可以从酒店内直达平台，十分方便。

海洋泳池

设计师将泳池布置在屋顶边缘，池水与下方的海洋看上去连成一片。泳池既是一个整体，又分为多个区域，包括小型健身泳池、趣味泳池、迷宫按摩泳池以及藏在水下的儿童泳池等。设计师受到发光鱼群的启发，在池底安装了光纤照明装置，到了晚上，看上去就像银色的鱼群在水下游动，又像天上的星星闪着光芒。酒店住客可以直接走到泳池区，而不用穿过大堂。

庭院、平台和泳池三者相结合，使希尔顿酒店屋顶花园成为芭提雅天际线上一处名符其实的空中仙境。

1. 设计中增加了一个景观层
2. 台阶通往沙地庭院
3. 池边设置休闲座椅
4–6. 泳池特写

1层剖面图A
1. 黑色水磨石
2. 白色石子（规格：3~5厘米）
3. 专家设计的气泡喷嘴
4. 花岗岩、玄武岩（经喷砂处理）
5. 天然形状的石板

1. 遮阳伞和休闲椅便于游客在此休憩放松
2. 定制的休闲椅
3. 水池特意布置在屋顶边缘
4. 台阶将沙地庭院与日光平台连接起来

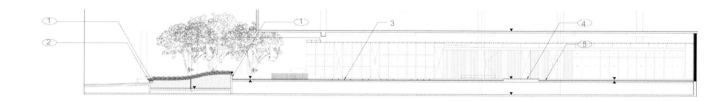

1层剖面图B
1. 黑色水磨石
2. 天然形状的石板
3. 火山岩（表面磨光）
4. 花岗岩（中国产，表面磨光）
5. 花岗岩（中国产，表面火烧）
6. 气泡喷嘴

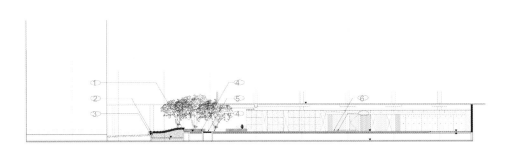

1层剖面图C
1. 黑色水磨石
2. 白色石子（规格：3~5厘米）
3. 白色水磨石
4. 花岗岩、玄武岩（经喷砂处理）
5. 花岗岩（中国产，表面火烧）
6. 花岗岩（中国产，表面磨光）

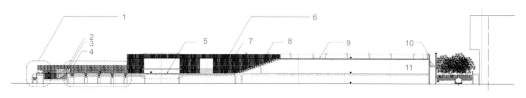

16层剖面图A
1. 雕塑
2. 不锈钢栏杆
3. 灰色大理石（规格：0.10米 x 0.10米 x 0.01米）
4. 暹罗婆罗双木（规格：0.15米 x 变量 x 0.05米）
5. 火山岩（规格：0.50米 x 0.95米 x 0.05米）
6. 木质墙面详图
7. 天然沙子
8. 大理石、水磨石
9. 暹罗婆罗双木（规格：0.15米 x 3.70米 x 0.05米）
10. 白色涂料粉刷墙
11. 健身区

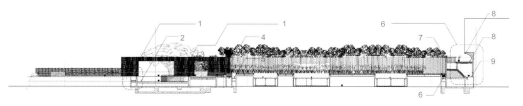

16层剖面图B
1. 花坛
2. 灰色大理石（规格：0.10米 x 0.10米 x 0.01米）
3. 不锈钢栏杆
4. 暹罗婆罗双木（规格：0.15米 x 变量 x 0.025米）
5. 黑色石子（规格：3~5厘米）
6. 木质墙面详图
7. 黑色水磨石
8. 暹罗婆罗双木座椅（规格：0.15米 x 3.70米 x 0.025米）
9. 大理石、水磨石

1. 海洋泳池与沙地庭院全景图
2. 暹罗婆罗双木

SOZAWE办公大楼

项目名称：
SOZAWE办公大楼
完成时间：
2012
项目地点：
荷兰，格罗宁根
景观设计：
NL建筑事务所、OZ-P建筑事务所
客户：
格罗宁根市工作与福利部
摄影师：
NL建筑事务所
占地面积：
4500平方米

该项目是为荷兰格罗宁根市工作与福利部设计的新办公大楼。SOZAWE办公大楼包含办公空间、室内广场以及215个停车位，占地面积4500平方米，建筑面积2600平方米。设计理念是"开放性"、"吸引力"和"可持续"，让访客到此感觉宾至如归，工作人员觉得像家一般舒适。广场是设计的核心，办公人员与市民将在这里展开互动。

斜面造型

SOZAWE办公大楼地处住宅区和商业区之间。大楼整体上仅6层高，但由于特殊的造型，正立面高9层。斜面式设计产生了高低错落的造型，一边看起来中规中矩，另一边却显得宏伟壮观，既突出了住宅区所需的绿化，同时也符合商业区的现代气息。9层高的正立面让大楼前方的广场更显突出。整栋大楼自然地敞开怀抱，仿佛在说：欢迎你！

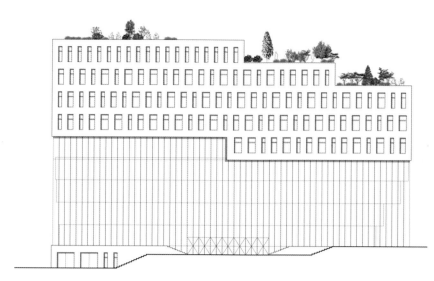

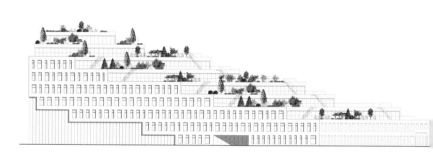

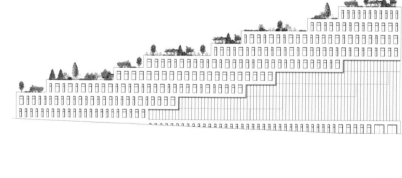

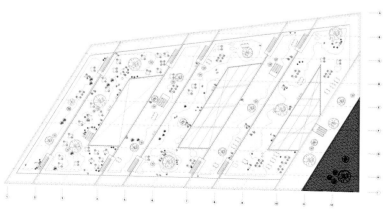

平台绿地

　　大楼空间布局设计遵循的原则是：加强工作人员和访客之间的关系。斜面平台的模式为未来办公楼设计探索了一条新路。有了这些平台，楼层间的关系更加紧密，同时也为大面积绿化提供了必要条件。平台上可以灵活布局：可以分隔成小空间，也可以采用开放式布局，二者可以以任意比例结合。这座大楼共有9个平台，每个楼层都借此与下方的广场更加接近。同时，平台的绿化也为办公空间平添了生机，工作人员可以在此眺望城市的风景。这一片瀑布般的绿意也软化了办公楼对住宅区的影响。

自然采光

　　为了尽量减少建筑物的碳排放，SOZAWE办公大楼采用一种名为"混凝土核心激活"（concrete-core-activating）的技术，此外还有热能存储层和分散的热泵，用于降温和供暖。在这些技术和设备的应用下，大楼耗能总量的44%来自于人工照明——这是供暖所需能量的2倍、降温所需能量的5倍！所以，如果减少楼内照明灯的使用，会产生很大的影响。楼内有三个中庭，将日光引入办公空间，也将室内广场照亮。采光天井顶部有遮篷，避免阳光直射，同时也能降低降温的需求。由于室内举架很高，开窗的位置也相对较高，阳光得以照进大楼深处。棱形玻璃窗的采用进一步突出了这种效果。广场上方的开阔空间不但突出了建筑的公共性，而且让阳光照到更深处。超大的体量产生一种大自然般的开阔感，仿佛一座"冬季花园"，既起到气候缓冲的作用，也让环境更加亲切宜人。

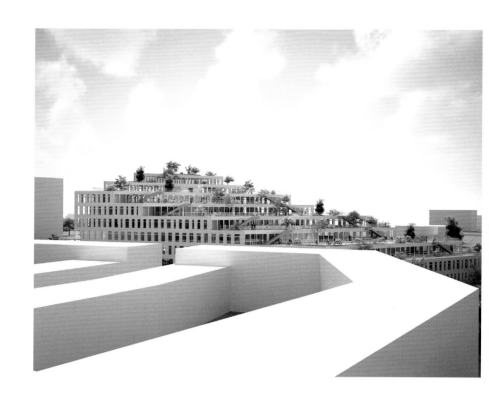

屋顶——景观设计新前沿

利兹·普尔韦尔：景观建筑师，现任职于纽约"城镇与花园"设计公司（Town and Gardens）

在当今景观设计界，绿色屋顶是个热门话题，并且是未来一段时间内的一种发展趋势，对设计师、开发商、业主和政府等多方面都有影响。现在LEED绿色建筑认证体系越来越受到重视，这促进了绿色屋顶的兴起，几个高调的屋顶绿化工程应运而生，让大众对屋顶绿洲燃起无尽的想象。再加上媒体对绿色屋顶的报道，于是便有了今天"绿色屋顶"成为公众热词的局面。

大众将绿色屋顶想象成什么样呢？绿色屋顶又到底是什么样的呢？我们能把整座城市的屋顶全部绿化吗？屋顶上的空间确实有绿化的需要吗？从设计师的角度来说，引导绿色屋顶发展的基本要素和要求是什么？

在许多人的想象中，绿色屋顶是屋顶上的绿色花园，花园里种植的植物不需要太多后期维护。确实，在减轻对公共基础设施和气候的影响方面，这样的

绿色屋顶起到重要作用。我们建造的绿色屋顶越多，雨水排放量、地下水位、雨水吸收率、供水、城市热岛效应等问题就会得到越大的改善。纽约市有些地区经常暴雨成灾，最近又有一股猛烈的飓风来袭，这些都清楚地表明，我们跟周围建筑环境之间的关系是多么密切！绿色屋顶为我们改进这种关系提供了一剂良药，而媒体对绿色屋顶的巨大热情正好能让公众更加重视这一点。

同时，媒体对绿色屋顶的关注也说明了屋顶空间无限的开发潜力。宽敞的屋顶不仅可以种植花木，也能有其他用途。如果建筑空间十分有限，那么屋顶就成为一种不可多得的资源。谁不想要一个眺望远景的平台？还有什么地方比楼顶的视野更好？因此，目前绿色屋顶的设计大多与户外露台相结合，包含休闲区等空间。正因如此，屋顶的设计就有看头了。

作为一名景观设计师，又任职于纽约一家专门设计绿色屋顶和露台的设计公司，我对屋顶设计充满热情也正是由于屋顶与露台的结合让设计有了无限发挥空间。我们在纽约曾设计过多个露台，其中有许多都是缺乏户外空间，于是将绿色屋顶和休闲空间以新颖的方式相结合。像这样的独特空间，开发商及其营销团队、办公楼及其承租户、酒店及其住客、公寓楼及其住户，包括私人住宅，都非常青睐。以下是绿色屋顶及休闲空间的一些设计可能性：

•面积较小的"邮票式"绿色屋顶可以和露台的地面铺装相辅相成，成为一种突出的绿色装点，同时为坐具以及其他家具留出空间。植物是屋顶上的一个动态装饰元素，随着季节变换呈现不一样的风景。此外，植物还会吸引鸟类、蝴蝶等益虫来此栖息。

•绿色屋顶可以变身为蔬菜和药草园。尤其是私人寓所，业主偏爱种植蔬菜和药草，不但可以吃自己种的放心食品，也可以更直接地感受四季的不同。

•绿色屋顶可以用来掩盖机电设备等一些建筑基础设施。因为屋顶上通常要有通风、给排水等管道，有时候就很难再设置美观的休闲区了。所以，如果可能的话，这些基础设施上方可以种植植物，起到遮蔽的作用。比如，可以在通风管道处加建一个框架结构，预留出种植槽。设计的时候要弄清楚这个通风管道的具体功用。如果是排放热风的管道，有可能会对植物造成不良影响。此外还要注意，设计的时候要考虑到，植物不要妨碍下方设备将来的定期维护。因此，设备上方的种植槽最好是活动的。如果屋顶上有灌溉设施，应该确保土壤容器和灌溉设施可以分离，以便将来需要维修的时候能够拆开。

•绿色屋顶也能像地面上的花园一样，面积宽广，植物多种多样，四季呈现不同的风光。关键是在种植灌木和乔木的位置要有足够深的土壤层。这一点只要承重布局合理就能做到，或者是在关键位置（灌木和乔木种植处）设置大型种植槽。灌溉和照明设施终年日夜可用。

•过道和休闲区的铺装。铺装材料有很多选择，从混凝土到天然石材，从瓷砖到木板，总之是你能想到的任何材料！可以考虑采用支承式铺装或者嵌入植物式铺装，但承重问题一定要解决好。

•露台上可以加建格架、凉亭或者垂直结构，这会为屋顶带来更具动感的别样空间，只要有适当的结构设计，再考虑好格架或凉亭对植物的遮荫效果。

•设计绿色屋顶时，有些基本因素需要考虑。一般来说，根据土壤的深度，绿色屋顶分为两大类：粗放型和精细型。粗放型的土壤层较浅，而精细型较深。

•粗放型绿色屋顶（浅土壤型）需要的绿色屋顶介质（土壤介质）较少，大概只要5~10厘米深，可能需要（也可能不需要）灌溉。粗放型绿色屋顶需要较少维护，根据土壤深度，植物的选择也很有限，通常采用景天属植物混合种植。绿色屋顶介质需要根据屋顶能够承受的重量精心选择。可选用现成的绿色屋顶预种植（预选）模块。或者也可以自己灵活选择，现场种植，更节约成本。

•精细型绿色屋顶（深土壤型）的生长介质平均深度为10~90厘米。土壤层更深，意味着可以种植多年生植物、藤本植物、灌木、乔木等，但同时也意味着建筑需要承受更大重量，将土壤等材料运至屋顶的花费也更大。这类屋顶一般都需要灌溉。

•粗放型和精细型绿色屋顶都需要在植物和生长介质下方设置根系隔离层和排水层。这两个垫层铺设在屋顶层上。

•屋顶层的选择是整个设计中的关键一环。现在有很多材料商生产屋顶绿化所需的专门材料，有一些能够适应各种屋顶条件。设计师就要选择能够满足自己设计要求的材料，最好对超负荷元件没有特殊限制。某些材料会要求"单一材料源"，即要求配合使用某些特定的绿色屋顶构件。这些构件都是屋顶材料生产商和安装承包商提供的，包括各种超负荷元件和植物（通常是预种植模块）。各种元件的安装也必须由生产商来进行。因为大部分安装工人并没有接受过景观安装训练，也不是绿色屋顶专家，所以设计师需要谨慎选择生产商。现

1-4. "公共绿地"屋顶项目（纽约，布朗克斯）
城市与花园设计公司，汉娜·帕克设计，汉娜·帕克摄
5. 车库上的绿色屋顶（纽约，北托纳旺达）
乔伊·库伯勒景观事务所，乔伊·库伯勒设计，乔伊·库伯勒摄
6-8. 皇家约克绿色屋顶（纽约，曼哈顿）
城市与花园设计公司，迈克尔·弗朗哥设计，
迈克尔·弗朗哥摄（6、7），娜奥米摄（8）

在有很多绿色屋顶产品都很不错，比如防水屋顶薄膜，防水、防渗漏效果非常好，可以灵活运用，没有什么特殊的限制。

· 绿色屋顶能够保护屋顶层，对建筑起到隔离作用，因此也受到业主的欢迎。只要选择适当的材料，完全可以消除对渗漏的担心，还可以采用渗漏检测系统，增加一层保护。渗漏检测系统可以发现微小漏点，让业主绝对放心。现在好几家公司都提供这种产品。

· 种植时，根据所选植物的大小、生长介质的类型以及不同的季节，可能需要使用防风毯、黄麻地毡或者黏着剂。坡屋顶上的土壤和植物还需要额外固定装置。

· 如果屋顶上要种植乔木和灌木，种植槽的选择需要留心。可以选用介质层较深的种植槽。这种方法十分方便，不像一般的精细型绿色屋顶那样需要较多的结构设计和较高的成本。

· 在设计阶段，吸水饱和的土壤需要测算重量，经结构工程师同意并签字，保证能够承受屋顶设计的全部重量，包括其他超荷载元件，如铺装、植物、种植槽、家具和加建结构等，此外还可能涉及风力和积雪的重量，也要考虑在内。

· 所有的绿色屋顶都需要后期不断的维护和保养，需要一个专业的景观团队来完成，以便确保植物茂盛生长并适当修剪。维护人员还需要定期检查灌木和乔木是否有幼苗在土壤中生根、灌溉设施是否运行良好。

一股对绿色屋顶的巨大热情把我们拉到室外，拉到屋顶。我们得以借此机会将屋顶绿化，改善环境，同时也为野生生物创造了一个独特的栖息之所。如果屋顶空间宽敞、基本不上人、视野也不那么好的话，可以采用大片的绿地覆盖整个屋顶；如果在市中心繁华的地段，建筑面积紧缺，寸土寸金，屋顶空间可以包含露台和休闲区。随着越来越多的设计师投入到绿色屋顶的设计中来，我们期待着未来更多创意屋顶的诞生！

绿色屋顶设计元素及其实际应用

绿色屋顶设计之初，最好先有个确切的预想：你想要的到底是什么样的屋顶？根据设计目标的不同，屋顶的构成也会大不相同。本文将介绍绿色屋顶的各个组成部分及其功用和重要属性。最后将讨论绿色屋顶设计中的几个关键问题。

1. 绿色屋顶的构成

绿色屋顶设计中用到的所有材料，凡是需要检验的，都应该事先经过检验，检验标准包括FLL检验标准、英国检验标准等，并应该满足相关要求。

为确保植物在屋顶茂盛生长，任何绿色屋顶都应该考虑以下几个方面：

- 日光
- 湿度
- 排水
- 通风
- 给养

绿色屋顶的构成应该满足以上各个方面的平衡。下面介绍的绿色屋顶的各个组成部分，屋顶设计中不一定全部包含，但至少应该包含其中一些。

1.1 根系隔离层

根系隔离层防止植物根系或根茎过度生长，穿透防水层，进而起到永久保护防水层的作用。根系隔离层可以单独一层，也可以跟防水层合二为一，也就是有根系隔离作用的防水层。起到隔离根系作用的可以是化学品，阻止根系过度生长，也可能只是物理隔离。

根系隔离层的重要属性有以下几点：

- 密度（kg/m³）
- 张力（N/mm²）
- 延伸率（%）

1.2 保湿层

土工织物可以作为保湿层，厚度不同，一般为2~12毫米，有两个作用。一是在施工阶段保护防水层；二是增强屋顶的储水能力。

保湿层的重要属性有以下几点：

- 储水能力（l/m²）
- 厚度（mm）
- 重量（干爽状态）（kg/m²）
- 张力（kN/m²）

1.3 排水（储水）层

排水层的材料很多，包括硬塑料、泡沫、粗砂和回收碎砖末等，可以根据不同的需求来选用。排水层的作用是将多余的水排放出去，避免植物培养基内发生积水。有些排水层还包含储水槽，能将多余的水储藏起来，以便在干旱期渗入土壤，增加湿度。

排水层的重要属性有以下几点：

- 储水能力（l/m²）
- 蓄水量（l/m²）
- 流量（l/s/m²）
- 重量（干爽状态）（kg/m²）
- 耐压强度（kN/m²）

1. 结构支承
2. 隔板
3. 防水层
4. 根系隔离层
5. 排水层
6. 过滤层
7. 生长介质
8. 植被层

1.4 过滤层

土工织物也可以作为过滤层,防止沉积物被冲入储水槽或排水层,以便保持良好的渗透性。

过滤层的重要属性有以下几点:

- 重量(kg/m²)
- 张力(kN/m²)
- 流量(水压头10厘米的情况下)(l/s/m²)
- 有效孔隙大小(m²)
- 穿透力(N)

1.5 生长介质

专门为屋顶种植设计的土壤替代物,包含一定比例的有机物和无机物,作为一种培养基,为屋顶植物提供生长所需的空气、水和养分,同时有助于促进多余水分的排放。

绿色屋顶培养基的构成应满足以下要求:

- 重量轻
- 抗风、抗水蚀
- 不生杂草,预防病虫害
- 能将植物根系固定在生长介质中,植物不会轻易被风吹走
- 含有较多有机成分,能起到防火的作用
- 有较好的储水和排水能力,能将多余的水储藏起来,满足植物所需;渗透性能好,避免培养基内发生积水现象
- 吸水饱和时能保证良好的通风效果,防止积水对根系的伤害
- 抗压力,防止因离排水管道较远而发生吸水饱和
- 适当的养分供给,如缓释型肥料,以便根据植物生长所需提供养分。(注意:粗放型绿色屋顶需要的养分很少,而精细型和半精细型绿色屋顶则需要较多。)

1.6 植被层

1.6.1 植物选择

- 目标:选择不同属性的植物,将使屋顶体现不同的特点。比如,侧重雨水吸收的屋顶设计,常采用景天属植物,因为这类植物的酸碱代谢需要消耗水分。相反,侧重生物多样性、为生物提供栖息之所的屋顶设计,则可用多种本地植物混合种植(通常由专业的生态学家来选择植物品种)。
- 植物属性:植物的物理属性(如叶片大小、形状、覆盖率等)和生理属性(如蒸腾作用)会影响屋顶的外观和功能,以及屋顶对干旱、大风、日照、荫蔽和污染等方面的耐受力。
- 气候:日照的变化以及随之而来的太阳辐射和空气温度的变化,都会影响屋顶植物生长季的长度和时间,并可能带来霜冻的危险。降水量以及降水频率会影响屋顶的需求。
- 微气候:建筑物的朝向,包括周围建筑的朝向,都会影响屋顶的荫蔽效果,同时也对风力大小有影响。

1.6.2 植物品种

植物、苔藓、药草、花卉、草皮、灌木、乔木等品种都可以在屋顶上种植,可以根据绿色屋顶的类型选择需要的品种。

粗放型绿色屋顶一般选用自给自足型的矮生植物,如景天属或其他抗霜冻、抗干旱的品种。

半精细型绿色屋顶一般选用野花、多年生草本植物和灌木。

精细型绿色屋顶往往像住宅花园或小型的公园一样,可以包含更多种类的植物,如灌木、草坪和乔木等。植被覆盖率和植物品种应符合2008年FLL颁布的准则(12.6.2条款)。

2. 结构设计

2.1 风力

没有机械固定的绿色屋顶组件,自身要有足够的重量,以免被风吹走。在这种情况下,应该测算的是各个组件的净重,即干燥状态下的重量。

由于屋顶的风产生吸力,所以有时需要采用一些办法来抵御风力侵蚀,比如结网。屋顶上风力最大的地方是屋顶边缘,尤其是拐角,这些地方需要更坚实的材料,如大型压载物或大型板材。

2.2 恒载

恒载应该包括绿色屋顶饱和状态下的重量、屋顶积雪的重量以及任何可能加诸其上的荷载,如人行道的重量以及在水景和大型乔木种植处产生的集中荷载。

2.3 剪力

坡度过陡的屋顶,培养基面临承受巨大剪力的风险,有可能沿坡下滑,这个问题必须考虑到。一般来说,倾斜超过20度的坡屋顶就需要有抗剪力设计。应该根据具体情况,咨询所选用的屋顶设施的生产商,请他们给出建议。

抗剪力设计应该避免对下方的防水层施加额外的压力。一般的解决办法是采用挡板和防滑装置。

3. 防水

绿色屋顶的防水层有很多材料可供选择,有薄膜、防水涂料和金属等。防水层位于绿化层下方。有一点需要注意的是:负责安装防水层的承包商必须知道,防水层上方还要有绿化层,所以细部的处理(如屋面摺缝)要为绿化层做好铺垫。

防水层的维修非常麻烦,即便只是想找到确切的故障点都很费事。而且还得拆掉绿化层(之后还要重装),非常耗费人力。所以,防水层如果出现问题的话,花费会非常大。因此,在铺设绿化层之前先对防水层进行检测是必不可少的。

如果防水层不能起到必要的根系隔离作用,则需要单独安装根系隔离层(见1.1)。

4. 排水

屋顶排水设计应符合英国2000年颁布的设计标准(BS EN 12056-3条款),即"建筑内部包含重力排水系统;屋顶包含排水系统,并进行布局与测算"。

英国设计标准的附录中明确表示,屋顶排水设计允许采用一定的系数,排水能力可以适当缩减,因为绿色屋顶具有储水能力,能够缓解排水设施的压力。

然而，所用的系数应该根据屋顶年平均储水量来计算，而不是根据降雨时的情况。有了这种系数，屋顶排水能力缩减了，任何排水设施的设计就更不能绝对保证能应对季节不同带来的排水量变化以及突如其来的暴雨情况，所以，应该有其他应变措施（比如有些细部的处理），以便确保屋顶的水量不会对建筑结构造成损害。

绿色屋顶给排水设计带来的这种益处具体取决于特定屋顶设计的情况，尤其取决于绿色屋顶储水和渗水的能力，而这是由生长介质和排水/储水板决定的。排水通道的设计应该包含检查孔，以便检查排水口是否堵塞。

5. 防火

绿色屋顶跟其他一切植被覆盖的表面一样，需要做必要的防火设计，尤其是漫长的干旱期，尤其需要注意防止外部火灾侵袭。

防火设计有以下方法：

- 增加非燃性物质（如矿物）
- 减少可燃性物质（如有机物）
- 防止屋顶干燥

5.1 粗放型绿色屋顶

粗放型绿色屋顶一般无需灌溉，因此，火灾的风险就增加了，所以尤其应该注意加强防火设计，增加防火道。

悉尼屋顶花园，"悉尼秘密花园"设计公司设计，贾森·布什摄

5.1.1 绿色屋顶基础结构

培养基应该：

- 深度超过30毫米
- 有机物含量不超过20%
- 种植茎叶肥厚、含水分多的植物，降低干燥的危险

5.1.2 防火道

- 表面没有植被覆盖的通道，由石子（尺寸：20~40毫米）或水泥铺设而成，确保没有任何植物妨碍通道的畅通
- 屋顶的所有开窗（包括天窗和普通开窗）或屋顶上的垂直结构（如墙体）的开窗处，应安装500毫米的防火道
- 屋顶每隔40米应设一条1米（或300毫米高）的防火道

5.2 精细型绿色屋顶

根据德国通用的DIN设计标准，"精细型绿化需要灌溉和定期维护，培养基较深"，这样的绿色屋顶属于"硬质屋顶"。这也意味着这种绿色屋顶比普通屋顶的火灾风险更小。

6. 灌溉

一般来说，绿色屋顶搭建之初都需要灌溉。但是，一旦植物长成，形成植被覆盖，可以减少灌溉（对于精细型和半精细型绿色屋顶），或者不必灌溉（对于大部分粗放型绿色屋顶，具体取决于植物的选择）。越是精细型的屋顶，对人工灌溉的需求就越大。

灌溉需求取决于很多因素，尤其取决于以下几点：

- 植物层的需水量
- 绿色屋顶的储水能力（主要取决于生长介质和排水层）
- 当地降水情况

7. 安全性

法律规定，屋顶设计中应该包含安全工作平台以及防坠落措施。

7.1 粗放型与生物多样性绿色屋顶

这类屋顶的出入口大多只为后期维护工作而设，安全措施比较简单，只需采用标准的防坠落设施，安装在屋顶边缘、采光井等处。

屋顶的具体维护需求以及空间布局，决定了应该采取什么样的安全设施。一般情况下，单点固定装置就能满足屋顶的安全需求；但这种装置不能移动，要想移动的话，可以选择引导型防坠落设施。移动的方向可以是垂直方向，也可以是水平方向，规模可以根据维护人员的人数而定。

7.2 精细型与半精细型绿色屋顶

这类绿色屋顶相对来说会经常有人上来，一方面，维护人员要经常上来作业，另一方面，到屋顶上休闲放松的人也更多，所以对安全性有更高的标准。一般来说，需要安装额外的安全设施，如安全扶手或安全屏障。防坠落设施对这类屋顶也同样适用。

材料来源：绿色屋顶协会（GRO）设计准则

坦娅·穆勒·加西亚
（Tanya Müller García），
农业工程师，毕业于德国柏林洪堡国际农业科技大学，获硕士学位；墨西哥国家绿色屋顶协会（AMENA）主席兼创始人；世界绿色基础设施联盟（WGIN）副主席。

生物多样性的栖息之所——访墨西哥国家绿色屋顶协会主席坦娅·穆勒·加西亚

1. 屋顶绿化首先要考虑的因素是什么？关键要解决的问题是什么？您认为最大的难点在哪？

首先要考虑的因素之一，就是这个屋顶未来的用途是什么，以此决定采用粗放型、精细型还是半精细型绿化。关键问题通常是选择适当的植物，需水量越小越好。

2. 屋顶绿化的实施有哪些局限？比如所在地的环境、气候等。

绿色屋顶没有任何局限。不同的环境和气候，只不过是设计中需要考虑的变量而已。设计师的任务就是处理好这些因素，打造完美的绿色屋顶。

3. 屋顶绿化设计对高度有何限制？如何做好保护措施？

摩天大楼的屋顶绿化需要考虑的因素会有所不同，比如风力。保护措施非常重要，如果屋顶空间要供人使用的话。

4. 屋顶绿化在设计选材上有什么需要注意的？

毫无疑问，绿色屋顶上所用的一切材料都非常重要，各种材料应该做到各司其职。其中防水层尤其重要，必须确保良好的长期防水效果，尤其要注意防止植物根系穿透防水层，造成渗漏。

5. 屋顶设计中如何解决植物的灌溉以及排水之间的问题？

灌溉和排水是任何绿色屋顶设计都要涉及的基本问题。根据绿色屋顶的类型（粗放型、精细型或者半精细型）来选择适当的排水方法。粗放型绿色屋顶可能无需灌溉。

6. 屋顶的生态环境与地面不同，如何解决屋顶环境中对植物成长不利的因素？如日照过度集中、昼夜温差大、风力等。

屋顶环境未必是劣势。比如说，由于风力较大，植物大规模感染病虫害的可能性就小。日照集中等方面的问题可以通过屋顶的设计（尤其是植物品种的选择）来解决。

7. 屋顶绿化的后期维护和管理如何解决？

粗放型绿色屋顶很少需要维护，甚至可以说完全不需要。而精细型绿色屋顶则需要经常灌溉、修剪、施肥，所以需要有个后期维护预算，而且负责维护工作的人员也需要进行培训。

8. 屋顶绿化设计中，植物的选择与配置是否有依据可循？

根据屋顶设计的类型是粗放型还是精细型，最好选择能适应屋顶恶劣环境的植物，以便能够降低对灌溉和维护的需求，屋顶也更符合可持续发展理念。另外，生态多样性的问题也十分重要，绿色屋顶应该成为野生生物的栖息地。

9. 屋顶绿化在城市规划中扮演怎样的角色？您认为屋顶绿化的前景如何？

屋顶绿化对于城市规划的重要性在于绿色屋顶是可持续性城市规划的一个重要元素，尤其是现在城市环境中公众能够使用的绿化面积越来越少了。这一点可以通过绿色屋顶来弥补。城市要强制要求新建筑必须进行屋顶绿化，这一点很重要。另外，城市规划部门应该对市内的绿色屋顶情况有个详细的记录，可以通过税收鼓励政策来推动屋顶绿化工程。

超越可持续理念的绿色屋顶
——访霍尔·肖特景观事务所

乔纳森·布鲁克（Jonathan Brooke），注册景观设计师，霍尔·肖特景观设计事务所（Hoerr Schaudt Landscape Architects）首席设计师。乔纳森在绿色屋顶的设计和技术方面有着丰富的经验，曾在奢华公寓、医疗、住宅及文化机构等多种建筑的屋顶绿化工程中任主持设计师、项目经理。2009年，乔纳森受邀在深圳的一个景观设计研讨会上围绕绿色屋顶与街道景观的主题发表演讲。

詹姆森·史凯弗（Jameson Skaife），景观设计师，曾获得"健康城市绿色屋顶"组织（GRHC）颁发的绿色屋顶专业设计师资质。在加盟霍尔·肖特景观事务所之前，詹姆森就城市环境中的种植问题所做的个案研究曾获得加拿大国家城市设计大奖（学生类）。

1. 屋顶绿化首先要考虑的因素是什么？关键要解决的问题是什么？您认为最大的难点在哪？

乔纳森：首先要考虑的是屋顶的用途和功能。用途和功能决定了采用什么样的设计手法。有的屋顶设计以节能为主，有的则以休闲娱乐为主，二者看起来会完全不同。

詹姆森：首先要考虑的还有屋顶结构的承重和防水问题。关于屋顶的承重能力需要咨询结构工程师，这对于绿化材料和植被的选择至关重要。防水一向是屋顶设计尤其需要注意的问题，一定要确保屋顶能够承接雨水，防止漏水。

乔纳森：最大的挑战是让客户明白：增加绿色屋顶需要很大一笔开销，不只是材料，还包括很多间接开销，比如加建的结构，这一点他们可能没有想到。客户一定要做好充分利用绿色屋顶的准备，否则就得不偿失了，因为其实还有其他方法能够增加建筑效能，而且成本更低。幸运的是，我们的许多客户确实懂得充分享受绿色屋顶带来的好处。

2. 绿色屋顶带来的好处有哪些？

乔纳森：绿色屋顶能在原有建筑的基础上增加许多有用的空间。你到任何一个城市转一转，都能看到很多闲置不用的屋顶。在拥挤的城市中这无异于一种空间浪费。其实这些屋顶稍加装扮，能够成为极具魅力的空间，有着改善城市面貌、激发经济活力的开发潜力。

乔纳森：绿色屋顶的影响力不只局限于它所在的建筑物。其实我们之前有几个项目，就很少有人上到屋顶去跟屋顶花园亲密接触。但有更多的人会从周围的建筑中眺望花园，花园美化了城市风景。欣赏绿色空间带来的心理作用不容小觑，尤其是在城市环境中，很少有开阔的空间或者绿树。

詹姆森：绿色屋顶带来很多公共效益，比如减少雨水排量（而且排放的雨水经过过滤，水质更好）。另外，绿色屋顶还能吸收阳光热量，减轻城市热岛效应。植物还能净化空气，为鸟类和昆虫提供栖息地和食物，同时有助于改善城市环境的生态多样性，并增加生物数量。绿色屋顶还起到隔热的作用，以此降低建筑的能耗。

3. 屋顶绿化设计对高度有何限制？如何做好保护措施？

乔纳森：一般来说，摩天大楼上很少见到绿色屋顶。我想这是因为对于摩天大楼来说，屋顶面积占整个楼体表面的比例太小了，所以屋顶绿化对环境的影响很小。即使进行绿化，可能针对的也是建筑本身，而不是环境。

詹姆森：建筑越高，楼顶暴露在恶劣条件下的问题就越严重。风力更大，可能在绿色屋顶上引起风浮力效应，绿化层有脱离屋顶的危险。这时候就需要采取一些措施，确保绿化层（包括绿色屋顶的各个组件）的安全。大风还会导致土壤失水，植被存活也是个问题。那么就需要额外的灌溉，而灌溉也可能成为难题，因为大风很容易将水吹下屋顶。

乔纳森：为了抵御风力，屋顶上的一切都需要加固，这是个大问题，所有屋顶绿化设计都要考虑这个问题，即使是只有一层高的建筑。摩天大楼的屋顶，上去的可能性很小，所以需要考虑怎样将屋顶作为一个立面来处理。

4. 屋顶绿化在设计选材上有什么需要注意的？

乔纳森：需要考虑土壤层的深度，应该根据植被的类型来决定。

乔纳森：将屋顶上一切东西的重量及其分布列入考虑，这在设计过程中非常关键。这时候我们需要结构工程师的帮助。施工过程中，重量也是个问题；施工中各种材料可能暂时堆放在屋顶上，此时要注意避免结构超荷载承重。

詹姆森：选择绿色屋顶的构件时，需要确保这些构件能够很好地组合在一起，而不会妨碍彼此的一致，这一点很重要。密斯·凡德罗和阿尔弗莱德·考尔德韦尔就经常合作。建筑和景观的设计手法不一定要一样，但二者一定要相辅相成。不仅在外观美感上是这样，屋顶的空间规划也跟建筑功能布局一样，需要花费很多时间和精力，务必使屋顶空间与建筑空间相结合，共同满足使用者的需求。

詹姆森：绿色屋顶是建筑表面的一个附加层，应该作为建筑必不可少的一部分来考虑。绿色屋顶应该是建筑师和景观设计师合作的产物。这样才能让绿色屋顶在外观和功能上都完全融入建筑。

12. 您认为屋顶绿化最大的技术难点在哪？

乔纳森：如果屋顶上要种植树木，那么尽量让整个屋顶空间围绕树木来布局。一方面，这是出于美观的要求，因为对于景观设计来说，树木是重要的标志性符号。另一方面，这也是出于实际需要，因为树木通常是绿色屋顶上最重的部分。屋顶栽种树木需要考虑如何与建筑结构紧密结合。有时，树木可以灵活布局，有时则受到建筑结构的承重能力限制，只能种在承重柱上方，那么这些柱子的位置就决定了屋顶空间的布局。

因为树木需要很深的土壤层，有时会影响屋顶下方的楼层。我们以前就有一些项目，由于影响到下方楼层的举架高度或者影响了下方停车场的净空高度，最终不得不放弃使用树木。上海自然博物馆（在建）的设计单位帕金斯威尔建筑事务所（Perkins + Will）就体谅到了这一点，专门修改了屋顶树木下方空间的构造。

詹姆森：经过数十年的研究和测试，绿色屋顶在技术方面已经取得了很大进步。材料、土壤、排水、防水等方面的技术一直在发展。只要建筑师和景观设计师通力合作，就能找到解决绿色屋顶设计难题的方法。

13. 如何在屋顶绿化的项目中体现生态和可持续的概念？

乔纳森：因为屋顶绿化需要耗费资源和经费，所以我倒是认为，鉴于其耗费的精力和开销，其实绿色屋顶并不是特别符合可持续概念，对环境的益处也有点夸大其辞了。单凭一个个屋顶累加起来，其实节约的能源十分有限；要达到这样的节能目的，做个更好的隔热处理就完全能办到，成本还要低得多。绿色屋顶吸收的雨水其实也很有限。因

6

此，我们说绿色屋顶的益处，就要从它对周围环境的影响等间接方面来考虑，而不是仅仅局限在它所在的建筑本身。比如，空间的高效利用、吸音效果、野生生物的栖息地、对气候的影响以及心理上的作用等。

詹姆森：不是所有的绿色屋顶设计都以生态或可持续概念为目的，但都会以某种方式对生态和可持续发展起到促进作用。有些屋顶的设计侧重吸收雨水，有些则侧重种植当地植物，改善屋顶生态环境。绿色屋顶还有一个功能，那就是直观地表现出一家企业或机构对环境与可持续发展的关注。

14. 您认为绿色屋顶的发展趋势如何？未来的绿色屋顶会是什么样的？

乔纳森："绿色技术"逐渐成为设计的常规标准，我认为这一点值得欣喜。在美国，政府通常会要求使用LEED或者其他绿色认证，才能批准项目实施，这使得这些技术的使用越来越普遍，价格也不再那么高昂。很多绿色屋顶的诞生就是出于这个原因。我们也看到很多私人住宅也在采用这些技术。

绿色屋顶如此流行，也有弊端——那就是，很多绿色屋顶产品应运而生，安装起来简单易行，就像铺地毯一样容易，不需要多少知识或者设计。这样可能导致施工结果不尽如人意，败坏了绿色屋顶的声誉。

詹姆森：使用"绿色技术"、利用闲置空间的趋势是显而易见的。不只是绿色屋顶，还有绿色墙面，都在经历研究、发展和进步。

当前，人们对"城市农业"的狂热延伸到了绿色屋顶和墙面上，并且非常成功。之前已经证明屋顶是城市中养蜂的好地方。现在，绿色屋顶设计领域又吸引了大家的兴趣。我认为，研究的不断发展将为绿色屋顶带来新的进步，新产品会不断问世，未来会有更多新的植物品种可供选择。

1-3. 晨星公司屋顶露台，霍尔·肖特景观事务所设计，斯科特·西戈利摄
4-10. 弥敦·菲腊广场绿色屋顶，霍尔·肖特景观事务所设计，克里斯·埃文斯摄

打造天际花园——访新加坡绿色建筑委员会主席戴礼翔

戴礼翔，1987年毕业于新加坡国立大学（优秀荣誉毕业生），现任Ong & Ong建筑事务所小组经理。作为一名建筑师、景观规划师，戴礼翔曾获多项大奖，并兼任以下职务：

· 新加坡绿色建筑委员会（SGBC）现任主席
· 新加坡科技设计大学（SUTD）新校区规划委员会主席
· 2010年创立"DesignS"设计协会并任主席
· 2007年至2009年任新加坡建筑师协会（SIA）主席
· 2008年任欧盟"化学品注册、评估、授权与限制机构"（REACH）环境可持续发展委员会主席

1. 屋顶绿化首先要考虑的因素是什么？关键要解决的问题是什么？您认为最大的难点在哪？

屋顶绿化首先要考虑的是确定绿色屋顶的用途。首先要问一个问题：这个绿色屋顶是以娱乐空间为主，还是以植物观赏为主？前者要侧重考虑人如何使用这个空间以及植物如何搭配。关键要解决的问题是如何确保植物存活，如何通过良好的基础设施确保植物的生长。最大的难点是如何保障后期良好的维护以确保植物茂盛生长。

2. 屋顶绿化的实施有哪些局限？比如所在地的环境、气候等。

基本上绿色屋顶的设计没有什么障碍。最大的挑战就是怎样选择适合的植物种类。选择不当的话，即使有最好的环境、最好的气候，也没有用。

3. 屋顶绿化设计对高度有何限制？如何做好保护措施？

超高层建筑的屋顶绿化设计一定要注意采光是否充足、承重问题以及选用恰当的植物种类。

4. 屋顶绿化在设计选材上有什么需要注意的？

选择适当的植物种类，确保植物能够在屋顶环境中茂盛生长，这一点非常重要。

5. 植物的根系有很强的穿透能力，那么该如何处理屋顶绿化中的渗漏问题？

注意不要选择那些根系过度生长的植物。防水方面，只要设计和施工都正确无误，这个问题就能够解决。

6. 屋顶设计中如何解决植物的灌溉以及排水之间的问题？

灌溉问题可以——也应该——很容易解决，应用的技术都很简单。现在有很多专利技术能提供植物生长所需的土壤层，排水问题也能得到很好的解决，能够确保不会发生堵塞问题。

7. 屋顶的生态环境与地面不同，如何解决屋顶环境对植物成长不利因素？如日照过度集中、昼夜温差大、风力等。

屋顶和地面的绿化最大的差别在于：一个是人工的，一个是天然的。种植条件也存在差别，比如采光、风力和温度，显然，这就意味着在植物的选择上要根据建筑的高度来做调整。

8. 屋顶绿化的后期维护和管理如何解决？

　　绿色屋顶就像花园一样，也需要定期维护。绿色屋顶最大的优点在于充足的采光和雨水。因此，比起建筑的其他地方，屋顶具有种植优势。

9. 屋顶绿化设计中，植物的选择与配置是否有依据可循？

　　由于土壤层深度有限（土壤层太深会增加建筑荷载），所以植物的选择一般都限于灌木和小型树木。由于屋顶风力可能很大，植物的种类必须能适应这样的恶劣环境，不会很容易被风吹跑。

10. 屋顶绿化在城市规划中扮演怎样的角色？您认为屋顶绿化的前景如何？

　　我认为，绿色屋顶能减轻城市热岛效应，美化城市环境。我的愿望是看到更多科技创新，让我们未来能选择更大型的树木，打造真正的"天际花园"。

11. 您认为绿色屋顶的发展趋势如何？

　　绿色屋顶的发展应该继续注重研究与开发，发明更多的绿色屋顶材料和产品。另外，后期维护也需要更好的产品来确保绿色屋顶可以用最少的精力来维护。

12. 未来的绿色屋顶会是什么样的？

　　未来的绿色屋顶应该致力于弥补地面损失的绿地面积（因为越来越多的建筑拔地而起）。未来的绿色屋顶应该是一种新的"地面"，集农业、花园、森林甚至山岗于一体。

13. 绿色屋顶带来的好处有哪些？

　　绿色屋顶带来的好处很多。比如说，减轻城市热岛效应、降低建筑吸收的热量、降低建筑能耗（因为屋顶的保温效果更好）、更多的休闲空间、更加美观（成为建筑的第五个立面）。

14. 您认为屋顶绿化与建筑之间存在什么样的关系？如何做到美观与实用相统一？

　　未来的建筑必须平衡建筑形态与自然之间的关系。美观会有新的标准，比如，绿色科技会大量应用在立面和屋顶上。

15. 如何在屋顶绿化的项目中体现生态和可持续的概念？

　　未来的绿色屋顶必须考虑生态多样性和拟态。如果能做到这两点，绿色屋顶将成为可持续发展的一片新的沃土。

1、2. 水滨苑，Ong & Ong建筑事务所设计

LANDSCAPE
RECORD 景观实录

主编/EDITOR IN CHIEF	宋纯智, scz@land-ex.com
编辑部主任/EDITORIAL DIRECTOR	方慧倩, chloe@land-ex.com
编辑/EDITORS	宋丹丹, sophia@land-ex.com
	吴 杨, young@land-ex.com
	殷文文, lola@land-ex.com
	张 靖, jutta@land-ex.com
	张昊雪, jessica@land-ex.com
网络编辑/WEB EDITOR	钟 澄, charley@land-ex.com
活动策划/EVENT PLANNER	房靖钧, fang@land-ex.com
美术编辑/DESIGN AND PRODUCTION	何 萍, pauline@land-ex.com
技术插图/CONTRIBUTING ILLUSTRATOR	李 莹, laurence@land-ex.com
特约编辑/CONTRIBUTING EDITORS	邹 喆 高 巍 李 娟
编辑顾问团/ADVISORY COMMITTEE	Patrick Blanc, Thomas Balsley, Ive Haugeland
	Nick Wilson, Lars Schwartz Hansen, Juli Capella,
	Elger Blitz
	王向荣 庞 伟 孙 虎 何小强 黄剑锋
市场拓展/BUSINESS DEVELOPMENT	李春燕, lchy@mail.lnpgc.com.cn
	杜 辉, mail@actrace.com
发行/DISTRIBUTION	袁洪章, yuanhongzhang@mail.lnpgc.com.cn
	(86 24) 2328-0366 fax: (86 24) 2328-0366
读者服务/READER SERVICE	何桂芬, fxyg@mail.lnpgc.com.cn
	(86 24) 2328-4502 fax: (86 24) 2328-4364
	msn: heguifen@hotmail.com

图书在版编目（CIP）数据

景观实录. 水景设计与营造 / （法）洛尔卡编；李婵译.
-- 沈阳：辽宁科学技术出版社，2013.07
ISBN 978-7-5381-8141-8

I. ①景… II. ①洛… ②李… III. ①理水（园林）
-景观设计-作品集-世界-现代
IV. ①TU986
中国版本图书馆CIP数据核字（2013）第151458号

景观实录NO. 4/2013

辽宁科学技术出版社出版/发行（沈阳市和平区十一纬路29号）
各地新华书店、建筑书店经销

开本：880×1230毫米 1/16 印张：8 字数：100千字
2013年7月第1版 2013年7月第1次印刷
定价：**48.00元**
ISBN 978-7-5381-8141-8
版权所有 翻印必究

辽宁科学技术出版社 www.lnkj.com.cn
《景观实录》 www.land-ex.com

Please Follow Us

《景观实录》官方网站
Http://www.land-ex.com

《景观实录》官方新浪微博
http://weibo.com/LnkjLandscapeRecord

《景观实录》官方腾讯微博
http://t.qq.com/landscape-record

《景观实录》官方微信公众平台 微信号：
landscape-record

媒体支持：

LANDSCAPE
RECORD 景观实录

124

07 2013

封面：欢乐海岸，SWA 集团景观设计，汤姆·福克斯、约诺·辛格尔顿/SWA 集团摄

本页：北京SOHO银河水景，JML水景设计咨询公司设计，斯黛芬·洛尔卡、陈晶园摄

对页左图：布拉德福市立公园，Gillespies景观事务所设计，圣伊莱斯·罗彻尔摄

对页右图：欢乐海岸，SWA 集团景观设计，SWA集团 汤姆·福克斯摄

哈顿码头公园获得CEEQUAL设计奖

海关大楼旁的休闲草坪（图片版权：格兰特景观事务所）

松树林（图片版权：格兰特景观事务所）

哈顿码头公园（Harton Quays Park）是一个滨水公园，位于英格兰的南希尔兹。工程共耗资230万英镑，由南泰恩赛德市政府邀请格兰特景观事务所（Grant Associates）操刀设计。该工程凭借在可持续性方面的出色设计，获得CEEQUAL "客户与设计大奖"。

哈顿码头公园预计2013年5月竣工。整个公园沿泰恩河而建，从南希尔兹渡口绵延至海关大楼。公园沿district设蜿蜒的堤岸，园内有露天广场、草坪、色彩斑斓的植被、步行区、小花园（带遮篷），还有一片松树林，视野非常好。一条蜿蜒的 "缎带墙" 由144块混凝土预制板构成，是公园内的重要景点之一。哈顿码头公园是南希尔兹滨河区复兴规划的一部分，由南泰恩赛德市政府和英国住宅与社区管理局（HCA）共同出资兴建。

CEEQUAL是英国关于可持续设计的评估和奖励机制，旨在促进土木工程、基础设施、景观设计、公共领域等方面的可持续发展。该奖项的评选标准侧重 "在环境保护与社会效益方面的优异表现"。哈顿码头公园在CEEQUAL的评估中获得 "良好" 的等级，这有赖于格兰特景观事务所与莫特•麦克唐纳工程公司（Mott MacDonald）的通力合作。

格兰特景观事务所项目经理彼得•卡米勒表示： "哈顿码头公园的设计目标是为该地区提供户外休闲空间，形成一个文化中心，可以举办各种活动。设计中我们特别注重对生物多样性的保护。哈顿码头公园是滨河区复兴规划中的重要一环。公园竣工后，整个复兴规划还将继续进行。公园作为一条纽带，将南希尔兹市中心与泰恩河联系起来。"

2013年国际城市设计大会

第六届国际城市设计大会将于2013年9月9日（星期一）至11日（星期三）在悉尼举行。本届大会的主题是 "城市、激情、想象"（"UrbanAgiNation"），将讨论城市的 "可居住性"、"生产率"、"负担能力"、"效率" 等问题。这次的主题来自澳大利亚政府2011/2012年政府预算报告，其中说： "澳大利亚四分之三的人口（超过10万人）居住在18大主要城市中。澳大利亚人的城市居住环境就世界范围内来说还是不错的，但这些城市仍面临着长期的挑战：促进生产率增长、提供人民能够负担得起的住房、创造安全的社区环境、满足人口增长和老龄化产生的需求、保证社会和谐稳定地发展、应对气候变化带来的问题，等等。城市如何发展来满足未来增长和变化，这是决定澳大利亚城市能否在世界杰出城市中占有一席之地的关键。"

国际城市设计大会始于2007年。自那时起，500多人曾在会上分享他们的见解，讨论的议题包括：2012年的 "城市设计机遇"、2011年的 "城市设计的适应力"、2010年的 "设计未来"、2009年的 "起伏——十字路口上的城市" 以及2007年的 "生存——创建明日之城"。

国际城市设计大会吸引了各行各业背景的人士，包括城市规划设计师、城市设计师、景观设计师、建筑师、工程师、决策者、市政府人员、基础设施基金管理人等。

改变欧洲景观——从区域到全球的景观生态

国际景观生态学协会英国分会与欧洲分会联手举办2013年欧洲景观生态学大会（IALE）。本届大会将在英国曼彻斯特举行，时间定在2013年9月9日~12日。

景观生态学大会是一项重要的国际盛会。本届大会将关注欧洲景观正在发生何种变化以及变化原因，景观生态学如何帮助我们在区域性的小范围乃至全球范围内规划未来的景观。大会将以若干本地以及国际项目为出发点，为研究员、决策者以及相关从业者提供互相交流学习的机会。本届大会以欧洲为核心，同时欢迎世界各地人士的广泛参与。

Changing European Landscapes:
Landscape ecology, local to global
IALE 2013 European Congress · Manchester

造成景观发生变化的是一系列彼此相关的复杂因素，包括气候变化、对可再生能源的需求、迁移、城市化以及对食品安全的要求。当今世界对多功能景观的需求正逐步加大，多功能景观指的是能够满足人类需求、保护生物多样性和文化遗产的生态系统。

本届大会主题为"改变欧洲景观"。大会将涉及景观生态的方方面面，鼓励各学科之间的互动与合作。每个专题讨论会都有人做报告，然后大家发言深入探讨。

"创意合作"大会即将召开

"创意合作"联席会议将于2013年9月25日~28日在美国爱荷华州达文波特市召开。这次大会联手爱荷华和伊利诺伊州的阔德城（Quad Cities）密西西比河保护委员会（River Action Inc.）和世界滨水中心（Waterfront Center）共同举办。

密西西比河保护委员会将于今年举行第六届"密西西比河上游年度大会"。大会将于9月25日（周三）下午开幕。开幕式后将有展览活动。周四全体参会人员出席报告会。周四上午和周五上午举行教育研讨会，讨论的题目包括滨河娱乐、滨河开发、密西西比河流域发展等。周四下午还有实地参观活动。

世界滨水中心第31届年度大会"2013年城市滨水大会"将于9月26日（周四）下午开幕。滨水中心和密西西比河保护委员会都将举办会议展览，二者的参会者可以自由参加。周五早上在全体出席的例行开幕仪式结束后，滨水中心将举办为期一天半的研讨会（周五全天以及周六半天）。滨水中心的实地参观活动定在28日（周六）下午。

世界滨水中心将于周五下午首次发布2013年"优秀滨水设计奖"的获奖名单。这是滨水中心组织评选的奖项，由一个独立的评审小组从世界各地提交的入围项目中评选出荣誉奖。自1987年以来，滨水中心一直坚持为优秀的滨水设计颁发这个奖项。

自1983年以来，位于华盛顿的世界滨水中心每年都举办关于滨水区的规划、开发与文化建设的重要国际会议，并举办专题研讨会，议题包括"水族馆规划与管理"、"风险投资的利弊"、"项目融资"、"城市的精神"等。"优秀滨水设计奖"是滨水中心开创的国际性奖项，始于1987年，旨在表彰全球范围内的杰出项目和规划方案。

2012年滨水中心大奖获得者——新加坡"ABC水资源保护"（ABC Waters Program）
项目：加冷河-碧山宏茂桥公园（Kallang River - Bishan Ang Mo Kio Park）。
奖项分类：环境保护奖

瑞典卡尔斯港市新文化中心与图书馆设计竞赛揭晓

丹麦SHL建筑事务所（schmidt hammer lassen architects）、SLA建筑事务所以及BH国际工程咨询公司（Buro Happold）共同联手，赢得了瑞典卡尔斯港市新文化中心与图书馆的设计竞赛。这一工程的设计旨在为卡尔斯港市提供一个全方位的文化活动场馆。文化中心建筑面积为5000平方米，包括图书馆、展览馆、电影院、旅游局以及咖啡厅，全部这些功能空间都包含在一栋造型灵动、前卫的建筑物中。

卡尔斯港市新文化中心与图书馆将在卡尔斯港市南部落成，离市中心、海滨以及大学区都不远。这一工程的竞赛还包括东港周围区域的规划。文化中心建筑立面和顶部的设计旨在与周围环境的体量和风格相融合。在这样的设计宗旨下，便诞生了我们现在看到的这一与众不同的建筑形态。图书馆旁边规

划了一座公园，在绿意盎然的景观中人们将进行各种娱乐活动，给公园带来无限生机。公园里是动物的栖息地，有各种品种的树木和植物，还有儿童学习的地方以及咖啡厅户外区。

SHL建筑事务所合伙人特赖因•伯特霍尔德女士说："通过对周围环境做诗意的解读，我们成功打造了一个公众聚会的场所。它将成为连接城市、景观与海滨的一个非凡的视觉焦点。建筑顶部雕塑般的木质折叠造型赋予这一聚会场所独特的个性外观。各种文化活动将在这里汇集。这就是我们的设计原则和理念。"

图片版权：SHL建筑事务所

"活力城市"——2013年旧金山绿色屋顶与绿墙大会

2013年"活力城市"大会将于旧金山举行。会议将探讨城市中绿色屋顶和绿墙如何与社会、环境、经济等城市生活中的关键问题联系在一起进而影响到城市的韧性。

"绿色屋顶，健康城市"组织（GRHC）和旧金山市政府将联手举办第十一届北美绿色屋顶与绿墙大会。大会定于2013年10月23日~26日召开。本次会议

取名为"活力城市"，主题是：活的建筑保证城市的韧性——食物、水与能源。不论你生活在哪一个城市，清洁的水、安全的能源和食物都是不可或缺的。

会上将有几十名专家进行演讲，还将举行绿色屋顶与绿墙业展销会。此外，2013年优秀设计奖也将颁发。主办方将组织参会者进行参观活动，不仅生动有趣，还能学到知识。与会人士将得到各种交流和合作的机会。

"远航"——通往想象的旅程

"远航"是一件艺术小品，位于金丝雀码头（Canary Wharf）中央港区，出自英国纽卡斯尔的A&H工作室（Aether & Hemera）之手。这件作品由300个"纸船"组成，内含LED彩色照明灯，夜晚能营造富于动感的灯效。这是金丝雀码头集团实施"2013街景计划"的"起航"之作。

从词源学上看，"远航"的英文单词"voyage"源自拉丁文"viā ticum"，意为"准备旅行"。这件小品的寓意正是如此。它让观者自由地尽情航行，去到他们想象中的任何目的地。色彩斑斓的小纸船漂浮在水面上，这情景让人情不自禁地从现实过渡到想象中，儿时的记忆逐渐浮现，自由的想象恣意驰骋。这一小品在周围的景观设计中独树一帜，脱颖而出，让观者不觉重新审视他们周围的空间。动感十足的灯效让人从现实自然地过渡到梦境之中。

这件小品可以从不同的角度来欣赏：站在水边近距离观赏时，可以看清每只小船，仿佛童话般的幻境；站在远处观赏时，看到的是一个灯光闪耀的长方形，长50米，宽15米，非常壮观；从附近建筑里的窗口或站在桥上远眺时，视野更加开阔，可以欣赏船队在水面上航行的整体风景。

"远航"是一个需要观者互动参与的小品；人们可以通过手机来控制其灯效，享受参与其中的乐趣。

Superkilen公园获美国建筑师协会褒奖

美国建筑师协会（AIA）日前宣布2013年获奖名单，表彰了建筑、室内与城市规划领域的杰出作品。丹麦哥本哈根的Superkilen公园规划方案获得殊荣——2013年AIA国家荣誉奖。Superkilen公园的规划设计由丹麦BIG建筑事务所、德国Topotek1景观设计公司联手丹麦艺术团体SUPERFLEX共同完成。所以这一作品从概念构思到施工阶段，都体现出建筑、景观与艺术设计的完美融合。

Superkilen公园是一个狭长形的城市公共空间，长约0.8千米，贯穿丹麦的一个人口种族最为复杂的

街区。公园的整体构思非常有趣：因为这个街区的居民来自世界各地60个不同的国家，设计师试图将公园打造成一个大型城市展览，里面的展品就来自这60个国家，从洛杉矶"肌肉海滩"上的健身器械到以色列的污水处理管道，从中国的棕榈树到俄罗斯和卡塔尔的霓虹灯，无奇不有。每件展品旁有一块不锈钢板，嵌入地面，上面有说明文字，用丹麦语及其来源地的语言，主要介绍展品是做什么用的，来自哪里。这一展现全球城市设计多样化的超现实主义展览概念，跳出千篇一律呈现同质化的丹麦形象的桎梏，反映了这一街区居民种族混杂的特点。

美国建筑师协会的专家评委会对这一项目的评价是"有趣"。评委会评语如下："该项目不仅原创性十足，而且非常吸引眼球。设计手法也颇值得玩味：大方展现人造之美，而不是矫揉造作地冒充天然之美。该项目的一大看点在于将该地区人口种族的复杂性考虑在内。空间中色彩以及公共艺术（既有阳春白雪的高雅艺术，也有下里巴人的大众文化）的大胆运用，促进了公园内的社会交往活动，营造出勃勃生机与活力，一扫往日的萧条景象。Superkilen公园规划方案向我们成功证明了在预算资金严重不足的条件下，如何开展创造性的设计。在他们的大胆设计下，Superkilen公园形成一种轻松的氛围，成为大家休闲娱乐的好去处。它既证明了视觉艺术和空间艺术的魅力，也与现实紧密相连——与这一多元文化构成的现代环境相呼应，当今欧洲很多城市都是这样的情况。社区居民的参与是公园的设计初衷得以实现的重要一环。当他们在公园内享受愉快的空间体验时，这座公园清晰地体现出这一地区多民族聚居的特点。总体上看，公园分割成几个区域，巧妙地融入周围街区的环境当中，俯瞰之下就像一幅有趣的拼贴画。"

欢乐海岸

设计师：SWA Group ｜ **项目地点**：中国，深圳

1~3. 华侨城欢乐海岸是一处自然保护区和商业区紧连的都市娱乐休闲用地

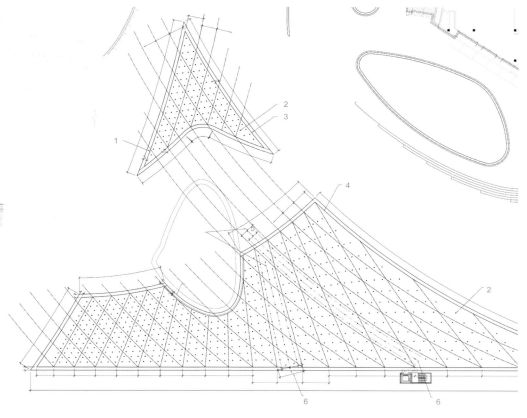

深圳华侨城欢乐海岸是一处自然保护区和商业区紧连的都市娱乐休闲用地。SWA负责对该项目场地的总体规划和景观设计，旨在创建一处有效平衡经济发展与生态保护的理想型城市公共开放空间。作为新建的城市文化和娱乐中心，欢乐海岸为公众提供了各类市政设施、娱乐场所、公共广场、公园空间、度假设施和生态宜境。占地68.5万平方米的湿地和自然保护区为几十种野生动物提供了理想的栖息场所，成为中国唯一地处城市腹地的滨海红树林湿地。项目设计以教育、文化、娱乐、休闲为主导，通过创建一系列的游乐活动项目，鼓励公众参与其中。项目充分利用本地材料、绿色技术和可持续性手段，以提高节约资源的既定目标。设计理念以水为主线，从而促进自然资源、艺术元素、生态系统与交通设施之间的相互作用。该项目因其成功实现经济发展与生态保护之间的平衡而成为中国混用项目的典范。

1. 小片水体区域鱼鳞的定位方法-系统3
2. 水景喷嘴
3. 小片水体区域鱼鳞的定位方法-系统1
4. BOSCA大片水体区域鱼鳞的定位方法
5. 支撑基座系统的典型的定位方法
6. 水景喷嘴的典型定位方法

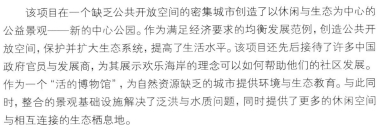

该项目在一个缺乏公共开放空间的密集城市创造了以休闲与生态为中心的公益景观——新的中心公园。作为满足经济要求的均衡发展范例，创造公共开放空间，保护并扩大生态系统，提高了生活水平。该项目还先后接待了许多中国政府官员与发展商，为其展示欢乐海岸的理念可以如何帮助他们的社区发展。作为一个"活的博物馆"，为自然资源缺乏的城市提供环境与生态教育。与此同时，整合的景观基础设施解决了泛洪与水质问题，同时提供了更多的休闲空间与相互连接的生态栖息地。

项目名称：
欢乐海岸
完成时间：
2012
建筑师：
那郭达·刘联合建筑师事务所
摄影师：
汤姆·福克斯、约诺·辛格尔顿/SWA 集团
面积：
125万平方米

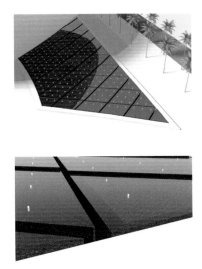

1. "接吻喷泉"位于娱乐广场中，并是通向水上展演剧场的入口
2. 可以照明的台阶
3. 户外餐饮空间
4. 喷泉围绕在博物馆四周
5. 喷泉夜景

当然，设计过程中也面临并解决了很多挑战与问题。比如说两个湖的湖水问题——一个自然湖，一个人工湖，其湖水都需要一个设计循环策略以保持水质。除了引入周边城市区域的水之外，需要另外增加水源来满足水循环的水量需求。海湾可提供一部分水源，但面临两大困难——潮位变化与盐碱化。经过景观师与水力工程师的通力合作，保持了两大湖的常水位以利于海岸线设计与公众亲水的便捷性。茂盛的景观证实，所增加的盐度均在恰当的范围之内，可满足湿地物种的生活需要，以及沼泽地进行过滤与提高城市地表径流需求。

由于项目需要大量的植被，设计师协助客户在项目现场施工的两年前就在场地内设置了苗圃，这满足了施工栽植前需要挑选植株和生长时期的要求。由于移植大型乔木的难度很大，这样实践性很强的方法至关重要。

1. 景观小品和喷泉
2. 喷泉近景
3. 海岸景观
4. 生态环境

北京SOHO银河水景

设计师： JML水景设计咨询公司 ┃ **项目地点：** 中国，北京

1. 蜿蜒曲折的建筑和融入其中的水景设计
2. 水景的紫色照明效果

2

　　坐落于北京市中心的SOHO银河建筑建成后迅速成为该市的新坐标。JML水景设计咨询公司的水景设计表现出了蜿蜒曲折的建筑线条，同时融入了各式各样的水景效果。这样的设计给大家提供了感官体验，让大众欣赏到带有特制景观照明的建筑作品。

　　这是一个大型地产开发项目，集办公与商业于一体。人们在此购物、工作、聚会、休闲、娱乐，无所不包。本案的开发商是知名的SOHO中国有限公司，扎哈•哈迪德为其操刀建筑设计。流线型的台地设计，其灵感来源于中国古代的阶梯式稻田。

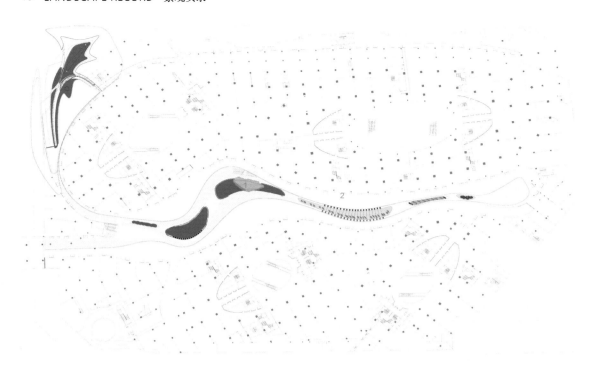

项目名称：
北京SOHO银河水景
完成时间：
2012年
建筑师：
扎哈`哈迪德
喷泉和水景设计：
JML水景设计咨询公司
摄影师：
斯黛芬・洛尔卡、陈晶园
客户：
SOHO中国有限公司
面积：
1200平方米

1. 水镜
2. 抛物线式的喷水

JML水景设计咨询公司延续了哈迪德的设计理念,在建筑设计的基础上打造了10处水景,每处水景的设计都十分引人注目,吸引人们欣赏周围的美景,令人难以忘怀。抛物线式的喷水流极富动态性,与流线型的建筑风格交相呼应。"水镜"的设计是为了向哈迪德所设计的这座建筑致敬。水面上倒映出建筑造型的有机形态。每处水景都营造出一种与众不同的氛围,凸显周围建筑的美感。

每一处的水景都能营造出一种别样的氛围,恰好与其周围环境相一致。水景元素的存在令整个项目备添温馨,为公众创造了可以一边休息,一边欣赏建筑的空间。本案的一大特色在于喷泉之间的良好互动性。主要的水景位于门厅,喷水流可以从一边"跳跃"到另一边。SOHO银河欢迎公众在这里玩水、抚摸水,于无形之中在来访者和建筑之间建立了一种联系。动态的喷水流能够很自然地吸引人们靠近,参与到其美好的"水景秀"中。

"SOHO银河的水景是经过我们特别设计的,只需几分钟就可以把所有的水排除掉,形成可供行人行走的普通路面。这样的设计方式恰好与哈迪德的现代建筑方式相符合。换言之,本案的水景对哈迪德的建筑进行了重现和复制,充分利用了建筑所带来的视觉冲击力。"JML水景设计咨询公司主管斯黛芬•洛尔卡如是说。

1. 人们驻足欣赏蜿蜒的水景
2. 建筑、喷泉和照明和谐共存

喷泉立面图

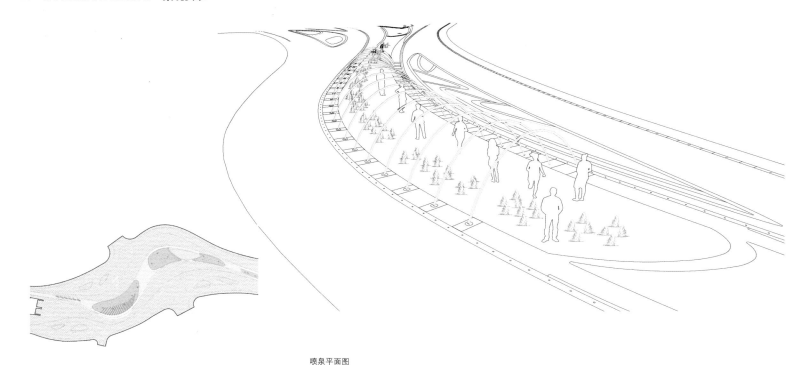

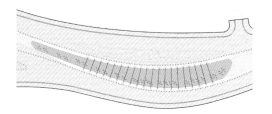

喷泉平面图

1~3.同颜色的喷泉效果
4.喷泉的夜景
5、6.孩子们与水亲近，玩得很开心

4

5

6

水的存在赋予整个环境一种温暖的感觉。在水的陪伴下，人们可以在这里享受休闲时光，同时欣赏建筑艺术——出自世界建筑大师非凡手笔的作品。

JML水景设计咨询公司项目经理陈晶园表示："这个全新的公共空间非常棒。喷泉和水景的设计与建筑设计相辅相成。水面倒影强化了建筑的超凡美感。"

本案成功的关键在于水景与人的互动。不论是汩汩的涌泉还是弧线型的水柱，都让人忍不住伸手触摸，与之进行"亲密接触"。喷泉对孩子永远有着无限诱惑力。弧形水柱形成的"水廊"是本案中一处重点水景，非常之美，令人叹为观止。

水晶大厦下的云朵广场

设计师：SLA公司 ｜ **项目地点：**丹麦，哥本哈根

1. 变化的喷泉造型营造出一个流动的城市空间
2. 夜晚的照明景观

　　丹麦首都哥本哈根是一个滨水城市。近年来，哥本哈根吸引越来越多的人们来此生活和工作。这里的港口曾经是工业区和重交通区。自从工业和仓储地区拆除或是迁移走之后，现在许多外地人和附近的居民不断涌现出来。但是水仍是哥本哈根一直需要解决的问题：雨水。气候变化对城市的污水处理系统施加了越来越大的压力。下雨的时候，下水道受到过多雨水的威胁，最后下水道里污染过的水流入到港口中。水既是城市基础设施的一部分，同样也是对水质重要性的一种证明。

1. 没有开放喷泉的广场
2. 傍晚时分云景一瞥
3. 背景中的水晶大厦和云朵池塘

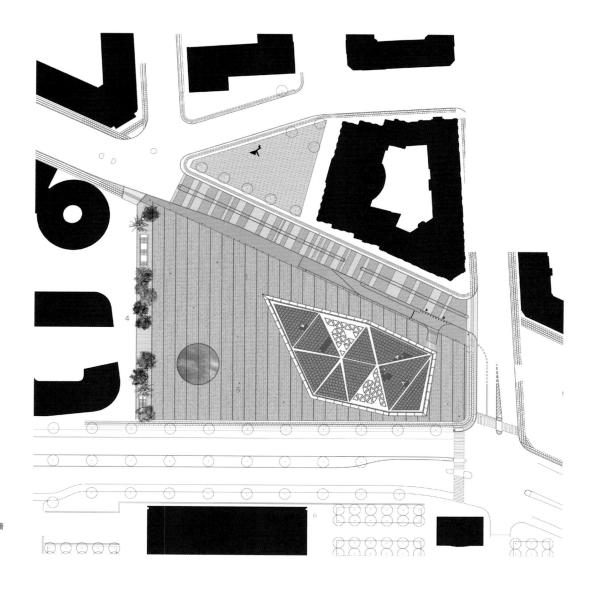

1. Nykredit总部新址：水晶大厦
2. 安装有发光二极管的反射池
3. 2400个喷嘴所组成的阵列形成水景墙
4. 植物种植在广场的四周
5. 路灯散出温暖的光线
6. Nykredit总部原址

本案位于哥本哈根的旧城区与新海港之间，是建筑物"水晶体"大厦下的一个城市广场，名为"水晶大厦下的云朵广场"。广场的一侧是旧城区的公寓楼，其建筑表面凹凸不平而又粗糙，而另一侧的"水晶体"建筑则采用了光滑的反光玻璃表面，形成一种全新的空间顺序：传统的轴向型和分层式的空间布局方式，转化为流畅的非分层式布局。

其所在环境的诸多特征元素是"水晶大厦下的云朵广场"重要的设计灵感。作为丹麦一家重要银行的新总部，"水晶"大厦建筑看起来就像是一个巨大的冰块，其表面光滑、锐利，边缘呈锯齿状，能够反射太阳光线。如果遇到阴云密布的天气，"水晶体"建筑会把乌云下的阴影吸收，呈现出一种与阴雨天气相一致的色彩和面貌。

云朵是这个广场上可以看到的主要造型，颜色也从白色、灰色变幻为黑色。它们由小水珠和冰晶组成。在这个氛围中，云朵是水蒸气浓缩后的成果。这是由于降温，增加水蒸气，各种不同温度下气体的混合或是所有这些物理现象结合后的结果。云朵的外形和大小是由温度、稳定性、湿度和风力决定的。

项目名称：
水晶大厦下的云朵广场
完成时间：
2011年
摄影师：
延斯·林德
面积：
5500平方米

哥本哈根一年中三分之二的时间都被乌云笼罩着。云朵广场反映了这种气候，铺装采用了灰色色调，其宽敞开放的地表面可以营造出朦朦胧胧的水蒸汽和薄雾效果，充分显示出港口在春夏时候的天气状况。

在哥本哈根的云朵广场可以体验到水三相点现象。三相点是指在热力学里，可使一种物质三相（气相，液相，固相）共存的一个温度和压强的数值。当水的温度超过一定数值tc时，液相不可能存在，而只能是气相。

2200个垂直的喷嘴将广场打造成一个动态空间。它们由一台计算机控制，根据风向进行变化。水注喷嘴增加了该空间的湿度和蒸发力。一排排的水注喷嘴形成了不同的随机喷射和组合，在纹丝不动的永久建筑下营造出一个动态流动的空间。因此，这个充满动感的空间协调了港口的大面积占地和古城人类活动空间。当水注喷头停下来的时候，城市空间也停下休息，等待再次被激活。广场上的小水池中倒映出哥本哈根上空不断变化的云朵，与路人和周围的建筑匆匆一瞥，便又不知去向。

夜晚，水池里面点亮绿色的灯光，高级投射灯将温暖的条形光亮照耀在这个城市空间之上。风儿徐徐，一排排波光闪闪的水波随风而动，如梦如幻。

广场的最南边种着一排排不同大小的树木，营造出一片四季常青的绿色大自然，与广场上的水域空间遥相呼应。

总而言之，云朵广场为哥本哈根提供了感官上的亲密城市空间，不但具有适应本土环境和设施的价值，而且让哥本哈根的居民享受到他们城市中一些最具特色的东西：云朵、雨水和薄雾。

1. 池塘的遐思
2. 广场连接了新旧两座大厦
3. 池塘旁嬉戏的儿童们
4. 夜晚池塘旁边的二极管照明景致

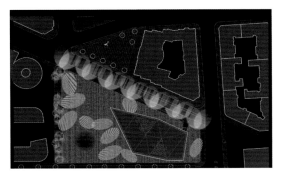

布拉德福市立公园

设计师： Gillespies景观事务所　|　**项目地点：** 英国，布拉德福

　　布拉德福市立公园由Gillespies景观事务所操刀设计。公园内有着英国最大的城市水景（4000平方米的"镜面水池"）和最高的城市喷泉（高达30米）。Gillespies事务所的建筑师和景观设计师携手，共同打造出这一地标性的公共空间。

　　2003年，布拉德福市制定了市中心发展规划，明确了"开放城市中心，打造公共空间"的发展目标。在这一背景下，市立公园应运而生。布拉德福市政府负责将发展目标转化为现实。在项目早期的规划阶段，Gillespies事务所、阿勒普公司（Arup）、斯特金·诺斯建筑事务所（Sturgeon North Architects）、环礁事务所（Atoll）和源泉工作室（The Fountain Workshop）共同将草创的设计理念发展为具体的设计方案，于2007年提交审核并筹资，2009年年末动工。

　　布拉德福市立公园占地2.4公顷，包含"镜面水池"、众多喷泉以及公共艺术。公园以始建于19世纪的布拉德福市政厅为中心，将布拉德福市各个主要观光景点、交通中转站以及市中心联系起来，树立了布拉德福市全新的整体面貌。公园的绿化将布拉德福市和英国其他城市区别开来，有利于吸引投资。

项目名称:
布拉德福市立公园
完成时间:
2012年
摄影师:
圣伊莱斯·罗彻尔
客户:
布拉德福市政府
面积:
24000平方米

布拉德福市立公园从设计到施工，一直遵循三个基本设计理念：

腹地: 布拉德福市周围群山与乡村环绕。市立公园的设计试图提醒我们这里是城乡的交界处。"腹地"的概念正是表明了城乡二者的关系——从周围的乡村可以望见城市，而城里也能远眺乡村。这一理念不仅反映了公园的设计宗旨，也体现出它对布拉德福人的意义——既包括城里人，也包括住在边缘地区、随着城市复兴的脚步不断被吸引到城市里的人们。

水: 贯穿市立公园设计始终的一个元素就是水。水为公园和布拉德福市工业能源之间建立了一种深层联系。

镜子: 市立公园是一个进行反思的地方。"镜面水池"便是取反思、"镜鉴"之意。对于布拉德福市中心来说，它是一面镜子，映照出上至辽远天空下至芸芸万物。"镜面水池"让公园活了起来，这里的人、这里的事、这里的一切文化生活，全都映在这面镜子里。

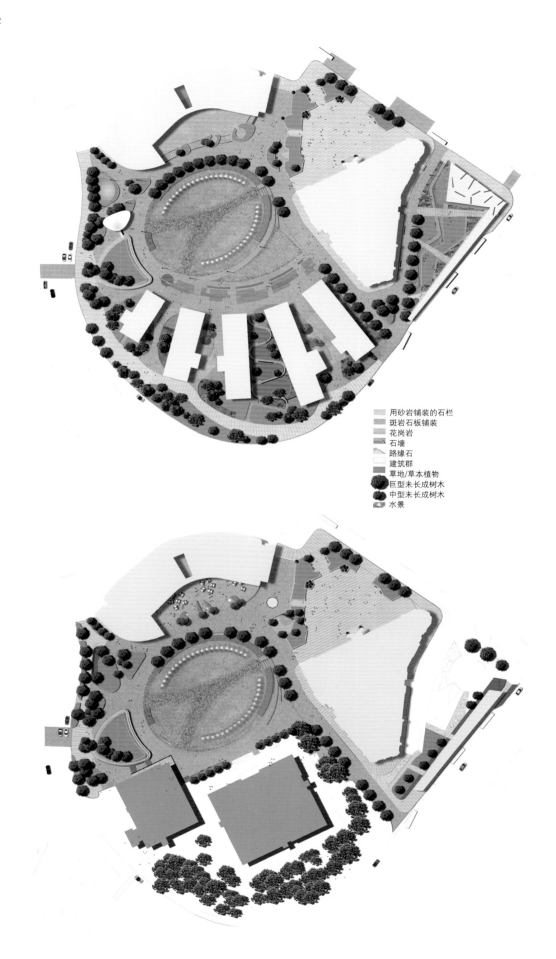

用砂岩铺装的石栏
斑岩石板铺装
花岗岩
石墙
路缘石
建筑群
草地/草本植物
巨型未长成树木
中型未长成树木
水景

   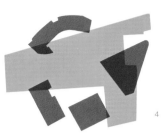

1. 足球区域
2. 皮卡迪利花园（曼彻斯特）
3. 和平花园（谢菲尔德）
4. 圣马克斯广场（威尼斯）

1. 人们在广场上享受美好的时光

Gillespies景观事务所全权负责这个项目的资深设计师汤姆·沃克（Tom Walker）表示：

"我们设计市立公园是将其作为一个美丽的公共空间来定义的，而水是这个空间的中心元素。市立公园将成为布拉德福市的新地标。公园里非凡的景观，尤其是充满活力的'镜面水池'，将成为布拉德福的一张新名片。公园里有宽敞的公共空间，不论本地市民还是外来观光客，都能在这里度过一段美好的时光。

1. 白天的镜池
2. 开放中的喷泉
3. 喷嘴
4、5. 夜间的镜池景色迷人

在布拉德福的工业革命中，水扮演了重要角色，可以说是工业革命成功的助推器。而我们也确信，未来十年中，水仍是我们实现城市复兴计划的催化剂。这座公园的建立见证了布拉德福市政府以及其他各方在复兴城市公共空间方面表现出的勇气和信念。"

"镜面水池"等水景

"镜面水池"位于市立公园的中心，长76米，宽58米，面积约4000平方米，其设计由Gillespies景观事务所的设计师协同阿勒普公司和源泉工作室的工程师一道完成。它不仅仅是个巨大的水池，更是一个多功能空间。首先，池中的水可以完全放空，让池子变为一个大型活动场所。或者，水面可以略微下降，露出池底的堤道，人们可以从上面走过，穿过水池，在喷泉之间行走。堤道将水池划分为三个区域，三个小池的水可以随意放空，作为小型活动场所，单独控制，非常灵活。比如放空一个小池，另外两池可作为背景水景。

池中水共计600立方米，此外还有100多个喷泉。中央的喷泉最大，水柱可高达30米，是全英国最高的。而"镜面水池"尽管体量很大，水却不深（不超过220毫米），水深缓慢变化。这不仅有利于节水环保，也考虑到安全性以及放水的方便性。喷泉按照预设的程序呈现不同的观赏效果，可以根据具体的场合、活动或天气来决定。比如，早晚上班族经过公园的时候，喷泉是一番景象；中午在此休憩时，又是另一番景象。这些喷泉反映出城市的生活节奏。

由于水池能够方便地将水完全排空，所以维护工作大大简化了。这是设计构思中的一大亮点，省去了配置专门清洁设备的需要，降低了每年的维护开支。

公共空间——选材

如果说"镜面水池"是一片海洋的话，那么周围的木板地就是海滩了。这条"滨海带"宽4米，面向南，由硬木板铺设而成。夏天，人们可以坐在木板地上，将脚探入清凉的池水中，非常有情趣。

其他地方也都选用高档材料，比如水池采用了花岗岩石板，此外还有斑岩和砂岩铺装。公园中央的铺装充分考虑到车辆荷载和点荷载，可以举办各种规模的活动都没问题。

设计师特意选择市内其他公共空间普遍采用的材料，让市立公园完全融入城市的脉络肌理中。

1、2. 喷泉为大众提供了一个生动的公共空间,同样也是各种活动和文化的一面镜子。
3. 效果图
4. 水雾
5. 围绕于镜池附近的甲板

环保特色

市立公园从设计构思到开土动工,一直遵循可持续发展原则,体现在如下几个方面:

•为公园的长期使用打好基础,包括材料的使用寿命和设计的简单朴素;

•确保空间使用的灵活性,可以满足未来长期内各种活动的要求;

•水池尽量降低水深,既节约了用水,又能保证巨型水池的效果;

•微型水处理系统,确保池水可以尽量循环使用;

•使用钻井并采集雨水,补充供水;

•雇用并培训本地劳动力,与当地供货商合作;

•改善公共交通,改善人行道和自行车道。

照明设计

照明设计对公园夜晚的使用至关重要。市立公园的照明设计既能为公园营造美轮美奂的夜景,也能满足这里作为市中心的基本功能要求。不同的地方采用不同等级的照明,营造不同的观赏体验,不仅在公园内起到辅助导航的作用,而且挑战了传统的大型景观空间照明设计手法。市立公园的照明装置全部由中央系统来控制,根据池水的涨落以及不同的氛围要求,呈现不同的灯效。

大天空

设计师：诺斯设计工作室 | **项目地点：**加拿大，卡尔加里

卡尔加里奥林匹克广场的中心区是一片喷泉。由于其设计模仿天空和云朵的造型，所以取名为"大天空"。水景上方还设计了模拟鸟群，营造出一派生动的自然景象。

亚伯达省的天空以其辽远无边而闻名，而卡尔加里市的天空则是出了名的瞬息万变。这片水景的设计由此获得灵感。不论有没有水，都不影响这里成为另一片美丽的天空。"大天空"模拟天空一天之中以及一年四季转瞬间的变化。独特的蓝色云朵造型设计让这片水景成了当地的新地标，在环绕卡尔加里的整个公园中独树一帜。

水景上方的模拟鸟群仿佛正从天空飞过。"鸟儿"缓缓飞舞，与阳光、微风、清水共同构成一幅美妙的自然图景。光线在"鸟儿"身上反射，形成耀眼的光芒。在微风的吹拂下，缓缓摆动的"翅膀"让鸟群看起来好像正随云朵迁徙。支撑着这些"鸟儿"的是纤细的支杆，整片看上去就像辽阔草原上茂盛的牧草；高低起伏，又像连绵不绝的山麓——卡尔加里这座城市就处于这样的背景之中。"鸟儿"在微风中摇曳、飞舞，它们仿佛很享受这里的环境，来到奥林匹克广场的游客想必也跟它们一样陶醉其中了。

1. 中心区喷泉，其设计模仿天空和云朵的造型以及模拟鸟群飞翔于亚伯达省的天空之上。
2. "大天空"鸟瞰图
3. 儿童嬉戏于模拟鸟群之中

3

项目名称：
大天空
完成时间：
2010年
摄影师：
卡尔加里公园、皮特·诺斯（诺斯设计工作室）
客户：
卡尔加里公园
面积：
1600平方米

"大天空"水景的设计在环城公园与天空之间建立起某种联系，迁徙的鸟群在二者之间飞过。设计师模拟大自然中的生动图景，通过再现辽远无边、瞬息万变的天空，让卡尔加里奥林匹克广场的意境变得与天空一样恢弘、壮美。

"大天空"水景让人们欣赏到了美丽的景致，让孩子们能够与水亲密接触，嬉戏其中，感受到了无限的乐趣，也让此处成为人们愿意驻足休闲的地方。

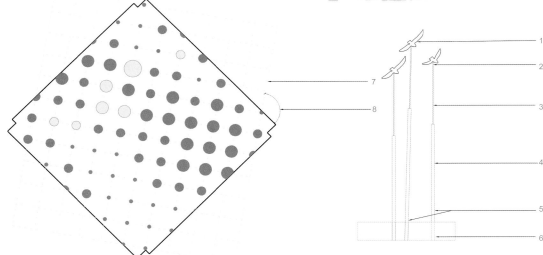

1. 铝板切割成的鸟的形象
2. 杆和鸟衔接部位施工图，必须保证鸟们能够自由移动
3. 1/2"～3/4"金属杆的高度范围为2'～5'
4. 1/2"金属杆高度6'～10'
5. 所有的杆从垂直线到5度于垂直线
6. 圆形上升器建筑和杆连接细节
7. 4500毫米坐标方格上安置圆形设施，方格线条仅供参考，不应可见，或是安置完圆形设施后立即删除
8. 坐标方格应坐落于喷泉边缘的东南方向倾斜125度处

1. 蓝色的圆盘让人们想起天空的颜色
2~4. 模拟鸟群仿佛正从天空飞过，并喷洒水珠

数字水展馆

设计师：卡洛·拉蒂联合设计公司，沃特·尼克里诺和卡洛·拉蒂 |
项目地点：西班牙，萨拉戈萨

1. 墙壁是由数字控制的水珠组成
2、3. 水墙

　　数字水展馆专门为2008年在萨拉戈萨举行的世界展览会而建，拥有一个灵活的多功能空间。世界展览会期间曾被用来为游客服务的办公空间，如今被改造成为咖啡店，并且用来安置米拉数码项目的信息箱。数字水展馆的设计挑战在于如何将本次世界展会的主题"水"，作为一种建筑元素来使用。数字水展馆的墙壁均由成千上万个数控小水滴构成，可以形成各式各样的文字和图案。其空间拥有极高的互动性和可重构性，每一面墙壁都可以变成出入口，还可以根据空间内人数的多少，随时对室内隔断进行调整。两个大箱子和一个屋顶是水展馆仅有的材料元素，组装起来十分方便。

"数字水"是一种交互式的城市元素，是对环境以及人类需求和愿望的回应。作为一种全新的城市元素，水幕墙不仅可以代替喷泉的传统角色，还可以运用传感或其他数字技术来控制水的流动。

水幕墙可以随着地形和周围环境的变化而变化。其功能广泛，既可以作为一种供人游玩的休闲元素，还可以作为一种环保工具，用来灌溉、清洗街道或蒸发制冷。

在解决水景元素时，某些因素必须得到特别的关注。数字水展馆（DWP）是一个复杂的机器，由超过3000个数字控制的电磁阀、12个液压活塞、几十个油泵和水泵，以及许多其他构件构成。正因如此，2008年萨拉戈萨世界展览会的组织者们委托西门子公司这家世界上最为著名的工程化控制公司，而不是一家传统的土木工程公司来建造数字水展馆也就不足为奇。

水幕墙建筑可谓是一首"溶解"的音乐！正如一首正在演奏的音乐作品一样，需要经过一定的时间，水幕墙的美感才能逐渐展现出来。水柱在垂直方向上的不断攀升，仿佛是音乐的节奏，令整个水展馆更富个性。设计团队以"可重构性"和"交互性"为设计灵感，并将之与"数字水"技术相结合，别具匠心。

数字水展馆没有室内和室外之别，连墙壁、门和室内隔断的差异也可以消失不见。水展馆的外墙可以形成一个不断流动的媒介，开关自如。根据不同的需求和使用情况，内部空间也可以进行扩大、收缩和重组。一个水幕墙将室内空间一分为二，方便游客服务办公室和信息点以不同的方式进行连接，两个空间既可以完全整合到一起，还可以进行多层次的分离。根据风力条件的不断变化，

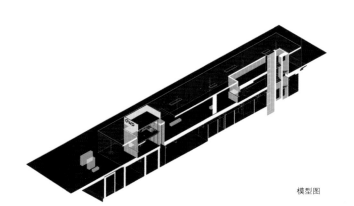

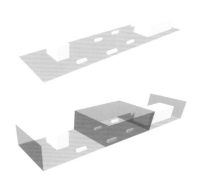

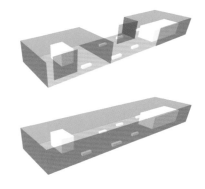

模型图

屋顶可以上下移动，甚至完全坍塌到地面，这样一来，三维空间的数字水展馆也就不复存在，机器也停止了运作。

水幕墙程序工程师们的主要任务是探索这个全新的、以时间为基础的、平面与立体为一身的媒介的各种可能性。

多层式的水幕墙形成一系列的三维网格，可以将水塑造成为一个个三维而非二维的形状。

最后，处理好空间内、特别是公共空间内的人员流动和人类空间占有这两者之间的关系也至关重要。水幕墙的使用要以人为衡量的标准，其所在位置要适合人类使用，并且有助于引导行人的移动。绝对不能单纯将水展馆看成一个奇观，而是要把它当做大型的互动性设备。

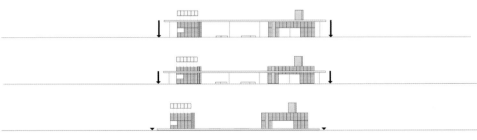

项目名称：
数字水展馆
建成时间：
2008年
摄影师：
克劳迪 伯尼克；马克斯 托姆斯奈拉；罗摩 法赛罗；沃尔特 尼古里诺
客户：
2008年萨拉戈萨水展
面积：
400平方米

1. 夜幕下的数字水展亭
2. 水墙蜿蜒于数码框架之下，随着地势起伏，与周围环境融合
3~5. 成人们在这个数字水亭下休息，孩子们嬉戏于数字水墙之中

喷泉广场

设计师： SeoAhn Total景观事务所 ｜ **项目地点：** 墨西哥，古斯曼

项目名称：
喷泉广场
完成时间：
2009年（一期工程）
景观设计师：
SeoAhn Total景观事务所
摄影师：
翟达·蒙塔纳纳、
里卡多·麦嘉纳·赫尔南德斯
客户：
古斯曼市政府
面积：
100万平方米
奖项：
2010年墨西哥建筑双年展"最佳城市工程"

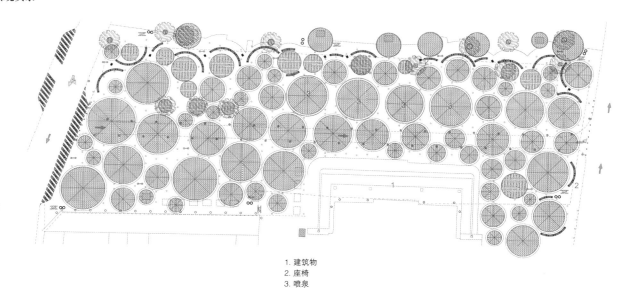

1. 建筑物
2. 座椅
3. 喷泉

古斯曼是墨西哥西部一个古老的小城，风景如画，距瓜达拉哈拉市仅1小时车程。由于附近有个大型湖泊，古斯曼被选为2011年泛美运动会赛艇和皮艇运动的官方比赛场地。城市规模逐渐扩大，人口数量逐年增多，但却没有明确的发展策略或规划。墨西哥的大部分城市都是这样，古斯曼也不例外。这次成为泛美运动会的赛场，湖边兴建了新的赛艇场馆，市政府觉得应该借此良机规划一下整座城市的蓝图了。

市中心的规划包括七个区域，每个区域有自己的特色主题：美食街、商业街、主广场、喷泉广场、白色广场、入口广场以及改革大街。这些区域的景观、照明、街道小品以及地面铺装的设计都别具一格，与其功能紧密相连。除了注重设计美感之外，城市规划还推出了植树计划。因为古斯曼几乎一年四季都气候炎热，市政当局希望能在街边创造更多的阴凉空间，方便行走的路人。

1

1. 嵌入了喷泉装置的地面铺装
2. 白天，喷泉能够带来清凉
3. 儿童嬉戏于喷泉之间

　　古斯曼大教堂始建于20世纪中叶，其中一座塔楼在1985年的地震中倒塌了。墨西哥的殖民城市中几乎所有的教堂都在正门外设有一个小广场，用于社交或宗教集会。古斯曼大教堂门口正好有一条大街，于是设计师就顺势将其打造成集会广场。

　　气候炎热又缺乏树荫，于是设计师决定在地面铺装中加入喷泉装置。白天，喷泉能够带来清凉；夜晚，在照明效果的烘托下，喷泉又给城市增添了一抹亮色。地面铺装的设计灵感来自于雨点滴落在水坑中形成的同心圆图案。当地政府将这一广场选为城市规划的一期工程，计划在他们任期结束前竣工，作为献给这座城市的告别礼物，也是他们的一项市政成就。最终，广场工程在他们任期结束前两个月竣工，舆论褒贬不一。观念开放的年轻人喜欢它，而传统守旧的人却看它别扭。

　　原政府执政党的对立方赢得了选举，市政府改朝换代。于是就像在一切这样的政府更迭中发生的一样，新的执政党不会继续实行接下来的几期工程，城市规划蓝图就这样有头无尾地结束了。当地报纸根据一项民意调查报告说，喷泉广场被评为上届政府任期内的最差工程之一。但在投入使

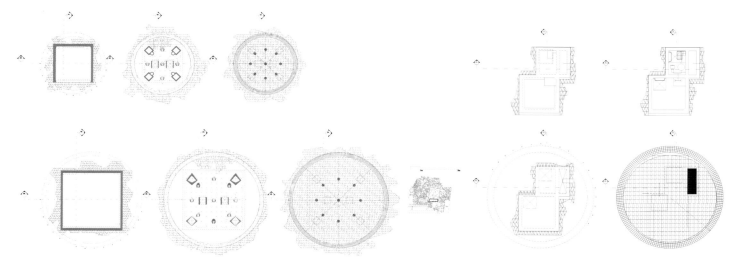

喷泉广场建筑细节图

用6个月之后, 这座广场却证明了它自身的价值, 现在广受当地市民欢迎。古斯曼市有了新的公共空间。喷泉广场在2010年的墨西哥建筑双年展上获评"最佳城市工程"。

1、2.步行街景观
3.主广场的地面铺装
4、5.夜晚, 喷泉在照明效果的烘托下给城市增添了一抹亮色

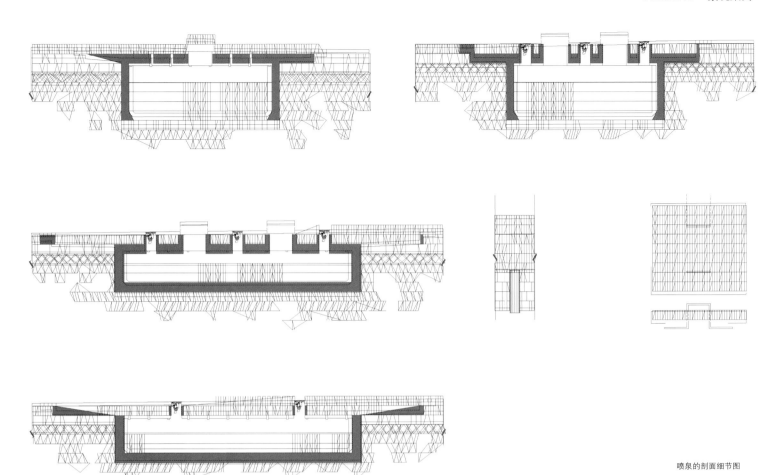

喷泉的剖面细节图

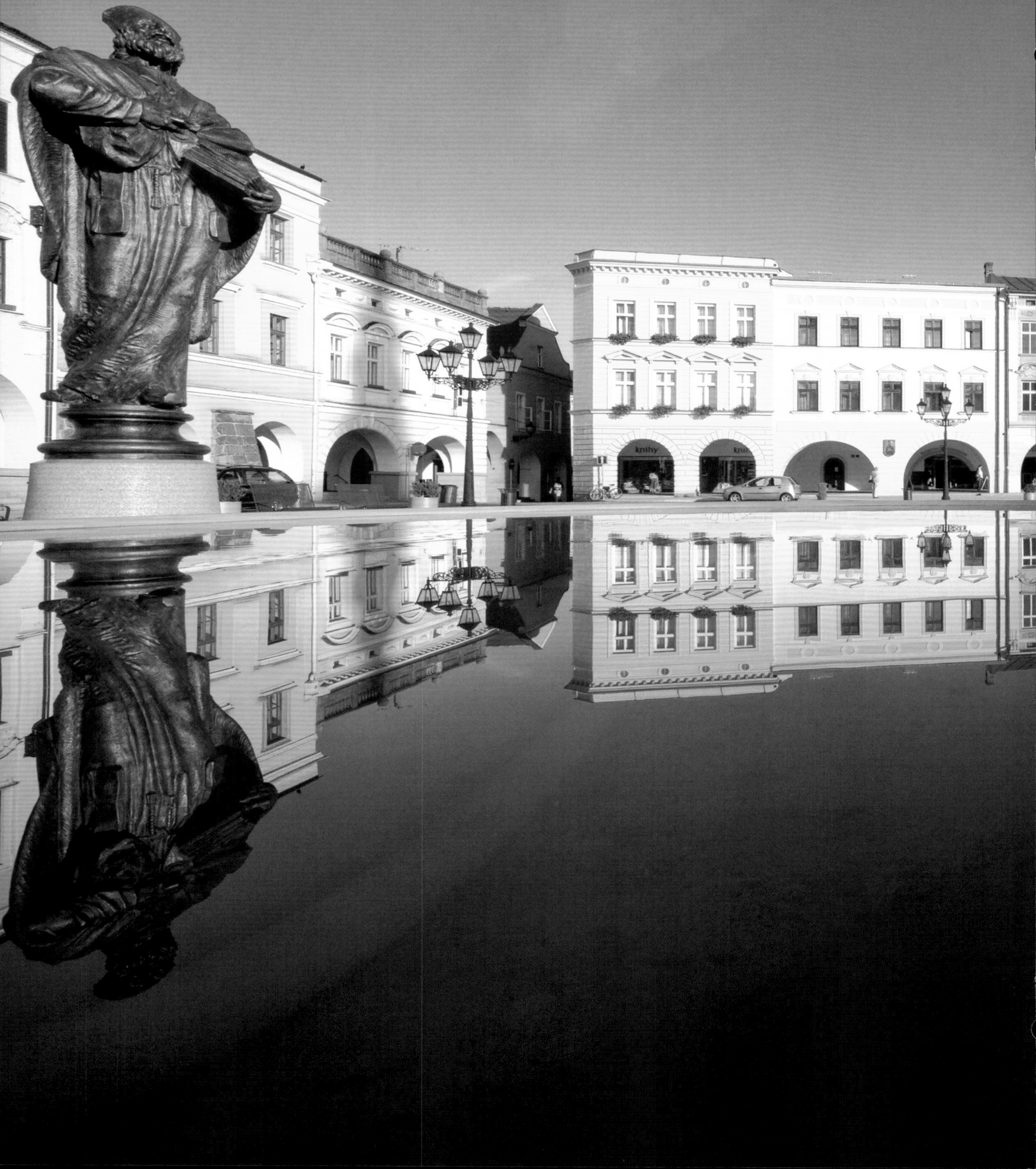
knihy

玛撒里克广场改建

设计师：P.P.建筑事务所 | **项目地点：**捷克，新伊钦

位于捷克新伊钦的玛撒里克广场有着四平八稳的布局，这样明晰的布局在捷克的城市规划历史上也是数一数二的。广场周围的建筑多为带拱廊的民宅，带着鲜明的摩拉维亚特色。玛撒里克广场大体呈圆形，位于新伊钦镇的中心，这里也是这座城镇的历史核心，四周的"环形大街"设计灵感来自于维也纳和布尔诺。

广场重建的建筑设计理念充分利用环形大街的优势——四个街角彼此相连。重建的重点在于广场中心区的巴洛克风格大理石柱。柱子的底座采用菱形图案装饰，这一图案是借自广场周围的民宅排房上的典型形制。另外，从街道与广场交接处开始铺设几条小径，小径在广场中央的柱子处汇合。小径的铺装材料采用捷克花岗岩，色调从灰色到赭色渐变。

广场的重建还包括将排房拱廊下的地面重新进行铺装。新的砂岩地面在广场周围形成了一圈外围地带，通过巨大的花岗岩台阶跟拱廊下的柱子连接起来。广场中央的巴洛克柱子周围是开放的铺装地面，摆放着一些人造艺术品，和水景相互呼应。水景是广场上新增的一个元素。碗形造型十分简朴，汩汩的水流尽显生机。这一设计是向原圣·尼古拉斯喷泉致敬。

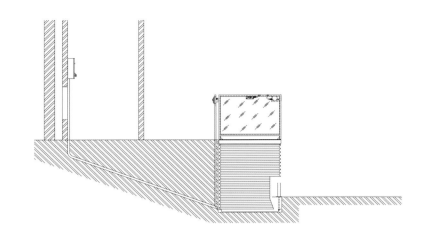

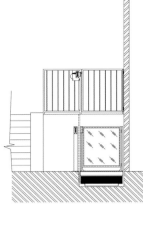

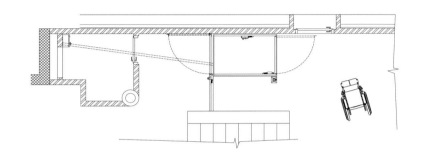

升降平台

项目名称:
玛撒里克广场改建
完成时间:
2010年
景观设计师:
马雷克·霍兰、帕维尔·毕卡
摄影师:
奥塔·奈普利
客户:
新伊钦镇政府
面积:
8850平方米

1. 大理石柱
2. 碗形水盆
3. 喷泉
4. 长凳

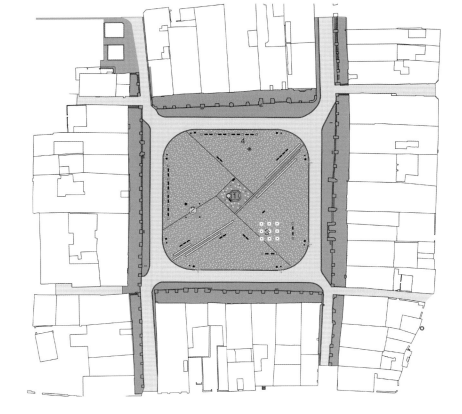

1. 简朴造型的"大碗"
2. 孩子们嬉戏于广场上的喷泉之间
3. 广场鸟瞰图

3

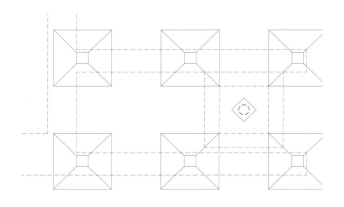

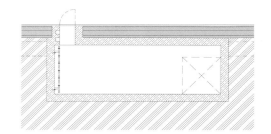

1. 喷嘴的照明
2. 喷嘴中冒出汩汩的水柱
3、4. 广场的夜景

圣•尼古拉斯雕塑就摆在不远处，下方是石头底座，面向三个铜苹果造型，远方是巴黎教堂。老邮局办公大楼也在广场旁边。这是一座历史悠久的建筑物，有着优美的拱廊，拱廊正好面向广场上的喷泉区。喷泉的运行跟市政厅的钟楼同步。广场的北面是一个石制饮用喷泉，为口渴的过往路人提供方便。

广场上的其他小品大多设置在北面和西面，因为这里的视野最好，能眺望广场上以及广场附近所有的主要元素——巴洛克柱、老邮局办公大楼、巴黎教堂的塔楼、市政厅、喷泉和圣•尼古拉斯雕塑。广场小品包括成对摆放的带靠背的金属长椅，还有法式金属花盆架。照明设计也是广场设计的一个重要部分。夜晚，泛光照明和聚光照明相结合，将静态的广场空间变为动感十足的夜场，彰显玛撒里克广场的另一种美感。

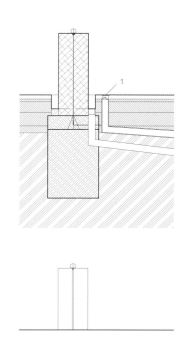

1. 脚踏杆

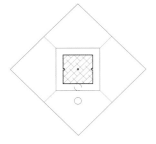

3

4

杰托尼广场

设计师： 古斯塔夫森·波特 | **项目地点：** 黎巴嫩，贝鲁特

1. 杰托尼广场全貌
2. 石桥将游客带到一处黑白相间之地

2

1

　　杰托尼广场（Zeytouneh Square）于2011年由黎巴嫩Solidere地产公司宣布竣工。这一公共广场的设计由古斯塔夫森•波特（Gustavson　Porter）联手伊迈德•贾梅耶公司（Imad Gemayel Firm）共同打造，旨在为市民创造更多的公共空间并进行绿化。杰托尼广场是一个没有边界的开放式广场。在地面铺装上，设计师采用黑白二色石板，形成色彩上的鲜明对照。这个广场的设计尤以水景著称。此外还有一架石桥。市民通过石桥可以走到黑白石板地，石板地上宽阔的场地可以举行各种活动。创意十足的照明设计为杰托尼广场增添了不少光彩。广场上的绿化工程也非常可观，这是贝鲁特市中心规模最大的绿化工程，毗邻滨水酒店区。

Solidere地产公司在贝鲁特共开发了五个公共广场，杰托尼广场是其中之一。Solidere地产公司的广场开发计划旨在为公众增加公共空间。这是该公司长远的规划策略。他们希望贝鲁特约50%的面积用作公共和绿化空间。

杰托尼广场的主持设计师古斯塔夫森•波特是世界闻名的景观设计大师，曾获奖无数，尤以花园和公共空间的设计见长。既出自名家之手，杰托尼广场的设计自然少不了创新的理念。开放式无边界布局便是一大创意。地面铺装亦是如此。大胆的黑白两色搭配将广场切割成几个不规则的碎片，鲜明的色彩对比更凸显了广场的空间层次感。

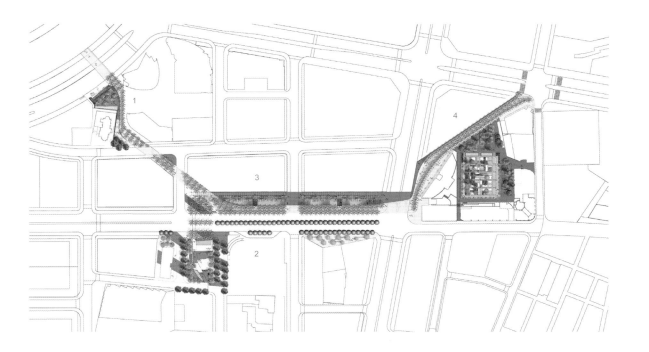

1. 圣徒广场
2. 杰托尼广场
3. 海岸线花园
4. 圣蒂叶花园

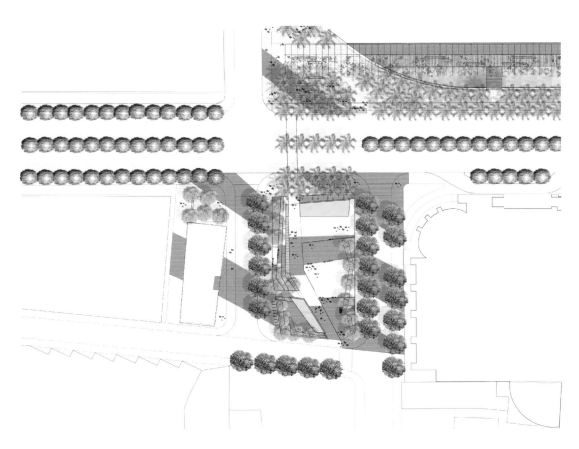

项目名称:
杰托尼广场
完成时间:
2011年
摄影师:
伊迈德·贾梅耶、托尼·埃尔·哈格
面积:
3万平方米
奖项:
市政设计奖国际类——区域决赛入围

位置图

1、2.夜色下广场上的水景
3.地面铺装主要是黑白两色

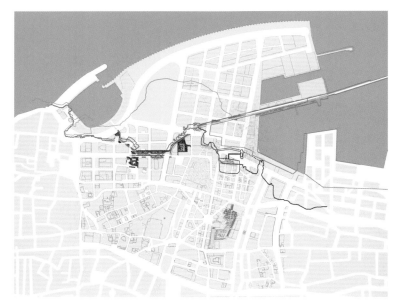

位置图

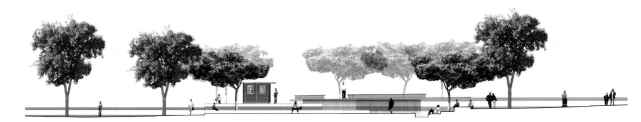

水景、石椅、石桥、黑白铺装等元素构成了杰托尼广场的独特美感。广大市民可以在黑白石板地上举行各种活动。量身打造的照明设计更为广场增色不少。

市政设计奖（Civic Trust）建立于1959年，会定期评选出建筑、设计、规划、景观设计和公共艺术领域的优秀作品，予以表彰。获得该奖项的作品不仅要有高质量的设计，还要给本地社区的文化、社会和经济方面带来积极的影响。作为欧洲最古老的建筑环境奖，在过去的50年中，已经有超过5500个优秀的作品获此殊荣，未来，市政设计奖将延续其目标，为当地社区服务。

1. 小水池旁边设有喷泉喷水
2. 水花给雕像增加了趣味感
3. 雕像和水池
4. 石椅
5. 镜池

弗拉尔丁恩新地毯广场

设计师：GT建筑事务所、威尔玛·奎尔、Tomaello公司 | **项目地点**：荷兰，弗拉尔丁恩

1. 整个广场看上去像一块地毯，由方形石板和瓷砖铺砌而成，铺装材料的色彩和图案各异。正方形的拼接方式营造出强烈的空间效果
2. 每朵睡莲的中心设一个喷泉，由电脑控制，喷射出水柱或水雾

该广场的名称 "het Veerplein" 是荷兰语，意为运河用的平底船。从前，这里是市中心的重要集散地，来自海外的人流、邮包和大宗货物，由此进入内陆地区的城市和乡村。人员的大量流动注定了这里成为一个活跃的集散地。此次广场重建，其设计旨在将这一段辉煌的历史清晰地体现出来。其实，这座广场过去的核心功能在今天也没有完全消失。这里仍然是繁华的集散地，人们在广场附近购物，在广场上嬉戏，或者坐在广场的长椅或台阶上休息。这个购物区内有餐厅、广场以及每周集会的市场，非常繁华。而平底船广场就是整个购物区跳动的心脏，是弗拉尔丁恩市的城市客厅。

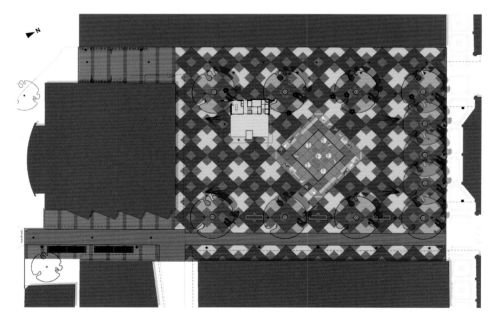

1. 秋溪   3. 夏瀑
2. 冬雾   4. 春泉

整个广场看上去像一块地毯，由方形石板和瓷砖铺砌而成，铺装材料的色彩和图案各异。正方形的拼接方式营造出强烈的空间效果。广场中心用水磨石铺砌成菱形，共用32块水磨石，尺寸为2米x2米。石面上的图案有平底船、驮马、鲱鱼以及通过贸易赚来的钱币，充分体现出广场的历史、功能及其与弗拉尔丁恩市的关系。水磨石石板地的中央是一块蓝色区域，代表过去流经广场的运河，这条运河将这里和外面的世界联系起来。蓝色水磨石地面上刻有6朵睡莲的图案，仿佛漂在水池里。每朵睡莲的中心设一个喷泉，由电脑控制，喷射出水柱或水雾。这些喷泉的供水完全符合环境保护的原则。地面铺装具有收集雨水的功能，雨季能形成小型蓄水池。夜晚，广场在照明效果的衬托下形成一种奇幻的氛围。

1. 孩子们与喷水的睡莲嬉戏
2. "水磨石花"的中心设照明光源，能够将树木照亮

项目名称：
弗拉尔丁恩新地毯广场
完成时间：
2009年
摄影师：
亨克·凡德维恩
客户：
弗拉尔丁恩市政府
面积：
7000平方米
奖项：
竞赛一等奖

设计师保留了广场上原有的几棵悬铃木，并在树木周围设栅栏，既起到保护作用，也方便灌溉。广场东面有7朵"水磨石花"，布局看似随意，营造出休闲的氛围。中央设照明光源，能够将树木照亮，也能供孩子们嬉戏玩耍。靠近摩托车停放区的树木中间设置了三张舒适的木质长椅，突出了"平底船广场"作为城市客厅的功能。长椅两边都能坐人，靠背可以翻转进长椅内侧，将长椅变身为简易桌，在每周集会的市场上，这对小摊贩来说非常实用。广场的四个角设有高耸的照明装置，其造型设计的灵感来自于芦苇，突出了运河与乡村地区的关系。

在竞赛阶段，设计团队还提出一个方案，旨在让广场更加开放，并和北面的高架桥建立起清晰的联系。在这一方案中，他们运用巨型楼梯，在与高架桥等高的位置上设计了一家餐馆，看上去就像地毯边悬挂起一道帘幕，十分壮观。节日活动期间，楼梯可以用作看台。餐厅旁边设置一个小露台，作为整个城市客厅的阳台，从这里可以俯瞰广场全景。由于费用问题，这一方案至今还未能实施。

1. 站在广场上就像站在毯子上的感觉
2. 写有荷兰语的广场名称"het Veerplein"
3. 平底船
4. 驮马
5. 照明

van de bewoners
van Vlaardingen

veel plezier
op het plein !
Hans Versluijs
Peter van der Zwan

格林威治沃特布鲁克养老度假村

设计师： 泰勒·布拉姆景观设计私人有限公司 | **项目地点：** 澳大利亚，新南威尔士州，格林威治

1. 清澈的溪流
2. 茂密的绿色树木

格林威治沃特布鲁克养老度假村将老年人的退休生活带到了悉尼下北岸，度假村应有尽有，如家一般的舒适。沃特布鲁克不仅地理位置优越，地处一个占地面积约为1.3公顷的郁郁葱葱的巨大花园中，更带来了一种全新的退休生活体验，在设计、生活方式、服务、安全性和护理方面都尽可能做到完美，其高质量、高水平的生活设施和服务，可与精品酒店相媲美。

格林威治沃特布鲁克养老度假村坐落于山脊的顶端，可以将悉尼市旖旎的城市风景尽收眼底。其业主多为55岁以上的长者，除了住宅空间外，还拥有餐厅、健身房以及户外象棋和草地保龄球场等空间。

从一开始，这个获奖项目就被设想成一座"五星级的老年人度假村"，一处流动的水景构成了整个度假村的核心设计元素。从度假村的所有公寓中，都能欣赏到水与景观所带来的美好景致，在这里，水与景观被合二为一，静谧而凉爽，令整个项目更具整体性，更富个性。

项目名称：
格林威治沃特布鲁克养老度假村
完成时间：
2009年
摄影师：
马修·泰勒
客户：
沃特布鲁克生活方式度假村**摄面**
积：
1期：场地面积13190平方米，景
观绿化面积7385平方米
2期：场地面积7600平方米，景
观绿化面积4650平方米
奖项：
2008年澳洲城市发展协会奖，老
年人住宅类别优胜者

1. 入口
2. 用餐露台
3. 中央水景
4. 人行道
5. 室内泳池
6. 草地保龄球场
7. 露台
8. 观景露台
9. 中央绿地
10. 室外象棋区
11. 林间空地

1、2. 石头与小溪
3. 溪流小路
4. 水景景观
5. 小溪与远处的公寓

　　茂密的热带花园将住宅与其他功能空间所环绕。地块原有的树木被保留，露台区域的边缘放置了大量的植物槽，以扩大景观在整个项目中所占的比例。澳大利亚本土植物与外来植物被混合在一起，令环境更加友好温馨。

　　一系列经精挑细选的植物令度假村的建筑元素更加柔软，同时又提供了私密度。

　　所有的景观区都安装了独特而安全的室外照明设备，此外，室外空间还常常环绕着悠扬的音乐声。私人露台和庭院的设计与中心景观区的设计风格相似，令整个项目的形式和风格更为统一。

　　度假村的景观使用了大量的澳洲本土植物，并采用特色种植法。高大的本土和外来树木与外部的已铺筑区域和草皮区形成对比，看起来就像是"树立在池水中的灯塔"。不断变化的地形总能让业主有机会看到不同的风景，充满各种惊喜。

沃特布鲁克养老度假村的所有公寓都拥有美好的视野，有一些甚至可以捕捉到海港的全景，多数公寓南北通透，能够享受对流通风所带来的最大舒适感。

"如果您已经习惯了高品质的生活，那么沃特布鲁克养老假村将是您退休生活的最佳选择。"

世华水岸

设计师：北京源树景观规划设计事务所 | **项目地点：**中国，北京

1. 幽静小溪边的景亭
2. 简洁而温馨的景亭

景观理念

　　"北京世华水岸"的内部景观面积约8.3公顷,并且与项目南侧的6公顷的待征绿地(运动公园)紧邻。景观设计牢牢把握住了"滨水而居、水景豪宅"的宗旨,设计以"水四季"为景观主题,通过"水之四态"与"时之四季"的景观叠加,达到双重的景观效果,使业主在景观的变化中品味"水景豪宅"的精致生活。

项目名称:
世华水岸
完成时间:
2009年
景观设计师:
白祖华、胡海波、李晶、刘春红、夏强
摄影师:
张鹏
客户:
北京城建投资发展股份有限公司
面积:
13万平方米

1. 可供居民活动的水幕广场
2. 郁郁葱葱的岸边植物

项目概况

　　"北京世华水岸"项目位于石榴庄凉水河以北,东至宋家庄路,南至凉水河绿化带,西至天坛南路,北至彩虹城住宅小区。本案的景观设计紧紧围绕"滨水而居、水景豪宅"的宗旨而展开。在认真分析了用地空间和产品特点的基础上,将自然界中"泉"、"瀑"、"溪"、"雾"这四种典型的水景形态加以概括和提炼,并将其巧妙地与植物四季景观(春、夏、秋、冬)的变化相结合,将泉的灵动、瀑的气势、溪的柔美、雾的神秘分别和春的绿意盎然、夏的绿荫扎地、秋的色彩斑斓、冬的银装素裹相搭配,形成了"春泉"、"夏瀑"、"秋溪"、"冬雾"这四个主题景观,并将其巧妙地运用到本案的四个区域中,为业主创造出诗意般的生活空间。

2

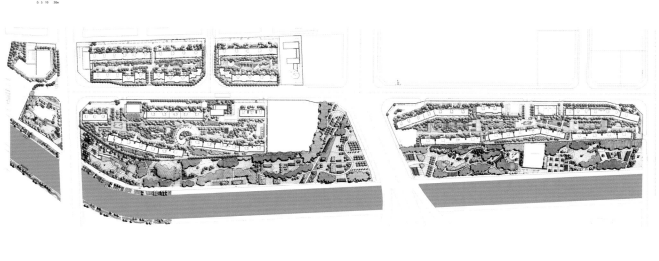

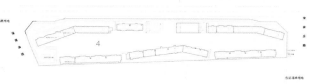

1. 秋溪
2. 冬雾
3. 夏瀑
4. 春泉

1. 秋溪
2. 绿篱中圣洁的涌泉
3. 园区中精美的画面
4. 别致的休息空间

概述

宁静、安详、舒适的人居环境是每个人的梦想。然而，随着城市节奏的加快，这种来自本能的渴望竟然成为了一种奢求。自由的心境与流光异彩的都市就像是《向左走、向右走》中的男女主人公，总是擦肩而过。然而，总有一少部分人是幸运的，他们要体验的是一种不同的生活。简洁的建筑形式、丰富的内部生态水景空间与平静的凉水河风光相呼应，构成了"世华水岸"无法复制的景观"资源"，它为业主所提供的不仅是一种风景，更是一种健康、和谐、时尚、非同寻常的生活方式，通过高品质的景观，使业主真正品味"豪华景观"的价值内涵。

春泉（F地块）：本区地块用地狭长，运用简洁的设计语言，将用地划分为"听泉"、"烟树"、"拂柳"、"花语"多个景观空间，增强了景观横向的层次感，并运用灵动、活跃的"泉"加以贯穿。设计根据不同段落的环境特点，合理布置了场地、景观与植物，将涌泉、跳泉、叠泉等泉的各种形态及春花类植物加以重点表现，在打破狭长、呆板的用地限制的同时，创造出具有丰富特色的景观空间。

夏瀑（C地块）：本区利用较为开敞的景观空间，塑造了不同形态的瀑。在入口处展示了具有力量美的瀑，在庭院的中心又展示了如珍珠般美丽的瀑，在庭院的东部，运用高低变化的景墙，又展示了生动的叠瀑。从而形成了各具特色的"流云"、"风荷"、"落珠"、"叠翠"四个主题空间。并运用灵活的道路系统和竖向的变化，在丰富了区内景观层次的基础上，为居民提供了丰富的交流和健身空间，并根据景观空间的特点搭配了荷花、紫薇等具有夏季特色的造景植物，创造出一种清爽的庭院感觉。

秋溪（B地块）：本区将自然界中轻柔而平静的"溪"作为主要景观元素贯穿于整个庭院中。结合"溪"的文化特色，创造了"竹溪"、"知渔"、"枫桥"三个不同特点的景观空间，设计运用了大量的秋色叶植物和水生植物与丰富的水景相搭配，在咫尺空间内创造出人在画中游的美丽秋色。

冬雾（B地块）：本区是整个楼盘中面积最小的空间，所以在处理手法上更加追求空间的精致与变化，设计将"雾"的形态与竹、松等具有冬季特色的植物相搭配，形成了以"晴雪"、"玉树"、"悟松"为主题的三个景观空间。结合场地与小品的搭配，体现出唯美的景观意境与精神内涵，以此营造出一个人与自然和谐的生活空间。

4

南港口布罗德沃特公园

设计师：马克·富勒 | **项目地点**：澳大利亚，南港

南港口布罗德沃特公园不仅是黄金海岸的一个标志性入口，更是一个热门的旅游景点，它集事件、历史和水元素为一身，打造了一个充满活力的绿色滨水空间。

经过翻新设计的南港口布罗德沃特公园将自然美和都市风情融合在一起。公园空间不仅具有自己特有的风格，同时又不失功能性，空间的布局雕塑感十足，充满诗情画意。主要的集会空间和通路空间采用了大胆的几何形状，而更为私密的空间则被杜纳尔地形和植物所环绕。

此次翻新设计中，设计团队将公园的一些被长久遗忘的功能元素和结构性社区活动空间重新利用起来，包括码头、纪念碑、舞台和沐浴箱等，并对这些元素加以改造，重新投入使用。为了充分反映独特的"黄金海岸生活方式"和情感经历，公园的地面采用了与条纹沙滩毛巾相似的图案，景观小品的设计也十分有趣，拥有丰富的色彩，极具沙滩风情，此外，公园还专门开辟了一个"罗克库"儿童水游乐空间。

然而，公园之所以能够如此完美的将社会、文化、历史和物理等各方面融合在一起，关键在于其对自然环境的尊重以及对布罗德沃特的保护。南港口布罗德沃特公园的设计中，AECOM团队采用了多种绿色科技，包括对水进行净化和收集、生产太阳能、采用循环材料、使用非饮用水源以及保护沙丘等，使之成为一个真正的综合性开放空间，不仅为公共开放空间的设计树立了一个新标杆，更为未来的几代人留下宝贵的财富。南港口布罗德沃特公园的翻新改造为这个庞大的公共空间重新注入了活力，这里曾是一个大型停车场，现已成为一个世界一流的海滩公园。

此次翻新工程耗资4200万美元，由黄金海岸城市委员会开发，AECOM设计和规划公司为首席顾问公司，怀特建筑设计事务所是项目的建筑公司。公园的主要特色包括：活动草坪、沐浴箱、烧烤架和游乐设备、一个中央社区亭、宽阔的步行道和自行车道、一个全新的安扎克公园、一个新的超过100米的码头以及一个非常受欢迎的"罗克库"精品儿童水游乐空间。

1. 公园入口
2. 烧烤区和游乐设施
3. 主活动草坪
4. 次活动草坪
5. 活动甲板
6. 户外电影院
7. 水景花园
8. 太阳能电池板
9. 内兰街道码头
10. 嬉水花园

南港口布罗德沃特公园的设计成功地将自然环境的美与城市和海滨的美连接起来,这里可以承接各种规模的活动,为游客提供多种高质量的娱乐体验。公园使用了一系列的环境可持续性设计和水敏设计方法:城市湿地能够在雨水径流注入布罗德沃特之前,对其进行净化;公园的遮阴棚安装了光电板,可以将太阳能转化为电能,为公园的照明设备提供电能;儿童水游乐空间使用罗德沃特的盐水,减少了宝贵的饮用水的使用量。此外,公园还配备多种交通设施,鼓励游客使用其他交通方式,公园的城市景观小品也多由可循环塑料制成。

设计团队对罗德沃特自然环境的尊重充分反映了其对于保护生态系统的决心,将黄金海岸推向公共区域可持续设计的最前沿。

1. 公众使用的嬉水区是公园设计的关键元素
2. 不同年龄的游客都可以在嬉水区玩耍
3. 戏水画面效果图
4. 项目尽可能使用天然材料,如建设跨过湿地的木栈道所使用的木材

项目名称:
南港口布罗德沃特公园
完成时间:
2009年
摄影师:
克里斯托弗·弗雷德雷克·琼斯
面积:
3486平方米
奖项:
· 澳大利亚景观设计师协会（AILA）,2009年景观设计奖,昆士兰地区,规划类
· 澳大利亚建筑师协会,2010年地区推荐奖,城市设计类
· 澳大利亚建筑师协会,2010年国家推荐奖,城市设计类
· 健康水道合作组织,2010年水敏城市设计奖

迁安三里河生态廊道

设计师：土人设计 | **项目地点：**中国，迁安市

1. 改造后风景如画的三里河及其周边环境　　3. 一路鲜花相伴
2. 河道的生态景观　　4. 美丽的自然景色

项目名称：
迁安三里河生态廊道
完成时间：
2010
摄影师：
俞孔坚
客户：
迁安市建设局
面积：
135万 平方米

1. 绿色的水道提升了周围住区的空气质量
2. 黄昏下的河道景致
3、4. 大片灿烂的鲜花

本项目位于河北省迁安市东部的河东区三里河沿岸,该项目将截污治污、城市土地开发和生态环境建设有机结合在一起,通过景观建设带动旧城改造和新城建设;把带状绿地作为生态基础设施来建设,发挥景观作为生态系统的综合生态服务功能。占地约135公顷,绵延全长13.4千米,宽度约100~300米,为一带状,上游由引滦河水贯穿城市之后,回归滦河。经过两年时间的设计和施工,一条遭遇严重工业污染、令全市人民为之伤痛的"龙须沟",俨然恢复了当年"苇荷相连接,鱼鳖丰厚,风光秀丽"的城市生态廊道。

迁安市位于河北省东北部,燕山南麓,滦河岸边,主城区虽西傍滦河,但由于地势整体低于滦河河床,高高的防洪大堤维系城市的安全,却被隔离在外,有水却不见水。三里河为迁安的母亲河,承载迁安的悠远历史与寻常百姓许多记忆。它卵石河床,帮底坚固,因受滦河地下水补给,沿途泉水涌出,清澈见底,暑月清凉,严冬不冰。虽久经暴雨洪水冲刷和切割,但河床依然如故,从无旱涝之灾,素有"铜帮铁底"之称,为沿岸工农业生产提供了极为丰富的水利资源。1913年,李显庭就在三里河创建了迁安第一座半机械化造纸厂,开北方造纸之先河。1917年,兴建水利碾磨坊,1920年以后沿河各村先后建水磨坊8处。这种原始的水利碾磨在三里河上一直延用到20世纪60年代中期才为电力所代替。70年代以后,由于城关附近工业不断发展和城镇人口的增长,大量工业废水和生活污水排入河道,水质遭到严重污染。同时,随着区域水资源的减少,滦河水位严重下降,三里河干枯,河道成为排污沟,固体垃圾堰塞河道,昔日的母亲河成为城市肌体上化脓的疮疤,更是广大居民心中的剧痛。

于是，市政府决定彻底改变三里河面及两岸面貌，全面实施三里河生态走廊工程。2007年初委托"土人"设计。工程包括污水截流，引水和生态重建的所用内容。工程分为三段，上游引水段，中部城市段和下游湿地公园段。从2007年4月开工到2010年初，，经两年的持续建设，除下游湿地公园仍然在建外，其他两段均告完成，"芦苇丛生、绿树成荫、雀鸟栖息"的优美环境已然重现于这座北方钢城。

生态廊道的设计充分利用自然高差，将被防洪堤隔离在外的滦河水从上游引入城市，源头处形成地下涌泉，进入城市并改善其生态条件后，又在下游归流入滦河；考虑到滦河水量的不确定性，三里河设计为串珠式的下洼式"绿河"，即使在没水的时候，也能保持串珠状的湿地，同时结合城市雨水收集和中水的生态净化和回用，使绿带具有雨洪调节功能，深浅不一、蜿蜒多变的拟自然河道设计，营造一个多样化的生物栖息地；场地中原有树木都保留，从而形成众多树岛，令栈道穿越其间；整个工程倡导野草之美和低碳景观理念，大量应用低维护的乡土植被，水草繁茂，野花烂漫。沿绿带建立了一个步行和自行车系统，与城市慢行交通网络有机结合，向沿途社区完全开放，营造出一派人与自然和谐相处的新时代城市景象。

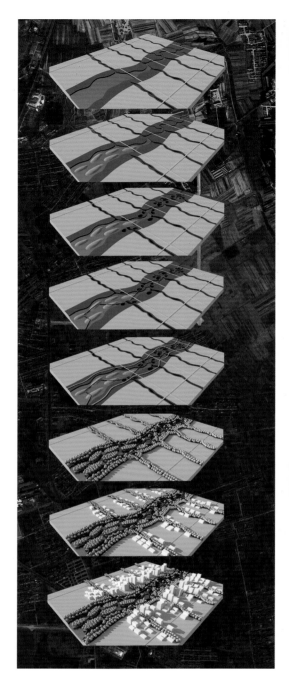

生态廊道规划设计理念图

1、2. 人们与大自然和谐共生

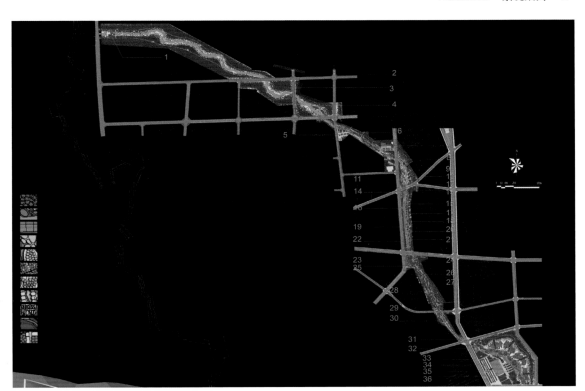

总平面图

1. 涌泉广场
2. 生态引水明渠
3. 密林
4. 自行车道
5. 桥头广场
6. 水泡
7. 商务会所
8. 密林
9. 灌木丛
10. 水泡
11. 微地形
12. 桥头广场
13. 停车场
14. 桥头广场
15. 小庭院
16. 休闲平台
17. 水泡
18. 水生植物泡

19. 折叠廊道
20. 自行车道
21. 树泡
22. 缓坡置物带
23. 现状公厕
24. 景观塔
25. 折叠空间
26. 树泡
27. 密林
28. 林下休闲广场
29. 桥头广场
30. 池塘
31. 桥头广场
32. 林下休闲广场
33. 树泡
34. 水泡
35. 水生植物泡
36. 自行车道

昆明世博生态城

设计师：SWA集团 **｜ 项目地点：**中国，昆明

昆明世博生态城的设计理念，基于设计师对项目场地的历史自然历程的领会。设计的主要理念是提供便捷的生活产品和服务，并构建大型的非机动车开放空间系统，以满足居民日常生活的需求。总体规划通过细致的开发方案修复了景观平衡。废水的处理和重复利用应用了可持续技术方案，以降低城市降水径流带来的峰流，并减少建筑供暖和降温的负荷。另外，设计方案还致力于通过太阳能采暖来减少能源消耗，集中式开发则有利于保护和修复森林和水系。修复的健康功能型森林是设计的灵感来源，致力于提供优质的空气环境、优良的饮用水和野生动物栖息地，保证植物品种的多样性。因地制宜的设计方案创建了一系列高度融合的社区。每个社区的地块都尊重了地形原貌，避免了大量的地势处理及其带来的生态破坏。

1. 蜿蜒曲折的木桥
2. 充满情趣的步行道
3. 运用了一系列可持续性技术手段

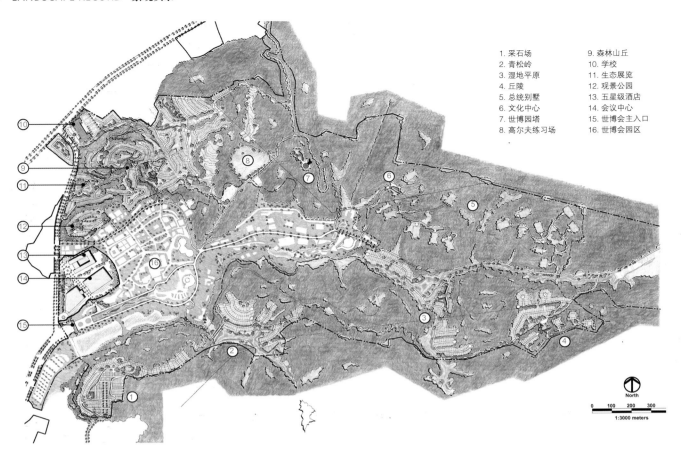

1. 采石场
2. 青松岭
3. 湿地平原
4. 丘陵
5. 总统别墅
6. 文化中心
7. 世博园塔
8. 高尔夫练习场
9. 森林山丘
10. 学校
11. 生态展览
12. 观景公园
13. 五星级酒店
14. 会议中心
15. 世博会主入口
16. 世博会园区

North

0 100 200 300

1:3000 meters

项目名称：
昆明世博生态城
建筑师：
弗里斯特·诺尔
摄影师：
汤姆·福克斯/SWA集团
客户：
云南世博兴云房地产有限公司
面积：
259万平方米

　　构成昆明世博生态城的所有元素都拥有多种用途，利于生态城的自给自足。生态城的各个功能空间，包括住宅、零售、教育、医疗和通讯服务空间等，其之间的距离一般都被控制在步行可以接受的范围之内。这样的设

1. 生态园湿地
2. 绿色植被

计理念是为了让居民不需要使用任何机动车辆，就可以很方便地去购买日常用品，体验大宗服务，感受城区强大的开放空间系统。此外，生态城的四周还环绕着郁郁葱葱的森林，鼓励人们合理而高效地使用园内的能源和基础设施。

生态城的设计中应用了一系列可持续性技术，并力求做到以下几点：

· 对污水进行处理和再利用

· 减少城市雨水径流所造成的洪峰危害

· 减少建筑物供热或供冷所需的空调使用量

· 使用被动式太阳能集热系统，以减少能源的使用

· 采用保护与发展的设计方式，对森林和水温走廊进行保护和恢复

1、2. 游泳池
3. 整洁的道路两边种有绿色树木
4. 水景设计
5. 生态与居住空间寻求和谐融合

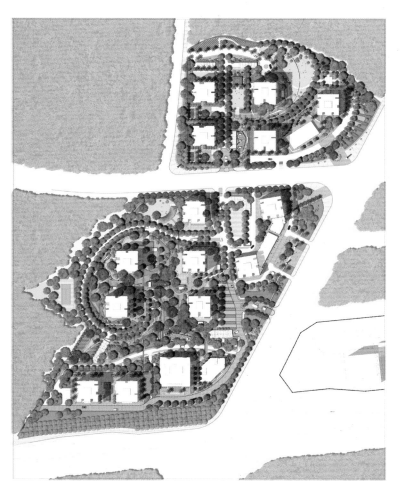

生态园的景观设计理念试图在自然生态与居住生活之间寻求平衡，将绿色屋顶和天然景观元素融入到设计中。遍布于整个生态园的湿地便是对这种平衡性的最好证明。游客可以在生态园中看到种类繁多的植物，呼吸纯净而新鲜的空气，感受清澈的流水，欣赏各种野生动植物。而在景观设计的这些表象美的下面，又暗藏了其重要的功能——大大减少了周围建筑环境的能源使用。景观设计的具体功能包括：对雨水进行收集和处理，用于地下水补给或用在其他非饮用水设施中；运用生物处理法对生态园的污水进行处理，达到卫生水平，或是作为存储池，用于灌溉或防火。

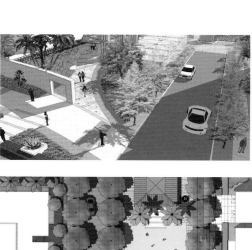

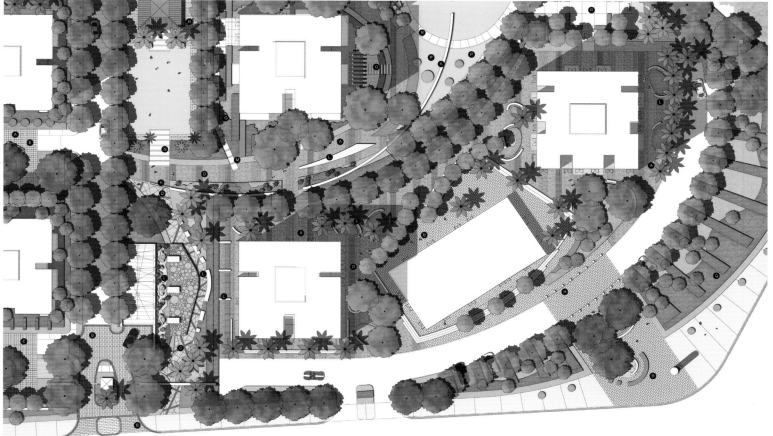

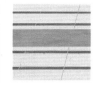

1、2.人们走在木桥上，呼吸新鲜的空
气，景色更是赏心悦目
3.清澈的泉水

1. 生态花园鸟瞰图
2. 绿色屋顶
3. 社区景观
4、5. 种植了各式各样的绿色植被

城市溪流中心

设计师:SWA集团 | **项目地点:**美国,盐湖城

1. 盐湖城市中心的城市溪流中心重建项目是美国近年来规模最大的综合型城市建设项目
2. 标志性的溪流水道

盐湖城市中心的城市溪流中心重建项目是美国近年来规模最大的综合型城市建设项目,项目包含6幢住宅大厦、数座多功能建筑以及庞大的零售商区。SWA对该项目的设计灵感来源于曾沿主街贯穿该项目南北的一条城市溪

项目名称：
城市溪流中心
完成时间：
2012
摄影师：
汤姆·福克斯、比尔·泰瑟姆
客户：
合伙人事务所
面积：
10万平方米

1. 街道鸟瞰图
2. 夜色下的喷泉

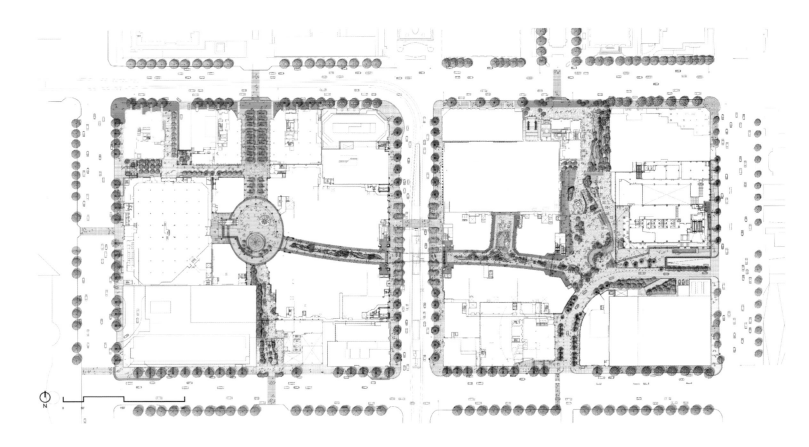

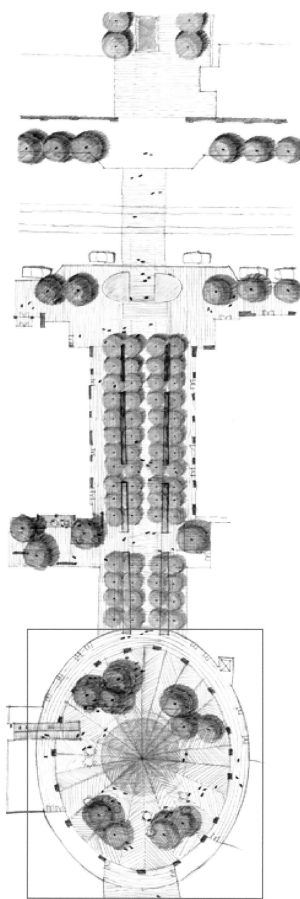

理查兹庭院位置图

流。项目重建也为盐湖城当地居民和广大公众重新了解城市历史提供了良好的机会。标志性的溪流航道流经整个项目场地，设计师们以此为中轴，在其两侧创建绿色步行空间，这是美国最大的建于结构层顶板上的流动水体。景观设计理念将城市溪流纳入项目之中，溪流源头始于鹰门大楼边一块裸露出水面的石块处，这里也是项目场地的最高点。溪水自这些礁石间涌出，如同泉水般灵动地向南流经4号楼与鹰门大楼之间的广场空间。溪流向南流淌，直到流入一个大型瀑布水景中，水花瞬间溅入底层的零售购物区，又继续形成U字形向北蜿蜒回流，

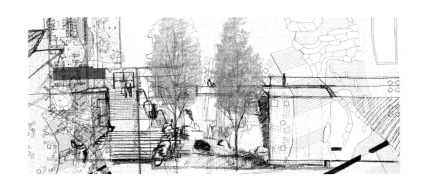

2

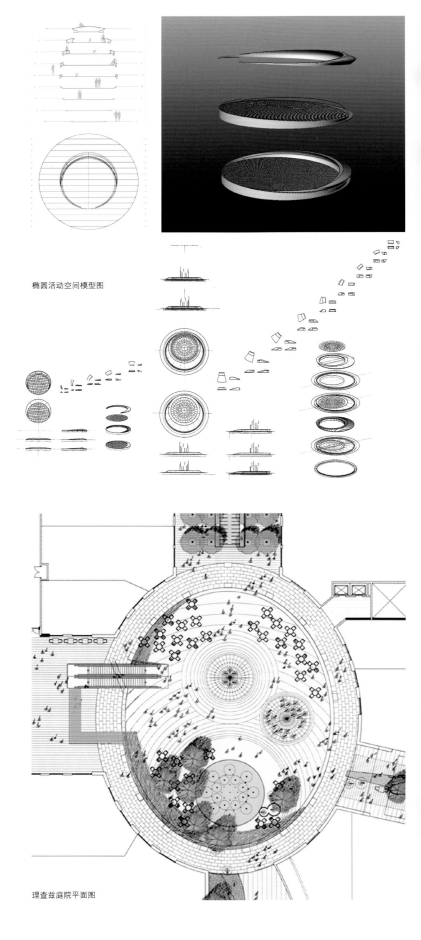

椭圆活动空间模型图

最终止步于购物街廊东侧，而后进行分流，经一系列的池塘、水景和鱼塘形式贯穿零售空间。这样的水景设计，其目的是让游客们体验到游逛整个购物中心区域的过程都以流水为伴，购物中心的地面铺装和店铺设置似乎也都伴随着自然流动的元素。溪流景观点缀了全新的建筑，也为周边的城市城区注入了溪流的活力。该项目荣获美国绿色建筑协会（LEED）银级认证。

理查兹庭院平面图

1、2. 喷泉的水柱高达50英尺
3. 长方形水池旁设有喷头
4. 圆形喷泉为人们提供清凉休闲之地

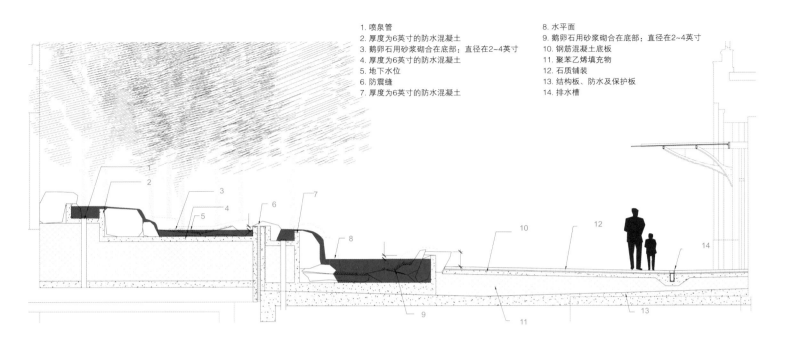

1. 喷泉管
2. 厚度为6英寸的防水混凝土
3. 鹅卵石用砂浆砌合在底部：直径在2~4英寸
4. 厚度为6英寸的防水混凝土
5. 地下水位
6. 防震缝
7. 厚度为6英寸的防水混凝土

8. 水平面
9. 鹅卵石用砂浆砌合在底部：直径在2~4英寸
10. 钢筋混凝土底板
11. 聚苯乙烯填充物
12. 石质铺装
13. 结构板、防水及保护板
14. 排水槽

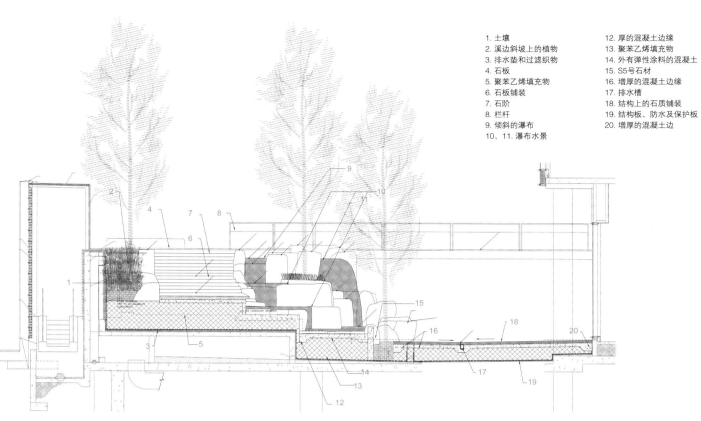

1. 土壤
2. 溪边斜坡上的植物
3. 排水垫和过滤织物
4. 石板
5. 聚苯乙烯填充物
6. 石板铺装
7. 石阶
8. 栏杆
9. 倾斜的瀑布
10、11. 瀑布水景

12. 厚的混凝土边缘
13. 聚苯乙烯填充物
14. 外有弹性涂料的混凝土
15. S5号石材
16. 增厚的混凝土边缘
17. 排水槽
18. 结构上的石质铺装
19. 结构板、防水及保护板
20. 增厚的混凝土边

1. 人们在餐厅外面就餐，旁边的喷泉水花四溅
2. 小女孩坐在礁石上戏水

2

1、2. 行人漫步于人工河道旁
3. 圆形喷泉
4. 溪水从礁石间涌出

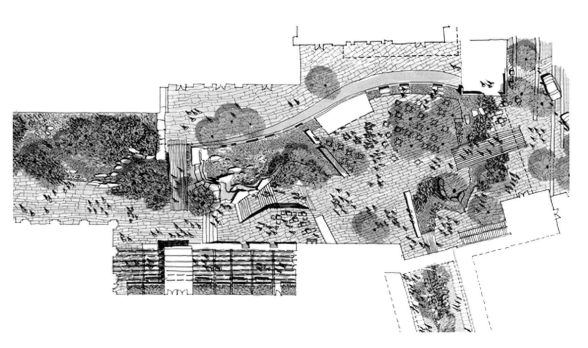

新加坡JTC清洁科技园

项目名称：
新加坡JTC清洁科技园
项目地址：
新加坡
项目委托：
裕廊镇管理局
景观设计：
德国戴水道设计公司
项目面积：
50万平方米
所获奖项：
2011年BCA新建公园类绿标"铂金"奖

新加坡JTC清洁科技园区被构想为设置于热带雨林地区的首个商业园区，在发挥新加坡作为推动全球可持续性领导者角色方面发挥了重要的作用。园区占地面积50公顷，一个5公顷的绿色核心坐落在它的中心区域。作为设计的园区绿肺，此绿色核心为人类居住者以及场地内的生物提供了一个良好的场所。

雨水将被收集在生态洼地中，然后排入滞留区域。在那里雨水流经一系列的滞留区域，伴有少量外流，大部分雨水汇入蓄水池，并最终流入湿地。到这里为止，雨水可以被提取以进行清洁技术研究（Clean Tech Research），或经过再

循环和清洁处理，来改善水质并进行充氧。

本案设计使用生态净化群落，它属于一种人工建造湿地系统，其包含的低营养基质之中种植具有出众水质净化功能的湿地植物。由于这种自然净化系统具有高性能的潜在表现，它可以被应用在多种环境之中，例如湖泊的生态恢复以及城市水体净化。对于那些污染轻微的城市水体来说，该系统的效果尤佳。生态净化群落系统建造简易、形式自由灵活，且可以被进一步划分成为更小型的净化群落系统。这种系统特别适用于生态敏感区、公园绿地、城市开放空间以及郊野地区。

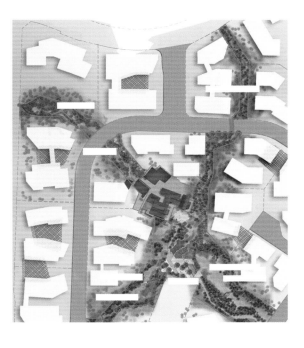

■ 向外围排水的集水区
通过路边排水至沼泽地的集水区
排水至湿地的集水区

科技园之中建筑群的一侧与城市相接，而另外一侧则朝向森林。现有的生态栖息地，包括草地、林地和泥炭沼泽区都被尽可能地保留。现存的野生动物物种被记录，通过增加的植被种植，为野生动植物提供食物和栖息地，自然野生动物廊道功能被增强，将场地与更大范围的周边环境相连。自然地形被保留，天然的水元素被应用，以支持现有的场地水文流动 - 生态洼地净化雨水，同时引导雨水从路边的排水渠进入中心地带。在那里，雨水将被保留

在沼泽湿地之中，并通过生态净化群落进行循环和进一步的净化处理，被重新利用成为厕所冲刷用水。

对大自然的深深敬意成为了这一全面的设计方式的基础。它不仅反映了人类与自然可持续共生的愿望，而且鼓励人类与大自然相融并向其学习。

1. 拟建建筑　　　　7. 净化生物栖地　　　13. 生态洼地
2. 水景雕塑　　　　8. 澄清池　　　　　　14. 道路
3. 瀑布　　　　　　9. 现存建筑　　　　　15. 滞洪瀑布
4. 道路　　　　　　10. 湿地　　　　　　　16. 拟建建筑
5. 生态洼地　　　　11. 拟建建筑　　　　　17. 澄清池
6. 拟建建筑　　　　12. 道路　　　　　　　18. 湿地

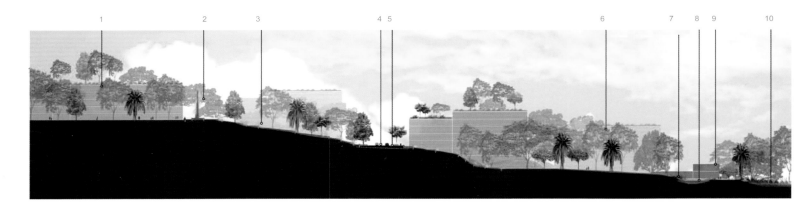

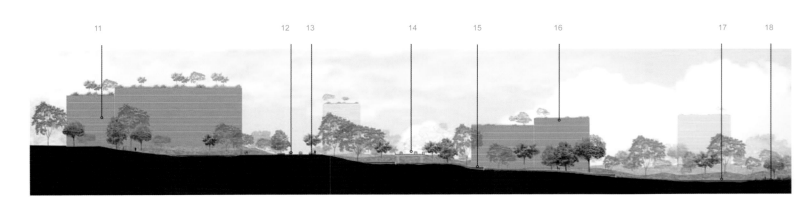

商业区废水处理系统

湿地通风与清洁

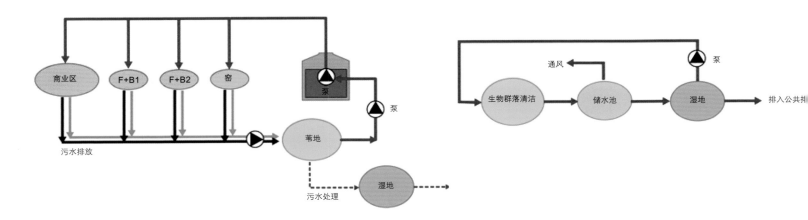

生物储水洼地

用于净化技术的研究

雨水

通风与清洁区

生物储水洼地　　缓和区　　储水池　　湿地

排入公共排水渠
排放控制<100L/S HA
溢流重现周期：5年

湿地循环流程

用于净化技术的研究

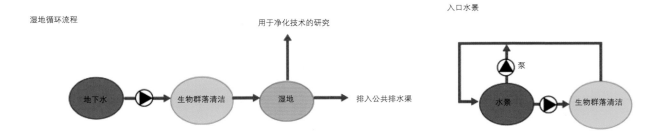

地下水　　生物群落清洁　　湿地　　排入公共排水渠

入口水景

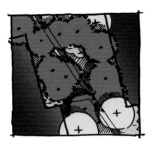

种子　　　移植生长　　　适应环境　　　成熟期

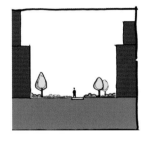

植被的演替规律

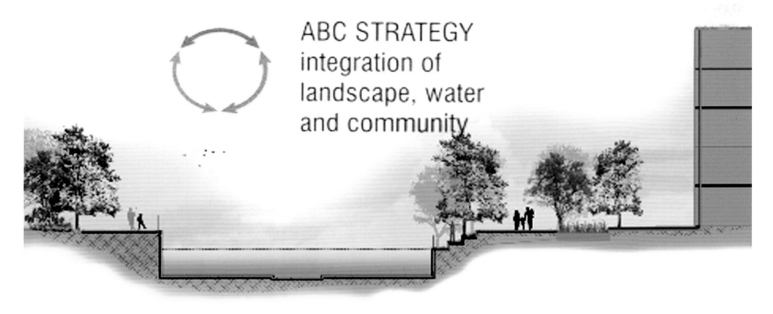

ABC STRATEGY
integration of
landscape, water
and community

ABC水体环境设计指南

1. 引言

波光粼粼的水面，郁郁葱葱的河岸，划艇在小河里自由徜徉，河流汇入风景如画的湖泊……憧憬着如此美好的未来图景，新加坡正致力于打造山水环绕的"花园城市"。

近年来，为应对各种水体问题的挑战，新加坡已经逐渐形成了遍布全城的水体网络。现在，新加坡三分之二的面积用于集水，包括17个水库、32条较大的河流和7000多千米长的运河与排水渠。这些地方收集并储藏雨水，用于补充城市供水。为了让这些水体设施发挥最大的功用，新加坡公共事务局（PUB）2006年推出了"活力、美观、洁净"（Active, Beautiful, Clean简称ABC）

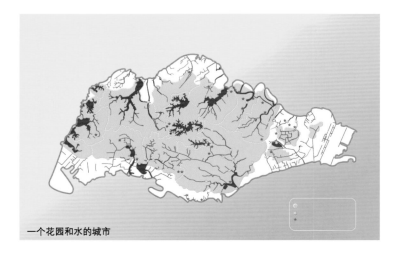

一个花园和水的城市

水体环境发展方案，旨在通过充分开发水体设计的潜力来改善新加坡的供水和生活质量。

ABC水体环境发展方案通过将排水渠、运河与水库全面融入周围环境，致力于打造美观、洁净的小溪、河流与湖泊，让新加坡的水体环境美丽如画，让市民充分享受宜居的城市环境。

2. ABC水体方案——雨水的可持续处理

新加坡年降雨量约为2400毫米。这个岛国用三分之二的面积来收集这些雨水。因此，高效的雨水处理方案就显得尤为重要，必须确保雨水经过收集、处理以及有效净化后，流入水库以备城市供水之用。

2.1 传统的雨水处理

新加坡传统的雨水处理方式是混凝土运河和天然运河，雨水流经运河，快速进入水库与大海，避免洪水泛滥。这些运河的设计以"雨水快速、高效地流入最近的水库或大海"为宗旨。过去，大部分天然河道都经过拓宽，并用混凝土加固，以增强水运能力，减少对河岸的侵蚀，如加冷河（Kallang River）和三巴旺河（Sungei Sembawang）。

2.2 ABC水体处理策略

虽然混凝土河道能够有效控制洪水，但会造成下游洪峰，而且无法提供栖息地以建立健康的水生生态系统。为了改善流入河道和水库的水的水质，雨水应该在流入公共排水渠之前，在源头上就进行尽量严格的处理。因此，新加坡

节约用水的角度出发，新加坡鼓励工程开发商采用就近雨水集蓄技术，将雨水用于饮用之外的用途。

如何控制集蓄的雨水的水质对于可持续雨水处理策略来说至关重要。ABC水体设计方案在这方面占有优势：通过自然的方式——让雨水流经水渠（即在雨水收集和使用前就过滤掉污染物），实现了水质的改善。

3. ABC水体处理准则

接下来本文将详细探讨设计师采用ABC水体处理策略时应该熟悉的准则，包括以下几点：

- 地面排水
- 洪水控制
- 雨水质量
- 公共健康风险（如蚊虫滋生）

设计师还需参考：

- 《ABC水体设计工程程序》。这是《ABC水体环境设计指南》的重要组成部分，对ABC水体环境设计的选择、体量、施工及维护都给予具体的指导
- 《地面排水实务守则》。详细规定了对新建工程地面排水系统的最低要求
- 《环境健康实务守则》。涉及蚊虫控制的方方面面

3.1 规划设计中要考虑的因素

3.1.1 内部排水系统

开发基地的全部排水应排放入排水渠中。基地需要配备内部排水系统，以便将基地内的全部排水顺利导入路边排水渠或去水排水渠进行排放。

ABC水体环境设计中如有水体溢流，包括人造湿地和澄清池的溢流水，也应排入路边排水渠或去水排水渠中。

3.1.2 内部排水管道

将收集的雨水纳入ABC水体设计中（或排入路边排水渠或去水排水渠中）的内部排水管道，其直径应不小于300毫米。

3.1.3 排水渠附近或渠务保留地内部的结构

如果ABC水体设计位于排水渠附近或渠务保留地内部，那么：

- 与水体设计相连的排水管道必须能够满足排水要求，有必要的话，排水渠尺寸应该加大
- 所有的基础设施必须独立。基础设施必须稳固坚实，确保排水渠底部下方1米以下可以开展挖掘工作而上方的设施仍然安全。基础结构与排水结构应保持不小于300毫米的距离

3.1.4 天然水文特色

基地的现有条件可能具备利于ABC水体设计实施的天然优势，比如：

- 有些区域是渗透性土壤，利于排水时水的渗透

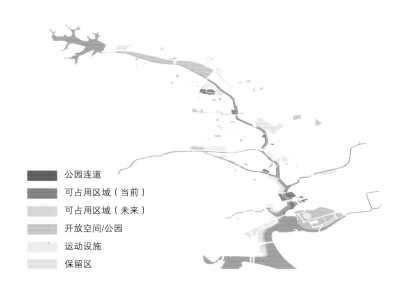

公园连道
可占用区域（当前）
可占用区域（未来）
开放空间/公园
运动设施
保留区

绿地使用计划方案

鼓励采用ABC水体设计方案，希望以此减轻城市化带来的下游洪峰问题。ABC水体设计方案非常环保，包括"雨水花园"、"生物储水洼地"以及湿地等，不仅能够改善水质，而且有利于周围环境的生物多样化，提升环境的美学价值。

2.3 雨水集蓄

就近雨水集蓄技术是从屋顶、绿化带等处收集雨水，然后将雨水储存起来以备使用。集蓄的雨水可以有多种用途（但不能饮用），如灌溉及一般清洗。从

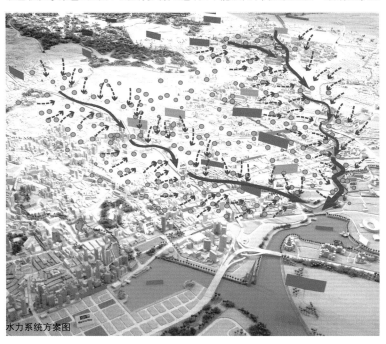

水力系统方案图

- 现有植被能起到生物过滤的作用
- 地势形态（如天然下陷）

3.2 设计中需要考虑的因素

3.2.1 量的目标——洪峰控制

以公共安全和物权保护为出发点，这条标准必须满足，那就是

- 利用理论公式计算洪峰水量
- 利用曼宁公式计算排水管的尺寸
- ABC水体环境设计应该采用适当的分流系统，与雨水排放管道相连，确保周围地区不会洪水泛滥
- 地面排水最基本的要求在《地面排水实务守则》中有详细规定

3.2.2 质的目标——确定使用目标

在ABC水体环境设计中，雨水排放设计的"质的目标"，也就是具体的使用目标，是以保护新加坡的城市水体——如滨海堤坝（Marina Barrage）——为宗旨。新加坡鼓励新的开发项目采用ABC水体环境设计策略，因为这样能够降低项目开发对城市水体产生的影响。

3.2.3 侵蚀与沉积控制

要避免施工基地上的沉积物随雨水冲入排水渠，因为这样会造成排水渠堵塞，影响城市水体的美观。可以考虑采用以下措施：

- 设置防护措施，防止沉积物离开基地（如设置拦砂网）
- 采用分期开发的策略，尽量减少基地的裸露面积，预防潜在侵蚀
- 设置专门设施，收集并处理被雨水冲走的沉积物
- 采用土壤固化技术（如生物工程）

施工开始之前，就应该准备好一系列土壤控制措施（ECM）。关于土壤控制措施的具体要求，可以参见《地面排水实务守则》。

3.2.4 蚊虫控制

ABC水体设计也包含对蚊虫滋生的预防措施。尽量消除适合蚊虫滋生的条件，比如：非渗透性的凹地、能够存水的植物等。此外，设计师应该参考《环境健康实务守则》，里面详细探讨了蚊虫控制的方方面面。

4. ABC水体设计的规划与设计

雨水相对来说是比较干净的。但当雨水与集水地的表面接触，沉积物、营养物以及各种不洁杂质就掺入其中。一般情况下，雨水未经处理就经过排放管道或运河排入蓄水池中储存起来。

而ABC水体设计策略则不然。它将雨水先暂时储存起来，经过净化处理，再排入蓄水池中。也就是说，ABC水体设计能够改善城市集水地的水文环境，对新加坡的城市水体起到保护作用。此外，它还能够美化城市环境，改善生物多样性。新加坡三分之二的面积都是集水地，所以新的开发项目在规划时就采用ABC水体设计策略，效果会非常理想。

4.1 集水地类型

城市环境中处处都有集水地，可以分成各种类型：交通设施（机动车道、自行车道、人行道等）、集水结构（建筑物、遮篷、广场等）、"软集水地"（田地、公园等）、河道（天然河流、人工运河、排水渠等）以及水体（湖泊、池塘、蓄水池等）。

水体处理设计的功用

雨水处理的功用	净化	缓和	储存	传输	渗透
目的	净化雨水，确保更洁净、更清澈的雨水进入蓄水池。这也对城市水体起到美化作用。 雨水可以通过以下一种或几种方式相结合来进行净化： •沉积 •过滤 •生物摄取	减缓雨水的排放，减轻排水渠下游的压力。 雨水的排放可以通过很多方式来缓和，比如通过植被来排放、使地面更粗糙、减小排水表面的坡度、在基地建临时设施暂时存储（几个小时）等手段	目的是减轻排水渠下游的压力。 将雨水在蓄水池、凹地或池塘中储存较长的时间，之后或专门利用，或等到适合排放的时候再排入地面排水渠或水体中	传输指的是将地表雨水传输至集水处。这对于洪水控制十分必要	渗透是指水渗入地下的过程。通过这一过程，地下水和地下蓄水层得到补充，此外，还能起到净化的作用。 然而，新加坡由于土壤中黏土的含量很大，所以渗透作用并不明显
ABC水体设计	•全部ABC水体设计措施	•植被洼地 •生物储水洼地 •生物储水池 •有净化能力的生物环境	•沉积池 •人造湿地	•植被洼地 •生物储水洼地	•渗透系统

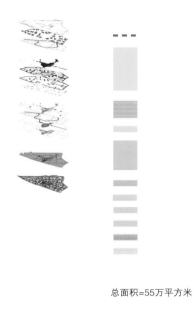

总面积=55万平方米

集水地分析图

4.2 处理措施

集水处理措施（即ABC水体处理设计）可以应用到城市环境中的各种集水地中，减轻、缓和雨水的排放，同时净化雨水。ABC水体处理设计在实践中方便有效，同时有利于环境可持续发展，是城市雨水处理的首选方式。集水处理措施的投入费用仅占项目开发总投资的一小部分，而它带来的环境收益却有很多。ABC水体处理设计主要采用天然手法，如利用植物和土壤，所以后期维护十分方便。

本章中介绍的每一种集水处理措施都有不同的清洁能力。如表中所示，这些措施或者用一种方式净化雨水，或者结合多种净化方式。比，沉积池清除微粒或可溶性营养化合物的能力微乎其微，但是能够很好地对付大中型污染物，使其沉淀并分离。

每一种集水处理措施都应注意以下两点：
1. 它主要采用哪种（或哪几种）处理过程（如沉积、过滤或生物摄取）；
2. 它的主要雨水处理功用是什么（如传输、缓和或储存）。

4.2.1 植被洼地

植被洼地通过移除土壤，将雨水通过陆路及缓坡传输。植被洼地可以和生物储水系统（如生物储水洼地）合用。植被洼地可以保护排水渠在暴雨的情况下不受侵蚀性水流的损害，因为水在植被洼地中的流动速度比在水泥排水渠中要慢。

植被洼地在住区、公园以及其他多种场地中都可以广泛采用。植被洼地的景观设计必须考虑到雨水排放设计的"质的目标"，同时又要起到美化景观的作用。所以说，植被洼地的设计必须与周围的景观环境相互融合。在新加坡，凡是降雨强度特别大的地方，都采用植被洼地作为小型集水区（比如，小型围合排水渠，或者在洪峰处附近设置路边排水渠）。

植被洼地内的水流与植被相互接触，有利于促进污染物的沉积。植被洼地自身不能提供足够的雨水处理措施，无法实现"质的目标"。但是，植被洼地对于清除大型沉积物特别有效，能够提供必需的雨水预处理措施，比如湿地和生态储水系统。

4.2.2 生物储水洼地

生物储水洼地是带生态储水系统的植被洼地。生物储水洼地能够提供足够的雨水处理措施，并且坡度极缓，设有临时水洼（进一步起到缓和作用），促进渗透作用。雨水渗入地下的同时得到净化。之后，经过过滤的雨水收集在下层土壤中设置的穿孔管道中，传输到下游的河道。

生物储水洼地可以广泛应用于公路、停车场、住区、公园等地的雨水处理。生物储水洼地可以形成街道景观，美化城市环境。公路上的生物储水洼地可以和路边的绿化带相结合。

地面的雨水首先经过地表植被的过滤，清除掉大到中型的沉积物。之后，雨水再渗入过滤介质，清除掉微小颗粒的同时，可溶性营养物则被植物的根系和土壤中的微生物吸收。植被对于生物储水系统的土壤介质保持多孔性以及从过滤的雨水中摄取养分都至关重要。选用的植物必须既能抗涝，又能耐旱，必须有纤维状的根系，以便让过滤介质保持孔隙。尤其建议选择能够良好吸收养分的植物。

4.2.3 生物储水池（"雨水花园"）

生物储水池是用来暂时存储并处理雨水的植被洼地，其雨水处理过程与生物储水洼地相同。雨水经过地表密集种植的植被过滤，之后再经过一道过滤介质（土壤层）。与生物储水洼地不同的是，生物储水池不传输雨水。

与生物储水洼地一样，生物储水池也通过细密的过滤、吸收以及生物摄取（通过植物、细菌等）来清除杂质。生物储水池有一个诗意的名字——"雨水花园"。"花园"的规模和形状可以因地制宜：小到种植槽，大到拦洪水库，还可以和街道景观相结合。生物储水池也可以作为独立的土壤过滤系统，公园、绿化缓冲带、停车场以及路边都可以采用。

因为生物储水池主要是用来清除细微颗粒和可溶性污染物的，所以建议在其上游修建沉积池作为预处理措施，清除大到中型的沉积物。这样有利于确保生物储水池长期的处理效率，降低其后期维护的需求。如果面积有限，可设置沉积前池，作为"雨水花园"的一部分。

生物储水系统要想保证过滤介质的导水性以及养分的吸收，植被是关键。生物储水池选用的植物应该有纤维状的根系，以便保持土壤多空隙，且植物要既能抗涝，又能耐旱。尤其建议选择能够良好吸收养分的植物。

4.2.4 沉积池

沉积池的作用是临时储存雨水、减缓雨水流速以便促进水中杂质在重力的作用下沉淀。沉积池能够清除70%至90%大到中型的沉淀物（约125微米），池底可定期清理。沉积池可作为预处理措施，与人工湿地和生物储水池合用。

沉积池可以是永久性的，成为城市景观的一部分；也可以是临时性的，用来控制施工期间的沉积物排放。沉积池的主要功能是清除大到中型沉积物，在雨水流入处理设施（如人造湿地的大型植物区或者生物储水池，主要清除细微颗粒及可溶性污染物）之前作为预处理措施采用。

沉积池的第二大功能是控制或者调解进入处理设施的水量。预期内的水量可以通过沉积池的排放口排入下游的处理设施；超出预期的雨水绕过处理设施进行分流排放（如通过溢洪道）。有了这样的功能，沉积池就能保护下游的处理

设施在雨量极大的情况下免受过度冲击以及其他损害。

4.2.5 人造湿地

人造湿地在城市雨水处理设计中也广泛采用。人造湿地是带有植被的大面积浅层水体，一般由以下部分组成：

• 排入区（这个区域作为沉积池，清除大到中型沉积物）
• 大型植物区（植被密集的浅层水区，清除细微颗粒以及可溶性污染物）
• 分流排水渠（保护大型植物区）

人造湿地的主要作用是清除细微颗粒、胶体微粒和溶解的污染物。湿地的设计要保证雨水排放的效率以及植被的健康生长。

湿地的规模可大可小，建筑、公园以及更大的区域性规划都可以采用。人造湿地可以根据集水处的体量来决定自身大小，这也使得其应用更加灵活。在密集的城市区域，可以建造边界分明的小块人造湿地，美化街道景观，或是作为建筑前方的水景。在广袤的野外环境中，可以建造大型湿地，面积可达10几公顷，作为重要的生物栖息地。

湿地的雨水处理过程比较缓慢，水在密集的植被中缓缓流动。杂质逐渐沉积下来，植物将雨水中的细微颗粒和污染物进行过滤。植物上生长的微生物能够吸收雨水中的养分以及其他污染物。

一般来说，湿地可以分成三种类型：浮动型、表面流动型以及地下流动型。其中，表面流动型湿地最适合处理地面雨水，是可持续雨水处理措施的首选。

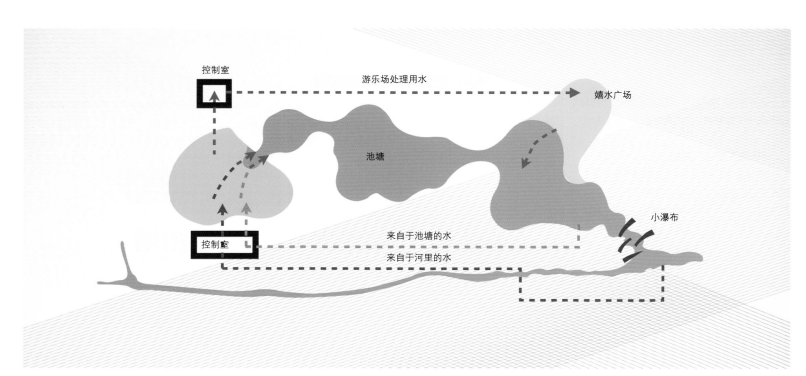

生态净化群落：池塘花园里的清洁特性

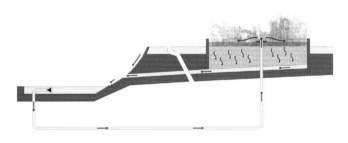

生态净化群落细节分析图

各种条件下应用：

- 用于开发湖泊和净化城市水体
- 用于户外场地，如公园、田地、池塘、湖泊等地
- 可以进一步划分成小区域（如小型空中花园和种植槽），各个区域协同作用，加强净化作用

4.3 传输与存储

新加坡的集水区域共包含17个水库、32条较大的河流和7000多千米长的运河与排水渠。ABC水体处理措施可以有多种运用方式，下文将详细介绍一些可以应用于河道与水体设计的常见方式。

然而，需要注意的是，很多因素会影响到应用某种雨水处理措施的合理性，这些因素包括以下几种：

4.3.1 土地使用
- 影响污染物的类型

城市雨水中的污染物来自集水区的各种污染源。悬浮的固体主要来自土壤的侵蚀；养分、有机物以及微生物来自排放的生活污水和化肥；油一般来自机动车和加油站；垃圾来自受到污染的地区；干枯的树叶来自绿化区。悬浮的固体、养分、油和垃圾都会影响水体美观，这是水体环境设计中应当注意的。

- 影响规划和功能

商业区和住区附近的河边或住区附近的水库边往往设置娱乐场所。同样，自然保护区附近的河流和水库环境总是保持干净、自然，以便保护附近的植物群落。

- 影响雨水水质

新加坡的土壤中黏土的含量相对较高，所以雨水的渗透现象不明显，对地下水的影响不大。但是，高密度的建筑和地面铺装却对雨水渗透起到相反的作用，增加雨水流速，加重污染。

4.3.2 土壤与地质条件

土壤的组成对很多方面都有影响。正如上文提到的，黏土含量较高的土壤会阻碍雨水渗透，但会加快地表雨水的传输。这样的土壤可塑性更好，可以在河边形成较大的坡度。但是，这样的土壤不适合开展生物工程，因为土壤中孔隙太少，所以空气含量（尤其是氧气）很低，植物很难存活。

与水泥河道相比，含有砂石的粗糙土壤也会减缓雨水的流速。

4.3.3 生物融合

每条运河都是一个集水区的一部分，属于一个更大的雨水处理系统。设计时应该进行充分的分析，在做出调整之前，要考虑到任何外在因素对上游和下游的条件可能产生的影响。

自然环境中的生物多样化非常敏感、脆弱，环境中的任何一点微小的变化都可能产生影响。应该对环境中的动植物种类做细致的调研、分析，确保生态平衡不受破坏。

i) 表面流动型湿地
这种类型的湿地主要由沼泽构成，水深基本固定。沼泽能够清除水中的杂质，对水质起到净化作用。

ii) 浮动型湿地
浮动型湿地是一种精心设计的处理系统，植物在水面上的浮动地块上生长。这类湿地一般选用根在水下而花叶都在水面以上生长的植物。植物的根系会形成一个微环境，作为微生物的培养基，对有机污染物进行分解。

iii) 地下流动型湿地
这种类型的湿地看不到水，因为水是在地面下流动的，流经过滤介质，清除悬浮的固体。植物的根系会吸收水中的杂质，起到净化作用。这类湿地一般用来净化富含大量有机物的雨水。

4.2.6 生物净化群落
生物净化群落是具有再循环功能的人工湿地。生物净化群落的培养基内几乎不含养分，种植净化作用较强的湿地植物。

生物净化群落在吸氧微生物作用下，能够有效清除有机污染物。不同层次的培养基对水中微粒进行过滤，并且含有复合矿物，能清除磷酸盐。密集的种植还能过滤掉沉积物，同时吸收、清除水中的部分硝酸盐。经过净化的雨水通常要进行再循环，通过生物净化群落进行进一步的处理。生物净化群落可以在随着新加坡城市化进程的不断推进，越来越多的人们开始把目光投向大自然。与自然保护区和野生动物保护区相对应的水体环境，逐渐成为公众追逐的欣赏自然美景的新目标。

新加坡主要用来排放雨水的运河，大部分都修建成梯形或U形，材料主要是混凝土。这些运河可以采用ABC水体处理设计策略，各种处理措施可以结合使用，灵活多变。

河道的设计可以采用以下几项技术来改善：

i）河道的绿化

利用攀援植物进行绿化可以有效改善河道，同时不会破坏河道的混凝土结构。新加坡公共事务局已经在新加坡的一些河道中采用了这种方法。绿化河道的另一种方法是采用石笼来修筑堤坝，堤坝完工后将部分土石移除，在空隙中种植攀援植物，起到美化河道的作用。

ii）生物工程固化技术

生物工程是利用自然材料（植物、石头、树枝、根系等）的天然属性来满足结构整体性的一种修筑技术。不论是自然环境（如加固沿江大堤）还是建筑环境（如修筑公路、建筑物等），都可以采用生物工程技术。

如果要改善河道的设计，可以利用生物工程技术来使河道看上去更自然。生物工程不仅能加固坡形河堤，而且能保护河堤在雨天不受侵蚀。生物工程技术可以取代传统的土木工程手段，但是通常二者结合使用，彼此互补。

有些生物工程技术更"软化"，指的是更依赖植物作为其修筑材料。采用灌木垫层、柴笼、土工织物等手段的生物工程，都属此类。相对来说，另外一些就比较"硬"，比如抛石衬层和石笼堤坝，这些就跟土木工程比较接近了，使用的材料也是和传统的建筑材料相结合，如石材、金属、混凝土等。

生物工程技术的可持续性取决于场地的条件，如：

· 河堤坡度
· 土壤类型
· 河道里水的流速

这些因素决定了某个河道是否需要适应性更强的生物工程技术。河道的设计应有专业的生物工程顾问参与，顾问要对场地的条件做出精确评估，然后建议适合采用哪些技术。

加冷河的生物工程试验床，包含三种技术：石堤河床、木质网格式坡堤以及带灌木层的石笼。

只要能够满足植物生长所需的条件，生物工程技术是可持续的，能够自我调节，无需后期的大量维护工作。随着时间的推移，植物的根会越扎越深，有利于固定土壤，防止侵蚀。

生物工程河道与传统的土木工程不同，它不用水泥那种"硬结构"，而是用一些活的"软结构"。基层岩石的运动（比如，河道中水流速度太快时，石块和

城市雨水运河

步行道试图拉近人们与水的距离

鹅卵石会随水流移动）是河流中正常的自然现象，需要定期维护，但并不用经常维护，工作量也很小。

以下是一些维护工作的要求：

· 垃圾和残骸要从天然河道和坡堤上清除
· 聚集在沉积池里的沉积物要清除
· 保持植被健康生长。要定期维护（如除草、修剪、杀虫等）

然而，河道和水体的绿化并不仅限于公共项目或大型的开发区。ABC水体环境设计也可以应用在一小段河道上，甚至是流经私人投资项目的运河。同样，人工水池或者运河边的一小段堤岸都可以进行绿化，美化周围环境，提升其生态和社会价值。

before

　　　运河鸟瞰图

水——关乎城市发展的关键资源

斯黛芬·洛尔卡（Stephane Llorca）1966年加盟JML水景设计咨询公司，在巴黎工作室工作。

曾参与法国多个重大工程，如圣丹尼的普雷耶十字路车站（Carrefour Pleyel）、蒙彼利埃的黄金比例广场（le Nombre d'or）和波尔多的"镜池"（Le Miroir d'eau）。

2001年负责JML公司的国际事务，在西班牙建立了JML巴塞罗那工作室。

参与了巴塞罗那的多个重大水景工程，如：与赫尔佐格&德·梅隆建筑事务所（Herzog & de Meuron Architects）合作设计的马德里的当代艺术博物馆（CaixaForum Museum）、与伊东丰雄建筑事务所（Toyo Ito Architects）合作设计的巴塞罗那博览会以及2008年萨拉戈萨世博会。

斯黛芬·洛尔卡现任经理，负责主持多个国际项目，如澳大利亚珀斯滨水景观、北京SOHO银河水景等。

1. 您公司的作品主要针对城市区域的水元素设计。请您选取一些城市水景项目来阐释您使用水元素的设计方法。

　　水元素对于景观设计具有一种独特的装饰作用。人们喜欢和喷泉互动，喷泉能够影响人们的行为方式、体验方式。而且，喷泉对行人往来也有影响，它会影响整个空间给人带来的感受。

　　比如说，"旱喷泉"（也就是没有水池的喷泉）容易让人与喷泉产生互动。人们看到这样的喷泉就会产生一种跃跃欲试的参与感，不知不觉中，在欣赏美景的同时度过一段愉快的时光。另一方面，比较安静的环境需要能够制造一点噪音的水景，水声淙淙，静中有动，这样的环境更适合安静地休憩。

　　我们公司的工作就是与景观建筑师合作。只有

双方通力协作，才能规划出某个项目最适合什么样的水景。通过与设计理念小组进行充分的讨论，我们才能理解客户真正的需求。

这种设计方式可以以波尔多的"镜池"为例来解释。在这个项目中，我们的设计目标是营造一种活泼、欢乐的氛围，希望人们在这能和家人、朋友一起度过一段快乐的时光。我们与负责这个项目的景观建筑师米歇尔·科拉茹（Michel Corajoud）讨论的结果是：打造一个开放式空间，开阔的空间会让交易所广场上的建筑更显宏伟。

2.您公司设计的北京SOHO银河包含10个特色水景。这其中主要应用了哪些技术？又是如何将这些技术与此项目进行融合的？

客户原本没想做水景，因为冬天气温低于0度的时候，喷泉就得清理。而我们设计的浅水层喷泉，只需几分钟就能完成清理，非常方便，清理之后，人们可以照常在浅水层上走动。此外，这一设计很好地衬托了扎哈·哈迪德现代而又瑰丽的建筑。也就是说，建筑倒映在池中，视觉效果成倍扩大了。

另外，我们的水景极具现代感，让人忍不住参与其中。跳跃的喷泉给空间带来活力，使这处水景成为整个SOHO银河极具魅力的一个景点。

3. 在您看来，水景设计中最重要的是什么？

水景必须与建筑环境相融合。水景与建筑必须使用同样的设计原则，体现同样的设计语言。必须与景观建筑师很好地合作，共同处理设计中每一个细节，以便确保喷泉能够与周围环境完美融合。另外，正确理解客户的需求和喷泉的功用也很重要。喷泉一定要有它存在的道理，它对于营造周围环境的氛围起到重要作用。这就是为什么我们要将声音等因素考虑在内。

4. 设计水景时，哪些因素要特别注意？

水景的后期维护和清理是人们常常忽视的因素。每个喷泉都需要一定量的维护工作，以便确保喷泉能够正常运行，也确保行人与之互动时的人身安全。防水也是需要注意的一个方面，每个细节都应该详细讨论。喷泉的美观需要由无可挑剔的技术来保障，必须确保长远的使用。

5. 您参与了很多杰出的水景设计。那么，您认为水景设计中最难的部分是什么？您又是如何克服的呢？

喷泉设计是一项有趣的工作，它在有限的空间内汇集了许多技术与建筑手段，比如结构、供电、涂料、混凝土等。将这些组成部分协调在一起是最基本的，而优秀的设计需要对全部这些因素作周全的考虑。

喷泉属于装置艺术，所以施工需要具备一定技巧。施工中最细微的失误也可能导致严重的错误，有可能偏离设计理念，这会影响到喷泉整体的美感。

6. 水景喷泉对于城市环境来说是否重要？喷泉是如何影响城市环境的？

当然重要。一个城市是否具有吸引力，水景是关键。水景能衬托城市中的建筑，也能影响公众的幸福感。这样的工作对象决定了我们的工作是一个不断学习的过程。根据设计的不同，水景可以是神秘莫测的，可以是安宁祥和的，也可以是趣味盎然的。

从罗马时代开始人们就知道水对于城市的重要性，那时候人们就已经将水用于多种用途：水工建筑、文化娱乐、卫生保健，等等。那时候，水是人们娱乐的重要元素，也是降温制冷的手段。水与植被相结合，就形成了古代的空气调节措施，那是当时人们对付炎炎夏日的重要方式。

7. 您在设计北京SOHO银河水景时，设计灵感或者说设计理念从何而来？

设计理念来自扎哈•哈迪德和她的团队。我们设计的喷泉在体现建筑细部曲线的同时，又为建筑增加了水景效果。这一理念具有现代感，也非常吸引眼球。

8. 将"水"变为"水景"，设计时有哪些原则要遵守？

水景设计涵盖的范围越来越大了。水只是其中一个元素，与照明、显示屏等现代技术手段（如最新的跟踪摄像）相结合。这种结合趣味无穷，各种设计理念和手法可以大展拳脚。

应用这些科技让我们改变了工作方式。我们的项目越来越复杂，需要越来越多的技术。我们与艺术家、音响顾问、布景师、工程师等合作，共同改善我们的设计，开发新技术，不断提高我们的竞争力。

9. 现在很多地方都缺乏干净的饮用水。许多国家都很关心水资源的问题。作为水景设计师，如何设计符合可持续发展、保护生态环境的水景？

确实如此。现在人们越来越重视可持续发展的理念。我们也在设计中做出了相应调整。我们使设计尽量符合环保理念，尽量减少水资源和能源的消耗。另外，我们与专家合作，在喷泉过滤和清理设计中广泛应用节水装置。

10. 在着手设计之前，是谁决定用哪种水景？客户、景观建筑师还是您？

我们共同决定。我们的设计团队具有独特的创造力和全面的工程技术，所以客户往往会向我们咨询。通过从不同的角度来考虑，最终决定用哪种水景。

我们在设计中通力协作，包括建筑设计团队和工程中涉及的所有其他领域。在水景的理念设计阶段，我们协助建筑设计团队，让水景符合整体设计理念。另外，根据不同的工程，我们要与各个领域的团队合作，可能面临各种各样的问题。客户、景观建筑师或者设计团队都有可能决定采用哪种水景。JML的设计师起到主导作用，将各方意见进行综合，最终目的是让客户满意、让公众满意。我们无穷的创造力让我们能够不断尝试新的理念，并且能

够确保这些理念实施之后长远的使用效果。

11. 室内水景和室外水景的设计有什么不同？

设计手法完全不同。室内水景需要考虑水的喷溅问题，应该尽量避免。每个喷水设施都应该在严格的控制之下。室内水景的声音也需要控制。我们要为公众打造安静、舒适的环境。比如，室内的背景瀑布会产生较大的噪音，在有限的空间内这种噪音会被放大，比如酒店大堂。而室外水景设计在喷溅和声音的控制上就比较自由。

12. 您对其他水景设计师有什么建议吗？

创新。水是一种极具魅力的元素，在设计中能够带给我们无穷的可能性，我们唯一要做的就是向它致敬。

水景设计要表现景观设计的主要理念

普拉潘·纳帕翁蒂 （Prapan Napawongdee）

教育背景
泰国朱拉隆功大学 （Chulalongkorn University） 景观建筑专业学士学位

从业经历
2000年至2007年，在新加坡加达景观事务所 （Cicada Pte Ltd.） 任高级景观建筑师

2007年至今，在泰国Shma 景观事务所任经理

特别职务
朱拉隆功大学和泰国国立法政大学 （Thammasat University） 景观建筑系特约顾问、访问学者
朱拉隆功大学水景工作室特约顾问

研究项目
书城 —— 2050 年大城府超级漫滩（展览与研究）

1. 您公司设计的水景项目都很有特色，令人印象深刻。这其中主要应用了哪些技术？又是如何将这些技术与特定项目进行融合的？

我们主要采用简单的水泵和氯过滤系统，从而得到清洁的水源。这些设备通常安置于通风的井下，尽可能是隐蔽之地。如果水景规模不大的话，我们会选择可以置于水下的水泵，水泵完全隐藏在水景之中。

2. 在您看来，水景设计中最重要的是什么？

我们希望每个项目能有自己与众不同的水景，所以在设计过程中我们不会预先在头脑中设定画面。相反，水景的设计要表现整体的景观设计理念。

3. 设计水景时，哪些因素要特别注意？

水景设计是一个专业领域。设计过程涉及方方面面，各个环节要相互协调，比如机械工程师、水景专家、结构工程师等。

4. 您参与了很多杰出的水景设计。那么，您认为水景设计中最难的部分是什么？您又是如何克服的呢？

水景的最终效果是很难预测的。最好能做出模型，看看能否达到预期的效果。

5. 您认为水景与建筑二者之间是什么关系？

水景是能够改善建筑体验的一个元素，包括空间体验和心理体验。水景能够让建筑环境的气温降低。而流水产生的声音，不论大小，总是在潜意识中令人向往。

6. 水景喷泉对于城市环境来说是否重要？喷泉是如何影响城市环境的？

非常重要。水景为公共空间带来活力。它将来自不同背景的人们吸引在一起，互动、交流。几个世纪以来，设计师不断探索、尝试公共空间中的喷泉设计，如今我们有大到湖泊小到射水喷泉的各种类型。随着社会进步，未来我们将有更新颖的喷泉设计，会让公众耳目一新。

7. 设计清莱中央广场（Central Chiang Rai）和盛诗里公寓（39 by Sansiri）这两个项目的时候，设计灵感或者设计理念是什么？

清莱中央广场的景观设计理念是充分表现周围山区的景色。我们根据当地特有的地貌设计了独特的地面铺装、座椅以及水景。阶梯瀑布的水景与大自然融为一体。同时，瀑布作为背景，很好地衬托了表现花朵生命周期的五个雕塑。

盛诗里公寓的景观设计延伸到大堂周围的室内空间。由于空间上方有遮篷，所以不能种植任何植物。于是我们决定设置环绕大堂的水景。水景能营造静谧的氛围，同时，周围的美景倒映水中，将绿意引入室内。浅水池底部铺设高低起伏的花岗岩，趣味盎然，走近时可以观赏。

8. 在着手设计之前，是谁决定用哪种水景？客户还是您？

一般都是我们给客户建议，因为水景通常要跟整体景观设计风格一致。

9. 如果水景的预算十分有限，那么您会把钱花在哪方面呢？您如何让客户增加设计预算？

通常情况下预算都十分有限。水景是个昂贵的装置，设置在哪里才能取得最佳的观赏效果，这是我们必须深思熟虑的。

10. 室内水景和室外水景的设计有什么不同？

室外水景需要补充更多水，因为在户外阳光的照射下，水分蒸发很快。

11. 现在很多地方都缺乏干净的饮用水。许多国家都很关心水资源的问题。作为水景设计师，如何设计符合可持续发展、保护生态环境的水景？

现在很多项目开始考虑用雨水来补充水景用水。我们也鼓励应用"雨水花园"，即在渗入地下之前先将雨水暂时储存起来。

迪特尔·格劳

德国戴水道设计公司首席设计师,资深合
伙人
德国诺廷根大学客座教授
景观建筑师

教育背景:
景观建筑专业研究生学历, 德国诺廷根
科技大学

职业经验:
1994年至今就职于德国戴水道设计公司
2008年成为公司合伙人

专业资质:
德国建筑师协会注册景观建筑师

解决城市用水危机，创造宜居城市之法

1. 中国是一个发展中国家， 人口众多。对于当今中国各大都市而言,合理运用水资源、严格控制水污染以及保证健康饮用水的供应仍旧是一项艰巨挑战。您对此有什么想说的?

在许多亚洲国家,目前的发展模式注重市政基础设施的功能性和操作性,不断兴建的混凝土结构河道和沟渠进一步将自然和人工建成环境隔绝开来。比方说,在具体的开发工作中,城市设计师和景观设计师在美化河岸时,没有考虑到河段的宽度、城市的江河网络以及它们对自然和城市环境的影响,以至于限制了水体净化设施的改进,脱离了土壤、水源和植被的生态途径。

所幸各国领导人和地方政府渐渐开始意识到生态敏感性城市发展战略以及转换水资源管理执政策略的必要性,否则快速的城市化将成为活力城市的永久性威胁。

2. 由于自然水资源、绿地系统和城市模式的分离,加上快速城市化和雨水径流的快速管道收集,城市环境变得日益干燥。您认为如何处理这个问题?

解决以上问题的关键方法便是将水融于自然环境体系,紧密与城市模式相切合,从而实现切实可行的可持续性发展。

绿地系统、公园、江流和绿道不仅仅能够装饰街道和建筑,而应发挥更大的作用。作为整体网络的一部分,蓝绿资源(绿植和水体)在保护和维持城市自然环境和改善居民生活质量方面所起的作用不容忽视。我们必须改掉旧习惯并更正"建筑优先,植被、水体以及硬质铺装随后插缝"的旧观念。未来的城市模式应作为一种功能丰富的体系,具有清晰可见的表观,而其不可见的部分则足够支撑我们的生存,同时为未来续留资源。

城市的重要组成元素如森林、自然公园、河流和绿色植被等，作为城市运行的重要部分，应该在开发的最初阶段即被确定下来。

3. 如何能达到生态城市区域这一概念水平？

伴随着城市的飞速发展，城市不透水地层的总面积也迅速扩大。大雨倾盆时，暴雨径流导致河流满溢，不得不提高大坝的高度以保护城市免受洪水灾害侵袭。

在此情形之下，可采用分散的理念改善城市对其自然资源的利用状况，且改进措施可应用于城市的区域水平。

要达到生态城市区域这一概念水平，需要符合一些生态基准，其中包括：分散式雨水管理和水资源循环利用、室外舒适度的改善、绿色植被覆盖率、水分蒸散作用的优化以及通过引入自然元素，提升生物的多样性等。如DGNB等一些国际基准系统已被建立并开发成为相对成熟的评分系统，作为生态城市区域的衡量标准。

另外，即使作为资源保护型基础设施，也需要具备特定的主题以提升其品质。公共开放空间的社会文化性在城市区域的可持续发展之中扮演重要角色。众所周知，工程之中的硬质元素即使以生态的方式呈现，也不足以达成一种城市的持续成功的规划，与城市发展概念相关的人文生活领域的文化元素同样必不可缺。

4. 如何将水敏设计概念融入城市发展概念之中？

将水敏设计概念融入城市发展概念之中，对于满足未来智能化基础设施需求是十分必要的。

要设计打造绿地、水系网络体系，在现有城市之中引入这些绿色鲜活的脉络结构，收集、整合地表之上可见且易于管理的雨水资源十分重要。街景和公园空间功能丰富，可作为重要的功能因素被整合进入水景基础设施之中。公园将设计各种动态、变幻的场地设施吸纳雨水，如湖泊、生态洼地和雨水滞留区，这些场所在干燥无水之时可以作为运动、休闲场地，而当大雨来临之时则充当了雨水滞留区。另外，靠近河流的公园区域应被特别加以重视，贴切的设计能够让人们与水亲近，伫立于此，人们可以享受独具魅力的欣赏城市天际线的辽阔视野。因此，这些场地因能够储存雨水而被定义为新型的雨水蓄积区。河岸的边缘线条柔美，植被葱郁，生机勃勃的生态环境有助于河水自然生物系统的平衡，进行河水的自净。伸脚可入经生态修复的河岸区域，逐渐成为社区的宝贵资产以及休闲和社交中心。

比如新加坡、天津等城市在水源保护方面已卓有成效。从2005年起，我们的团队在这些地区参与了多个项目的建设，采用全新的方式发展水敏城市发展的规划和设计方案。面对岌岌可危的整体环境状况，我们坚持超越实际设计任务范畴，悉心打造每一个项目（往往不小于250ha），将其视为更宽广城市系统之中的重要组成部分。我们坚信每一个项目应当在更大的尺度上发挥积极的作用，同时为当地人们和环境保留区域特色。总而言之，从总体概念规划到施工阶段，我们应督促自己采纳并适应当地文化，思考公共开放空间和充满活力和热情水景的实际应用。

5. 水景设计和城市居民的日常生活之间有什么关系？

尊重城市的文化和社会特质，进行人性化尺度生态设计是德国戴水道设计公司的核心理念。像公园、河流廊道以及其他城市公共空间的设计，应满足越来越多的本质功能需求，为人们提供丰富多彩的生活体验。这样便为城市市民提供了以多样方式展示自己、参与多种活动的多功用场地。而社会的日益个性化也更加要求城市空间文化性和功能性的多元化。将自然元素和生物多样性重新植入城市之中，为市民亲身接触本土植物和野生生物提供了条件，使市民体会到自然赋予人类的价值，增强市民对于自然进程的了解及其敏感程度的认识。

我们愈发意识到，在我们项目场地（例如新建的健康水景环境）之中发生的各类社交活动正在为社会各阶层人们带来欢乐。公共空间应为每一代人留下难以磨灭的记忆，让他们能够走入青山绿水之中，与多样的动植物相互依存。

6. 景观设计师扮演什么样的角色作用？

如今，我们的职业明显不同于传统的角色定位，而是需要运用多学科交叉配合的工作模式打造大小规模高品质的城市景观。与建造基础设施的工程专家默契合作、全心地投入设计过程，这些都成为了在新、老城市之中将软质因素整合入硬质基础设施的关键。在高密度、高速运转的城市之中，提升民众对于城市空间的兴趣、以保持社会稳定有序，打造富有美感、氛围友善的城市环境成为了关键的方面。景观设计师的使命就是创造人文城市、营造温馨友好的环境，人们出门可以找到休闲的场地，体会如度假般的感受，如此便有利于增强社区的连接性和社会凝聚力。便利、随意的休闲空间的设立也为鼓励邻里、朋友之间的沟通和私密交流提供了免费的场地。

LANDSCAPE
RECORD 景观实录

主编/EDITOR IN CHIEF	宋纯智, scz@land-ex.com	
编辑部主任/EDITORIAL DIRECTOR	方慧倩, chloe@land-ex.com	
编辑/EDITORS	宋丹丹, sophia@land-ex.com	
	吴 杨, young@land-ex.com	
	殷文文, lola@land-ex.com	
	张 靖, jutta@land-ex.com	
	张昊雪, jessica@land-ex.com	
网络编辑/WEB EDITOR	钟 澄, charley@land-ex.com	
活动策划/EVENT PLANNER	房靖钧, fang@land-ex.com	
美术编辑/DESIGN AND PRODUCTION	何 萍, pauline@land-ex.com	
技术插图/CONTRIBUTING ILLUSTRATOR	李 莹, laurence@land-ex.com	
特约编辑/CONTRIBUTING EDITORS	邹 喆 高 巍 李 娟	

编辑顾问团/ADVISORY COMMITTEE

Patrick Blanc, Thomas Balsley, Ive Haugeland
Nick Wilson, Lars Schwartz Hansen, Juli Capella,
Elger Blitz, Mário Fernandes
王向荣 庞 伟 孙 虎 何小强 黄剑锋

市场拓展/BUSINESS DEVELOPMENT	李春燕, lchy@mail.lnpgc.com.cn	
	杜 辉, mail@actrace.com	
发行/DISTRIBUTION	袁洪章, yuanhongzhang@mail.lnpgc.com.cn	
	(86 24) 2328-0366 fax: (86 24) 2328-0366	
读者服务/READER SERVICE	何桂芬, fxyg@mail.lnpgc.com.cn	
	(86 24) 2328-4502 fax: (86 24) 2328-4364	
	msn: heguifen@hotmail.com	

图书在版编目（CIP）数据

景观实录. 室内花园 / 童佳林编著; 李婵译.
—— 沈阳：辽宁科学技术出版社, 2013.9
ISBN 978-7-5381-8264-4

I. ①景… II. ①童… ②李… III. ①花园
–景观设计–作品集–世界–现代
IV. ①TU986
中国版本图书馆CIP数据核字（2013）第216291号

景观实录NO. 5/2013

辽宁科学技术出版社出版/发行（沈阳市和平区十一纬路29号）
各地新华书店、建筑书店经销

开本：880×1230毫米 1/16 印张：8 字数：100千字
2013年9月第1版 2013年9月第1次印刷
定价：**48.00元**
ISBN 978-7-5381-8264-4
版权所有 翻印必究

辽宁科学技术出版社 www.lnkj.com.cn
《景观实录》 www.land-ex.com

Please Follow Us

《景观实录》官方网站
Http://www.land-ex.com

《景观实录》官方新浪微博
http://weibo.com/LnkjLandscapeRecord

《景观实录》官方腾讯微博
http://t.qq.com/landscape-record

《景观实录》官方微信公众平台 微信号：
landscape-record

媒体支持：

LANDSCAPE
RECORD 景观实录

37

09 2013

封面: 荷兰PLP律师事务所，C4ID建筑事务所，卢斯·阿尔特晓夫摄影公司摄

本页: 绿山购物中心，集群建筑事务所，保罗·切特罗姆摄

对页左图: 全球眼睛保健公司，137kilo建筑事务所、贝扎建筑事务所，加赛克·科沃杰伊斯基摄

对页右图: 师法自然——品质酒店，"触觉"建筑事务所，西蒙·肯尼迪摄

国际摩天大楼绿化大会2013年11月强势回归

2010年，首届国际摩天大楼绿化大会（ISGC）在新加坡圆满举行。第二届大会将于2013年11月7～8日在新加坡世界博览会展中心举行。此次大会的主题是"密度与绿化"，旨在探讨人口稠密的都市环境的绿化问题。大会将汇集众多国际知名设计师和新加坡专家，包括美国景观设计师凯思琳·古斯塔夫森（Kathryn Gustafson）、意大利建筑师斯特凡诺·博埃里（Stefano Boeri）、德国建筑师曼弗雷德·凯勒博士（Manfred Koehler）、瑞士生态学家纳瑟莉·鲍曼（Nathalie Baumann）以及新加坡的刘太格博士和黄文森建筑师。第二届国际摩天大楼绿化大会将与亚洲城市绿化与景观设计商贸展和会议（GreenUrbanScape Asia）同期举行，后者是聚焦景观、休闲、绿化、建筑、技术等问题的国际性博览会。

2013年的国际摩天大楼绿化大会将召开四次主题会议、三次全体大会以及同期举行的各种小型会议。此外，此次大会还将组织一次技术参观活动。大会发言人将就以下问题展开讨论：
· 城市绿化规划与政策
· 摩天大楼绿化的研究与发展
· 城市绿化的生态之路
· 绿墙和绿色屋顶的技术与施工
· 国际摩天大楼绿化成功案例分析

国际摩天大楼绿化大会主席、新加坡景观设计师协会（SILA）主席邓文辉先生（Damian Tang）表示："摩天大楼现在面临着迫切的绿化需求，要求也越来越高，因为需要应对气候变化带来的环境问题。设计的迫切需求、空间条件的限制、城市环境的拥挤，这一切为跨学科的合作和开放的知识共享提供了基础。亚洲的摩天大楼绿化工程为世界其他大都市提供了借鉴的模式。2013年的国际摩天大楼绿化大会汇集了新加坡相关各方人士，共同探讨若干重要议题。我们相信，本届大会将大大促进有关城市绿化创新的思想交流，进而改变我们的城市环境与生活。"

2013年11月7日，摩天大楼绿化大奖将在国际摩天大楼绿化大会上揭晓。自2008年以来，摩天大楼绿化大奖一直颁发给那些将绿色元素成功融入建筑设计的杰出项目。今年，与会者将有望获得高达8000美金的可观奖金。

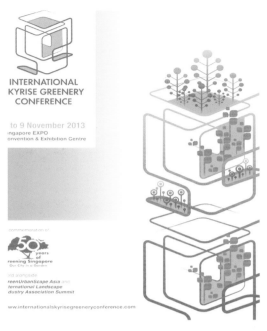

2013年国际绿色屋顶大会——绿色屋顶的未来

第三届国际绿色屋顶大会于2013年5月13～15日在汉堡成功召开。与会者来自40多个国家，共计250余人。本届大会是聚焦屋顶和立面绿化未来趋势的重要信息平台。大会的亮点之一是市长奥拉夫·舒尔茨（Olaf Scholz）到会并发布了德国第二大城市汉堡的新屋顶绿化政策。

国际绿色屋顶协会（IGRA）和德国屋顶园艺师协会（DDV）共同发起了这次大会。本届大会为期三天，与会者进行了充分的跨学科、跨国界的交流合作。大会由德国联邦交通建设与城市发展部赞助。同期在汉堡举行的其他活动还包括国际花园展（IGS）和国际建筑展（IBA）。所以，汉堡的5月充满了引人入胜的景观设计，其中包含着创新的生活理念。因此，可以说今年没有比汉堡更适合举办绿色屋顶大会的地方了。大会站在国际性的高度梳理了绿色屋顶发展报告，并展望了未来绿色屋顶的发展态势。

大会最后两天举办的讲座由美国绿色屋顶专家琳达·委拉斯盖兹（Linda Velazquez）主持。这些讲座为来自40多个国家的250余名与会者介绍了目前世界各地屋顶和立面绿化的情况。第一天的讲座是重中之重，主讲人是横跨建筑、景观、规划、屋顶绿化等领域的多面手，正因为超越了单一学科的限制，才更能着眼于各领域之间的协作。国际绿色屋顶协会主席罗兰·埃普（Roland Appl）做了题为"绿色屋顶何去何从？"的演讲，为大会确立了屋顶绿化的指导方针。

大会第二天围绕绿色屋顶的主题举办了各种活动，其中包括来自世界各地的作品展，包括荷兰、俄罗斯、波兰、德国、新加坡、土耳其等。会上宣布第四届国际绿色屋顶大会将于2015年在伊斯坦布尔举行。

13 – 15 MAY 2013 HAMBURG

3rd International Green Roof Congress

"禅宗园林"——讲述城市的故事

日本建筑师隈研吾（Kengo Kuma）为2013年米兰设计周打造了名为"禅宗园林"（Naturescape）的室内景观。设计的灵感来自日本传统的禅宗花园及其特有的那种宁静祥和的意境。米兰的"新门"城区（Porta Nuova Varesine）高楼林立，"禅宗园林"就栖身其中一栋建筑内。今年的米兰设计周，米歇尔·德·卢基（Michele De Lucchi）、迭戈·格兰迪（Diego Grandi）和隈研吾三位设计师共同发起了一项设计活动，名为"城市的故事"，旨在让设计与建筑联姻，"禅宗园林"就是这项活动的一部分。"城市的故事"不是简单的设计展，设计师的目的是用他们敏锐的设计"引诱"我们去想象城市环境中的景观以及城市之外的自然景观。

"禅宗园林"通过一系列设计元素（由塞茵那石（Pietra Serena）、植物、竹子、水景和砾石构成的蜿蜒有致的有机空间）重新诠释了传统的日式花园。石板搭建出高低分明的层次，形成一条条波状的弧线，看起来像是地图上的等高线。低矮层级的空间上，有些地方种植了一簇簇的竹子，其他地方都是静谧的池水。

"禅宗园林"设计的巧妙之处在于它表现出"流水无形石有形"的自然现象。设计师采用塞茵那石这种外观简洁纯净的意大利大理石，模仿了大自然中真实的地貌。水流沿着错落有致的阶梯石板流动，石板的形状决定了水流的形状，也决定了"禅宗园林"的呈现形态，甚至，也决定了人的动线——参观者顺着蜿蜒的曲线在"禅宗园林"内漫步，体会自然的美妙。

格兰特景观事务所加盟温布尔登俱乐部规划设计

英国顶尖的格兰特景观设计事务所（Grant Associates）为世界知名的温布尔登网球俱乐部打造了一体化的景观设计和公共空间的规划。与其合作的是著名的格里姆肖建筑事务所（Grimshaw）。

全英草地网球俱乐部（AELTC）日前公布了温布尔登网球俱乐部的规划设计方案。该方案奠定了温布尔登俱乐部成为世界网球顶尖舞台的未来前景。

温布尔登俱乐部的景观设计旨在营造出"在英式花园中打网球"的意境。格兰特景观事务所在俱乐部户外空间的规划中大展拳脚，各个空间通过景观起承转合，完美衔接。设计目标是突出英式花园的独特风情，不论是访客、比赛选手还是俱乐部会员，都能在此度过一段愉快的时光。

景观的规划包括道路两旁的绿化、灌木修剪、绿墙、爬满植物的藤架、创意十足的地面铺装、展示区、高大的树木、主题花园等。

格兰特景观事务所主管基思·弗伦奇（Keith French）表示："我们的目标是抓住'在英式花园中打网球'的精髓，同时不忘温布尔登俱乐部的传统、它一贯注重的品质、它的雍容典雅以及对细节的关注。"

温布尔登网球俱乐部的整体景观规划方案是经过设计团队打破场地原有格局、彻底重新配置空间才最终敲定的，实现了土地利用最优化。1号网球场的北面设置了新的草地球场，目的是解决场地中央以及南部过分拥挤的问题。1号网球场将进行翻新，安装可以伸缩收回的新屋顶，这样一来，不论天气如何，球场都能正常使用了。1号球场还将提供餐饮服务，取代南面现在使用的临时场馆。从餐饮区可以欣赏户外球场的美景，十分惬意。这个方案还将分步骤进行进一步讨论、改善、雕琢。如今，温布尔登网球俱乐部规划方案的公布就是第一步，以期征求相关各方的意见。

哥本哈根 "苍穹之眼"

"苍穹之眼" 位于哥本哈根的克罗伊斯广场（Krøyers）上，由丹麦的Kristoffer Tejlgaard + Benny Jepsen建筑事务所设计，由NCC工程公司负责建造。"苍穹之眼" 是个临时性建筑，为哥本哈根市民提供了新的聚会场所。

"苍穹之眼" 有几个设计元素尤其值得关注。首先，材料采用电脑数控切割的聚碳酸酯板材，在标准板材的基础上完成数控切割，最大程度上避免了材料的浪费。板材的组合方式类似鱼鳞，依次搭接，不使用任何密封剂，就能确保防风防雨。其次，玻璃外立面的隔热性能极好，并且以后磨损破旧之时还可以由生产商回收进行再生产，变成新的产品。穹顶内部是个小花园，有几棵桉树、一棵百年橄榄树、生长了50年的葡萄藤、桃树、苹果树以及其

他花花草草。这个小花园相当于一个温室，里面是一间两层高的木头小屋，二楼是工作室，一楼是会议室、平台和花园。温室有两个热源。一是专门设计的移动式火炉，由砖、黏土、马粪和亚麻籽油制成，烟囱是水平方向的，也可用作家具。二是瑞典设计的水热转换泵，使用液化气作为燃料。

"苍穹之眼" 的施工目前仍在进行。室内花园还将进行扩建，拟建温床，用来培育植物和蔬菜，还将修建灌溉系统和遮阳百叶窗。温室内的环境将进行监测并将结果详细记录，以便研究其耗能状况和室内微气候。

2013年澳大利亚景观大会即将召开

第十届澳大利亚景观大会即将于9月20～24日在墨尔本召开。本届大会的主题是"设计未来——以史为鉴，挑战未来"。大会汇集了一大批国际知名景观设计师与澳大利亚本土设计明星和设计评论员。

澳大利亚景观大会通常每两年召开一次。本届大会吸引了来自世界各地的顶尖设计师，共同从诸多方面探讨景观和花园设计的未来。

今年的大会设置了专题讨论会的环节，旨在促进与会人员之间的交流互动。专题讨论会的主题

非常吸引眼球，包括肯·史密斯（Ken Smith）讲小型花园；渡边利夫（Toshio Watanabe）讲日式花园的 "出口"；西蒙·格里菲斯（Simon Griffiths）讲景观摄影；安德烈·莱德劳（Andrew Laidlaw）讲儿童游乐区的设计。此外，还有针对园艺疗法、可食性植物、墙式树木、绿色屋顶、垂直花园、植物的组合等专题的讨论会。

澳大利亚景观大会享誉国际。不论你从事何种职业，只要你热爱景观与设计，大会就欢迎你的参与！

法国洛林INRA研究实验室室内景观竣工

由Tectoniques建筑事务所操刀设计的法国国家农业研究所（INRA）室内景观日前竣工。研究所地处阿芒斯，周围环绕着广袤的森林，最近新建了一栋集实验与办公于一体的建筑。

这栋建筑围绕宽敞的中庭来布局。中庭设计成室内花园，植物非常茂盛，下垂的、攀爬的、地面上的，应有尽有。此外还有个水池，池水来自收集的雨水。如此绿意盎然的中庭与这栋建筑所处的位置——森林中——相互呼应。中庭是整个项目的核心。中庭内就像蜂巢的内部一样，各个功能区彼此之间都能看到。这里是研究人员交流、沟通、分享、邂逅的好地方，也是展览研究成果的好地方。这样的场景改变了我们对科学研究的刻板印象。中庭将两栋建筑连接起来，营造出舒适宜人的氛围，楼梯和步行道掩映在通透的视野中。

为了突出这一空间的独特性，来自Itinéraire Bis公司的景观设计师为中庭打造了富于热带风情的花园景观。茂盛的植物和绚丽的色彩让中庭异常引入注目。所有的交通空间、楼梯和电梯都隐藏在景观之中。

中庭采光很好。植物的灌溉采用收集的雨水。中庭内有个水池十分醒目，沉入地面以下。植物分为三个层次：地面上生长的草本植物、一人高的灌木以及高大的树木，一直长到二楼。

SHL建筑事务所上海世博"绿谷"项目破土动工

2013年5月30日，SHL建筑事务所（schmidt hammer lassen architects）、华东建筑设计研究院和上海世博会建设发展公司共同庆祝"绿谷"项目破土动工。该项目位于2010年上海世博会所在地。

2012年，SHL建筑事务所在"绿谷"项目的国际竞赛中获胜。本项目占地50000平方米，紧邻世博会的核心场馆——中国馆。"绿谷"工程包含城市规划与建筑设计，融合了最新的可持续设计理念，将成为上海新的核心开发项目。

2010年上海世博会将重心放在上海造船厂老工业区未来的可持续开发上面。世博会的场馆就建在老工业区，给这一区域的重新开发奠定了基础。世博会结束后，大部分场馆都拆除了，留下的基础设施十分完善，有公园、步行街以及各种文化场所。"绿谷"项目将成为这一地区的永久性的标志性建筑群。

在"绿谷"的设计方案中，场地中央是开放式空间。这里的绿化非常重要，要绿荫环绕，流水淙淙。这个中央小广场是整个项目的"脊柱"，将整个场地分成两部分，两边各有一栋主要建筑。

"绿谷"的建筑设计旨在提供高品质的现代办公场所，装修考究，使用灵活，同时兼顾环保，并确保建筑较低的运作成本。设计体现出较好的开放性与舒适性，同时也赋予建筑独特的个性。开放式中庭内设计了绿色花园，从室外就能看到，而在大楼内工作的人可以尽享户外的自然景色和城市美景。

SHL建筑事务所合伙人、上海分部负责人克里斯·哈迪（Chris Hardie）表示："尽管本案场地巨大，但我们在公共空间的设计中侧重体量的人性化，营造出生机勃勃的社区感和参与感。"

"绿谷"开发项目预计2015年竣工。

阿克巴提综合商业区

设计师：DDG建筑规划设计公司 | **项目地点**：土耳其，伊斯坦布尔

阿克巴提

1. 新月庭：雕塑与座椅
2. 花园：小桥下的莲花池

　　阿克巴提综合商业区是由阿考克集团公司（Akkök Group of Companies）下属的阿基斯地产公司（Akiş REIT）投资开发的大型地产项目，由阿克巴提住宅区和阿克巴提购物中心两部分构成。住宅区包含350套住房；购物中心是伊斯坦布尔数一数二的大型购物天堂。这一新型商业开发模式体现了当今先进的生活理念，对现代人极具吸引力。购物中心的内庭由美国知名设计公司DDG（Development Design Group）倾力打造。住宅区主要是标准公寓，从1室到4室、5室不等，此外还有套房、带露台的公寓、阁楼、复式公寓等户型，分布在21层的蓝色大厦和11层的绿色大厦两栋楼内。这两栋大楼是整个规划区内的高层建筑，能够俯瞰下方的美景。

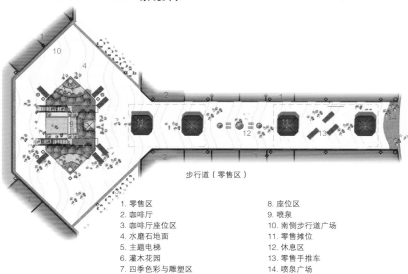

步行道（零售区）

1. 零售区
2. 咖啡厅
3. 咖啡厅座位区
4. 水磨石地面
5. 主题电梯
6. 灌木花园
7. 四季色彩与雕塑区
8. 座位区
9. 喷泉
10. 南侧步行道广场
11. 零售摊位
12. 休息区
13. 零售手推车
14. 喷泉广场

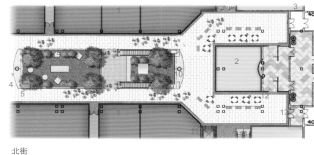

北街

1. 零售区
2. 咖啡厅
3. 餐厅
4. 新月庭
5. 低矮灌木
6. 树木
7. 雕塑底座
8. 草坪
9. 角落雕塑
10. 座位区
11. 电梯
12. 平台座位区
13. 出口
14. 进出超市的扶梯
15. 草坪上的雕塑

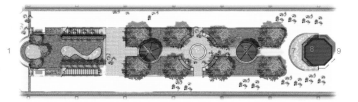

公园

1. 南侧广场
2. 休闲草坪
3. 凉亭
4. 灌木
5. 草坪
6. 小亭
7. 喷泉
8. 零售摊位
9. 步行道南侧广场

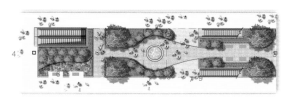

花园（植物随季节开花，需定期修剪）

1. 种植床
2. 灌木修剪区
3. 柱子（装饰成雕塑）
4. 南侧广场
5. 开花的灌木
6. 花丛中的座位区
7. 天窗边缘（上方）
8. 休憩花园
9. 北侧广场

项目名称：
阿克巴提综合商业区
完成时间：
2006年至今（仍在建）
摄影师：
米奇·邓肯
面积：
33公顷（住宅区：437,000平方米；
商业区：70,000平方米）
奖项：
2012年国际地产项目大奖（欧洲
组）；2012年土耳其最佳商业开发
与综合开发项目大奖

　　DDG建筑规划设计公司为土耳其的阿克巴提（Akbatı）综合商业区做了杰出的规划设计。阿克巴提综合商业区主要包含住宅区和商业区，设计上结合现代风格与传统精髓，充分表现出伊斯坦布尔这个大都市当今的活力与魅力。流畅的线条和典雅的造型让建筑脱颖而出，并且让整个规划区充满现代感，看上去和谐一体。整个规划区分为东西两个部分，西边是住宅区，设有雄伟的大门。住宅区里是些高层和中高层建筑，围绕着中央的高端俱乐部布局。住宅区的街道两边都栽种了树木，营造出绿意盎然的居住环境。街道通向东边的商业区。

　　在住宅区和商业区之间有一个椭圆形的过渡空间，也进行了很好的绿化。这个空间将东西两部分衔接起来，使整体规划显得更加和谐。商业区主要分为两个部分：东南方向的大型室内购物中心和东北方向的繁华集市。集市里包括许多商店和小餐馆，或沿街而设，或集中在小广场附近。此外，集市区还有一个半圆形的大型水池，营造出集市繁华、热闹的氛围。水池边有喷泉，还有多媒体显示屏，愈加烘托出集市的生机与活力。购物中心里除了大型超市以外，还有美食广场和家庭娱乐广场，里面包含各种店铺和餐馆，无论是对附近住户还是外地游客来说，这里都是一个休闲逛街的好去处。

1. 花园：俯瞰
2. 花园：纵深空间
3. 莲花池塘近景

阿克巴提综合商业区的规划设计中，购物中心的室内景观设计是一大看点。设计师选用的都是生长茂盛的植物，营造出一派生机盎然的景象。此外，还有些小品点缀其中，如池塘、雕塑、平面设计、灯光、装置小品等，营造出公园一般的环境氛围，人们在购物之余能够在这里小坐，享受舒适的小憩。

阿克巴提综合商业区的整体设计打造了一种充满活力的新型商业开发模式，在这里，居住、休闲、购物合为一体，环境优美，设施齐全。这里齐聚了伊斯坦布尔最好的娱乐休闲设施。阿克巴提规划设计的目标是兼顾私密的住宅空间和繁华的商业空间，在二者之间建立一种平衡的关系。设计方案成功做到了这一点。这里是伊斯坦布尔居民的家，也是他们的娱乐终点站。

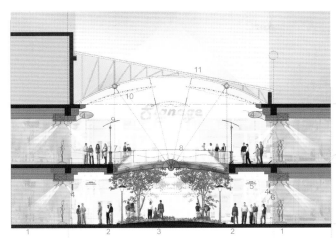

1. 零售间
2. 购物步行道
3. 花园（包含树木、座位区、"四季色彩"区、特色水景区、鸟舍区等）
4. 零售间店招
5. 悬挂式照明灯

6. 承租线
7. 设计控制区
8. 连桥
9. 悬挂钢缆
10. 金属"云朵"造型装置
11. 天窗

1. 公园：全景
2. 公园：木质露台
3. 新月庭：景观与步行区
4. 新月庭：雕塑花园座位区
5. 新月庭：纵深空间

布雅卡综合建筑群

设计师：乌拉斯+蒂莱克西建筑事务所 | **项目地点：**土耳其，伊斯坦布尔

1.极具空间感的室内设计
2.室内空间的植物点缀，给呆板的商业空间增加了生命力

"由内向外，由外向内，环境与建筑合而为一。"

——弗兰克·劳埃德·赖特

项目名称：
布雅卡综合建筑群
完成时间：
2012年
主持建筑师：
杜慕斯·蒂莱克西、埃米尔·乌拉斯
设计团队：
萨里·库兹图纳、费克莱特·桑贝、汗
丹·阿卜戴克、艾福林·阿尔贝、阿伊
林·阿伊瓦兹、埃尔凡·德维索格鲁
摄影师：
法鲁克·克图鲁兹、尤格尔·塞伊兰
面积：
44,000平方米
投资方：
阿泰尔–科伊图尔A.S.公司
静力设计：
YBT建筑工程公司（优素福·B·亭博尔）
机械工程：
蒂纳米克工程咨询公司（祖图·法拉）
电力工程：
恩玛尔电力咨询服务公司

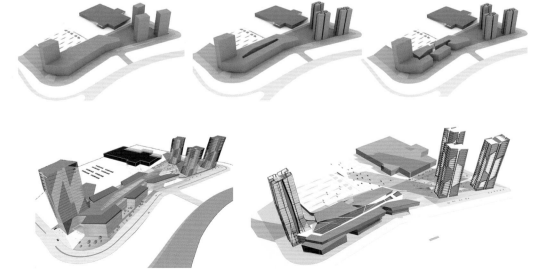

布雅卡综合建筑群位于伊斯坦布尔，地理位置属于亚洲，地处贸易与住宅中心区。

布雅卡综合建筑群的设计并没有预先设定一个固定理念，设计方法完全视这些建筑所包含的功能空间而定，采用的设计语言旨在体现出建筑群的整体感，突出了设计师这样的观念——好的设计不一定需要系统的设计理念。

当今的建筑设计，内容和形式已经本末倒置了。我们现在所生活的就是这样一个时代：真知灼见不受重视，虚假和浮夸统治了一切。建筑设计也是如此。建筑立面一味追求标新立异、吸引眼球，根本不顾与建筑功能是否协调。材料尽是人工仿造，还美其名曰"成本效益"，造出一堆所谓"后现代"的建筑。建筑是做什么用的？谁是它的使用者？这是一个开放式问题。

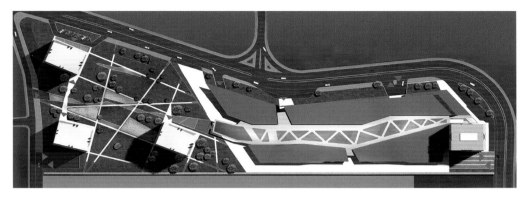

这种让人眼花缭乱的"后现代"风格已经彻底取代了建筑的基本功能。建筑越来越追求花哨，已经成为艺术家的宠儿，完全摒弃了建筑古老的起源以及有关建筑的最根本的概念。

无目的的设计、使用者不明、为开发商而设计，这就是现在建筑师面临的巨大挑战。在这样的情况下，布雅卡综合建筑群适时出现了，并且为"为建筑而建筑"大声疾呼。它不宣称什么"设计灵感"；它的灵感来自自身，创造出属于它自己的独特的建筑语汇。

设计构思

碎片化：设计手法主要是将建筑的主要功能切分为几个碎片，使用更亲切、更人性化的造型语言。整个建筑群分为水平和垂直方向上的几个建筑体，彼此相连，同时也与周围环境相连。

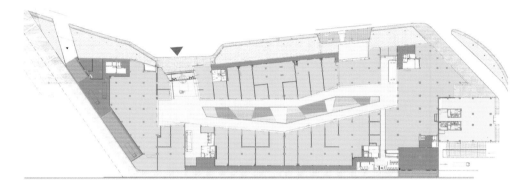

0 10   50m

1.俯视室内花园
2.水景与植物搭配构成的休憩场所
3.屋顶通透的采光有益于植物的生长

"蜕皮"：建筑功能的转变通过材料的逐渐变化体现出来。就像蛇蜕皮一样，一种材料逐渐蜕变成另一种，代表着空间功能的变化。深色立面显得凝重，浅色立面显得欢快，二者结合，给建筑外观带来变化。黑色的建筑立面在伊斯坦布尔灰蓝色天空的烘托下更能突出建筑造型。

速度：建筑群地处高速公路交叉口，这影响了人们对这几栋大楼的观察方式。大部分人是坐在高速行驶的汽车里看到这些建筑的，建筑的造型和材料都像看电影一样，一闪而过。

连续性：建筑结构极具动感，从建筑内外都能体现出来。冰川一般的造型仿佛雕塑，跟周围快速闪过的景物融为一体。

独特性：布雅卡建筑群在周围环境中处于中心地位，成为焦点的同时，也跟周围巧妙融合，同时保持其独特的个性，在如今这个丧失个性的时代，这尤其显得难能可贵。

功能

布雅卡综合建筑群包含一座购物中心、三栋办公楼以及一栋住宅楼。其中一栋办公楼高21层，通过购物中心与另两栋办公楼（23层）和住宅楼（23层）相连。购物中心造型独特，十分抢眼。建筑立面主要采用两种材料。购物中心的立面主要用合成板材，而办公楼和住宅楼则采用玻璃幕墙。

室内花园

购物中心的地下部分设有室内花园，使建筑与环境、人与自然完美融合。通过采用水池、植物这些室外景观元素创造出人与自然相协调，宁静舒适的购物环境，同时可以满足人们想要亲近自然的心理渴望。植物在购物中心的使用有益于净化室内空气，也可起到增加室内湿度的作用。

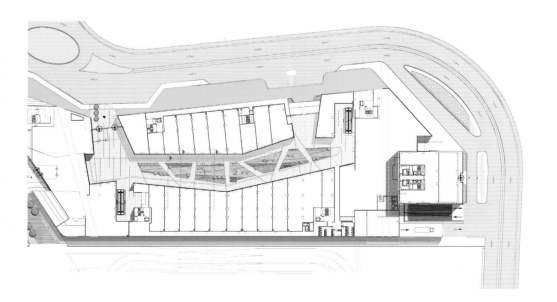

1.独特的座椅设计
2.灯光设计使水景更加吸引人们驻足
3.植物绿化带给人们视觉上的享受

平面图

1.倒影池
2.绿化区
3.平台

HDI保险集团总部

设计师：英根霍恩建筑事务所 | **项目地点：**德国，汉诺威

1. 开放式中庭宽敞明亮，绿植点缀其中
2. 妙趣横生的光影效果
3. 玻璃电梯和两座高贵典雅的白色钢质旋转楼梯通向楼上5层的办公空间

项目名称：
HDI保险集团总部
完成时间：
2011年
景观设计：
布里曼&布鲁恩事务所
照明与采光设计：
Tropp照明设计公司
立面设计与绿色建筑顾问：
DS规划公司
摄影师：
B·布鲁德、H·G·埃什
面积：
77,500平方米

一层平面图

1. 倒影池
2. 聚会区

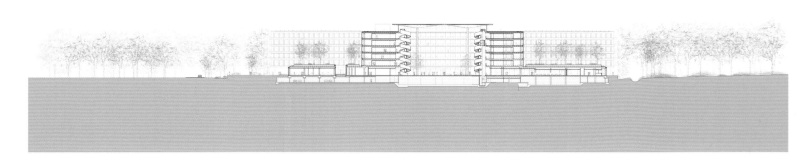

本案是HDI保险集团（HDI-Gerling）的总部大楼，基地是178米见方的正方形。HDI保险集团在汉诺威有7个分支机构，共1800名雇员，现在可以都集中在总部大楼里办公了。这栋办公大楼周围景致很好，绿化面积很大。大楼高6层，从楼内可以欣赏室外风景。这是一栋现代化的办公大楼，结构灵活，可以满足不同功能的使用。

整栋大楼的核心是40米见方的中庭，宽敞、通透，并且进行了绿化，环境十分优美。中庭内包含了所有基本的功能区，如正门、健身房、邮局、餐厅、娱乐室、咖啡厅、会议室等。这个绿色的开放空间与办公空间交相呼应，共享户外的美景。同时，中庭的设置让整栋大楼显得通透、轻盈——只要一踏入中庭，立刻会留下这样的印象。中庭内种植的树木高约10米，采用全自动灌溉系统，能确保最适宜的水量。中庭仿佛一个小广场，这里甚至还设有水池，可以说是员工和访客聚会交谈的理想场所。娱乐室是这里最受欢迎的地方，80%的员工都在这里相聚、用午餐。娱乐室里的一面墙上是由知名的现代艺术大师迈克尔·克雷格·马丁（Michael Craig Martin）设计的装置艺术，极具感官冲击力。

1. 户外景色优美，从楼内可以欣赏室外风景
2. 中庭是员工交流、聚会的好去处

对于大楼的使用者来说，重要的是宽敞的空间、宜人的环境以及高质量的办公室。此外，HDI保险集团还很重视建筑的节能环保。这栋节能建筑的关键要素包括三层玻璃、热激活天花板和墙面、蓄热室（与中庭相连，主要起到温度缓冲的作用）、地热（用于供热和制冷）。此外，所有办公室都采用灵活的节能照明设计。

屋顶上采用白色的钢质格栅，白天有阳光时，在中庭里营造出妙趣横生的光影效果，也提供了树木所需的光照。透明的玻璃电梯以及两座高贵典雅的白色钢质旋转楼梯通向楼上5层的办公空间。办公区的布局简单而又灵活，能够满足不同的用途。办公室与走廊之间采用玻璃隔断墙，会议室采用开放式布局，促进不同楼层的员工之间的交流。户外空间呈狭长形，围绕着建筑的边缘。外立面上反光的不锈钢栏杆折射出户外美景的色彩，室内外融为一体。有了如此宜人的环境，中庭常年是员工聚会、交流的好地方。

这栋建筑的可持续设计理念以"DGNB标准"为基础，兼顾了"最小耗能"与"最大舒适"。大楼利用可再生资源和地热。办公室采用高度隔热的墙板以及三层玻璃的设计，玻璃上能够折射出周围的乡村景色。

在本案的竞赛阶段，也就是设计初期，英根霍恩建筑事务所和ZWP的设计团队共同打造了一个高效的采暖、通风、空调、照明设计方案，能够达到室内每平方米耗能不超过100千瓦/时。这一方案主要通过地下蓄热系统来实现，需要大概80个钻孔，每个99米深，孔内安装管道，里面填充能够储热的液体介质。这些管道的热交换表面会将建筑在夏季产生的多余热量转移入地下，储存起来，以备冬季供暖使用。

1. 水池的设置使中庭更像一个小广场
2、3. 中庭内集中了餐厅、娱乐室、咖啡厅、会议室等功能区
4. 高大的树木采用全自动灌溉系统
5. 阳光透过屋顶上的白色钢质格栏普照植物

荷兰PLP律师事务所

设计师： C4ID建筑事务所 | **项目地点：** 荷兰，鹿特丹

2

1. 中庭空间焕然一新，舒适惬意
2. 木质平台、树木和舒适的座椅都借鉴了室外景观元素

设计师的话

　　本案的设计难点在于：我们面临着"颠覆"的挑战。这本是战后兴建的一栋宏伟的大楼，而我们要颠覆它的外观留给人们的印象，将其中庭彻底改造，营造一种完全不同的风格。过去十多年里，中庭一直是闲置不用的。员工从楼上向下望去，一片空白。闲置的主要原因是一楼的房间（也就是中庭周围的房间）举架较低。由于会议室并不要求举架很高，所以我们觉得将这些空间打造成会议中心是最好不过了，既用作公司内部会议室，也可以接待来访客户。这就意味着中庭将成为一个多功能空间，包括等候区、非正式会谈区、业务洽谈区以及最主要的功能区——咖啡厅。我们借鉴了户外空间的元素，如木质平台和高大的树木，将中庭打造成舒适宜人的环境。就这样，它从一片空白变成如今整栋大楼的核心。

项目名称：
荷兰PLP律师事务所
完成时间：
2012年
主持建筑师：
卡斯珀·施瓦兹
项目管理：
IPMMC房地产咨询公司
摄影师：
卢斯·阿尔特晓夫摄影公司
面积：
5,632平方米
客户：
荷兰PLP律师事务所

　　本案是对荷兰PLP律师事务所大楼的翻新。这是一座宏伟壮观的大楼，翻新主要针对中庭进行。中庭原来是个空地，经过改造，已经成为整栋大楼的核心。PLP律师事务所刚开始租用这里办公时，只租了一个楼层的办公室；经过多年的成功经营后，如今，整栋大楼都是PLP在租用了。一楼还没有启用，因为举架较低，不能满足办公需求。最终，PLP决定请建筑师来为这里介于一层与二层之间的夹层楼面进行翻修，以全新的设计理念让这里变得焕然一新。C4ID建筑事务所提供的方案让他们前眼一亮。设计师将这个楼面与一楼主入口相连，有了这个新通道，楼内员工就方便多了，中庭也就顺势成为员工聚会的新场所。中庭周围是会议室，还有一家高档咖啡厅，充分显示出这家律师事务所的高端品位。

　　C4ID建筑事务所将中庭打造成户外空间一般的环境，像小广场或者公园，但仍不失室内空间的精致的感觉。中庭内有三个圆形木质平台，上面设有十分舒适的座椅，旁边栽种着7米高的树木，起到遮阳的作用。小咖啡厅旁边是楼梯，通往楼上的办公区。C4ID建筑事务所尤其注意整个中庭空间的照明设计，采用剧场级别的照明技术，将空间中的材料和色彩都烘托得别有情趣。

1

2

1. 树木为下方的座椅遮阴
2. 不同的地面高度界定出多样化的座位区，营造出亲切的会谈氛围
3. 小咖啡厅采用合成石材

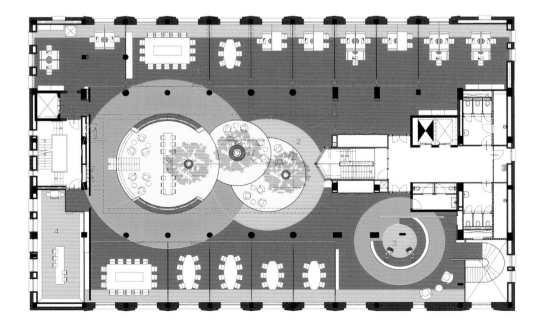

平面图

1. 会议室
2. 中庭
3. 接待区
4. 阅览区

1. 高低错落的木质平台直通向办公区
2. 原来的接待区经过改造，变为大会议室
3. 中庭周围的会议室举架较低
4. 旋转楼梯连接一楼的主入口和上方的中庭

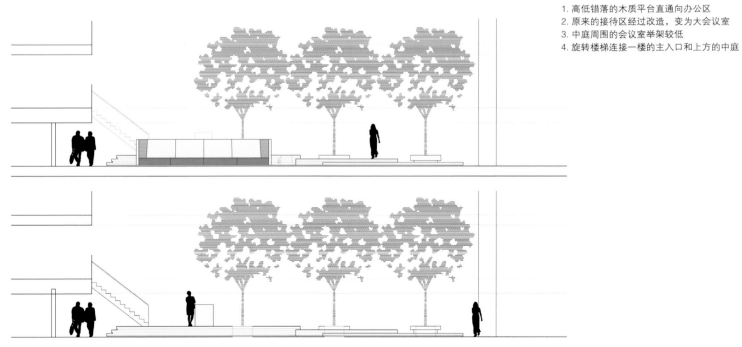

中央平台剖面示意图

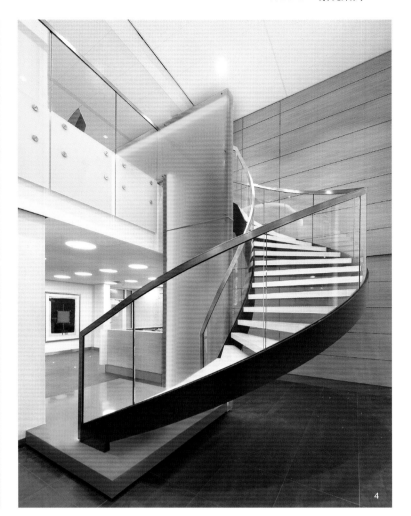

中庭周围的会议室配备了齐全的会议设施，通过玻璃隔断墙与中庭隔开，玻璃隔断上有纵横交错的图案，让空间具有动感，与建筑宏伟壮观的外观形成鲜明对比。室内的照明通过电脑控制，可以根据需要营造不同的氛围。C4ID建筑事务所对色彩和材料的选用也别具匠心，既考虑到律师职业的传统文化，又凸显了这家律师事务所蒸蒸日上、蓬勃发展的雄心。橡木材质搭配浅灰、深灰

和橘色三种色调的点缀，整体空间的色调显得特色十足。咖啡厅主要采用石材，凸显硬朗的风格，这符合鹿特丹这个港市的整体风格。C4ID建筑事务所的设计一向重视空间的合理规划。本案就可作为空间规划的完美范例。空间中的各个功能区分工明确，各司其职。

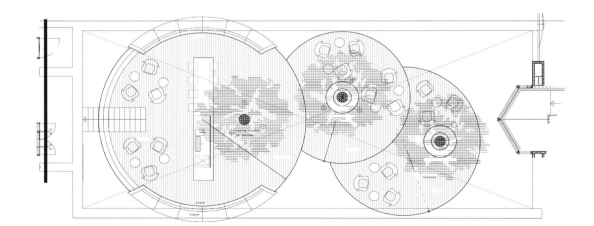

绿山购物中心

设计师：集群建筑事务所 ｜ **项目地点：**墨西哥，诺凯潘

1. 中庭上方是玻璃穹顶
2. 水景营造出宜人的氛围

室内花园

购物中心的中庭采用了一系列室外景观元素，如绿墙、花池、喷泉、购物亭、座椅等，使这一区域成为景观休闲区。设计师将自然景观元素引进室内，为顾客带来与众不同的购物体验，仿佛回归自然，亦能增加消费者对整个购物中心的好感度，提升购物意念。

1、2. 高高的绿墙和喷泉模拟室外环境的特点
3、4. 顾客休息区

项目名称：
绿山购物中心
完成时间：
2010年
主持建筑师：
胡安·乔赛·桑切斯·艾铎
设计团队：
玛利亚·尤金妮亚·加杜尼奥、亚蕾莉·雷瓦、
桑托斯·冈萨雷斯、劳尔·马丁内斯、亚历山
大·委内格拉
景观设计：
"垂直绿化"事务所
摄影师：
保罗·切特罗姆
面积：
64,739.31平方米
主要材料：
花岗岩、玻璃、铝

绿山购物中心（Gran Terraza Lomas Verdes）坐落在诺凯潘——位于墨西哥市以北的一座小城。这家购物中心地处住宅区，该地有很大的商业开发潜力，但是一直缺少公共空间。如今，公共空间在这座小城的边远地区越来越普遍了。于是，绿山购物中心应运而生，填补了这一空白，成为这一地区的核心场所。

这座购物中心具备娱乐、餐饮、购物三大功能，包含一家大型超市、一家电影院、各式餐饮服务和百货公司。

行人从绿山大街（Lomas Verdes Avenue）上顺着地势的缓坡可以直接进入购物中心。入口处有门厅，通向宽敞的中庭。中庭上方是玻璃穹顶，上面覆盖着一层透明的薄膜，阳光透过这层薄膜照射

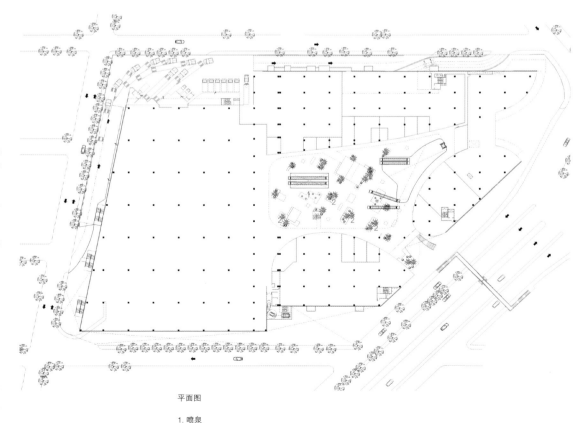

平面图

1. 喷泉
2. 配备座椅的绿化区

进来，在地面上投射出斑驳的影子，仿佛树影摇曳，使人感觉好像身处室外，同时又能保证室内稳定的温度。中庭内有一系列高高的绿墙，此外还有喷泉、购物亭、座椅等，全是户外环境的元素。

购物中心的正立面好像一块巨型板材，两个地方掏空，就是入口。屋顶体量尤其巨大，感觉在保护下方的入口空间，让人很有安全感。这栋建筑看上去就像一个巨大的白色集装箱，将各种功能囊括其中。铝制板材使其外观显得十分流畅。正立面的设计别具特色，仿佛格子拼图。立面上凹进去的部分仍用铝和玻璃，突出凹进的空间。

1、2. 水景和植物是室外空间的特点
3-5. 高高的绿墙用灯效烘托氛围

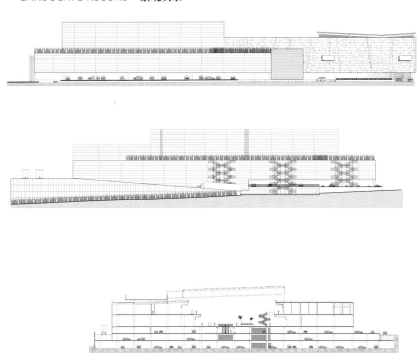

1、2. 玻璃穹顶上面覆盖着一层透明的薄膜，阳光
照射进来，在地面上投射出斑驳的影子
3. 植物和水景在室内空间起到画龙点睛的作用
4. 绿植遍布闲坐区

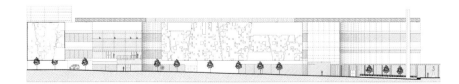

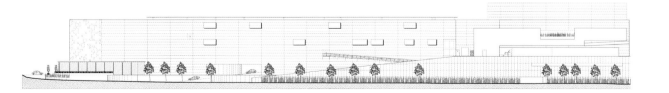

印刷厂生态花园

设计师："生态设计"事务所 | **项目地点**：西班牙，穆尔西亚

2

1. 本地植物、果树以及气味芬芳的地面植被，共同打造出地中海滨水生态系统
2. 从石墙望向中庭

在西班牙南部，建筑的可持续设计主要涉及两个问题：一是水资源匮乏；二是对空调的要求很高。对本案来说，还有一个问题，那就是过度阳光辐射：光线透过玻璃外立面射入室内，造成室内温度过高，工作环境很不舒适。这家印刷厂的工作区面向一个内庭，原本是闲置的，也没有绿化。"生态设计"事务所（Ecoproyecta）敏锐地发现可以将这个内庭打造成楼内的一座生态花园，巧妙地解决了上述问题。

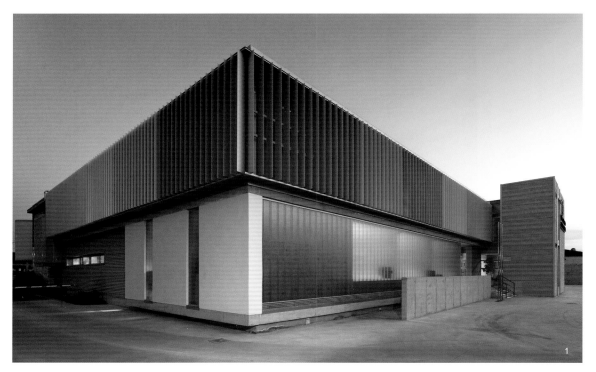

项目名称：
印刷厂生态花园
完成时间：
2010年
摄影师：
大卫·弗鲁托斯
面积：
208平方米（中庭及花园）
1,600平方米（印刷厂办公楼）
奖项：
2009年当地能源机构颁发的节能奖；
2010年西班牙太阳能大奖

1. 印刷厂大楼西北侧和东北侧外立面。主
入口设在东北侧
2. 石墙以及收集雨水的池塘
3. 中庭，对面是新的客户服务办公室

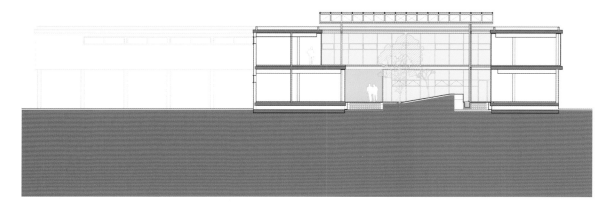

另一方面，工程投资方早先就计划在太阳能方面进行投资。这一点也是设计中必须考虑的。太阳能装置、建筑翻新、生态花园，这些必须放在一起整体考虑。本案于2010年3月竣工，整栋建筑焕然一新，更加生态环保，环境也更加舒适。

设计师采用的策略是在内庭上方设置光伏板棚架，这样一来，不但能提供太阳能，而且对内庭及其对面的工作区都起到遮阳的作用。棚架上使用的光伏板是一种PV板材，还能收集雨水，并将雨水存储在地下水箱里，用于浇灌内庭里的植物，也用于雾化器的供水——雾化器能够营造这座生态花园自己的"微气候"。雨水、阴凉、湿度，所有的条件都堪称完美，再加上本地植物、果树以及气味芬芳的地面植被，共同打造出地中海滨水生态系统。

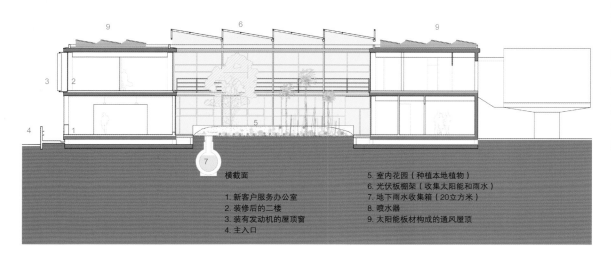

横截面
1. 新客户服务办公室
2. 装修后的二楼
3. 装有发动机的屋顶窗
4. 主入口
5. 室内花园（种植本地植物）
6. 光伏板棚架（收集太阳能和雨水）
7. 地下雨水收集箱（20立方米）
8. 喷水器
9. 太阳能板材构成的通风屋顶

生物气候示意图

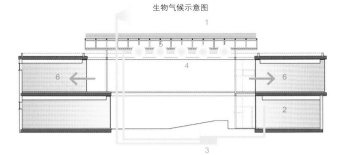

晴天

1. PV棚架产生的能量
2. 收集空调系统产生的冷凝水
3. 喷水器和喷雾器的供水箱

4. 喷雾器控制中庭环境湿度
5. 顶部喷水器冲洗太阳能板材
6. 喷雾器和棚架产生的阴凉确保了办公室良好的通风。由于芳香植物，室内空气非常清新

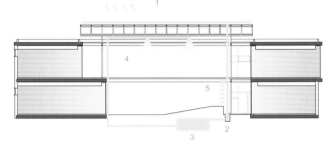

雨天

1. 棚架收集的雨水通过管道运送至集水箱
2. 到达集水箱之前雨水先经过水池
3. 储存雨水的地下水箱（20立方米）

4. 棚架下方的喷水器灌溉花园
5. 雨水形成的水幕产生优美的声音，同时有助于改善室内生态环境

新客户服务办公室   装修后的室内空间   光伏板停车场

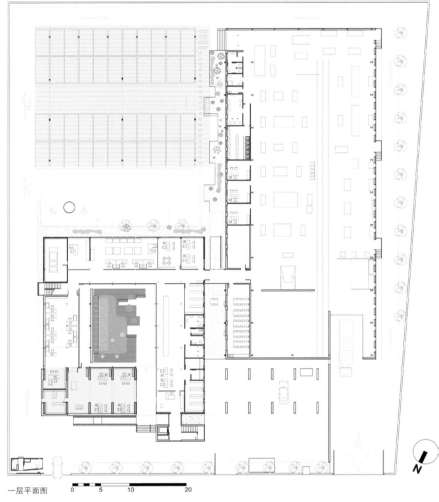

一层平面图

0   5   10   20

生态花园内采用的植物品种包括：铁线莲、忍冬、马蹄金（作为地表植被）；夜香树、薰衣草、长叶薄荷（作为芳香植物）；苹果树和西洋梨（作为果树）。

一面石墙将池塘和花园分隔开来。池塘有助于改善土质，形成自然的地貌。此外，池塘还能在雨水流入地下水箱之前通过PV板棚架收集雨水。

就这样，设计师将太阳能、生态设计策略、景观设计等方面综合考虑，打造出这座生态花园。从前闲置不用的内庭摇身一变，成为整栋大楼的核心，既保证了通风、采光，又让楼内花香弥漫，再加上喷泉的淙淙流水声，别有一番意境。

1. 暮色时分的中庭
2. 中庭与花园全景
3. 收集雨水的池塘
4. 池塘水幕

花园平面图   5. 石墙
                  6. 雨水收集池
1. 地面芳香植被   7. 钢柱
2. 当地果树   8. 收集雨水的管道
3. 混凝土铺装   9. 地下集水箱
4. 混凝土长椅   10. 周边通风格栅

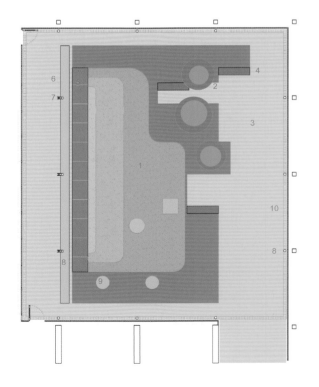

安博总部室内景观

设计师： 百丽宫设计公司 | **项目地点：** 南非，约翰内斯堡

1. 鸟瞰中庭等候区
2. 等候区近景
3. 员工室内餐厅休闲区

安博总部位于西街115号，用来出租的区域可以分为4种空间类型：

· 客户空间

· 办公空间

· 用于休息或停留的空间

· 管理层空间

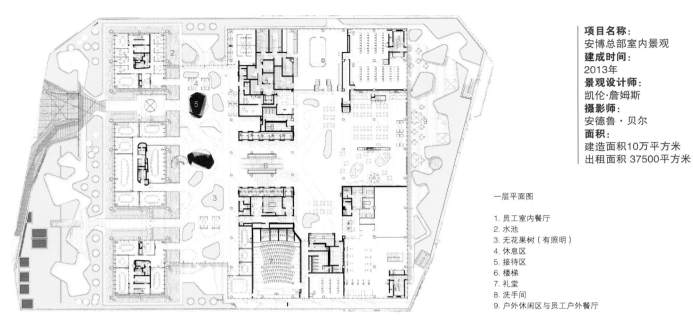

项目名称:
安博总部室内景观
建成时间:
2013年
景观设计师:
凯伦·詹姆斯
摄影师:
安德鲁·贝尔
面积:
建造面积10万平方米
出租面积 37500平方米

一层平面图

1. 员工室内餐厅
2. 水池
3. 无花果树（有照明）
4. 休息区
5. 接待区
6. 楼梯
7. 礼堂
8. 洗手间
9. 户外休闲区与员工户外餐厅

每一种类型的空间，其功能和基调都是对安博总部设计理念的具体诠释和执行。安博公司要求：客户空间要十分优雅，同时又要人性化，让公司各种各样的客户，无论是投资者还是个体，都能感到舒适。为了达到以上要求，百丽宫设计公司选择了一系列舒适而温暖的自然材料。

一进入安博总部的中庭，两个不对称的接待处会立即吸引访客的目光。接待设施采用棱纹结构，这样的设计不仅能够保护接待人员不被太阳光直射，同时又能让自然光洒满整个空间。接待台的造型十分有趣，是用Revit软件绘制而成的。接待台的外层包裹着一层竹子，令这个光线充足的空间更加温馨。

客户区地毯的设计灵感源于大自然的岩层。该区的墙体同样覆盖了一层竹子，令整个区域变得柔和起来，该区还栽种了几棵的垂叶榕，随着时间的推移，树会逐渐长大，形成小树林。会议空间的桌椅同样采用了柔软的设计形式，对整个客户区不规则的布局起到补充作用。

出租空间试图打造一种舒适的办公环境，无论是访客还是雇员都能感觉到空间温馨而放松的氛围。

办公空间的布局方式完全符合安博公司的要求，他们希望其办公空间是不分任何等级的，但总体的设计要十分实用。设计团队紧密协作，并与安博职员进行交流，最终打造了一个开放式的办公空间。把几个舒适的长椅"簇拥"在一起，就形成了开放式的工作站。这些工作站之间会穿插若干个小的隔间，作为管理层的办公室。

办公空间采用了纹理和材质较为中性的家具。墙面还是地毯采用了单一的色彩，与行人通道形成对比。而该区的所有工作站和辅助家具设施，则全部采用白底加黑色软垫元素的设计方式。

与工作区低调而严谨的设计风格不同的是，各个楼层的休息和停留空间的设计十分活泼，有助于激发员工的创造力，鼓励创造性思维。这些区域采用了与北侧中庭相似的色彩组合，并且安装了一系列造型独特的竹墙和磁铁围墙，员工可以到这里做各种游戏。

管理层空间的设计基调与安博公司在与客户交流中所追求的"丰富性"和"层次感"相一致。该区拥有大量的艺术品，空间氛围温馨宜人。

从整体来看，整个安博公司的办公氛围是多变而活跃的。安博总部打破了传统办公空间的单调乏味，让访客和职员随时能够感受到多样性。

安博总部的室内景观由景观设计师凯伦·詹姆斯担纲设计，设计师分别对一楼的南北两侧进行了景观绿化。除了中庭的垂叶榕外，安博总部使用的植物全部产自本地。植物种植槽造型独特，由无模壳灌筑混凝土制成，汇成了几个小型会议区。安博总部大楼已经获得4星绿色之星设计的V1评级。

1. 中庭等候区旁边栽种了几棵垂叶榕
2. 等候区内色彩鲜明的沙发
3. 每个楼层都设置了不同颜色的休息和停留空间

科灵国际商业学校（IBC）创新工场室内花园

设计师： 施密特·海默·拉森建筑设计事务所 **｜ 项目地点：** 丹麦，科灵

1. 水上学习区给人一种"失重"的幻觉——一个悬浮于晶莹的水面和明亮的天花之间的小岛，旁边的柱子用镜面覆盖
2. 玻璃桥连接着新旧两个区域。原有的巨大天窗给室内带来充足的光线

IBC创新工场室内花园由施密特·海默·拉森建筑设计事务所操刀设计，旨在鼓励新的学习方法。这座占地面积为12800平方米的教育建筑是一个翻新项目，原本是一家涂料生产商的工厂，至今已有30多年的历史，为当时的工厂树立了新标杆。为延续原工厂的精神，施密特·海默·拉森建筑设计事务所与科灵国际商业学校一起，联手打造了一个独创的、富有创新精神的学校环境，并且试图成为世界最佳。这样的野心为以后的创新者奠定了良好的基础。

科灵国际商业学校于2010年夏收购了这家工厂，其独特的物理环境极富创新性。这是丹麦首家将生产空间和管理空间结合在一起的工厂，两个空间在视觉上是贯通的。大型涂料罐由法国艺术家金·德瓦斯装饰而成，充分证明了办公环境中的艺术作品能够起到激励员工和改善办公环境的作用。此外，生产空间安装的羽毛球场和乒乓球桌，也起到了相似的作用。

施密特·海默·拉森建筑设计事务所的主要任务是在保留建筑原有品质的同时，将其转换成为一个创新的学习环境。设计团队主要运用了火、水、植物、光、声音以及空气这6种元素，刺激使用者的感官。创新工场拥有一个室内花园，这里同时也是主要的教学区域，栽种着道格拉斯松木，为使用者提供了多种多样的学习空间。室内水景的上方"悬浮"着一个木质结构，里面涵盖礼堂、开放式学习空间、阶梯教室以及小组活动或安静学习所需的封闭式空间。这里有绿色的植物，有潺潺的流水，有小鸟，还有从天窗洒进来的日光。

无论是学生、老师，还是商务人员都可以在这个独特的环境进行交流和学习。创新工场不仅要为使用者提供支持，还要给他们带来启发，这也是设计团队在设计过程中所一直秉承的理念。

项目名称：
科灵国际商业学校（IBC）创新工场室内花园
建成时间：
2012年
项目地点：
丹麦，科灵
设计师：
施密特·海默·拉森建筑设计事务所
摄影师：
施密特·海默·拉森建筑设计事务所
面积：
12800平方米
客户：
科灵国际商业学校
工程师：
Rambøll A/S
咨询顾问：
Alectia（消防）
总承包商：
MT Højgaard a/s

1. 雕塑般的木质平台上配备灵活的座椅，是工作、学习的好地方
2. 背景绿墙长14米，高6米，再加上竹子和其他一些植物，共同营造出良好的室内气候
3. 木质屋顶是原有的，长达14米，下方是两层通高的多功能空间
4. 极具质感的天花板具有良好的隔音功能，LED照明灯以及其他技术设备都嵌入天花内

3

4

LVM保险公司6号楼、7号楼

设计师：戈登·布兰德菲尔斯，布兰德菲尔斯景观环境公司 | **项目地点：**德国，明斯特

1. 茂盛的植物、清新的环境，营造出舒适的工作氛围
2. 水景是前庭的核心景观

　　本案的客户LVM是德国一家著名的保险公司，正在不断地扩张。2005年，LVM公司发起了一次建筑设计竞赛，邀请各国建筑师为其6号楼和7号楼进行建筑设计，最终由韩国建筑师杨基德获得了大赛的冠军。受LVM保险公司的委托，布兰德菲尔斯景观环境公司负责对其包括1到7号楼在内的整个地块进行景观设计。

　　6号楼和7号楼的景观设计反映了LVM保险公司"透明、自由和开放式沟通的企业形象"。一条由植物和绿色环氧表面构成的"绿色交流条带"将建筑的不同区域连接起来，一直延续到建筑之间的公园。公园与餐厅相邻，对客户、访客和员工开放。大大的座椅成为人们交流和放松的好去处。公园里有三个小树林，每个小树林都只有一个树种构成（分别是：美国香枫、银杏和美国皂荚），并且有其他绿色植物和草坪作为补充。公园坐落于地下停车场的上面。

1. 池塘边密集种植的植物
2. 透过玻璃窗，可以望见高大的鱼尾葵
3. 灯光映衬着深绿色的松树

项目名称：
LVM保险公司6号楼、7号楼
建成时间：
2010年
面积：
35700平方米
客户：
德国明斯特LVM保险公司
奖项名称：
2008年北威州建筑、住房和城市发展大奖

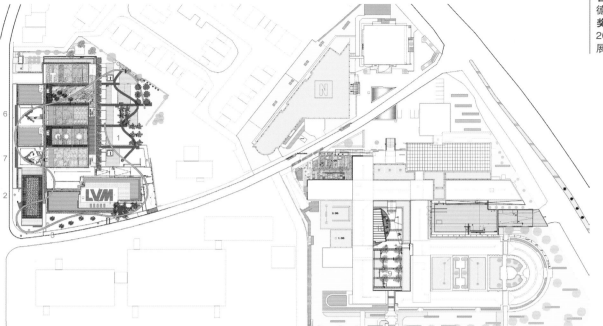

总平面图

1. 公园
2. 入口
3. 人行小径
4. 绿色屋顶
5. 庭院
6. 中庭1
7. 中庭2
8. 屋顶餐厅
9. 庭院
10. 吸烟室

前庭剖面图（水池边的密集绿化）

1. 分界线（55厘米），带孔径的V2A型钢板
2. 人造石（3厘米）
3. 砂浆层
4. 隔离层
5. 沥青层（不可渗透，保证植物根部安全）
6. 过滤层
7. 排水管（能保留水分）
8. 植物根系保护层
9. 保护层
10. 支撑结构
11. 培养基
12. 不锈钢水池
13. 玻璃块
14. 保护垫
15. 池底（1.5毫米）
16. 底座（10厘米，确保牢固）
17. 铝材
18. 检查井
19. 最高水位线
20. 常规水位线
21. 植物根系保护层
22. 与地基电缆相连

　　7号楼有两个前庭。前庭两边的办公室拥有可开放式的窗户，前庭干净而清新的空气可以透过窗户进入前庭。为了让空气更加清新宜人，每个前庭都采用了负载低的岩石材料。一个由电脑操控的系统可以起到湿润岩石的作用，而湿润的条件又有利于苔藓生长，让岩石可以很自然的变绿。岩石区的一个水景元素则可以起到加湿空气的作用。近15米高的鱼尾葵营造了一种轻松的氛围。与餐厅直接相连，并且位于6号楼前面的庭院拥有大量盛开的杜鹃花，与硬朗、深色的松树形成鲜明的对比。

K别墅

设计师：志贺县建筑设计事务所 | **项目地点：**日本，志贺

1. 砾石地面上铺了些木板
2. 一楼角落里开辟出一小块空地种植灌木
3. 夜晚照明效果

　　远古时代的人们就热爱自然，与自然相伴而居。尤其是日本人。日本人特别重视一年中的四季变换。他们把每个季节都当作生活的一部分。

　　人与自然相伴而居。虽然这样的生活方式最初可能不大方便，也给人们带来一些麻烦和困扰。但是，温暖的阳光、和煦的微风、绿色的植物，它们带给人们远远超过它们自身的价值。茂盛生长的植物对人的精神有治愈作用，就像一张笑脸，带有强烈的情感。

剖面详图

A– 罩顶：弯曲的电镀钢板（厚度：0.50毫米）
B– 屋顶：褶皱的电镀钢板（厚度：0.40毫米）
C– 天花：织物墙纸
　　石膏板（厚度：9.5毫米）
　　天花托梁（尺寸：30毫米×30毫米×303毫米）
　　隔离层（表面喷涂聚亚安酯；厚度：165毫米）
D– 地面：木质地板
　　结构胶合板（厚度：28毫米）
E– 地面：瓷砖地面
　　下方铺设胶合板（厚度：9毫米）
　　结构胶合板（厚度：28毫米）
F– 地面：混凝土抹平地面
G– 墙面：织物墙纸
　　石膏板（厚度：12.5毫米）
　　隔离层（表面喷涂聚亚安酯；厚度：100毫米）
H– 外墙：石膏罩面
　　侧面未上漆（厚度：14毫米）
　　钉板条（尺寸：30毫米×15毫米）
　　防水层（湿气可通过）

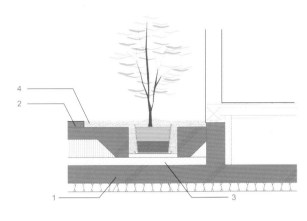

1. 混凝土板（厚度：150毫米）
2. 混凝土抹平地面（厚度：70毫米）
3. 隔离层（泡沫聚苯乙烯；厚度：65毫米）
4. 砾石

1. 儿童房
2. 书房
3. 卧室
4. 门厅
5. 洗手间

1. 白色外观
2. 一楼灌木特写
3. 夜晚，植物用射灯照明
4. 砾石上面铺设的木板可以安全踩踏
5. 绿植点缀在各个高度上，将人环绕在绿色环境中

4

5

K别墅（Kofunaki House）位于日本志贺县的一个生态村，由志贺县建筑设计事务所（ALTS Design Office）操刀设计。别墅的室内空间别具一格，设计师大量采用户外元素，仿佛将大自然搬到室内。在这里，人与自然比邻而居。设计中用到的主要材料包括植物、石材和木材，都来自大自然。

别墅开窗很大，将室内空间与室外环境融为一体。别墅室内随处可见木材的使用，营造出温暖的感觉。石子和花盆、空灵的白色帘幕、水泥地面、充足的阳光……所有这些元素都模糊了室内外的界限。

K别墅共两层，采用自然采光。木材是室内使用最广泛的装修材料。主要墙面全部使用木质镶板，此外还有木质的柜子、桌子、椅子。一楼大部分是水泥地面，但是有些部位空出来种植植物，主要是小树和灌木，土壤用砾石覆盖，还铺了一些木板，人可以踩在上面，比较安全。这些设计元素在二楼也都能够找到，一楼和二楼之间的楼梯也是用木板搭成，整个别墅是统一的自然风格。

别墅内的空间采用开放式布局，阳光与空气自由地流动。半透明帘幕的使用让空间的使用具有灵活性。夜间，室内不需要太多照明，仅给植物留几盏小射灯。K别墅将自然与阳光引入室内。极简风格的家居环境，反映出简单、快乐的生活方式。别墅内外紧密相连，待在别墅里也能感受木材的自然气息，感受四季的变化。可以说，K别墅已经超出了室内设计的领域。它提出了一种新的生活方式——与自然相伴而居。它将自然与空间相结合，带来丰富的空间体验。

一层平面图
1. 停车场
2. 小路
3. 入口
4. 洗手间
5. 门厅
6. 卧室
7. 客厅
8. 厨房

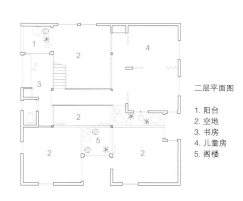

二层平面图
1. 阳台
2. 空地
3. 书房
4. 儿童房
5. 阁楼

项目名称：
K别墅
完成时间：
2012年
主持建筑师：
水本纯央、久我义孝
摄影师：
山田勇太、橘本富士
面积：
132.31平方米

城市农场——保圣那集团东京总部

设计师：河野设计公司 **｜ 项目地点：**日本，东京

1. 开放式的会议空间
2. 水稻丰收
3. 主入口楼层的种植床
4. 种植床内生长的作物

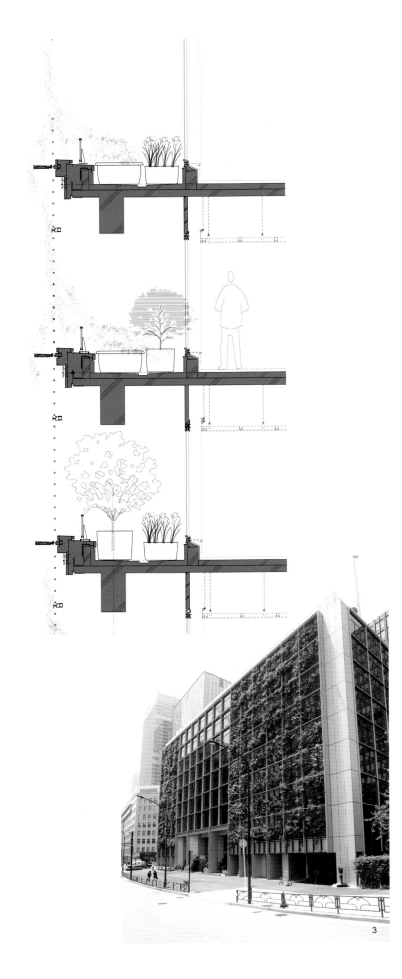

保圣那集团（Pasona）是一家国际知名的人事管理顾问公司，总部位于东京商业区，是一栋九层高的大楼，建筑面积20000平方米。这栋大楼已有50年的历史。集团决定不再兴建新的建筑，而是对原总部进行翻修，保留原有的建筑结构。本案的设计内容包括：绿色双层外立面、办公区、礼堂、自助餐厅、屋顶花园以及最最特别的 "城市农场" ——各种室内农作物栽培设施。室内农场的总面积达到约4000平方米，农作物200余种，包括水果、蔬菜和水稻，楼内培育、收割采摘，然后直接供应给自助餐厅。这是日本在办公楼内部实现 "从农场到餐桌" 直通流程的最大工程。

双层绿色外立面是这栋建筑的一大特色。阳台上种了橘子树和各种花卉，随着季节变化，装点着大楼的外观。外立面上的植物生长会受外部气候的影响，但不完全由室外环境决定。长满植物的外墙让整栋大楼看上去充满生机，有效提升了公司形象。虽然种植植物占去了楼内的一部分面积，用于对外出租的写字间少了，损失不小，但是，保圣那集团坚信，健康的形象有助于提升公司的公众信誉度，而绿色的空间也能给员工创造更好的办公环境。阳台除了种植外立面上的植物之外，对室内也起到遮阴隔热的作用。阳台上的窗户可以手动开关，给室内带来新鲜空气。这一绿色阳台的设计不仅对中高层商业建筑来说很少见，而且也能帮助建筑缓和供热和制冷的压力。整个外立面包裹了一层格栅，扩展了建筑深度，增加了植被空间，植物生长其中，形成一面有机绿墙。

项目名称：
保圣那集团东京总部
完成时间：
2010年
主持建筑师：
河野吉见
建筑师：
Yi-han Cao
摄影师：
神利通、卢卡·维奈利、保圣那公司
面积：
20000平方米

1. 西番莲果
2. 接待台上方水培的南瓜藤
3. 东侧外立面上，植物茂盛生长
4. 开放的会议空间采用自然采光

建筑内部保留了原来的基本结构，包括长长的横梁和巨大的承重柱。室内举架很低。设计师重新安排了所有管线，一律设置在边缘，这样中央横梁之间的部分举架高度能略高些。照明装置隐藏在横梁边缘，不会影响空间的高度，灯光将横梁之间的空间照亮，形成一个明亮的"港湾"。从2楼到9楼的办公空间都采用这种照明手法，相较于普通的天花内置照明，能够节约30%的能源。

除了为员工提供更好的工作环境以外，保圣那集团打造这一生态办公还出于以下考虑：近年来日本农业持续衰退，所以从事农耕工作的机会大大减少。保圣那集团对此展开了实际行动，利用总部的生态办公设计，开展对农民下一代的教育和培训工作，包括开设公开课、举办讲座、提供实习机会等。学生通过这些活动，能够学习个案研究、管理技能和财务方面的知识。传统农业和城市农业都有机会借此成为获利颇多的行业，赢得更多商机。这就是保圣那集团在东京总部大楼内打造"城市农场"的初衷，目标是扭转农民数量下降的趋势，确保日本未来食品生产的可持续发展。

目前，日本每年只能出产其所需粮食的三分之一，每年进口食物超过5000万吨。这些食物需要经过平均9000英里距离的运输，这是世界上最远的食物运输距离。保圣那集团总部种植的作物只供给公司内部的餐厅，所以堪称"零距离运输"，这无疑是更符合可持续发展理念的食物运输模式，大大降低了能源的消耗和物流的费用。

日本对进口食物的依赖源于其有限的耕地面积。日本仅12%的面积适合耕种。保圣那集团总部的"城市农场"是极其高效的城市耕地，是一座运用高科技现代化耕作技术的"垂直农场"，大大提高了农作物产量。尽管培育植物需要耗费的能源越来越多，但从长远来看，这一工程对日本农业的可持续发展、培养新的城市农民、增加城市耕地、减少食物运输费用都是大有裨益的。

"城市农场"里采用水培和土培两种种植方式，成功实现了农作物和公司员工共享空间。比如，西红柿藤悬挂在会议桌上方；柠檬树和西番莲果树在会议室里形成一道屏障；研讨室里种植的是绿叶蔬菜；豆芽种在长椅下方。

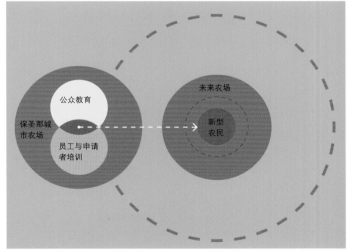

可持续规划示意图

日本

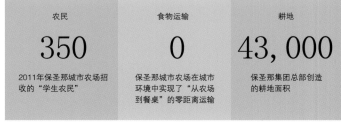

保圣那集团

正门大厅种了一片水稻和一片花茎甘蓝，并采用金属卤化灯、HEFL照明系统、荧光灯、LED灯等照明手段以及自动灌溉系统。智能气候控制系统能监测湿度、温度和风力，确保办公时间里员工的环境舒适度以及办公时间以外植物的最佳生长条件。这一措施确保了每年农作物产量大大提高。

保圣那集团的"城市农场"除了为农民未来的可持续发展打算之外，对美化公司环境也很有帮助。都市白领有机会面对生长的农作物，每天参与耕作，不仅有利于员工的精神健康，放松的状态也能提高工作效率。研究显示，都市环境中的大多数人80%的时间待在室内。植物能够改善空气质量、吸收二氧化碳、清除空气中的有机污染物。保圣那集团总部曾做过空气测试，结果显示，植物茂密的地方，空气中二氧化碳的含量明显降低。空气质量的改善让员工的工作效率提高了12%，工作中出现的不愉快和不适感减少了23%，减少了员工旷工和人员流动的费用。

保圣那集团总部要求员工在农业专家的帮助下，加入到农作物的培育和收获中来。这样的活动促进了员工之间的交流，有利于团队精神的培养。此外，培育农作物并供应给公司的自助餐厅，最终端上同事们的餐桌，这样的过程还能培养员工的责任感和成就感。

保圣那集团的"城市农场"打造了独一无二的工作环境，通过展示城市农业的技术和益处，有利于工作效率的大幅提升，促进员工之间的交流合作，确保未来的可持续发展。

1. 主入口大厅里的稻田
2. 水培生长架上种植着绿叶蔬菜
3. 办公桌旁是悬挂的袋装植物
4. 员工在会议室内开会

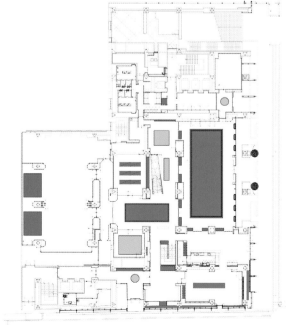

绿化区/地面种植区

绿化区/天花种植区

公共主厅平面图

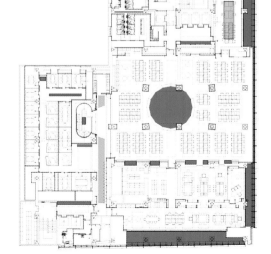

办公室标准层平面图

治愈花园——艾斯特·艾德哈尔医院

设计师：希瑞施·贝里联合事务所 ｜ **项目地点：**印度，戈尔哈布尔

1. 俯瞰中庭接待区
2. 休闲区的水景和植物

设计师的话

　　我向客户解释了天然采光、通风、植物以及人与人的交流会如何影响建筑空间的质量，进而影响病人的治愈过程。我的客户很通情达理，表示只要保证医院的基本功能和经济效益，在设计上我可以放手去做。我将医院所有的主要功能区都围绕一个宽敞明亮的中庭来布局，整体布局十分紧凑，呈现出线形的建筑形式。中庭三层通高，做了室内绿化。整个建筑呈后退的态势，前面留出一片空地，也进行了绿化。

项目名称:
艾斯特·艾德哈尔医院
完成时间:
2012年
主持建筑师:
希瑞施·贝里
面积:
12,600平方米

一层平面图

1. 门厅
2. 入口大厅
3. 门诊部
4. 急诊室
5. 药局
6. "冥想区"
7. 餐厅
8. 诊疗室
9. 住院部入口
10. 景观庭院

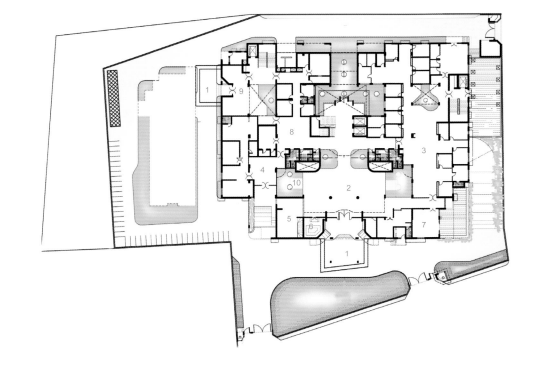

1. 医院前方的空地也进行了绿化
2、3. 中庭大厅的主要通道

艾斯特·艾德哈尔医院（Aster Aadhar Hospital）是由迪拜DM医疗集团和印度戈尔哈布尔的艾德哈尔私立疗养院合资经营的一家医院。DM医疗集团的阿扎德·莫本医生（Azad Moopen）和艾德哈尔疗养院的达梅尔医生（Dr. Damale）都表示，建立艾斯特·艾德哈尔医院的初衷，是想要打造一家高效、高档、多功能的综合医院；虽然用地十分有限，但仍要为未来的扩建做好打算。

印度建筑师希瑞施·贝里（Shirish Beri）和他的设计团队之前曾设计过多家医院，他们深知各种功能区的合理规划对于一家医院的高效运营有多么重要。建筑师必须了解医院各个功能区的复杂要求，并在设计中满足这些要求。医用气体、电脑数据传输线、闭路电视、电话线、采暖通风与空调管线、电缆、防火报警系统、给水管道（医院中不同清洁程度的水有单独的管线）、排水管道、垃圾通道（干、湿垃圾分离）、运输通道（包括无菌材料、未经消毒的材料、原材料、烹饪食品、血样和尿样及其检查报告、干净的和用过的织物用品）、员工、病人和医生的通道，等等，这些方面都要考虑周到，确保医院整体运行时，各种功能同时进行而不会彼此干扰。功能区的规划和各种管线的布置都要清楚明晰，才能有效确保医院的运营效率。

这座建筑在施工过程中遇到的首个重要问题就是基地深达6米的黑棉土，这对建筑地基很不利。另外一个问题是：施工现场有多达38个相关团队共同协作，各方必须彼此配合，因为每一方的工作都或多或少依赖其他人的工作。

建筑施工可以按照图纸按部就班地进行，而医院环境中亲切的氛围、是否能给人带来愉快、舒适、幸福的感觉，这就不是图纸能办到的了。为了达到这一点，建筑师在中庭中进行了室内绿化。中庭是一个自然采光的庭院，通风良好，有接待台和等候区。建筑师专门在其中开辟了一个"冥想区"，用植物来舒缓人们的心理压力，带给他们精神上的宁静和舒适。

这家医院功能齐全。地下室有停车场和其他服务区。一楼是入口大厅、门诊部、咖啡厅、急诊室。二楼是其他门诊部、透析室、中央厨房、餐厅、中央灭菌室、医生休息室以及病房。三楼是手术室、心导管介入实验室和大型重症监护室。四楼、五楼、六楼都是病房，包括普通病房、特殊病房和套房。这样的功能布局目前看来运行十分良好。

建筑外立面上安装了遮护板，能够遮阳、防雨。这种外立面处理手法也有助于隐藏各种管线。遮护板由方形管构成，在阳光的照射下，在外立面上形成阴影，随着日光的变化形成不同的光影效果。外墙的另一特色是：所有平台上都设置了种植槽，形成护墙。外立面的材料极具颗粒质感，确保了未来简单的维护需要。

这家医院配备了太阳能热水系统和高效的污水处理厂。植物采用滴灌技术，有效节水。热回收系统为医院供热提供了能源。良好的天然采光和通风，确保了空调的使用需要降至最低，只在几个关键区采用，而人工照明在白天则完全不需要。

有个病人曾在踏入医院后感叹："我已经开始觉得好点儿了。"一位医生曾表示，在这样的环境中工作是一种乐趣。医院的设计彰显了透明化、紧密化、可视化，监督、管理、维护工作都更容易进行。

可以说，艾斯特·艾德哈尔医院为印度中型城市的医疗机构设计设立了新趋势。

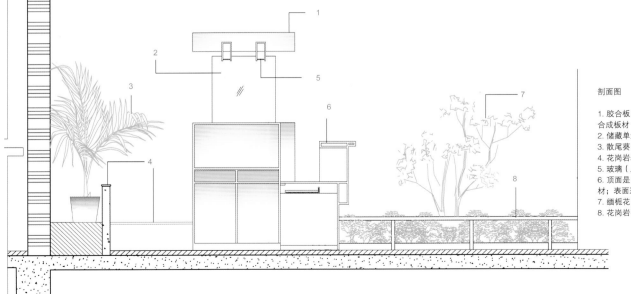

剖面图

1. 胶合板（尺寸：18毫米×200毫米），表面采用合成板材
2. 储藏单元表面安装的玻璃板（厚度：12毫米）
3. 散尾葵
4. 花岗岩表面（厚度：18毫米）
5. 玻璃（厚度：6毫米）
6. 顶面是18毫米厚的胶合板；里面是68毫米厚的板材；表面采用合成板材
7. 缅栀花
8. 花岗岩石板座椅（厚度：35毫米）

景观平面图

1. 花岗岩石板板座椅（厚度：35毫米）
2. 花岗岩垂直支柱（厚度：35毫米）
3. 单层砖的隔断墙（厚度：75毫米）
4. 鹅卵石
5. 低矮植物（高度：300毫米～500毫米）
6. 中等灌木（高度：1000毫米～1200毫米，
其中一些喜半阴环境）
7. 散尾葵
8. 顶面是18毫米厚的胶合板；里面是68毫米
厚的板材；表面采用合成板材
9. 储藏单元（外层厚度：18毫米），表面采
用合成板材
10. 门诊部登记处
11. 牢固的支撑结构（里面是砖，表面是装饰
材料）
12. 缅栀花
13. 管道
14. 瓷砖
15. 天窗
16. 垂榕

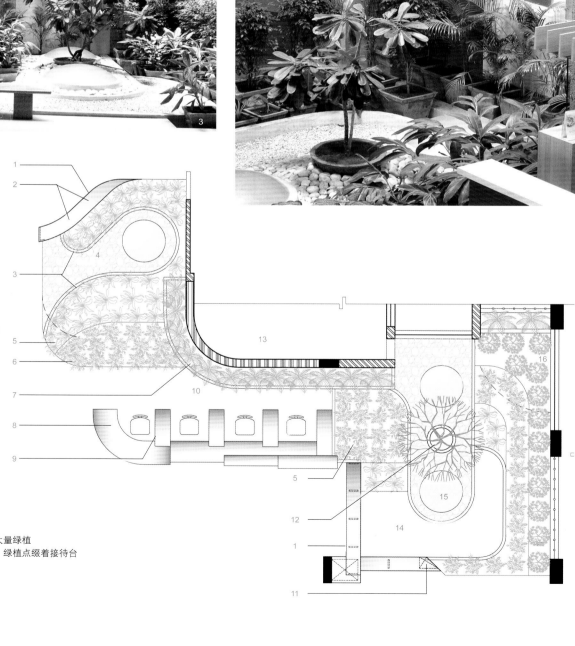

1. 中庭大厅内有接待区、等候区以及大量绿植
2. 入口大厅采用自然采光，通风良好，绿植点缀着接待台
3. 贵宾等候区
4. 中庭大厅一角

全球眼睛保健公司

设计师：137kilo建筑事务所、贝扎建筑事务所 **｜ 项目地点：**波兰，华沙

1. 绿墙装点的接待区
2. 绿墙有利于培养团队协作精神，营造轻松的氛围
3. "圆顶小屋"提供了舒适的工作环境

　　本案是一家全球知名的大型眼睛保健公司波兰总部办公楼的室内设计。该公司希望他们的办公室能够反映出"科学制药"的企业传统，同时为员工提供高品质的办公空间。

　　本案的设计灵感来自于实验室和隐形眼镜（隐形眼镜是该公司的主要产品）。裸露的白色天花板和晶莹的玻璃表面，共同营造出明亮、通透的空间氛围。如果只有这些，空间可能稍显单调。于是设计师沿着空间的主要视觉轴线增加了绿墙，并对功能区进行了创意十足的划分，既能鼓励团队协作，又有利于员工放松身心。

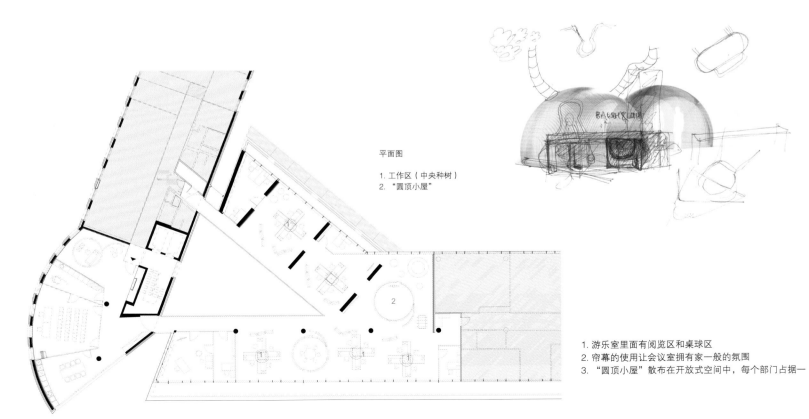

平面图

1. 工作区（中央种树）
2. "圆顶小屋"

1. 游乐室里面有阅览区和桌球区
2. 帘幕的使用让会议室拥有家一般的氛围
3. "圆顶小屋"散布在开放式空间中，每个部门占据一

帘幕的使用不仅保证了空间的私密性，而且由于帘幕的柔软质地，营造出家一般温馨的氛围。

除了一间大型会议室以外，功能用房还包括厨房、用餐区、眼科检查室（位于会议室旁边）。

办公空间大多采用开放式布局。通透的空间中有若干透明圆顶结构散布其中，这些"圆顶小屋"是会议室，公司中每个部门占据一间。"圆顶小屋"主要用于非正式的工作会议。高科技的充气式表面材料使人想起该公司的主要产品——隐性眼镜。圆顶内部的钢结构确保了其坚实牢固，符合相关防火标准。"圆顶小屋"配有通风和空调系统，内部的工作环境非常舒适。柔软、厚重的地毯进一步凸显了非正式的工作氛围。

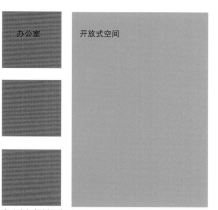

办公空间规划示意图

项目名称：
全球眼睛保健公司
完成时间：
2012年
设计团队：
Anna Łoskiewicz、Zofia Strumiłło-Sukiennik、Jan Sukiennik、Bartłomiej Popiela、Krzysztof Benke、Alicja Getka、Robert Kłoś、Tomek Korzewski
摄影师：
加赛克·科沃杰伊斯基
面积：
650平方米

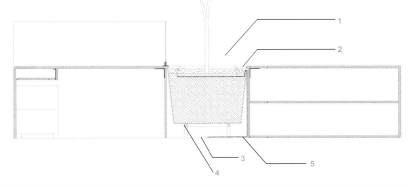

公司希望为员工提供舒适的工作环境。为此,设计师专门打造了一个游乐室,里面有阅览区、桌球区以及玩耍护栏。

本案主要还是针对办公空间的设计。4人一组的工作区呈现十字造型——"+"是该公司的品牌标识。工作区中央种一棵小树。每个工作组的员工负责给他们各自的小树浇水,体现出该公司注重团队协作的精神。

绿墙上的植物主要选择那些能够净化室内空气、吸收粉尘的品种。设计师对此曾做过模型试验,最终选取的植物品种在施工开始前向公司全体员工公布。

1. 4人一组的工作区呈现十字造型,中央种一棵小树
2. 眼科检查室内的植物有助于营造轻松的氛围
3. 会议室内的绿墙

细部图

1. 外部LED照明
2. "C"形固定槽(25毫米×60毫米)
3. 电源插头
4. 种植槽(80厘米×80厘米×60厘米)
5. 种植槽遮蔽物(18毫米)

"陶瓷城"购物中心室内设计

设计师：Artline建筑事务所 ｜ **项目地点：**乌克兰，基辅

1. 接待区的植物采用人工照明
2. 砾石地面采用装饰性照明

1. 一楼中庭空间

项目名称：
"陶瓷城"购物中心室内设计
完成时间：
2012年
主持建筑师：
亚历山大·戈尔班
设计团队：
伊莲娜·戈尔班、阿列克谢·戈尔班
摄影师：
亚历山大·戈尔班、阿列克谢·戈尔班
面积：
8,200平方米
客户：
乌克兰PTK "Agromat" 公司

　　"陶瓷城"是坐落在乌克兰首都基辅西部的一座大型购物中心，离环路不远。这个地区的建筑都比较单调，不是小货摊就是仓库。"陶瓷城"购物中心以经营瓷砖、卫生陶器等产品为主。在建筑设计和室内空间规划等方面，以"为顾客和店员打造最舒适的环境"为主要目标。

　　室内结构的设计灵感来自这座购物中心的名字——"陶瓷城"。购物中心室内模拟城市的格局，设置了购物街、广场、林荫大道等空间。

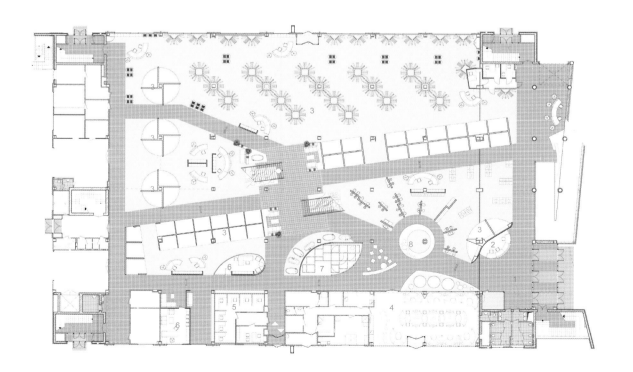

一层平面图

1. 入口
2. 接待区
3. 展览室
4. 餐厅
5. 银行
6. 办公室
7. 儿童游乐室
8. 喷泉

购物中心一楼入口处设有接待区，接待台背后是一面玻璃墙，玻璃上印有公司的标识。接待区的左侧，玻璃墙的后方，是个小咖啡厅，有50个座位。左侧更远些的地方是活动区，用半圆形的玻璃隔断跟贸易大厅分隔开来。购物街上，一家家小店琳琅满目，摆着各式瓷砖、卫生陶器和家具作为样品展示。此外，设计师还专门开辟出一些开放式空间，供店主与客户详谈。

管理办公室四周采用通透的玻璃幕墙。店主与客户谈生意的地方（位于二楼两排玻璃窗之间）也是这样的设计。二楼还有个宽敞的平台，通过两座旋转楼梯与一楼相连。

这家购物中心里摆满各种瓷砖、石材等，比如墙砖、地砖、铺装材料、马赛克板材……二楼平台上种了植物，摆放着舒适的座椅；植物的培养槽里铺满白色石子，并用灯光装饰。一楼和二楼的喷泉都采用瓷砖作为材料。水元素的应用并不是偶然的——作为四大基本元素之一，水象征了生命；此外，本案中，水还与卫生用品相关，正与"陶瓷城"的主题相契合。室内栽种的植物象征了生命。设计师根据每个地点的朝向、采光等条件，选择相应的适合的植物。咖啡厅里采光较好，选用的是鹅掌柴，种在高高的花盆里；而接待区主要依靠人工照明，则选用"蜘蛛抱蛋"，种在长长的矩形种植槽里，点缀在沙发旁边。

二楼的植物有以下几种：毛竹、象脚王兰、龟背竹、蕨类植物等。这些植物种植在喷泉周围的地方以及开放式交易区周围，这些都是专门规划出来的绿化区。此外，二楼平台上也摆放了一些花盆。

1

1. 二楼平台周围的绿植和小品

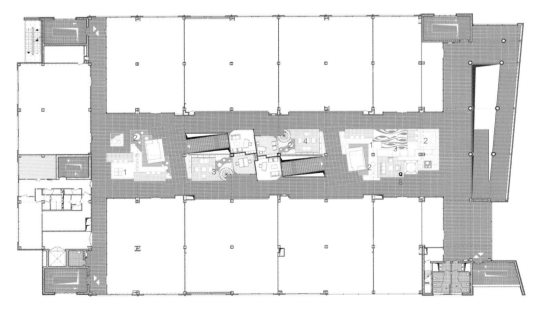

二层平面图

1. 砾石铺装
2. 装饰灯
3. 喷泉
4. 接待区和工作区

1. 二楼接待区设置了喷泉
2. 通往二楼的缓坡和楼梯的玻璃扶手让室内空间有一种自由的流动感
3. 接待台背后是一面玻璃墙，印有公司标识

室内的设计风格与整栋大楼的建筑风格相符，设计师采用现代的形式和材料，打造出让人一目了然的室内结构。餐厅、办公室、销售区之间采用透明的玻璃隔断，楼梯两边也用玻璃扶手，让室内空间有一种自由的流动感。木质材料的使用（墙板的木质镶边以及销售区的木柜子）与其他装饰材料（金属、陶瓷、石材等）相得益彰，营造出和谐一致的室内整体风格。

马赛克也是室内广泛采用的材料之一，包括一楼中央娱乐空间里的喷泉、沙发和花盆周围以及二楼，都能看到马赛克。这也让室内空间取得了整体协调的效果。

销售区设置在中央娱乐区的四周，一楼和二楼之间用楼梯和缓坡相连，空间结构非常清晰。顾客在此购物时，时刻都能清楚自己所在的位置，可以尽情比较、挑选，买到最适合自己的商品。四大元素——空气、水、土、火——在室内空间的运用成功打造出舒适和谐的购物环境。

师法自然——品质酒店

设计师： "触觉" 建筑事务所 ｜ **项目地点：** 挪威，福尼布

1. "森林墙" 将大堂与餐厅分隔开来
2. 微妙的灯光烘托着植物，在天花板上形成摇曳的树影
3. 树荫遮蔽下的开放式餐厅

设计师的话

本案中的室内景观设计灵感来自这栋建筑周围的景致。这家酒店位于奥斯陆城外，周围景色很美。我们的设计理念就是将户外的自然美景引入建筑内。这一目标通过三种手段得以实现：一、大量使用天然材料，如木材和石材。二、室内结构上，我们突出了垂直结构，比如打造了"人造森林"；三、打造私密感很强的绿色空间。

另外，我们还在休闲区和会议休息区设置了两座"垂直花园"，各种植物在墙上茂盛生长，成为空间温暖的背景，对访客来说，也不失为一个不错的交谈话题。两排绿树界定出中央的区域，在大堂中营造出私密的氛围。

项目名称:
品质酒店
完成时间:
2012年
设计团队:
尼基·布坦斯郝恩、托马斯·斯托克、司各特·格拉底、迪莫·海德里希
项目经理:
安德斯·布查（AB投资公司）
承包商:
HENT工程公司
平面设计:
鲍勃设计工作室
摄影师:
西蒙·肯尼迪、特赖因·索尔森
面积:
14,000平方米
客户:
K2酒店、阿科尔咨询公司、AB投资公司

1-3. 木方构成的独特吧台

品质酒店（Quality Hotel）是一家大型酒店，拥有300间客房以及会展场地。本案是这家酒店的室内设计，设计灵感来自挪威令人叹为观止的自然景观。设计师大量采用自然材料，在空间规划、形式、质地、色彩等方面都体现出多样性。

设计面临的首要任务就是将酒店内众多的功能区进行合理划分，让相互连接的空间和相互联系的功能得到合理配置。此外，酒店的整体的建筑风格和装修风格要统一，但是各个功能区要具备自己的特色，能够清楚地跟其他空间区分开来。酒店内的核心空间就是大堂，宽敞大气是这一空间的主题。设计师将一楼大堂进一步划分为几个功能区，有公共就餐区、私密就餐区、休闲区、会议区等。挪威森林是大堂设计的灵感之源，木材的使用在空间中随处可见，使

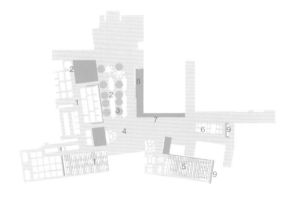

平面图

1. 餐厅
2. 食堂
3. 树木
4. 前厅
5. 阅览室
6. 会议室休息区
7. 接待区
8. 食堂餐台
9. 垂直花园

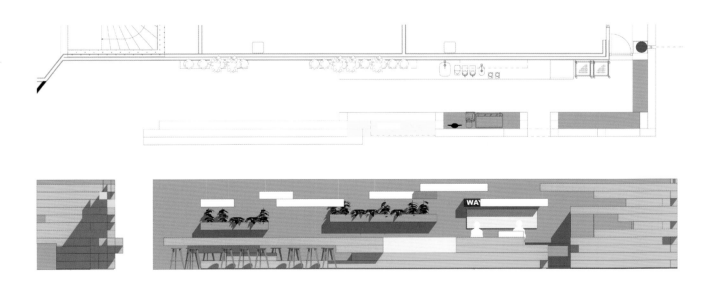

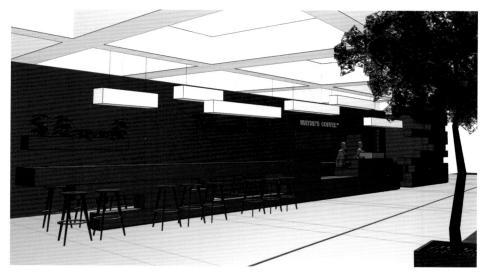

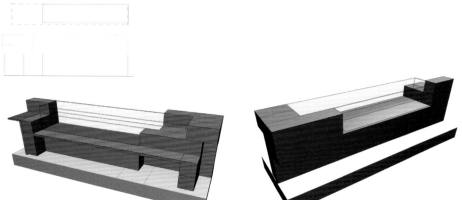

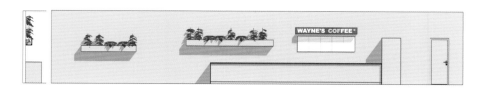

用手法多种多样：疏密有致的木板隔断墙、木质镶板、木方构造的特色接待台和吧台……甚至一些小的细节，如品牌标识和家具陈设，也都是木质的。大堂中的主要空间由个性十足的"森林墙"围合而成，"森林墙"将这一空间与就餐区分隔开来，透过疏密有致的木板，就餐区内的景致若隐若现，阳光从上方的天窗洒下，将大堂笼罩在一片温暖的明亮中。

一般的酒店大堂往往是接待和等候区，但是品质酒店的大堂远远超出了这一基本功能。对于酒店住客和参加会展的宾客来说，这里是就餐区和洽谈区。大堂里进行了绿化，栽种了不少树木，特别设计的照明将树冠的影子投射到天花板上，营造出妙趣横生的光影效果。

木板的应用是大堂休闲区的一大特色。墙上是木板，天花板上也是木板，看起来连绵不绝。木板墙可谓"一墙多能"——既是酒架，又是书架，又是桌子。相比之下，酒店客房的设计就没这么复杂了。客房采用的材料简单，但质量上乘，家具来自于意大利知名家具品牌。

1-3. 木材是广泛采用的材料，但使用手法不同

大堂的墙面以"森林"为主题，设计灵感来自斯堪的纳维亚沼泽。密集种植的植物在墙上一簇一簇地生长，凸出在周围作为背景的丝苇（一种多肉植物）之上。此外，零星的好望角苣苔属植物和非洲堇为墙面带来点点蓝色（这些植物开的花是蓝色的）。

薛荔

豆瓣绿

常春藤

狼尾蕨

鼓叶椒草

白脉椒草

有翅星蕨

丝苇

好望角苣苔属植物

好望角苣苔属植物

非洲堇

非洲堇

花烛属植物

豆蔻

肾鳞蕨

八角金盘

蟆叶秋海棠

蟆叶秋海棠

山苏蕨

虎斑秋海棠

皱叶冷水花

肾鳞蕨

吊兰

龙骨

　　休闲区仍延续"森林"的主题，但是这里的设计灵感则来自林地公园。休闲区整体看上去更宽敞大气，设计师采用的是几种大叶植物，如八角金盘属植物、豆蔻、花烛属植物等。这些大叶植物，再加上秋海棠，共同打造了特色绿墙。此外，设计师还用了几种肾鳞蕨属植物，形成墙面上异常繁茂的景象。

1、2.垂直花园是整个空间的背景，也是访客谈论的焦点
3、4.树荫下的空间，氛围十分宜人

阿赫米亚保险公司总部会议中心

设计师： ADP建筑事务所 **|** **项目地点：** 荷兰，阿珀尔多伦

1. 楼上的办公用房围绕中庭布局

绿色工作环境

项目名称：
阿赫米亚保险公司总部会议中心
完成时间：
2012年
室内设计：
ADP建筑事务所、Ex室内设计公司
景观设计：
ADP建筑事务所、B+B设计公司
摄影师：
杰拉德·范比克
面积：
9,600平方米
客户：
阿赫米亚保险公司

荷兰最大的医疗保险公司阿赫米亚（Achmea）在阿珀尔多伦市新建了总部大楼。新总部地处的位置很特殊，在市区和自然保护区之间的过渡地带，所以这里兼具城市环境与自然环境的双重特征。ADP建筑事务所充分利用这一环境，在设计中打造了全新的现代办公理念，结合阿赫米亚保险公司悠久的传统，为后者提供了创新的办公环境。

新总部共有10栋低矮的建筑。除了办公楼之外，还包括会议中心、物流仓储、若干展厅以及停车场等功能区。10栋建筑围绕着中央的院落布局，建筑之间形成多种多样的户外空间，如"山谷"、"日光平台"、"森林"和"入口广场"等。建筑、室内环境和景观三者之间的关系是本案的重点，设计的宗旨是打造"绿色办公环境"。

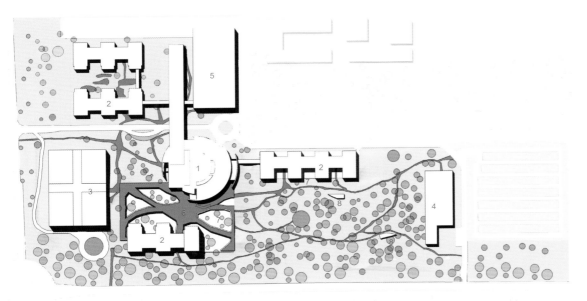

总部总平面图

1. 会议中心
2. 办公楼
3. 原办公楼
4. 物流中心
5. 停车场
6. 停车场上方的平台
7. 地下停车场
8. 凉亭

1. 会议中心完美融入周围环境，是阿赫米亚总部的中心建筑
2. 会议中心入口大厅宽敞明亮

2

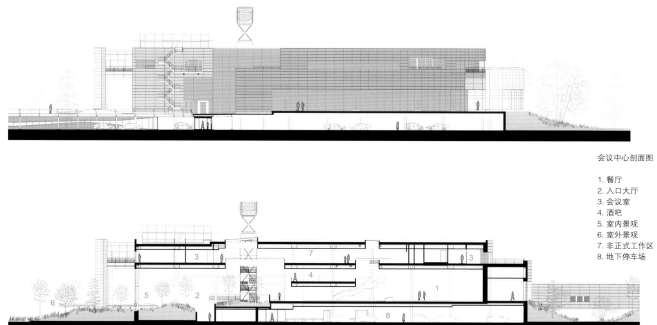

会议中心剖面图

1. 餐厅
2. 入口大厅
3. 会议室
4. 酒吧
5. 室内景观
6. 室外景观
7. 非正式工作区
8. 地下停车场

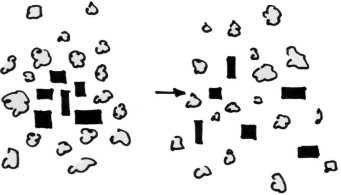

分散式建筑布局

位于中央的大楼就是会议中心。这栋建筑的设计旨在促进员工之间的交流与互动。整个总部的设计都体现了荷兰费吕沃地区的景观特色：起伏的山丘、绵延的树木，桦树、柏树、松树、石楠花……设计师将费吕沃的景观照搬到阿赫米亚的新总部来，使人如处大自然的怀抱中，在这样的环境里，紧张的工作也显得放松了。而会议中心及其中庭则是整个景观设计的焦点所在。中庭里是一座750平方米的室内花园，整体呈坡地造型，从一楼延伸至二楼。接待区、会议室和餐厅围绕中央的花园布局，让人们能够充分欣赏花园的美丽景致：山坡、绿草、树木，宛如大自然。

1. 入口大厅里的接待台
2. 楼内随处可见非正式工作区
3. 在大楼的核心空间内，建筑与景观融为一体

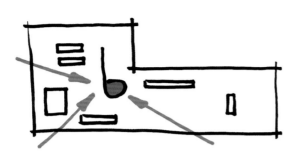

聚焦中心建筑
景观延伸至室内

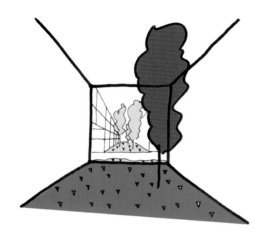

1. 地下停车场通道
2. 连绵不绝的楼梯让室内外空间联系更紧密
3. 景观延伸至会议中心内
4. 入口处可以看到所有楼层，一目了然

4

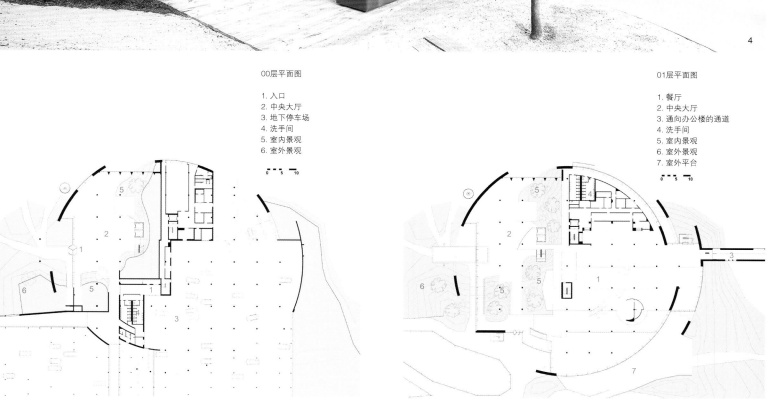

00层平面图

1. 入口
2. 中央大厅
3. 地下停车场
4. 洗手间
5. 室内景观
6. 室外景观

01层平面图

1. 餐厅
2. 中央大厅
3. 通向办公楼的通道
4. 洗手间
5. 室内景观
6. 室外景观
7. 室外平台

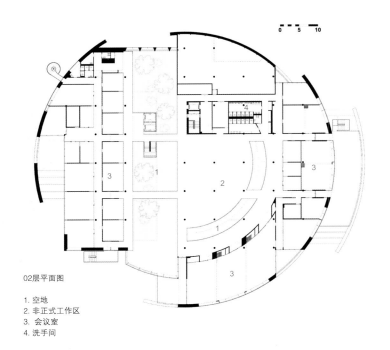

02层平面图

1. 空地
2. 非正式工作区
3. 会议室
4. 洗手间

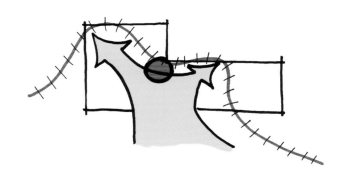

景观设计遍布整个总部

1. 入口大厅是整栋建筑的中心轴线，在视觉上将所有楼层连在一起
2. 绿色环境下的非正式会谈空间，不论是访客还是员工，都会感到舒适
3. 室内景观营造出舒适、健康的工作环境

围绕着"绿色办公"的设计理念，设计师将室外景观引入室内，让建筑与自然在会议中心的中庭里邂逅。中庭举架很高，站在中庭里，可以看到餐厅以及分布在各个楼层上的25间会议室。餐厅能容纳750人就餐，也分布在不同楼层上，从上至下，直到一楼，仿佛与室外相连。餐厅除了就餐以外，还可以用作非正式的工作环境，办公设备齐全；门厅的设计也是如此。从较高楼层可以俯瞰中庭花园，所以沿着中央的栏杆处都设有办公空间。

绿意盎然的室内景观、井井有条的建筑结构、晶莹透明的玻璃屋顶……会议中心大楼可谓特色十足，不但非常吸引眼球，而且让人觉得亲切自然。楼内的环境氛围有点儿像酒店，身处其中，员工和访客都会觉得舒服自在。会议中心的中庭是阿赫米亚新总部舒适宜人的入口花园。

"绿色波浪" —— 鲁瓦亚主题中心泳池设计

项目名称：
鲁瓦亚主题中心泳池设计
施工情况：
进行中
项目地点：
法国，鲁瓦亚
设计师：
文森特·嘉勒博建筑事务所
合作设计：
弗雷德里克·马格尼亚建筑事务所
面积：
550平方米
客户：
鲁瓦亚市政府、多姆山省政府
造价：
220万欧元

法国水城鲁瓦亚（Royat）市中心有一座绿色购物中心，本案就是对这栋建筑的扩建，新增了一座现代化的泳池，供水疗健身的人群享用。

泳池建筑的顶部呈现出优美的弧形，里面除了泳池之外，还增加了针对心血管和风湿疾病的水疗服务。这座建筑以"绿色波浪"为特色，泳池大厅内进行了充分的室内绿化，将形成鲁瓦亚大街上的新地标，改善附近居民的生活环境。设计师尽量满足客户提出的要求，在此基础上，在设计中突出三大主题——城市地标、健康水疗、环境质量。

完美融入周围环境的城市地标

作为鲁瓦亚大街上全新的建筑地标，这座建筑在附近20世纪60年代到80年代扩建的一批相对朴素的建筑中脱颖而出。设计师充分考虑到该地条件的限制，因地制宜地采用底层架空的框架结构，空间布局十分紧凑。泳池大厅的建筑结构依托着购物中心原建筑，泳池大厅下方是洗衣房和工作间。

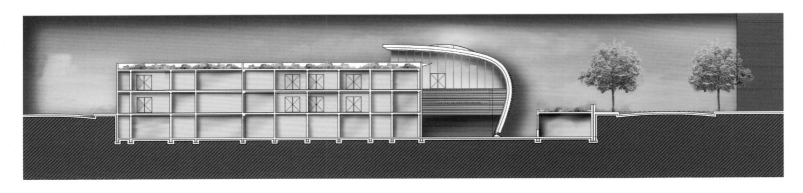

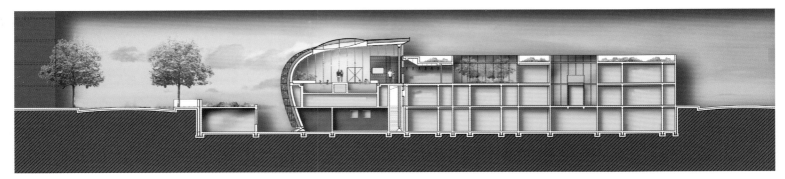

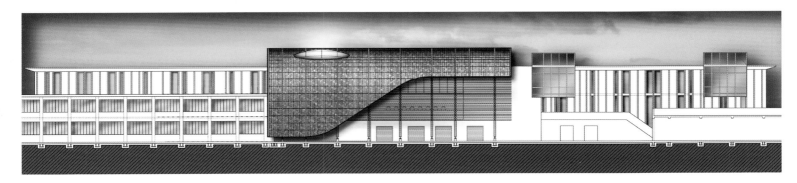

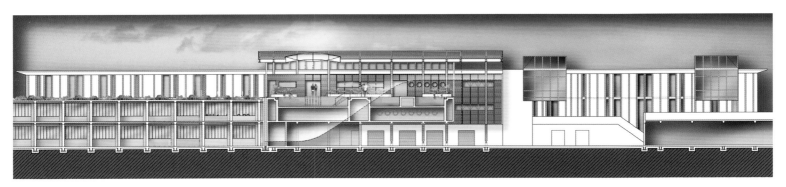

扩建的泳池建筑巧妙、轻盈地融入周围城市环境。在"绿色波浪"的笼罩下，喷泉水池和游泳池都呈现圆形的造型。虽然大厅内空间有限，水池略显拥挤，但巧妙的布局让使用十分方便。大厅中的每个人都能清楚地看到物理治疗区，包括待在水池中心的人。

建筑用地的东面是奥拉林温泉（Auraline）。为了将用地内的建筑物连接起来，设计师将泳池建筑的屋顶向东延伸，感觉离温泉更近。购物中心原来的外立面成了泳池大厅的内墙。木质墙面上分布着舷窗和水平方向的开窗，从这些窗口能看到更衣室。两道人行桥通向更衣室。人行桥处的空间地面采用透明的玻璃，阳光能够穿透玻璃，照射到下面的地下室空间。

绿色保护伞下的健康水疗

泳池大厅内的空间氛围非常温暖、私密、放松。温泉水在不锈钢泳池的衬托下更显得闪烁耀眼。泳池大厅的东面是喷泉水池，池边柔和灯光让人忍不住抬头眺望远处奥弗涅山脉（Auvergne）上方的辽远天空。玻璃幕墙上面印制的图案逐渐加深（以保证室内的私密性），所以人们的视线最后会锁定在鲁瓦亚高架桥的连拱上。泰尔姆大街（Thermes）上，一棵棵高大的黎巴嫩雪松打破了高架桥线性的视觉效果。泳池位于大厅的西侧，旁边是温暖的木质墙面，透过透明的玻璃能看到植物茂盛生长的一面绿墙。

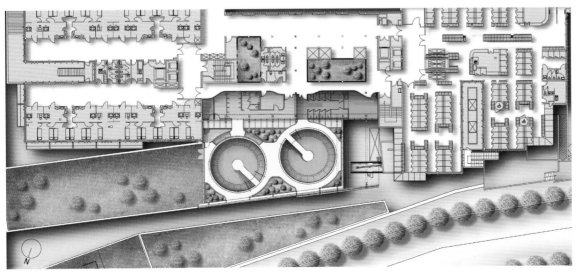

　　喷泉水池和泳池都处在水生植物的环绕下。种植区也是弧线形的，与水池的圆形造型相一致。种植区旁边的区域就自然而然地变成舒适的"海滩"了。更衣室以及其他功能用房与其他水疗服务区通过一个天井相连，天井分成两个小庭院，里面种满植物。这样，享受水疗服务的人相当于身处一个由玻璃和钢材、木板和绿植共同构成的保护伞之下。在泳池大厅里，你会感觉身处船舱一般，一边做着水疗，一边想象船停泊在码头上，周围是蔚蓝的海洋……

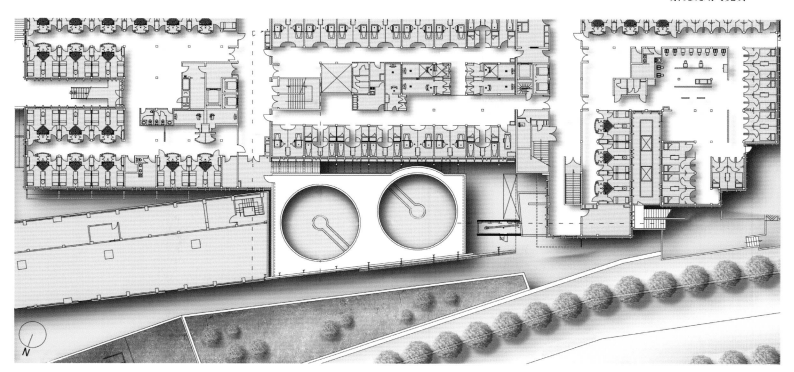

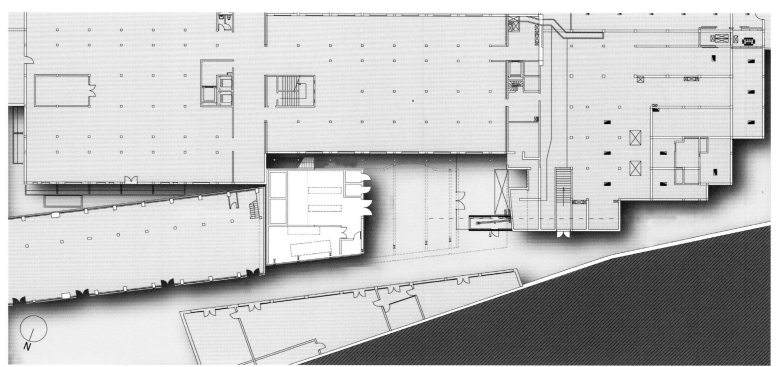

高品质的建筑环境质量

    "绿色波浪"为鲁瓦亚大街带来一丝大自然的清风。建筑顶部的绿色屋顶还起到隔声和隔热的作用，确保了下方泳池大厅内的舒适环境。绿色屋顶充当了生物隔离层。不但如此，它还降低了建筑对能源的消耗，因为屋顶冬天能够积蓄热量，夏天能起到自然通风的作用。"绿色波浪"在鲁瓦亚创造了一处微型生态景观。这里是生态环境恢复生机的地方，不光是为做水疗的人们而准备，也为经过鲁瓦亚大街的路人创造了良好的自然环境，反映了鲁瓦亚这座水城谱写新的城市历史篇章的雄心壮志。

室内绿化
——人与自然的和谐共生

希瑞施·贝里（Shirish Beri，印度建筑师）

　　放在更广阔的语境中来看，建筑本身就是生命。因此，我一直希望我的设计能够体现出我对生命的感受。如今，我感受到的最突出的一点就是：人们正在远离自然，渐行渐远。在我的所有作品中，我都自问：我的设计是否能让人走近自然？通过一体化的景观设计，我尽量让我的设计达到这点。

　　我们的设计能够让人在第一眼看到建筑的时候就想到自然吗？其实，建筑与自然的联系并不止于入口。自然不仅能够以植物、岩石等形式进入室内，甚至能以庭院的形式出现，或者绿化楼宇之间的空地，或者扩建休闲区，阳台也可以开展绿化，还可以用大面积的开窗将户外的自然风景引入室内。总之一句话——室内绿化。

　　庭院的作用不仅在于通风和采光。庭院对人的心理会产生微妙的影响，有某种治愈作用，尤其是经过良好绿化的庭院。另外，庭院也是建筑功能的延伸。

　　比庭院使用率更高的是介于室内外之间的半开放式过渡空间，比如带顶棚的阳台、休闲区、过道以及建筑各个部分之间的空间。通过绿化手段将这些过渡空间与户外进行衔接，这其中需要很多技巧与创意。

　　在高楼林立的城市环境中，建筑周围的平台也是具有绿化潜力的好地方。平台的设计要侧重透明性，这样能够很好地贴近自然。

　　另外，窗口的视野也能让室内的人工环境与室外的自然环境的界限变得模糊。有时，户外的自然元素会映射在建筑立面上，甚至映射到室内来，这也是联系室内外环境的一种手段。如果我们留心自然，我们的设计语汇就不会局限于有限的场地和建筑材料。景观元素也可以信手拈来——户外的广阔美景、变幻莫测的天空、随季节变换兴衰荣枯的树木、远方一望无际的山脉……都能为我所用。

大自然的潜能可以通过最细微的建筑元素来开发——凹窗、窗台、门槛、护墙、阳台……还可以给动物留个空间，让鸟儿在此筑巢、栖息。

在园区的设计中，楼宇之间的空间如何处理显得十分重要，关系到我们能否让人工环境和自然环境完美衔接。

不同品种的植物，在形态、色彩、质地等方面有很大差异。数不胜数的植物种类可以任意搭配、组合，营造出的空间氛围也就大不相同。

地面铺装、墙面、台阶、户外小品设计、台地、栏杆、户外标识系统、照明设计等，都会影响整体的绿化设计。建筑材料的选择也很重要。自然材料有一种温暖的感觉，会随着时间的推移慢慢变化，优雅地刻上时间的印记。

我觉得那些看起来似乎了无生气的材料，比如砖石和木材，如果运用得当，似乎也能变得会呼吸，会说话。如果我们足够敏锐的话，我们会与绿化空间产生优美的共鸣。

花盆、平台、水体、树木、座椅等这些常见的景观设计元素，可以巧妙搭配，融入整体的景观设计中，让人与自然更加亲近。

我们的设计力求达到"冲突最小化"——随机的自然因素与人为控制的因素之间的冲突尽量最小。在这样的景观设计中，人和自然的关系是你中有我，我中有你，浑然不可分割。我们有些案例，景观与建筑的分割线实在是难以辨认，你不知道到底是房子建在花园中，还是花园建在房子里。

我们是否能够通过下面几行诗句来培养我们上面说到的景观设计师所要具备的敏锐呢？

"落花，
返回枝头？
却是蝴蝶！"

"树木告诉我们风的形状，
海浪把生命力传递给月亮。"

"莲花，
不声不响，
默默开放。"

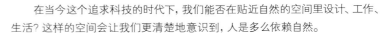

在当今这个追求科技的时代下，我们能否在贴近自然的空间里设计、工作、生活？这样的空间会让我们更清楚地意识到，人是多么依赖自然。

在当今这个充满压力与疲惫的都市环境里，这样的空间是否会成为让我们安心栖息、恢复活力的港湾？同时，这样的空间不应该耗费过多能源，不应该对我们的自然资源形成压力。

难道这样的空间就不能抛开矫揉造作的人工痕迹，只是简单、直接、直抵心灵吗？

大自然具有治愈创伤、为我们重新注入活力的伟大力量，包括身体的活力与精神的活力。在紧张忙碌地工作了一两周之后，在无尽的实地考察、开会等公事结束后，如果能够回到我的农场，在大自然的怀抱中休息几天，那绝对会让我精力充沛、精神饱满。对我来说，在小溪或瀑布下戏水，跟鸟儿和绿树说说话，感受脚下的土壤和清凉的微风，在满天繁星和萤火虫的陪伴下入眠……所有这一切有一股强大的治愈力量，安宁祥和取代了一切俗世纷争。

这样的室内绿化空间也是符合可持续设计理念的空间，营造出简单、快乐、舒适、体贴的环境氛围。

问&答

1. 室内景观设计中需要考虑哪些因素？对您来说，最重要的是什么？

室内景观背后最重要的是这样的理念——在可控制的、安全的环境中享受自然，让室内外环境的界限变得模糊。正确地选择植物对室内景观设计很重要。

2. 室内景观未来的长期维护有什么计划方案吗？

有些植物可能需要不时地转换方向。植物的真菌传染病需要预防。

3. 您的设计灵感从何而来？

我的灵感来自大自然母亲以及心理学。

4. 预算有限是经常会碰到的问题。您是如何解决这个问题的？室内景观设计会比普通的室内设计成本更高吗？

正常来说，室内景观比其他形式的室内装修花费要少得多。

希瑞施 · 贝里（Shirish Beri）

　　如果想把希瑞施 · 贝里一生中所做的事（尤其是与建筑有关的事）跟整体的生活相分离，那几乎是不可能的。对他来说，生活的本质就是我们如何理解"生活"、如何去过"生活"。

　　希瑞施 · 贝里的建筑作品体现了他的价值观和他的生活哲学。自1975年以来，他的设计就在现代印度建筑里独树一帜。他的建筑作品试图体现他对生活的理解——人类正在远离自然，远离同伴，也在远离自身。他的设计旨在融合各种自然的和人造的元素和力量，力求达到一种整体和谐统一的境界。

何为可持续设计？
——保圣那室内农场的绿色建筑理念

河野吉见

　　人类对有限资源过度消耗，地球的自然生态平衡遭到破坏……我们的良心不断地遭到谴责。各种媒体、机构甚至门口的食杂店都在宣扬绿色、环保、环境意识和可持续发展这些理念。这些概念看起来似乎没什么区别，几乎可以混用，但是其含义、应用及其产生的结果却大相径庭，小到塑料瓶的回收利用，大到一栋建筑的绿色认证。

　　美国的LEED绿色建筑认证全称是"Leadership in Energy and Environmental Design"。它是非营利机构"美国绿色建筑委员会"运作的在美国最广泛使用的绿色建筑认证体系，始于1993年。高标准、严评估、重技术，在这样的认证体系下，建筑物会得到不同等级的绿色认证。美国有数千座大楼经过LEED认证。近几年，LEED认证在国际上越来越有名，在全欧洲，乃至亚洲的一些地方，也在发挥作用。

　　纽约市"最绿色"的办公建筑之一，是美国银行大楼，2010年竣工，获得了最令人羡慕的LEED白金级认证。这座大楼号称"世界上最环保的高层办公楼"。但是，这座全部由玻璃和钢材构成的现代化大楼，外观看上去却一点儿也不绿色，既没有户外绿化空间，也没有室内景观设计。事实上，除了取得白金级认证、运用各种先进的可持续设计策略之外，2013年发布的一份能源报告显示，这栋大楼每平方英尺耗能是有80年历史之久的帝国大厦的两倍还多。

　　当保圣那集团找到河野设计公司设计他们的东京总部大楼时，任务书中就包含设计一座绿色、可持续的办公大楼这一要求。在设计的初始阶段，很自然

的，我们考虑了本案申请LEED认证的可能性。在研究了认证的过程和标准后，我们发现，很多要求都会让客户未来长期保持较低的运行成本和较好的节能效果。然而，我们觉得，这样一座大楼却未必是一座让使用者以及周围居民切身感受到绿色的建筑。这样的观点很快改变了我们对绿色建筑所持的设计理念和设计方法。

保圣那集团是日本顶尖的人力资源管理公司，其经营范围之一，就是培养城市中新一代的农民，以便补充日本日益减少的农民劳动力。保圣那集团之前已经举办过各种讲座和培训班，开发潜在的农耕人力，同时也让大众对日本农业的未来更加关注。我们希望新的总部大楼能够有切实的空间来就这一核心价值开展活动，通过这家人力资源公司专业的服务，让更多的人参与进来。因此，我们决定在办公楼内打造一座"城市农场"。

我们希望我们采取的绿色设计策略不只是简单地将室内空间种满植物、将建筑立面用植被覆盖。相反，楼内的大部分植栽空间，包括绿色双层外立面，种植的都是可以食用的农作物，种植、维护、收割工作都由员工应用最先进的农业技术来完成。这些农作物都用作楼内食堂的食材，食堂面向员工和大众开放。

建筑使用者如此程度的参与，每天与植物做如此亲密的接触，已经远远超过了普通绿化带来的视觉效果，改善了楼内工作环境和员工的精神面貌。不仅如此，绿色外墙不仅能够阻隔日光照射，还为大楼带来随四季变换的外观——这已经成为当地一处独特的地标，显示了城市农业的重要性以及保圣那集团提升大众的农业意识的成果。

如果保圣那总部大楼申请LEED认证的话，不幸的是，由于楼内农作物的生长需要耗费大量能源，它将无法通过认证。按照LEED的技术标准，这不是一座绿色建筑，任何人都可以轻易地批评保圣那总部大楼的高能耗。然而，本案却对大众和农业产生了积极影响，从面向大众的教育到专业的农业研究，"城市农场"无所不包。这些是用LEED或者任何能源认证体系的标准都无法衡量的价值。

比如说，保圣那室内农场目前正在进行的研究工作是测试在特定光照条件下植物的最有效的生长方法。的确，有些农作物需要使用耗能较高的设备。但是，以绿叶蔬菜为例，在标准荧光灯照射的条件下，产出的每棵菜价值40日元（40美分）。保圣那集团希望这些研究能够有助于未来在全世界推广"城市农场"的模式。

当今，建筑师和工程师可以很方便地收集、分析比以往更多的关于建筑的信息。通过这些资料，我们要看到，现在已经不光是由"节能、节水、材料"等方面来界定什么是符合可持续发展理念的建筑。保圣那集团总部成功做到了让楼内外的人们感受幸福。它的可持续设计价值不在于建筑节约了多少能源，而更多地在于它如何更好地影响、教育、培养新一代的城市农民，如果对农业技术进行更好的投资，以确保日本未来的食物生产。保圣那集团总部的模式，就是河野设计公司和保圣那集团都信奉的可持续设计理念。

问&答

1. 您在这个项目中是否应用了特定技术来应对某些特殊情况？

是的。根据农作物在楼内的位置以及是否能够利用自然光照，我们采用了不同的农业技术以及光源来满足农作物生长所需的各种条件。有些种类的农作物能够在阳光持续照射的条件下生长，而其他一些种类则需要遮阴和温度的变化。我们考虑到了农作物的这些特定需求，为楼内各个种植区的农作物创造了最适宜的生长条件。

2. 在室内景观设计中需要考虑哪些因素？

在保圣那总部大楼这个项目中，植物完全融入办公环境中。农作物以及景观设计必须保证不会影响日常的办公。比如说，水稻需要持续光照，这会造成室内高温，还可能产生蚊虫。而我们将水稻置于作为楼内主要公共空间的正门大厅里。这里的环境对入口非常重要。相对来说，水培的西红柿就比较清洁，需要的维护工作也比较少，更适合融入会议室和普通的办公空间。西红柿可以用标准荧光灯照明，这种灯光同时也能营造舒适的办公环境。对室内景观和室内农作物种植来说，对能源的需求以及灌溉的需要必须要考虑到，要用植物和农作物带来的益处来平衡这种需求。在繁华的商业区，利用最佳办公空间来种植农作物，这是我们要考虑的另一方面。在保圣那总部的项目中，我们尽量充分地利用空间，连天花板都用于培植作物，员工能够在下面工作，一举两得。

3. 那么您认为最重要的是什么？

设计任务书中，客户最重要的要求之一是为这栋建筑打造全新的形象。打造一座真正的城市农场办公楼，这就是我认为最重要的。

4. 在这个项目中，最大的挑战是什么（比如植物和农作物的光照、生长介质、灌溉系统等）？您是如何应对的？

最大的挑战是"办公"与"农场"这两个风马牛不相及的领域的"杂交"，如何将二者融合在同一空间中。在办公环境中种植蔬菜和水果，这是一个艰巨的任务。尽管人和植物都需要阳光和水，但是二者需要的量却大不相同。比如说，某些农作物需要较高的湿度和大量的光照，而这样的条件无法满足人的舒适度。我们必须巧妙控制室内气候，使其既适合植物的最佳生长，又能在办公时间里保证员工的舒适度。在农业专家和农民的帮助下，我们选择适合的农作物品种，在办公环境中为其创造理想的生长条件。我们做了很多尝试，犯了很多错误。

5. 在您看来，未来10年中，室内农场在建筑设计中将扮演什么样的角色？

随着室内农场的普及，我们会研究出适合各种农作物生长的最佳条件。照明会更高效，农业技术的应用会更普及，如"气耕"和"养殖与水耕复合技术"等，降低植物的需水量，为农作物提供更高效的营养物。这样，我们就能消耗更少的能源，产出更多的作物，打造更舒适、更绿色、更可持续的工作和生活环境。

河野吉见

河野吉见生于日本，在东京学习建筑学。先与日本设计师内田繁经营东京"80工作室"，任总设计师，后加盟纽约维格尼利设计工作室（Vignelli Associates）。

河野吉见于2000年1月创建河野设计公司（Kono Designs），业务范围包括建筑设计、室内设计、企业形象识别设计、平面设计、产品设计等。他的设计作品曾多次在日本以及国际书刊中出现。所获奖项包括：2001年厨房卫浴产品创新设计奖；1994年日本展览设计协会（DDA）大奖；1994年和1997年两次获得日本标识设计协会（SDA）优秀奖；1995年日本印刷协会（JTA）最佳设计奖；2001年、2005年和2011年三度获得新办公推广协会（NOPA）日经新办公大奖；2011年日本设施管理协会（FMA）推广奖。

室外景观元素与室内设计的相互融合
——访史蒂芬·迪·伦萨

史蒂芬·迪·伦萨（Stephen di Renza）

在漫长而多彩的设计生涯中，史蒂芬曾涉足产品设计、零售理念以及环境设计策略等领域。

史蒂芬生于美国费城，曾在里昂、纽约、巴黎、河内、伦敦等多地生活过。自2007年起在摩洛哥古都非斯（Fes）定居。

史蒂芬曾为奢华男装品牌登喜路（Alfred Dunhill）在欧洲和亚洲的店铺做过设计。美国高端珠宝品牌弗莱德·雷顿（Fred Leighton）洛杉矶店的设计也出自他的手笔。

1. 请问您如何看待室内景观？穆斯林室内景观设计有何特点？

作为一个西方人，我认为室内景观就是将传统的室外景观元素纳入建筑内部的室内设计中。

作为在伊斯兰国家工作的设计师，我的经验告诉我，伊斯兰的建筑和室内景观总是相互协调、不可分割的。

穆斯林人非常注重建筑内部的设计，尤其是内庭。穆斯林国家的气候通常十分恶劣，景观设计就集中在内庭这一有限的区域内。

2. 请您介绍一下您在摩洛哥的"7号餐厅"项目。您是如何将景观设计与室内设计相结合的？

"7号餐厅"在一楼，跟"利雅得9号宾馆"相通。这是一栋始建于18世纪的传统摩洛哥式建筑，现在是一家小型精品酒店。这栋建筑历经三年翻修，大部分都进行了彻底的重建。翻新和装修的宗旨是使用传统的本地材料，雇用本地工匠，但不是单纯的仿古。室内空间的设计有意减少装饰，只用传统的黑白二色瓷砖，搭配不多几幅大体量的摄影作品。大理石水墙和鱼池的两边各有一棵丝兰树。水池和植物的空间沉入地面以下（摩洛哥建筑通常没有坚固的地基），并安装了排水管道。设计意图就是要与建筑外面嘈杂的活动形成鲜明对比，营造宁静的空间氛围，让人们体验古都非斯特有的文化意境。这个空间明亮、通透，与传统建筑和工艺相辅相成，同时又显得舒适、现代。

3. 您在摩洛哥完成的项目中是否采用了一些适用于当地条件的特殊技术？

我在摩洛哥完成的两个项目都位于非斯的中古历史保护区，所以技术的运用是十分受限的。我运用的唯一现代设备就是灯光和简单的水泵。

4. 在室内景观设计中需要考虑哪些因素？您认为最重要的是什么？

需要考虑的是：空间未来的使用者是哪些人？如何使用？为什么？

5. 您认为设计最大的难点在哪里？您是如何克服的？

每个项目情况不同，要因地制宜，了解该地的气候、采光、空间特征、资金预算等问题，包括预期的效果。就我个人来说，简单化往往是个不错的解决办法。

6. 您如何理解室内景观与建筑之间的关系？在穆斯林建筑及景观设计中，这种关系是否存在不同？

我觉得在不同的文化背景下，二者之间的关系也会不同。作为一个美国人，我赞同我的同胞、建筑大师弗兰克·劳埃德·赖特的说法——100年前，他将自己的设计称为"有机的设计"。他认为，建筑必须是一个有机的整体，它生长自大自然，也效力于大自然，它本身同大自然的景观融为一体，包括它内部的一切：家具陈设、植物、艺术品等。

伊斯兰建筑的一大特征是室内外空间的界限模糊，这不全是炎热气候的结果。伊斯兰哲学注重人

与自然的融合，这在他们的建筑结构和景观设计上都体现出来。

7. 可持续性室内设计对城市环境的影响如何？在哪些方面有影响？

从伊斯兰文化的角度看，环境保护是伊斯兰教的一个基本宗旨。尤其是水的使用，需要精心控制。如果设计中涉及水池，一般有三个元素需要考虑：一、水池对其所在的区域起到的加湿作用；二、水池作为一个设计元素起到的美化环境的作用；三、听觉效果，因为水池能产生一系列的声音，为原本静谧的环境加入一丝动感。

8. 您的设计灵感从何而来？请结合您的摩洛哥项目具体阐述一下。

我通常从历史中寻求灵感，将历史层层剥开，

直至核心；这个"核心"就是我设计理念的基础。我在摩洛哥有一个项目，是以伊斯兰花园的七大基本要素为理念开始设计的。这七大要素分别是：

（1）多样化。用一个统一的元素将多样性贯穿起来，做到繁而不乱。现实与理想、虚与实、真实与幻想、城市与自然，这些对立元素彼此相辅相成。

（2）美感。伊斯兰文化很注重美。伊斯兰有悠久的艺术审美的传统，美一直被视为生活必不可少的一部分。对伊斯兰人来说，美不是奢侈品，而是生活的目标。

（3）环保。前面我已经提到过，环保是伊斯兰文化的一个基本信条。

（4）因地制宜。花园的设计要与周围的规划和建筑设计相协调。伊斯兰城市的空间一定有着整

齐划一的规划，即使在西方人看来这种规划并不明显。

（5）个性化。个性在伊斯兰非常重要，每个人都直接对真主负责。在社会领域里则体现为设计的个性化。个性化就是伊斯兰的设计准则。

（6）多功能。伊斯兰花园非常重视使用功能的多样化。花园不仅为人提供食物和水，也是动物和鸟类栖息的家园。

（7）天人合一。力求达到人与自然的和谐共存。

9. 项目预算有限是设计中很常见的问题，您通常如何解决此类问题？室内景观建造成本是否会高于一般的室内建造？

通常，如果我的项目面临预算或者资源有限的情况，我都是最大限度地利用现有的条件。比如"7

号餐厅"这个项目，我用了两种当地常见的植物，石材和水也都是当地的。

10. 在您看来，室内绿化设计面临着哪些机遇和挑战？

我认为，机遇和挑战都来自对每个项目具体条件的了解以及对设计效果的预期。我们需要将既定条件和预期效果进行整合，达到平衡。

11. 室内景观和室外景观之间有什么联系？

没有景观体验的生活是不平衡的生活。室内景观和室外景观都试图利用自然元素给人带来平衡。

12. 室内景观有什么设计法则？能具体谈谈吗？

我不认为室内景观有通用的设计法则。每个项目、每个地点的情况都不同：文化背景不同，气候条件不同，使用功能也不同。一个负责的设计师唯一遵循的设计法则就是充分尊重这些条件，因地制宜。

简·苏基尼克（Jan Sukiennik，建筑师、设计师）

简·苏基尼克是波兰华沙"137千克"建筑事务所（137kilo Architects）创始人之一。苏基尼克的设计涉猎广泛，小到产品设计，大到室内设计和建筑设计。他的设计突出鲜明的理念，长于缜密的分析，善于因地制宜。苏基尼克目前负责的工程是华沙的斯鲁泽斯基文化中心（Sluzewski Cultural Center），与WWA建筑事务所联手，已经接近竣工。

打造室内健康微气候——访简·苏基尼克

1. 在您看来，什么是室内景观？

室内景观现在很流行，也确实有益！绿色植被能让室内空间变得完全不同。不仅在视觉上能让环境更宜人，而且还能打造健康的室内"微气候"。

2. 在您公司的全球眼睛保健公司办公楼这个项目中，用到了哪些关键技术？你们是如何将这些技术与特定环境相结合的？

在全球眼睛保健公司这个项目中，我们与专家合作，他们在技术方面给予我们很大帮助，最终才能够实现我们的室内绿化理念。在这个项目中，既不是全用高端的自动化技术，也不是毫无技术含量；我们试图在这二者之间找到一种平衡，资金也

是一部分原因。绿墙完全是自给自足的：自动灌溉系统提供水和营养，植物照明系统由电脑控制。而十字形工作区中心栽种的几棵树则需要员工自己浇水。这有利于员工的团结协作，也有助于培养责任感。

3. 您认为，室内景观设计中最重要的是什么？

我觉得，不要把室内绿化仅仅作为装饰，这点很重要。植物是活的，是生长的，运用植物不是摆放装饰品！如果在设计中采用绿墙或者栽种植物和树木，设计手法需要当心，必须确保为植物提供健康生长的必需条件。从美学的角度来看，室内环境中的植物完全具备成为焦点的潜质，所以无须再画蛇添足，增加过多设计元素会让空间不负重荷。

4.能否谈谈在室内景观设计中,哪些因素需要特别注意?比如关于可持续设计方面。

首先要考虑你想要(或者需要)多少绿化?选择能带给你最佳效果的技术,同时要充分尊重植物。不要怕没有技术含量(比如简单的盆栽植物),视具体情况而定。关于植物的选择可以请教专家,这对提升室内空间质量大有裨益,比如有些植物能够增加空气中氧气的含量、起到净化空气的作用、具有除尘功能。

5. 您觉得设计中最大的困难是什么?如何克服?

最大的困难是客户可能压缩经费,也会担心植物未来不好维护,于是最后直接把墙刷成白色,更省钱,更容易!我们需要清楚明了地把植物能带来的益处先跟客户讲明。

6. 您认为,室内景观和建筑二者之间是怎样的关系?

室内景观和室内设计应该相互协调,二者之间的关系在设计之初,也就是设计理念形成阶段,就应该确定下来。比如我们在B+L这个项目中,设置绿墙的位置与我们对空间的规划相呼应。较大空间内的绿化(比如,长长的走廊或者宽敞的开放式空间)可以处理成背景绿墙或者大面积的绿化区,有助于引导访客来深入探索空间。

7. 室内景观对城市环境是否有很大影响?在哪些方面有影响?

一个城市中公园越多,市民跟大自然接触的机会也就越多。我认为室内景观也是一样,尤其是工作环境中,要知道我们一生中很大一部分时间是在工作环境中度过的。

8. 您着手设计时,设计灵感或者设计思路通常从何而来?

这很复杂,但是一般来说我们都是因地制宜,也就是说要视具体情况而定,包括地点、功能、使用者、历史、客户、品牌等,这些变量都要考虑。我们排除干扰,分析我们面临的问题——时间、经费、安全、不同行业的不同要求、客户提出的古怪想法,等等。这是我们形成设计理念的基础。就是说,首先满足所有这些条件,在此基础上,发挥设计才智进行丰富。我们希望我们的作品有鲜明的特色和丰富的内涵。

9. 如果整个项目预算十分有限,您是否会将所有的钱花在室内景观上?您如何让客户增加设计预算?

如果室内景观对整个项目有很大益处,跟项目的功能也相符,那么把钱都花在上面也未尝不可。但我们不会以关键的基础设施为代价而只求标新立异,也不会牺牲办公空间应有的基本特征而让绿化反客为主。预算是固定的,但是可以运用创造性来灵活处理——可以选择需要较少基础结构和维护费用的技术(比如苔藓类植物,就比绿墙花费少)。

10. 室内景观和户外绿化二者是什么关系?

从设计的角度来说,二者视角不同,采取的设计手法也不同。室内景观通常有更多要求,它本身不是真正的自然,而是属于人工艺术品的范畴。如果一个项目当中既有室内景观,又有户外绿化,二者结合,那么对设计师来说,既是挑战,也会很有趣——或者是室内景观延伸到室外,或者是户外的大自然走进室内,二者融为一体。

创建宜人的室内花园——访卡斯珀·施瓦兹

卡斯珀·施瓦兹（Casper Schwarz）

卡斯珀·施瓦兹，荷兰C4ID建筑事务所创始人。毕业于海牙皇家美术与应用艺术学院，建筑设计专业。毕业后，施瓦兹曾与安德烈娅·布兰奇（Andrea Branzi）、米歇尔·德鲁奇（Michele deLucchi）和丹尼斯·桑塔奇亚拉（Dennis Santachiara）一起在米兰工作，后与裘德·霍伊卡（Trude Hooykaas）在阿姆斯特丹工作。2006年，施瓦兹创立了C4ID事务所，之后承接了无数项目，客户遍及全球，包括欧洲刑警组织（Europol）、荷兰统计局（Dutch Statistics）、各种医疗机构以及商业公司等。

1. 提到室内景观设计，您脑中最先想到的画面是什么？

是这样的画面：室内空间不再是地面、天花加四面围墙围合而成的单调空间，而是由空间的氛围来界定的。这空间环绕在你的周围，让你身处其中会感到愉快。像景观设计师一样，室内设计师也应该考虑如何使空间让人感到幸福，并影响人的社会行为。设计师应该全心投入地去设计，打造多样性的空间，赋予人们幸福感。

2. 您认为室内景观设计在室内设计中扮演什么样的角色？

现今人们的观念是：私人生活和职业生活混为一体。办公环境和城市环境也是如此。有了发达的社会媒体，人们比以往更加注重交流了。所以，建筑和景观也在发生变化，二者会越来越融合，这非常棒！这也意味着室内设计将更加面向室外环境开放，更多的群体将使用这样的室内空间。室内景观设计扮演的角色就是连接室内外的桥梁。

3. 室内景观设计中需要考虑哪些因素？对您来说，最重要的是什么？

室内景观是整体室内设计中的一部分。因此，室内设计师必须有足够的自由，才能尽量发挥创作的才思。最重要的是，必须确保环境宜人、安全、环保。

4. 可否谈谈荷兰的PLP律师事务所这个项目？您是如何将景观设计融入室内办公空间的？

那栋大楼里面的中庭原本是个空地，但这个空间完全可以起到更关键的作用。我们毫不迟疑地决定将其改造成楼内最重要的空间。从各个楼层上都能看到中庭，而站在中庭之中，你会觉得你处在全楼最核心的位置。要达到这样的效果，就必须在中庭的环境上做一番文章。我们采用了比较大型的元素——木质平台，既超出普通室内元素的体量，又将中庭划分为几个较小的部分。这使得中庭空间的使用更加舒适、方便。树木起到很大作用。高大的树木一直延伸到楼上，能够阻挡视线，让人们感到私密性得到保障。这些树木是各个楼层之间的连接元素。

5. 您的设计灵感通常从何而来？

要看具体情况。很多人问我这个问题，我从来没有一个直截了当的答案。灵感可以来自很多东西，但是在每个项目中，思路是逐渐形成的，越来越明晰，直到最后你突然意识到，"啊，就是它！"我喜欢这最后的发现的惊喜。

6. 在PLP律师事务所的中庭设计中，您是否采用了某些技术来应付特定条件？

在这个项目中，我们遇到一个大问题。中庭那个楼层原本是不存在的。那栋大楼的一楼中间原来是二层通高的开敞空间。20世纪90年代初期，大楼经历了翻新，增加了一个夹层，就是我们现在看到的中庭这个楼层。这也是为什么这个部分的天花举架相对较低。承包商竟然让这层楼板只有12厘米的厚度。所以，当我们在设计中用到高大的树木时，就碰到一个问题——如此巨大的树木，再加上种植槽内的泥土，可能会压塌楼板。这里我们采用了一项技术，那就是用真树干、假树叶。也就是说，不需要泥土，也不需要水，而且树的重量由隐藏在木质平台下的钢结构来承担。

7. 这个项目中最大的挑战是什么？您是如何应对的？

树木就是最大的挑战。

8. 哪些因素能够让设计符合可持续发展原则？如何对空间使用者来解释？

除了选择可持续型产品之外，我们必须在设计过程开始之前弄清楚客户的愿望和要求。这样，我们才能确保设计出来的室内空间不会在近期内需要更改。从照片上可以看到，每个元素都精致到细节，非常坚固，在正常的使用情况下，这个空间可以保证15到20年的使用寿命。

9. 未来的长期维护有什么计划方案吗？如何预计植物的未来生长？

很简单。这里不会有什么变化。树木不会生长，室内的其他元素都保持不变。只要有常规的维护措施，室内空间不会有什么问题。唯一不确定的因素就是：有一个股东有艺术收藏的爱好，中庭是他收集藏品的地方，你不知道他会把什么放在这，又会把什么拿走。但我喜欢这样！

10. 对您来说，室内景观设计最重要的部分是什么？

为使用这个空间的人而设计，确保空间会对他们的情绪产生积极的影响。

LANDSCAPE
RECORD 景观实录

主编/EDITOR IN CHIEF	宋纯智, scz@land-ex.com
编辑部主任/EDITORIAL DIRECTOR	方慧倩, chloe@land-ex.com
编辑/EDITORS	宋丹丹, sophia@land-ex.com
	吴 杨, young@land-ex.com
	殷文文, lola@land-ex.com
	张 靖, jutta@land-ex.com
	张昊雪, jessica@land-ex.com
网络编辑/WEB EDITOR	钟 澄, charley@land-ex.com
活动策划/EVENT PLANNER	房靖钧, fang@land-ex.com
美术编辑/DESIGN AND PRODUCTION	何 萍, pauline@land-ex.com
技术插图/CONTRIBUTING ILLUSTRATOR	李 莹, laurence@land-ex.com
特约编辑/CONTRIBUTING EDITORS	邹 喆 高 巍 李 娟
编辑顾问团/ADVISORY COMMITTEE	Patrick Blanc, Thomas Balsley, Ive Haugeland
	Nick Wilson, Lars Schwartz Hansen, Juli Capella,
	Elger Blitz, Mário Fernandes
	王向荣 庞 伟 孙 虎 何小强 黄剑锋
市场拓展/BUSINESS DEVELOPMENT	李春燕, lchy@mail.lnpgc.com.cn
	杜 辉, mail@actrace.com
发行/DISTRIBUTION	袁洪章, yuanhongzhang@mail.lnpgc.com.cn
	(86 24) 2328-0366 fax: (86 24) 2328-0366
读者服务/READER SERVICE	何桂芬, fxyg@mail.lnpgc.com.cn
	(86 24) 2328-4502 fax: (86 24) 2328-4364
	msn: heguifen@hotmail.com

图书在版编目（CIP）数据

景观实录: 可持续景观设计 / （美）格蕾丝编著; 李婵译.
— 沈阳: 辽宁科学技术出版社, 2013.11
ISBN 978-7-5381-8385-6

I. ①景… II. ① 格· ②李… III. ①景观设计
IV. ①TU986.2
中国版本图书馆CIP数据核字（2013）第274591号

景观实录NO. 6/2013

辽宁科学技术出版社出版/发行（沈阳市和平区十一纬路29号）
各地新华书店、建筑书店经销

开本: 880×1230毫米 1/16 印张: 8 字数: 100千字
2013年11月第1版 2013年11月第1次印刷
定价: **48.00元**
ISBN 978-7-5381-8385-6
版权所有 翻印必究

辽宁科学技术出版社 www.lnkj.com.cn
《景观实录》 www.land-ex.com

Please Follow Us

《景观实录》官方网站
Http://www.land-ex.com

《景观实录》官方新浪微博
http://weibo.com/LnkjLandscapeRecord

《景观实录》官方腾讯微博
http://t.qq.com/landscape-record

《景观实录》官方微信公众平台 微信号:
landscape-record

媒体支持:

LANDSCAPE RECORD

20

11 2013

封面: 伍斯特蜂巢图书馆景观设计, 格兰特景观事务所, 格兰特景观事务所摄

本页: 布鲁克林植物园游客中心, HMWhite景观设计公司, HMWhite景观设计公司摄

对页左图: 乔纳森景观小品, 格蕾丝景观设计公司, 圣勒普摄影公司摄

对页右图: 维多利亚花园, 格蕾丝景观设计公司, 圣勒普摄影公司摄

120

68

景观新闻

景观案例

深度策划

景观规划与竞赛

设计交流

设计师访谈

克拉克奖颁奖典礼即将举行

美国国家水资源研究院（NWRI）日前宣布，克拉克奖大会暨第20届克拉克奖年度颁奖典礼（Clarke Prize）将于2013年11月15日在加州纽波特比奇举行。

本届克拉克大会的焦点是颁奖典礼。典礼上，特拉赛尔科技公司（Trussell Technologies, Inc.）的罗兹·特拉赛尔博士（Rhodes Trussell）将凭借其在水文科学方面的突出贡献而荣获嘉奖。克拉克奖是国际杰出奖项联合会（ICDA）的一员，是全球最知名的奖项之一。

第20届克拉克奖年度大会上，讨论的议题将聚焦水文科学中一些问题的进展，包括历史视角、当前的技术发展水平以及对未来前景的展望。

大会先期讨论会的内容主要包括：可持续水资源及其供应的管理、可持续水资源供应发展的新技术、绿色环保的可持续水资源管理实践等。

2013年第四届国际文化景观大会

第四届国际文化景观大会（INCULS）将于2013年12月14日~15日在印度艾哈迈达巴德举行。本届国际文化景观大会由印度景观建筑师联合会（ISOLA）古吉拉特分会（Gujarat）主办。会上将有来自世界各地的设计师发言，包括东南亚、西班牙、美国等地，分享他们在文化景观设计领域的研究和实践。

大自然的本质决定了景观必定是充满活力的，随着时间的流逝，随周围环境的变化而变化，往往形成由动植物构成的生态景观。文化景观也不例外。文化景观侧重在人与自然之间建立可持续发展的关系。随着人类对自然资源及其与人类的关系的认识不断加深，有关文化景观的许多领域的研究正

在兴起。对文化景观的研究深深扎根于地理学、景观学、地质学、水文学、气候学、植物学、考古学等领域。这些学科虽然侧重点不同，但都涉及一个问题，那就是人与自然的关系问题。本届国际文化景观大会旨在对现存的文化景观及其发展情况进行梳理，所以这个议题将不再仅仅存在于理论领域，而是跨越到专业实践的阶段。

国际文化与历史景观大会始于2009年，由国际景观建筑师联合会的文化景观委员会（IFLA CLC）发起，每年举办一次。大会创立的宗旨是通过在亚太地区开展教育、研究和咨询活动，彰显文化与历史景观的重要性。

4TH INCULS

Fourth IFLA-APR International Cultural Landscapes Symposium (INCULS)

Ahmedabad. India　　　　14th-15th December 2013

萨拉热窝卡普托尔长阶落成

卡普托尔长阶（Kaptol Stairs）近日向公众开放。这一工程由萨拉热窝d.o.o.设计公司设计，旨在纪念萨拉热窝诗人，向波斯尼亚首都历史上的伟大诗人致敬。

设计团队的目标是打造独特的城市公共空间，除了基本的功能之外，还要有助于营造这座城市的文化和教育氛围。由于地处市中心地区，人口密度很高，这给设计工作造成了很多限制。

卡普托尔长阶共有120级台阶，还有7个特别设计的观景台，在这里能够欣赏不同寻常的城市风景，成为市民新的集会场所。每个观景台纪念一位萨拉热窝诗人，其诗句和简短的生平简介就印在旁边的墙上。设计师用这种独特的方式向这些伟大的作家致敬，他们的创造力和灵感与萨拉热窝紧紧相连。长阶的垂直高度是18米，但是沿着长阶上行的旅程却不止这么远，因为设计师设置了多样化的空间序列，每个空间序列都展示着灵感来自萨拉热窝的诗句。在形态构成方面，卡普托尔长阶以简洁明快的结构为特色，巧妙运用了当地石灰岩石材，为萨拉热窝增添了新的城市一景。

2013年Veronica Rudge绿色城市设计奖揭晓

　　哈佛大学设计学院日前宣布了第11届Veronica Rudge绿色城市设计奖的获奖名单。两个项目获得殊荣：葡萄牙波尔图地铁和哥伦比亚麦德林东北部城市一体化工程。颁奖典礼于2013年9月3日在哈佛大学设计学院的派珀礼堂举行。城市规划与设计系主任拉胡尔·麦罗特拉教授（Rahul Mehrotra）担任评审委员会主席，主持了评委会的讨论工作。竞选方代表（设计师和市政管理人员）进行了设计展示。哈佛大学设计学院的冈德大厅内布置了主题为"交通的变革"的展览，展示波尔图和麦德林两座城市交通的发展变迁，在颁奖典礼过后供大家参观。

　　葡萄牙波尔图地铁项目由艾德瓦尔多·苏托·德莫拉（Eduardo Souto de Moura）负责设计，建筑设计极具概念性，同时有利于施工的快速进行。这个项目凭借对波尔图城市交通起到的重要作用而荣获大奖。

　　哥伦比亚麦德林东北部城市一体化工程由麦德林市政府出资。这一工程凭借其宏伟的规划蓝图而斩获奖项。该奖项强调了城市发展规划局（EDU）在这一工程的设计、管理以及施工中的突出贡献，并表彰了建筑师亚历山大·埃切韦里（Alejandro Echeverri）在设计中的领军作用。

　　评审委员会希望借这两个获奖项目来强调城市交通改造的无限潜力。在这两个项目中，通过新建交通设施，这两座城市重获生机。在全球化的视角下，这对当代世界的城市化问题提供了有价值的参考。

　　这两个作品不仅改善了城市交通状况，而且丰富了城市公共空间。两个项目都极其成功，但又迥然不同，二者在经济、政治、文化、交通等方面克服了各自面临的挑战。

格鲁吉亚麦当劳新店引领未来主义潮流

格鲁吉亚近日新开了一家带室内花园的麦当劳店。这座建筑物由格鲁吉亚建筑师乔治·克马拉泽（Giorgi Khmaladze）设计，坐落在海滨城市巴统的新开发区，是一个现代化的加油站，麦当劳店就开在加油站里。门店内还包括各种娱乐空间和水池。

室内空间的布局将"车辆加油"和"顾客用餐"这两个功能区分隔开来，不仅位置上相互分离，而且在视觉上也进行了分隔，加油站的所有服务和操作不会进入就餐者的视线。

室外有两个水池环绕着这栋建筑，界定出车辆和步行者各自的路线。部分就餐空间能够看到外面的水景，其余空间巧妙地与二楼的户外庭院衔接起来。庭院四周有围墙，保护就餐空间不受外界噪声干扰，创造出宁静的户外就餐环境。

绿化空间主要在加油站巨大的悬挑遮篷上面，为整个环境增添了一抹绿色，同时为平台增加了一个"生态保护层"。这是一个"空中花园"，面积为600平方米，几乎相当于整栋建筑的占地面积。

八个景观项目通过美国可持续设计评估体系认证

美国SITES认证机构（The Sustainable Sites Initiative™）宣布了最新获得认证的八个景观项目。SITES认证是美国最全面的关于景观的可持续设计、建造和维护的认证体系。此次获得认证的八个项目从150个参与评估的项目中脱颖而出。评估工作历时两年，采用2009年SITES认证标准，最终评选出符合所有认证标准的这八个项目。

这八个最新获得认证的项目分别是：得克萨斯州温布尔登的"蓝洞区公园"；得克萨斯州斯普林的哈里斯郡水资源保护中心；华盛顿特区的美利坚大学国际服务学院；新墨西哥州卡尔斯巴德洞窟国

家公园的蝙蝠洞游客中心；科罗拉多州梅萨维德国家公园的梅萨维德游客与研究中心；亚利桑那州斯科茨代尔市的乔治骑士公园；科罗拉多州戈尔登市的国家可再生资源实验室科研附属楼；以及纽约州贝肯市的哈德森长石景区公园。

SITES是美国景观建筑师协会（ASLA）、得克萨斯州立大学"詹森总统夫人野生植物中心"和美国国家植物园的合作机构。SITES认证机构的创立旨在为可持续景观的规划、设计、建造和维护设立标准。SITES是一个国家级的认证体系，遵循自愿评估的原则，设立了一系列的评估标准，不论景观

区内是否含有建筑物，都能适用。

SITES认证主管、"詹森总统夫人野生植物中心"的丹妮尔·皮拉努奇（Danielle Pieranunzi）表示："这些项目为了证明自己符合2009年SITES可持续设计认证标准，付出了大量时间和努力，这也为开发升级版的SITES评估体系提供了宝贵的资源。升级版的评估标准会在今年秋季发布。"

自2010年6月以来，参加评估的项目一直在经受2009年SITES评估标准的检验。这一评估标准是由数十位美国顶尖的可持续设计领域的专家、科学家和专业设计师共同提出的。参加评估的项目多种多样，在类型、体量、地理位置、预算经费等方面都大不相同。目前，共有23个项目通过了试点评估，到2014年年底之前，会有更多项目参加试点评估。

THE SUSTAINABLE SITES INITIATIVE™

当代景观设计大会——得与失的思考

2013年6月20日~22日，德国汉诺威的海恩豪森宫（Herrenhausen Palace）举办了一次关于世界景观设计的盛会，参会者包括涉猎当代景观设计领域的各界人士。这次大会由苏黎世联邦理工学院（ETH Zurich）景观建筑系主任克里斯托弗·吉鲁特（Christophe Girot）组织，由大众汽车基金会赞助，对当代景观建筑的意义展开了批判性的讨论。大会为期3天，举行了关于"科学与记忆"、"力量与土地"和"方法与设计"等几个主题的会议。各界杰出人士，包括理论界的专家和实践中的从业者，通过演讲和讨论的形式，分享了彼此的看法和经验。

25位来自世界各地的知名人士参与了演讲环节，其中包括詹姆士·科纳（James Corner）、阿德里安·古兹（Adriaan Geuze）、凯思林·古斯塔夫森（Kathryn Gustafson）、克里斯蒂娜·希尔（Kristina Hill）、大卫·莱瑟巴罗（David Leatherbarrow）、阿莱桑德拉·庞特（Alessandra Ponte）、萨斯奇亚·萨森（Saskia Sassen）和查尔斯·瓦尔德海姆（Charles Waldheim）等。200多位观众则由专家和景观建筑专业的学生组成。大家共同讨论了许多话题，包括景观设计的客观标准和景观带给人的主观感受；景观作为社会的一面镜子；景观的文化视角等。大会

的主题包括景观环境为什么容易被人忽视以及景观语境下的"美"意义何在。景观建筑作为一个强大的新兴学科，在创造安全的人类生存环境方面起到重要作用，同时也包含对生物圈环境的考量以及对人类对环境的美感和敏感度提出挑战。在设计手法方面，发言人提出了各种不同的方法，包括电脑模拟和数字化手段。与会者的讨论涉及当今世界上数字技术和景观建筑设计的关系、信息的描述性特征以及科技在设计过程中的作用。

克里斯托弗·吉鲁特和他的设计团队阐释了"地志学"这一术语。作为景观建筑系教授，吉鲁特眼中的"地志学"是一个深深植根于"保护自然、重塑自然"这一传统的综合性学科。

另外，大会选择了9名青年研究人员，就他们认为当代景观设计领域最紧迫的问题制作了相关海报。评审委员会的成员包括：乔治·德孔布（Georges Descombes）、索尼娅·丁佩尔曼（Sonja Dümpelmann）、安妮特·弗莱塔格（Anette Freytag）、比安卡·玛利亚·瑞纳尔迪（Bianca Maria Rinaldi）、安琪·施托克曼（Antje Stokman）和克里斯蒂安·沃斯曼（Christian Werthmann）等。委员会评选出三项大奖：来自汉诺威大学的克里斯蒂安·

THINKING THE CONTEMPORARY LANDSCAPE—POSITIONS & OPPOSITIONS

BERGDOLL / DI PALMA / GEUZE / GUS / JAKOB / LE / PONTE / RINALDI / SA STOKMAN /

INTERNATIONAL CONFERENCE 20-22 6 13 HERRENHAUSEN / HANOVER

卡尼亚（Christiane Kania）荣获"游戏与设计"奖；来自慕尼黑工业大学的梅德尔·尤里阿特（Maider Uriarte）荣获"错位景观——城市坡地景观的特异性"奖；来自苏黎世联邦理工学院的纳丁·舒驰（Nadine Schütz）荣获"景观建筑的声学设计"奖。纳丁·舒驰还获得大会观众选票奖。

卡姆登石花菜小区旧貌换新颜

伦敦卡姆登区（Camden）邀请霍金斯/布朗建筑事务所（Hawkins\Brown）、Mae设计事务所和格兰特景观设计事务所（Grant Associates）三家公司，与石花菜小区（Agar Grove Estate）的居民一道，为这一社区打造全新的面貌。石花菜社区改造是伦敦住区复兴的一个大工程，工程预算为5500万英镑。

这项工程是"政府社区投资方案"的一部分。政府希望它能够成为卡姆登区住区改造的标杆，所以在可持续设计和节能环保方面都有很高的标准。

这个小区位于卡姆登区东北部，毗邻两条交通线，始建于1966年，呈现出现代主义的建筑风格。小区内共有249套住房，分布在一系列低矮的住宅楼里，住宅楼围绕着中央18层高的塔楼布局，塔楼内有商店和咖啡厅。

设计方案目前还在咨询阶段。如果最终通过的话，原来的所有居民都有望在焕然一新的环境中继续承租这里的住房。工程施工预计分期进行，确保居民从原来的公寓到新房只需要搬家一次。

这一翻新工程的设计有以下几个目标：开展绿化（将石花菜小区原来的绿化面积进行扩展）；深化城市脉络（让街道和建筑更好地融入周围环境）；突出中央的塔楼（对塔楼进行彻底的改建，使之特色更加鲜明，更加符合可持续设计原则）；打造安全、温馨的社区环境（住宅楼和街道的布局更加清晰明了，社区形象更加活泼鲜明）；打造舒适的家园（用高标准的设计营造高品质的住宅环境）。

设计师采用了多种户型，有的是带花园的公寓套房，有的带有平台，住宅楼侧面是带阳台的公寓。

西悉尼蜥蜴圆木公园

设计师：麦格雷戈·考克萨尔景观事务所 **｜ 项目地点：**澳大利亚，悉尼

1. 亭台与草地
2. 就地砍伐枯木，加工成别致的景观元素
3. 野餐的好去处

可持续特色：

– 采用一系列节能策略，包括材料再利用、太阳能设施、污水灌溉和就地蓄水再利用等

– 停车场采用"无管道"生态渗透系统，进一步缓解了水荒问题

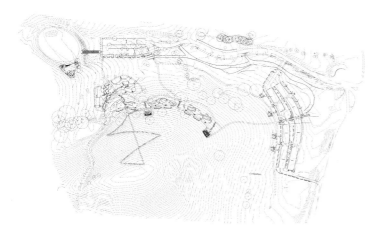

项目名称:
西悉尼蜥蜴圆木公园
完成时间:
2011年
客户:
西悉尼蜥蜴圆木公园基金会
摄影师:
西蒙·伍德
占地面积:
50,000平方米
工程预算:
780万澳元

西悉尼公园占地5,280公顷,位于人口稠密的城郊住宅区,是悉尼最新,也是最大的公园。"皮米利亚"(Pimelea)是这个公园的一部分,设计上模仿2000年悉尼奥运会越野马术的比赛场地。西悉尼公园基金会是新近成立的一个机构,发展很快,"皮米利亚"是这个机构投资的第一个项目。因此,这个项目的设计要为整个公园的未来规划设定基准和目标。

这个项目的另一个目标是对环境产生积极的影响,体现出基金会"让公园中的每个项目都尽可能实现生态可持续"的要求。这方面的设计包括一系列节能策略,如材料再利用、太阳能设施、污水灌溉和就地蓄水再利用等。另外,基金会还要求投入的资金要有丰厚的回报价值。最终的设计方案不仅满足,而且超出了上述所有要求。

本案的设计采用了符合可持续发展原则的一体化设计手法。公园的布局与当地绵延起伏的地貌相结合,并针对该地历史上一直存在的水资源稀缺问题采取了应对手段。公园里的道路交错纵横,不论是步行还是骑自行车,交通都十分方便。桥梁、野餐区、游乐场等空间元素的设计,让整个公园呈现出统一的风格,浑然一体,同时每个小空间又有自己的特色,跟它所在的周围景观融为一体。

公园的景观设计与既有地貌环境紧密结合,种植的都是本地植物,包括能够提供阴凉的树木。材料的使用也很简单,设计师只用了有限的几种材料,作为景观的烘托。这样,这座公园尽管体量很大,功能区很多,但是显得跟周围的生态环境和地貌环境紧密融合。

1. 各种活动设施
2. 公园内不论是步行还是骑自行车,交通都十分方便
3. 儿童游乐区
4. 攀爬墙和滑梯相结合
5. 休息区有遮篷

公园平面图

1. 圆形小广场	4. 白千层属植物	8. 备用停车场	12. 东侧停车场
2. 水坝	5. "灰盒子"	9. 山坡观景台	13. 主入口
3. 河流	6. "皮米利亚"	10. 蜥蜴圆木公园	
	7. 西侧停车场	11. 园中小屋	

　　本案的设计为澳大利亚存在水资源稀缺问题的地区提供了一种现代的解决办法。设计师用道路界定出几个游戏区，以水景为中心。水景的主体是一条小溪，但大部分时间都没有水。设计师在岸边设置了几个喷水的水泵，增加了人与水的互动。设计师对儿童游乐区的选址非常谨慎，特意选在一片小树林里，以便能够利用树木的阴凉。游乐区的地面采用沙地，而不是常用的地垫，既安全，又自然，同时也跟周围环境更一致。地上几段干枯的树干是从附近枯死的树上砍下来的，变成了极好的设计元素，不仅成了孩子们喜爱的玩具，还有人专门慕名

2

而来，特为体验这种游戏。这种游戏体验有利于孩子们的身心健康，不少家长反映，希望悉尼能开设更多这样的游戏区。

针对水资源稀缺的设计策略还包括公园停车场的设计。停车场采用"无管道"生态渗透系统。地表的水流先是进入传统的集水池和排水管，然后流入一个开放式的低洼地，进行收集和净化之后，排入集水渠中留待再利用。这一设计策略充分利用了当地为数不多的降雨量，并且让人们能够清楚地看到公园中雨水的收集过程。儿童游乐区中间和周围的道路，与公园其他地方的道路紧密相连。整个公园都是野餐的好去处，可以看作一个大游乐场。

公园内还有一架预制混凝土小桥，形制上模仿水槽的外形，这是向该地的农耕历史致敬。小桥的造型极具雕塑感。穿过小桥，可以到达一个宽敞的椭圆形空间，这里设有卫生间，还有各种全天候开放的设施，能够举办大型的社区文化活动，以期带动当地的经济复苏。公园开放后，得到了使用者极好的评价，当地社区与公园基金会一道，将公园重新命名为"蜥蜴圆木公园"（Lizard Log Park）。

1、2. 各种活动设施
3. 水景
4. 游乐区的地面采用沙地，而不是地垫，非常安全
5. 小桥

宾夕法尼亚大学休梅克广场

设计师：Andropogon景观设计公司 ｜ **项目地点**：美国，宾夕法尼亚州，费城

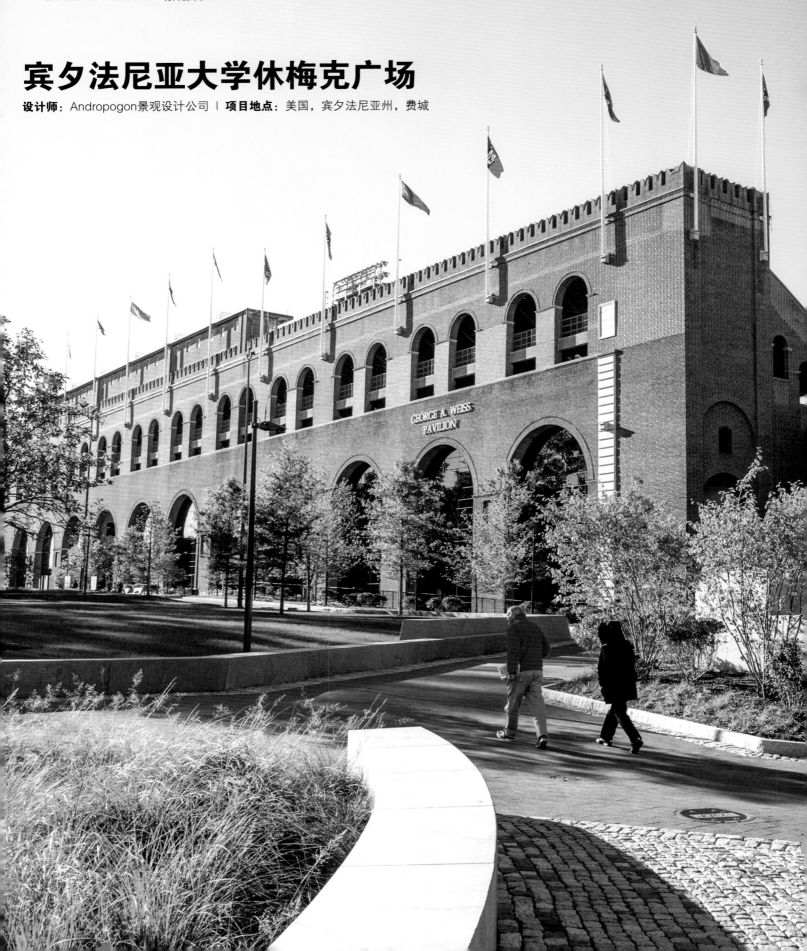

1. 休梅克广场
2. 雨水花园
3. 长椅
4. 孩子们在草坪上玩耍

可持续特色:

- 创新性的污水处理策略
- 使用本土的动植物物种
- 将运入和运出材料的成本最小化
- 在建造过程中对场地原有的材料进行循环利用

宾夕法尼亚大学休梅克广场是一个占地面积为15175平方米的公共绿地，四周被行人道、雨水花园以及室外座椅所环绕，公园与33号大街的东侧相邻，将中央校区和佩恩公园连接起来。宾夕法尼亚大学的两个最主要的运动设施，帕拉斯特拉体育场及富兰克林田径场，就坐落在广场的周围。虽然休梅克广场的主要目的是用来静态休憩，但它同样可以举行各种规模的赛事与活动，学生和老师们可以在这里找个隐秘的角落享受午餐，或是举行小型的班级活动，也可以将广场用做舞台区举行大型的集会活动。休梅克广场不仅延续了校园绿地的本质属性，还拥有其独特的风格，成为宾夕法尼亚大学东区的心脏。

项目名称：
宾夕法尼亚大学休梅克广场
完成时间：
2012年9月
客户：
宾夕法尼亚大学
摄影师：
巴雷特·多尔蒂，Andropogon景观设计公司
面积：
15175平方米
奖项：
被授予可持续发展先锋项目（SITES™）

实景示意图

排水层

12" S1
36" S2
9" S3

1. 广场上举办盛大的活动
2. 人行横道的设置能够缓和交通
3. 雨水花园夜景

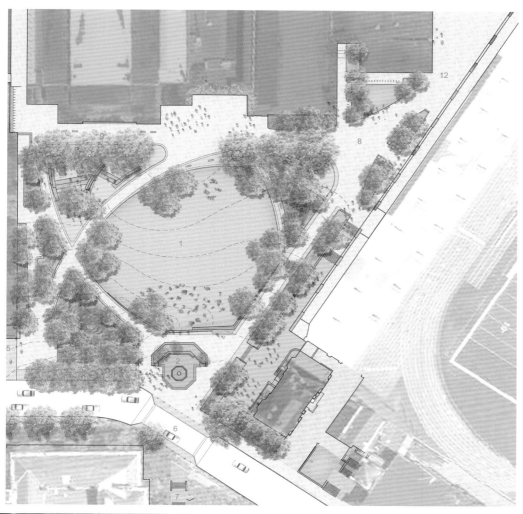

休梅克广场的所在地块被分类为"灰地"（专业术语，特别应用于美国和加拿大，用以形容荒废或未被充分利用的房产或地块），曾是城市用地，雨水排放系统是它的主要问题。休梅克广场不仅为宾夕法尼亚大学打造了一个全新的开放空间，还能起到改善水质、降低耗水量、恢复生物量（生态学术语，是指某一时刻单位面积内实存生活的有机物质总量），以及提升当地生物多样性等作用。地面铺设的路砖被景观绿化所取代，能够缓解城市热岛现象。

通过创造性地运用一系列策略与技术，设计团队对休梅克广场进行了优化，收集并利用广场及其周围建筑屋顶的雨水，使用当地的动植物，将建造过程中的运输成本最小化，休梅克广场也因此成为整个业界探索大学校园的可持续维护策略的起点。

平面图
1. 休梅克广场
2. 战争纪念碑
3. 33号大街的树木
4. 韦斯/唐宁广场
5. 大卫·里滕豪斯入口广场
6. 人行道交汇点
7. 史密斯人行道（原有）
8. 韦斯广场平台
9. 帕拉斯特拉/哈钦森体育场平台
10. 史密斯人行道（扩建部分）
11. 雨水花园
12. 与佩利桥和佩恩公园相连

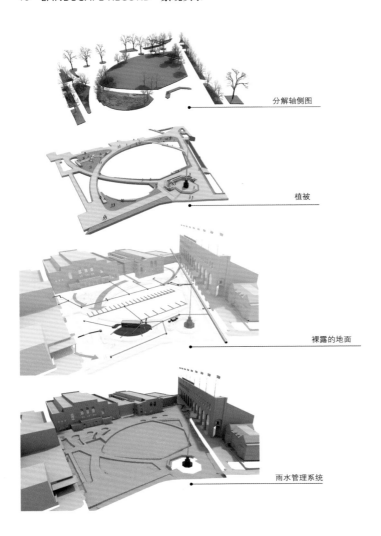

分解轴侧图

植被

裸露的地面

雨水管理系统

水循环示意图

1. 俯瞰史密斯人行道
2. 施工中的场景
3. 俯瞰休闲区
4. 全景鸟瞰图
5. 俯瞰休闲区的长椅

　　一个综合性的雨水系统对雨水进行了有效地管理，其过程包括雨水的运输、收集、过滤和储藏，最终用作灌溉。广场约95%的雨水会被收集起来。位于广场西北角的一个雨水花园可以收集并过滤雨水，其地下水池可储藏雨水20000加仑。雨水花园的整个雨水管理过程都是供观赏的，鼓励访客参与。石坝用来运输雨水，植物及碎石床则用来收集并过滤雨水。雨水花园中的所有43种植物全部产于皮埃蒙特和海岸平原生态区，费城方圆150英里内。

　　休梅克广场创新性地运用了一系列雨水管理策略，使用本土动植物，在建造过程中对场地原有的材料进行循环利用，为大学校园的可持续性设计确立了一个新标准。对广场的现场检测为以后的大学校园设计提供了许多宝贵的信息。鉴于其对于可持续性景观设计的诸多贡献，休梅克广场被授予可持续发展先锋项目（SITES™）。

可持续特色：

– 创新性的土壤改良策略
– 特殊的植物组合有助于生态系统的重生
– 打造了多个雨水花园广场
– 在建造过程中对场地原有的材料进行循环利用
– 覆盖面积为929平方米的绿色屋顶
– 打造生态过滤盆地系统
– 独特的雨水管理系统

布鲁克林植物园游客中心

设计师：HMWhite景观设计公司 | **项目地点：**美国，纽约

项目名称：
布鲁克林植物园游客中心
完成时间：
2012年
摄影师：
HMWhite景观设计公司
客户：
布鲁克林植物园
面积：
11330平方米
奖项：
2013年美国景观设计师协会（ASLA）国家荣誉奖
2013年美国景观设计师协会（ASLA）纽约分会荣誉奖

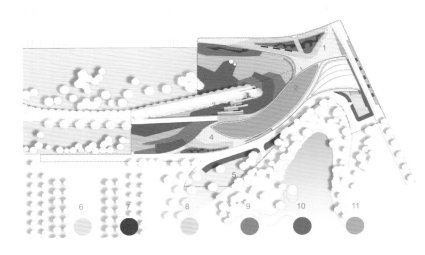

土壤分级示意图
1. 入口广场　　　　6. 结构化土壤
2. 绿色屋顶　　　　7. 生物渗透洼地土壤
3. 花园平台　　　　8. 草地/地表土壤
4. 活动广场　　　　9. 灌木丛土壤
5. 零售平台　　　　10. 树下土壤
　　　　　　　　　11. 大面积生长介质

雨水管理示意图
1. 入口广场　　　　7. 绿色屋顶
2. 绿色屋顶　　　　8. 地下连接
3. 零售平台　　　　9. 裸露地面上的雨水
4. 花园平台　　　　10. 植被表面上的雨水
5. 活动广场　　　　11. 雨水收集渠
6. 日式花园池塘　　12. 渗透洼地

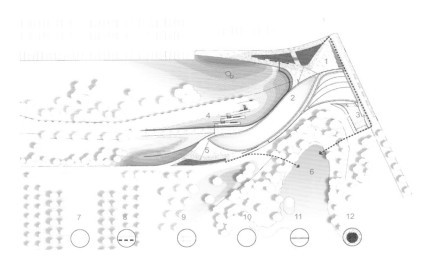

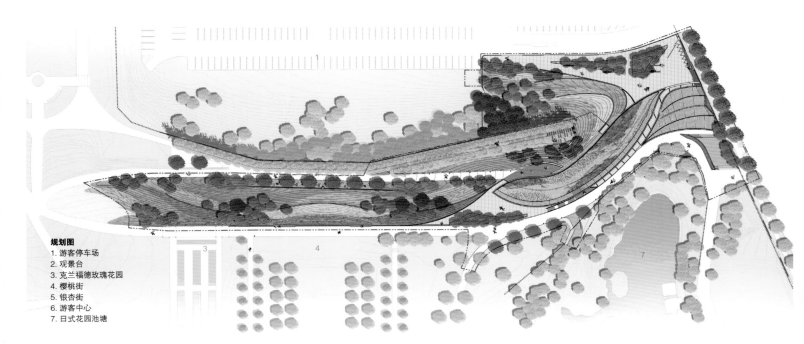

规划图
1. 游客停车场
2. 观景台
3. 克兰福德玫瑰花园
4. 樱桃街
5. 银杏街
6. 游客中心
7. 日式花园池塘

布鲁克林植物园游客中心被纽约设计委员会授予卓越设计奖，表彰其在设计上的出色表现。游客中心的设计不仅注重形式与功能的结合，还融合了大量的可持续性设计元素，为城市与植物园之间搭建了一座沟通与交流的桥梁。游客中心景观的主体要素在于其绿色屋顶的设计，与流线型的建筑完美融合在一起，重新诠释了游客与花园、展览与运动、文化与栽培之间纷繁复杂的物理关系和哲学关系。

项目背景

布鲁克林植物园占地面积为210436平方米，游客中心位于其东北部，介于布鲁克林博物馆与日式花园之间。一条两侧种满了银杏树的小径位于植物园的边缘，构成了游客中心的主干。小径的设计灵感来自于布鲁克林博物馆，早在18世纪后期，这里曾是一个灰场，留下了大量被污染的土壤。

设计团队把当代工程技术与可持续景观设计及园艺设计融合在一起，将植物园的游客中心打造一新，见证了其100年历史。为了表明其对于可持续及环保设计的追求，布鲁克林植物园采用了高效的景观设计手法和新颖的植物展览模式，力求更好地为公众服务，迎接下一个100年。

1. 游客中心平台和景观
2. 花园边上的一条小径，旁边种植着银杏树

场地设计

　　整个游客中心占地面积为12140平方米，其前方是一个大型广场，迎接着访客的到来。游客中心的设计十分考究，由维斯曼弗雷德建筑设计事务所担纲设计。游客中心不仅包含信息、购票和零售空间，还提供教育、展览及会议空间。

　　游客中心的线条流畅，隐藏在周围景观中，若隐若现。周围的景观随着地形的变化而变化，凸显地块独特的地形特色。建筑的屋顶安装了一个绿色屋顶，青葱翠绿。建筑与景观融合，层次感十足。设计团队在游客中心的室外公共空间打造了一个雨水管理系统，用于雨水的收集、过滤和渗入。

雨水管理

　　布鲁克林植物园游客中心拥有一个完善的雨水收集网络，其中包含拓展型绿色屋顶、排水渠、植物洼地和生态过滤池四大要素，将雨水就地采集并过滤，一部分用作地下水补给，余下的则被排放到城市的排水系统中。

1. 通往游客中心的一条小径，旁边种植着樱桃树
2. 月桂木兰
3. 通向游客中心的小径
4、5. 绿色屋顶和平台

土壤改良

设计团队对受污染的土壤进行了补救，使之能够适合各种植物的生长。生物过滤水池的深层软土能够吸收并过滤水分，增加采集的雨水总量。广场已铺筑区域的地下使用结构土壤，以适应不断生长的植物根系。

园艺设计

布鲁克林植物园游客中心的植物设计充分展示了特殊植物组合将有助于生态的重生。植物以本地物种为主，形成条带，将整个游客中心的景观元素连接到一起。游客中心采用弹性设计方式，便于日后对花园进行扩张。

略夫雷加特河环境复兴工程

设计师：恩里克·巴特列、琼·罗伊格 | **项目地点：**西班牙，巴塞罗那

1、2.城市边缘的一座新公园。河流将河岸地区与城镇连接起来

可持续特色：

– 对河岸的自然环境最小化干扰
– 清除了含卤的植物

略夫雷加特河（Llobregat）环境复兴工程旨在恢复河岸地区的社会功能，为附近居民打造休闲活动的公共空间。这个地区位于巴塞罗那城市边缘，绿化工程打造了一座新的公园，在河岸区和沿河的几个小镇之间建立了更紧密的联系。本案的目的就是运用一系列手段打造新的河岸绿色空间，并融入周围的大环境中。

本案关注略夫雷加特河河床的清洁和修复功能，目的是改善沿河的几个小镇的生活质量，尤其是河岸地区的生态环境。过去，略夫雷加特一直被视为地理上的一个障碍物，阻断了河岸区和对面小镇的联系。这次的环境修复工程是化弊为利的好机会，河岸经过绿化，让河流完美地融入了周围环境。

1

项目名称：
略夫雷加特河环境复兴工程
完成时间：
2008年
合作设计：
泽维尔·拉莫内达（建筑设计）
马里奥·苏纳尔（建筑设计）
西班牙Typsa–Tecnoma公司（工程设计）
承建方：
Dragados / TAU–Icesa工程公司
客户：
巴塞罗那中心区
摄影师：
乔迪·普奇
占地面积：
1,540,000平方米

1、2.混凝土小径上设置了座椅

变流结构和植被单元

新河床（河边有草地）

地貌变化示意图

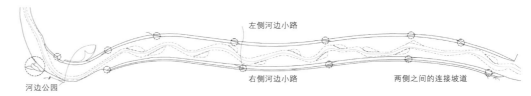

左侧河边小路

河边公园

右侧河边小路   两侧之间的连接坡道

连接示意图

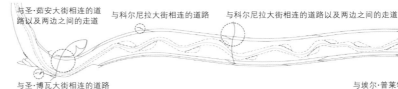

与圣·茹安大街相连的道   与科尔尼拉大街相连的道路   与科尔尼拉大街相连的道路以及两边之间的走道
路以及两边之间的走道

与圣·博瓦大街相连的道路   与埃尔·普莱特大街相连的道路以及停车场

交通线路示意图

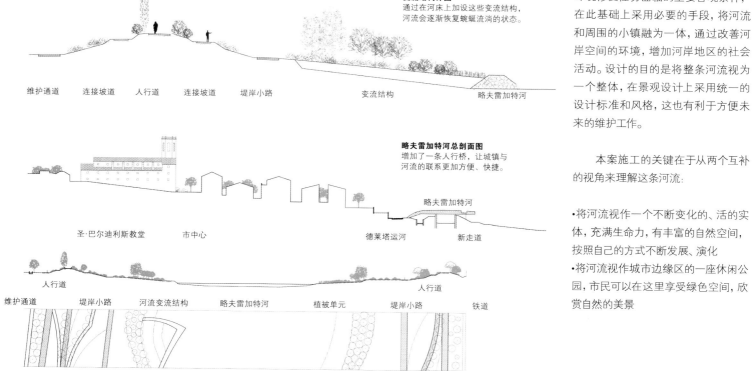

变流结构详图
通过在河床上加设这些变流结构，
河流会逐渐恢复蜿蜒流淌的状态。

维护通道　连接坡道　人行道　连接坡道　堤岸小路　变流结构　略夫雷加特河

略夫雷加特河总剖面图
增加了一条人行桥，让城镇与
河流的联系更加方便、快捷。

圣·巴尔迪利斯教堂　市中心　德莱塔运河　新走道　略夫雷加特河

人行道
维护通道　堤岸小路　河流变流结构　略夫雷加特河　植被单元　堤岸小路　铁道

河岸地区总剖面图

本案的目标是找出略夫雷加特河环境修复任务面临的主要客观条件，在此基础上采用必要的手段，将河流和周围的小镇融为一体，通过改善河岸空间的环境，增加河岸地区的社会活动。设计的目的是将整条河流视为一个整体，在景观设计上采用统一的设计标准和风格，这也有利于方便未来的维护工作。

本案施工的关键在于从两个互补的视角来理解这条河流：

·将河流视作一个不断变化的、活的实体，充满生命力，有丰富的自然空间，按照自己的方式不断发展、演化
·将河流视作城市边缘区的一座休闲公园，市民可以在这里享受绿色空间，欣赏自然的美景

本案的景观设计将河流作为一个绿色空间来对待，它与城市及其周围环境紧密相连。本案的设计分几个阶段进行，设计目标包括：在河流和附近城镇之间建立起联系；将原来的障碍转变为连接城市空间的桥梁；将河流的两个边缘区联系起来；将原有的道路连结为一张交通网；种植植被，充分利用当地的水资源。设计师并没有对河流沿岸的自然条件进行大的改变，但是他们有针对性地采取的手段却对沿岸空间产生了巨大影响。

略夫雷加特河总平面图
方便的交通设计让这条河流成为这一地区新的公共自然空间。

1. 伯特龙河
2. 火车站
3. 市政厅
4. 市政厅小广场
5. 德莱塔运河

6. 圣·巴尔迪利斯教堂
7. 公路
8. 罗马温泉
9. 略夫雷加特河

河岸的改造针对明确的目标——改善河流的水力条件,让沿岸植物更有生命力。这是一个中长期的规划方案,短期内不会看出明显的改善效果,而是让沿岸地区进入一个良性生态循环过程,逐渐摆脱人工雕琢的痕迹,呈现出纯粹自然的景观。

设计师采用了变流装置,对河流的分支做了微小的改变,让低洼处的流域呈现出与原来不同的面貌。清除了某些地段的所有含卤植物,取而代之的是精心选择的植物品种,随着植物的生长,将会赋予河岸全新的形象。

1、2. 草地
3. 采用了变流装置,改变了河道的分支

威尔明顿滨水公园

设计师：佐佐木景观设计事务所 ┃ **项目地点：**美国，加利福尼亚州，洛杉矶

1. 广场的地面铺装采用拉美风格的样式和色彩
2. 长椅特写
3. 步行或者骑自行车可以游遍整个公园，中间会经过几座小桥
4. 西侧的亭台和娱乐场地可以举办各种活动

可持续特色：

– 强大的雨水处理系统

– 1,500多米长的法式地下排水渠（石质）

– 低湿草地

– 平台的材料采用二氧化钛

– 植树共计653株

– 渗透性良好的地面铺装

– 照明管理;

– 选择耐旱型植物

– 污水回收利用

– 采用经过可持续认证的材料、当地材料以及回收利用的材料

1. 公园游乐区夜景
2. 大道旁边种植树木，构成了公园内的人行道交通网，路边设有各种座椅，同时将公园内的各个功能区联系起来
3. 公园内的各种亭台采用现代的形态、材料和设计感，呈现出温暖的色调，成为公园和社区一景
4. 道路旁边树木成行，路边设有各种各样的座椅，方便人们休息，欣赏公园里的风景

项目名称：
威尔明顿滨水公园
完成时间：
2011年
客户：
洛杉矶港
摄影师：
克雷格·库勒（克雷格·库勒建筑摄影公司）
占地面积：
121,405平方米
奖项：
美国公共工程协会南部分会年度最佳工程奖

威尔明顿（Wilmington）社区曾经是太平洋海岸线的一部分，后来由于洛杉矶港口的迅速发展而逐渐跟海岸线脱离了关系。佐佐木景观设计事务所（Sasaki Associates, Inc.）在完成了威尔明顿滨水区总体规划的设计之后，发现还有三个公共空间可以开发：威尔明顿滨水公园、阿瓦隆北部的街道景观以及阿瓦隆南部的滨水公园。威尔明顿滨水公园是其中第一个开发的工程，占地面积约12公顷。这座公园为威尔明顿社区带来活力，又从视觉上将社区与海岸线联系起来，为社区居民打造了享受休闲生活的好去处，促进了当地生态、文化和社会活动的多样性。这座公园的体量给设计师带来挑战，他们必须思考如何让社区居民参与到公园的公共生活中，公园既要安全、方便、功能完备，又要包含一些元素，能够体现出威尔明顿港口和社区的过去、现在和将来。

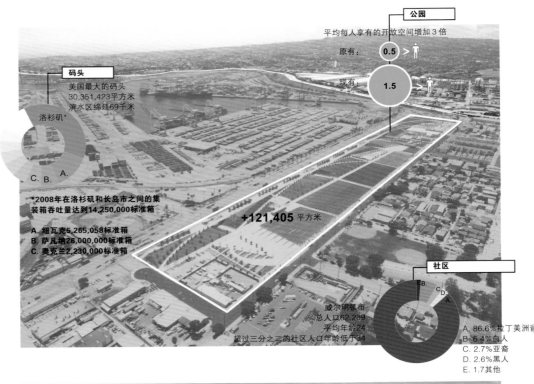

公园
平均每人享有的开放空间增加3倍
原有： 0.5
现有： 1.5

码头
美国最大的码头
30,351,423平方米
滨水区绵延69千米

洛杉矶*

C. B. A.

*2008年在洛杉矶和长岛市之间的集装箱吞吐量达到14,250,000标准箱

A. 纽瓦克5,265,058标准箱
B. 萨瓦纳26,000,000标准箱
C. 奥克兰2,230,000标准箱

+121,405 平方米

威尔明顿市
总人口62,289
平均年龄24
超过三分之二的社区人口年龄低于44

社区

A. 86.6%拉丁美洲裔
B. 6.4%白人
C. 2.7%亚裔
D. 2.6%黑人
E. 1.7其他

码头
轰鸣的噪音
污染物/气味

哈里·布里奇大道
6车道

地形
创造视野
眺望港口
高地上的空气更清新
把码头和公园分隔开来

社区
我们在这里生活，
关心我们的环境。
C大街

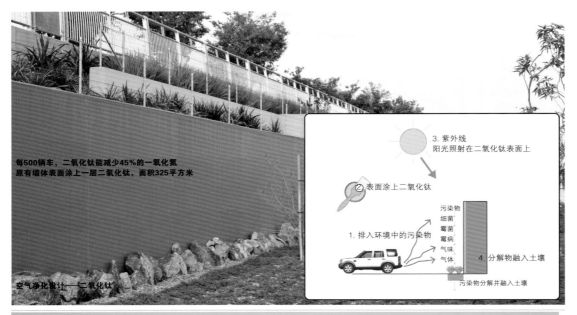

每500辆车，二氧化钛能减少45%的一氧化氮
原有墙体表面涂上一层二氧化钛，面积325平方米

3. 紫外线
阳光照射在二氧化钛表面上

②表面涂上二氧化钛

1. 排入环境中的污染物

污染物
细菌
霉菌
霉病
气味
气体

4. 分解物融入土壤

污染物分解并融入土壤

空气净化设计——二氧化钛

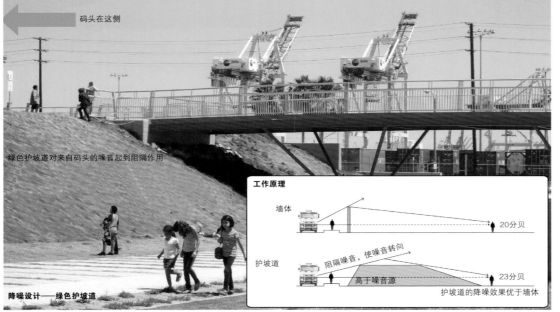

码头在这侧

绿色护坡道对来自码头的噪音起到阻隔作用

工作原理

墙体

20分贝

护坡道

阻隔噪音，使噪音转向

高于噪音源

23分贝

护坡道的降噪效果优于墙体

降噪设计——绿色护坡道

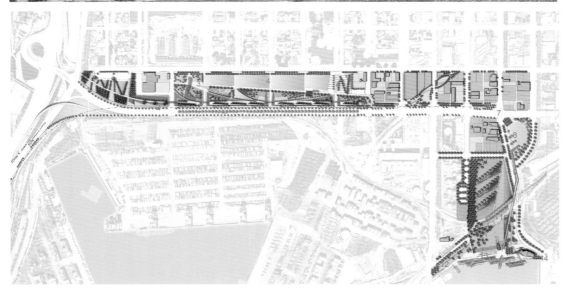

这座公园最主要的贡献在环境方面——极大地增加了社区居民与公园接触的机会，切实改善了社区环境质量，带动了当地经济发展，在威尔明顿社区和海岸线之间重新建立起视觉联系。公园内包含一系列多种多样的空间，包括游戏区、聚集区、活动区、野餐区、闲坐区、漫步区、观景区等，为社区居民提供全方位的服务。有了这座公园，威尔明顿社区的居民拥有了过去两倍的开放空间，同时，公园将社区与南部海岸线上港口的嘈杂阻隔开。为了体现可持续性，增加阴凉，公园内种植了653棵树木，采用回收利用的水来灌溉。创新采用紫外线感应技术，大大改善了空气质量。面向港口方向的平台，墙面镀上了一层二氧化钛（TiO_2），空气污染物通过二氧化钛表面转换为惰性有机复合物。

为了保护社区公园不受港口的工业污染，佐佐木事务所打造了一个雕塑感很强的台地，高出地面约5米。台地上有一系列的空间，适合各种体育运动，还有柔软的坡地草坪。台地上还有人行道、闲坐区、小花园，还有一条行人和自行车共用的走道，与加利福尼亚海岸大道相连。公园里的人行道两边种植了成行的树木，人行道交错纵横，构成了一张方便的交通网。路边设有各种各样的座椅，方便人们休息，你可以坐下欣赏公园里的风景，包括喷泉水景，观看孩子们在游乐场里嬉戏，欣赏广场上的表演，还可以在树下野

总平面图
A. 威尔明顿滨水公园
B. 阿瓦隆北部地区
C. 阿瓦隆南部滨水区

1. 西侧尽头的广场
2. 红色电车路线
3. 西侧广场
4. 大草坪
5. 加利福尼亚海岸大道
6. 主广场
7. 大门
8. 阿瓦隆三角公园
9. 水桥
10. 北侧人行道
11. 塔楼
12. 游客服务区
13. 南侧人行道
14. 码头卸货区

Wilington waterfront park

餐。中央的人行道是贯穿整个公园的轴线，将公园的两个小亭台联系起来。这两个亭台是公园里重要的户外空间，为人们遮阴避暑，提供座椅，公共卫生间也设在这里，此外还有三个灵活的表演台。

佐佐木事务所在本案中将可持续设计原则与创新的工程技术相结合。雨水处理系统将雨水导入绿化区，促进雨水的渗透，而不用普通的城市污水处理系统；回收利用旧地砖用来铺设地面的底基层；植物的选择特别注意生态适应性，尽量选择本地植物和耐盐性的植物，用回收的水来灌溉。照明的设计突出了公园中的几个关键地带，通过提高光照效率，减少了能源的消耗，降低了照明污染。

1~3. 公园鸟瞰图
4. 水景广场是家人、朋友聚会的好去处。喷泉水景的40个喷嘴同步喷水，动感十足，不喷水时则形成一层薄薄的水帘

张家窝新城设计

设计师：戴水道景观设计公司、沙勒/西奥多建筑事务所、施米茨建筑事务所 | **项目地点**：中国，天津

1、2. 水景

可持续特色：

– 保留了原有的果树，并巧妙融入景观设计中
– 修复了受到污染的灌溉渠
– 采用创新的雨水管理系统

项目名称：
张家窝新城设计
完成时间：
2009年
客户：
上海国民实业有限公司
摄影师：
戴水道景观设计公司
占地面积：
总体规划：180公顷
一期工程：20公顷

雨水管理系统
1. 4区
2. 3区
3. 一期工程
4. 丰产河

1. 艺术走道
2. 木板散步道
3. 丰产河景致

—— 渗透渠

—— 填满的渗透渠

—— 开放式排水渠

■ 园区内原有的果树

◉ 泵房

◤ 汇入河流

■➤ 紧急情况下汇入河流（顺/逆流）

©Rheinschiene/Dreiseitl　　　　　　　　　　©Rheinschiene/Dreiseitl

中国目前对社会住房有较大的需求，这一方面反映了城市人口的急剧增长，另一方面反映了人们居住观念的转变。本案由德国戴水道景观设计公司（Atelier Dreiseitl）、沙勒/西奥多建筑事务所（Schaller/Theodor Architekten）和施米茨建筑事务所（Schmitz Architekten）联手打造。开发商之所以选择这样一支设计队伍，主要是看中他们能够根据既定环境的条件提出相应的城市居住新理念，确保楼盘未来居民居住的舒适度。一期开发的楼盘占地20公顷，已经竣工，高品质的设计已初露端倪。这个楼盘内包含若干个高密度的社区。各个社区通过四通八达、彼此交错的道路相连，并且通过几条主干道与周围的公共建筑相连，确保居民步行出行的方便。这一创新而又人性化的交通设计可以追溯到欧洲的设计传统，但实际上，设计师却是从"胡同"这一世界闻名的中国建筑制式中得到的灵感。张家窝新城距离天津市中心不远，步行便可到达，公共交通正在建设之中。张家窝新城的设计混合了绿地、公共空间、庭院、广场等元素，杂糅在一起，形成一个"花园之城"，"迷你社区"的楼盘就位于这花园的中央。

每个社区都有自己的特色，彼此不同，这种多样性却不会显得混乱，因为有统一的景观设计作为过渡，所以整个园区呈现出一个统一之中又有变化的整体。设计师延续了该地区原有的景观，并融入了他们的"现代绿色设计语汇"。园区内原有的果树，其中一些甚至有200年的历史了，设计师将其保留，并融入景观设计之中。从前的农田灌溉渠也进行了再利用，运用到分散的雨水处理系统、水渠和水景中，既美观又实用，雨水经过净化，渗入地下。

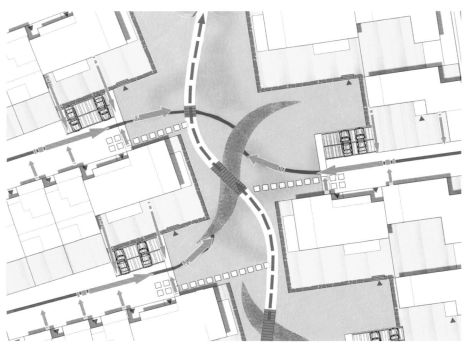

这一生态设计理念能够有效防止海水的流入。从前的丰产河是一条饱受污染的30米宽的河流，如今经过改造，已经成为一条清澈、美丽的小河。河岸两边种植了植物，风景很好，河边繁茂的植物平衡了河水的自然生态系统，河水得以在饱受多年工业和农业污染后，具备了自身清洁功能。河边有木板铺设的小道、台阶和坡道，方便人们走近欣赏这里的生态美景，使这里成为社区居民户外休闲的主要场所，同时保护了水资源。

本案涉及的问题不仅仅局限在中国。城市规划的可持续设计为打造美好的现代居住空间提供了更多可能性，涉及社会、文化、自然、经济等方方面面，是未来房地产投资的新的设计趋势。

1. 人们可以在这里休息、游戏
2. 混凝土铺装和草坪中的踏脚石
3. 街景

©Rheinschiene/Dreiseitl

圣雅克生态公园

设计师： 布鲁尔–德尔玛景观事务所 ｜ **项目地点：** 法国

1. 平台
2. 芦苇地中的人行桥
3. 平台和草地

可持续特色：

－ 苇地对流水起到植物净化功能

－ 采用一系列创新技术，让公园成为保护与发展生态系统的永久实验室

排水渠

项目名称：
圣雅克生态公园
设计与施工时间：
2007年 ~ 2013年
一期工程：2008年
二期工程：2010年
三期工程：2013年
客户：
圣雅克-德拉朗德市政府
摄影师：
布鲁尔-德尔玛景观事务所
占地面积：
400,000平方米
工程造价：
300万欧元
奖项：
2012年法国"城市环境中的湿地设计"一等奖

圣雅克生态公园（St Jacques Ecological Park）由获奖无数的法国知名景观设计公司布鲁尔-德尔玛（Atelier des Paysages Bruel-Delmar）操刀设计。布鲁尔-德尔玛事务所认为，景观建筑师的工作应该建立在深入了解土地自然条件、地形地貌以及水文地理的基础上，因为这些是决定一块土地最终呈现出的独一无二的形态的基本条件。本案的设计在因地制宜的基础上又有所创新。设计师充分尊重当地的既有条件，将景观设计融入当地地貌，同时又打造了新的生态特色。

设计师将公园中的每一个地方都赋予独特的个性，并且各种设施的设计都是以长远使用为目标的。于是，圣雅克公园成为城市脉络中不可或缺的一部分，它参与了这座城市的历史，它是市民日常生活中的活动场所，它也为整座城市注入了活力。自20世纪90年代开始，圣雅克公园就为附近社区服务了，并且通过对自然环境的保护带动了当地经济的发展——这在城市周边地区还是十分罕见的现象。

新篱笆和木门

运河将水引入公园

河边植被

1. 混凝土台阶通向水景
2. 冬季的水渠
3. 孩子们在探索水生植物
4. 池塘岸边是百年橡树
5. 牧场和新建的果园

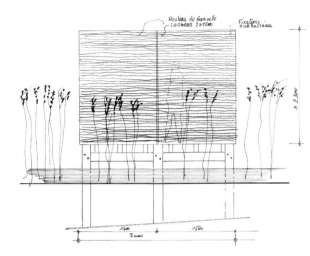

观鸟台后视图

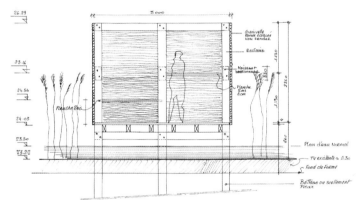

观鸟台横剖面 –1

　　圣雅克公园的设计有当地居民的参与。公园采用开放式布局,其地理位置位于两个街区的分界线上,于是自然而然地成为两个街区的连接纽带,既实现了公园的基本功能,又完善了这一地区的整体景观形象。圣雅克公园坐落在一个峡谷的底部,占地面积40公顷,是一个混杂了各种动植物的微型大自然,甚至包含一部分农耕用地。它将维莱讷河流域(la Vilaine)的森林景观与雷恩市的地貌紧密联系在一起。

　　设计师充分利用当地丰富的水资源。水成为界定公园形态的关键元素,在公园中以各种形式出现。公园中有个湖泊,旁边种植了几行橡树。还有一片芦苇地,对流水起到植物净化的作用。此外,设计师还设置了人性化的各种小空间,包括水的收集和排放设计,共同造就了这座具有独特地貌的生态公园。圣雅克公园并不同于那种常见的典型公园,它的设计旨在成为保护与发展公园生态系统的永久实验室。遵循着这一目标,再加上当地特有的地理条件、历史发展、对土地的使用,圣雅克公园得以获得它独特的现代特色。

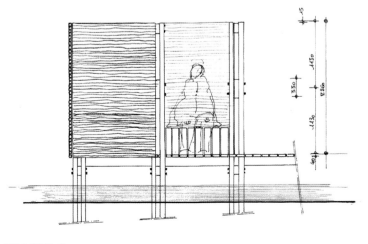

观鸟台横剖面 –2

一层平台或阳台　　　　　　　　从平台看草坪

草图——从平台看新生态区

1. 野生柳树林周围环绕着人行桥
2. 观鸟台
3. 平台
4. 柳树园中小憩
5. 过道上的小木门

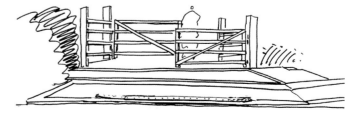

木门

河畔的绿色折纸艺术——千禧市中心8号街区景观

设计师： 加藤设计工作室 | **项目地点：** 匈牙利，布达佩斯

1、2. 景区鸟瞰

可持续特色：

– 采用创新的排水、灌溉以及照明技术
– 采用回收利用的铺装材料
– 改善水质
– 采用节水的水景设计策略
– 采用当地的植物品种

项目名称:
河畔的绿色折纸艺术——千禧市中心8号街区景观
完成时间:
2011年
设计时间:
2009年 ~ 2011年
施工时间:
2010年 ~ 2011年
建筑师:
芬达设计工作室
客户:
DK房地产开发公司
摄影师:
加藤设计工作室、伊斯特凡·斯泰夫勒
占地面积:
7,000平方米

地点

本案的地点位于布达佩斯东南山麓的山脚下,多瑙河东岸。千禧市中心(Millennium City Center)的主体建筑几乎是这里的滨水建筑群(主要是办公楼和住宅楼)最末端的建筑物了。本案中的花园是与多瑙河平行的带状公园的一部分。未来,城郊铁路计划建在地下,所以这一地区将享有不受任何交通污染的清洁水源。

外部条件

加藤设计工作室(Garten Studio)的设计方案是用一个箭头形状的狭长绿化带将整个场地一分为二,一边是新建的7层高楼,外立面是玻璃和铝材,另一边是高度与之相当的国家剧院,是一座立方体式的建筑,材料用的是石材和玻璃。设计师延续了原有的人行道,增加了一些原创的元素,但不会影响花园整体的氛围。开发商想要打造一种独特的景观,利用水元素与这里的建筑物紧密相连,其他要求还包括:设置一个较为私密化的入口和一条通向多瑙河的人行道。市政当局也对设计方案提出建议,希望打造若干个单独的"微空间",而不是一整个所谓的"景观艺术"。

设计理念

整个新街区的设计理念是:打造流畅的公共景观空间,功能齐备,将周围的开敞空间纳入其中。另外一个更高层次的目标是:将狭长的地块进行结构和视觉上的分割,并且让行人能够越过交通路线之间到达河边和人行道。

在建筑的东侧和北侧,主要是人行道和机动车道的空间,而南侧则是另一个建筑街区。功能空间主要安排在建筑西侧,包括接待区、闲坐区、散步区,人们可以坐在长椅上,甚至躺在草坪上。设计团队采用了一种新颖的框架结构,将这些功能区囊括其中。这种框架结构可以形成各种各样的空间,各个空间彼此协调一

平面图
1. 人行道
2. 水景
3. 咖啡厅平台
4. 折纸花园
5. 岩石花园
6. "千禧市中心" 主楼

1. 绿色空间内配备座椅
2. 全景
3. 屋顶花园

致，形成统一、流畅的视觉效果。另一方面，景观设计要形成自身独有的形象，因为旁边是相对较高的办公楼，设计师希望从楼上向下俯瞰时，楼下的景观能够呈现出有趣的形象。

设计手法

设计师创新采用折纸艺术的手法，将现代感十足的三角形纳入设计中。这样，功能空间的布局既非常灵活，同时又让整体景观呈现出与众不同的形象。屋顶花园的设计也采用了同样的设计手法，不同的是采用的不是三角形而是方格。

本案竣工后将申请美国LEED绿色建筑金级认证，这对设计过程也有影响。设计中采用的大部分技术（包括排水、灌溉和照明）和材料（铺装材料和植被）都需要考虑LEED的标准。

细节

设计团队中的每位成员都有他们最钟爱的细节设计。本案中他们尤其注重水景的细节设计。水景共有四处。其中两处在大楼的咖啡平台旁边，另外两处是"折纸绿地"的一部分。每处水景都有自身的特色：第一处的水池采用巨型花

剖面图
1. 花岗岩板条（5×5厘米）
   三层防水（材料：水泥和塑料；由两个组件构成）
   主体部分（纤维增强混凝土；40厘米）
   隔离层（C6型水泥；5厘米）
   沙砾基层（25厘米）
2. 花岗岩边缘（火烧面；20×8×60厘米）
3. 花岗岩表层（横剖面尺寸为5×5厘米；上端有裂纹）
4. 穿孔不锈钢小盒（水可流入）
5. 花岗岩边缘（18-13-8-5×5厘米；裂纹表面朝外）
6. 不锈钢排水管（深层；无溢流）
7. 花岗岩表层（横剖面尺寸为5×5厘米；上端有裂纹）

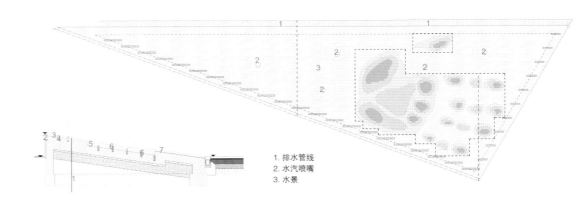

1. 排水管线
2. 水汽喷嘴
3. 水景

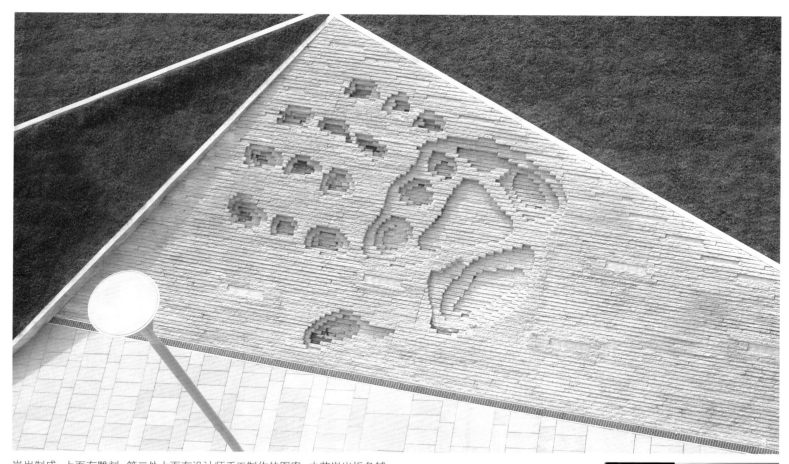

岗岩制成，上面有雕刻；第二处上面有设计师手工制作的图案，由花岗岩板条铺设而成，呈现出独特的像素感，搭配流水和喷水器；第三处有一个倾斜的水池，既有流水，也有静止不动的水面；第四处用照明效果烘托喷泉。地下隐藏了许多看不见的技术，跟水景和排水系统相连。"折纸草坪"坡地旁边的墙体是原来就有的，只有8厘米厚，设计师将其保留，并通过在墙头上方安装一层石材，让墙体显得更加轻盈。连绵起伏的走道采用梯形木板铺装，根据草坪的大小和形状指向不同的方向。草坪上的植物生长茂盛的话，整个草坪会呈现出非常美丽的质感。最后，同样很重要的是，室内种植的植物对建筑的外观也有影响。夜晚，整个大楼都是一片漆黑，只有"冬季花园"内有泛光灯照明，传递着"绿色信息"。

1. 屋顶花园
2. 铺装特写
3～6. 水景

斯塔斯弗特市中心改造

设计师：哈夫纳/西门尼斯景观事务所 ｜ **项目地点：**德国，斯塔斯弗特

可持续特色：

| – 下沉区采用全新的排水系统

1894   1965   1989

地形示意图

项目名称：
斯塔斯弗特市中心改造
完成时间：
2010年
摄影师：
汉斯·朱斯顿
占地面积：
29,000平方米
奖项：
2012年德国城市规划奖
德国萨克森–安哈尔特州建筑奖（提名奖）

斯塔斯弗特市位于波德河（Bode）沿岸，是一座"盐城"，出产钾碱，1852年就开设了世界上第一家钾碱矿场，一直被视作"采矿工业的摇篮"。尽管号称"白色金子"的钾碱让这座城市变得富裕，19世纪末的洪水泛滥却让这里陷入贫瘠。肆虐的洪水让矿场荡然无存。洪水过后，地表竟然下陷了多达7米。

1. 这一地区东西向的主要道路仍然保留，用一座小桥与之相连，行人和骑自行车的人能从桥上过去
2. 湖泊景观区
3. 地面铺装特写

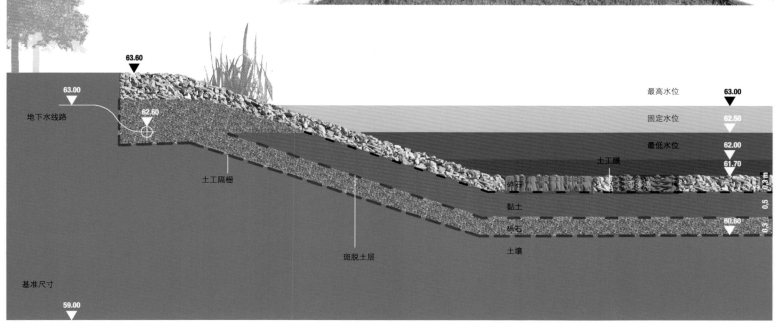

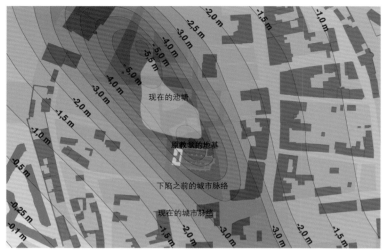

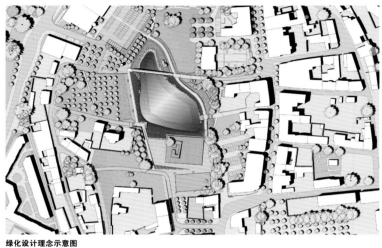

绿化设计理念示意图

从那以后，原来的矿场就变成了一个下沉区，像一条沟壑，沿着对角线划过市中心。这里原来的市场、市政厅、教堂以及约800栋建筑物不得不拆迁。借2010年举办国际建筑展之机，斯塔斯弗特市决定对古老的市中心进行改造，赋予它全新的面貌，同时希望能够保有对过去历史的回忆。斯塔斯弗特市针对改造工程可能带来的损失以及在下沉区采用新的排水系统进行了广泛的调查。在征求广大市民的意见时，"市中心湖泊景观区"的方案最受欢迎，并最终得以实施。

新的排水系统的主要目的是防止地表进一步下沉。市政府最终决定打造一个面积为4,500平方米的湖泊，它不仅成为新的市中心的焦点景观，也成为新的市政工程开发的催化剂。设计方案的目标是赋予市中心全新的面貌，让市中心把整座城市凝聚在一起。湖边铺设的材料看上去就像未经加工的结晶盐，让这座城市的形象更加美好。湖边还设有伸到水面上的平台，平台与公路相连，其实就是原有公路的延伸，从这里可以看出老市中心的痕迹。这一地区东西向的主要道路仍然保留，用一座小桥与之相连，行人和骑自行车的人能从桥上过去。

下沉区的空间设计旨在将湖泊、市场以及原教堂所在地紧密联系在一起。市场所在的地块是一块平地，地表满是砾石。旁边北侧是教堂所在地，还能看到圣·约翰尼斯教堂（St. Johannis Church）的遗址，此外还有一座建筑，当地人称之为"斜塔"，沉入地下50厘米。这些建筑遗迹都将保留，供后代瞻仰。整个场地是一块与地平线平行的大草坪。这里今后如果要修建什么，都可以用这块草坪来校准。草坪上有一个倾斜的部分，那里就是原教堂高塔所在地，那座高塔曾在过去的500年里扮演了这座城市的地标。

2012年，本案获得德国城市规划奖，还曾获得萨克森－安哈尔特州建筑奖提名。

1. 人们在环形座椅上闲坐休息
2. 湖畔平台
3、4. 台阶通向湖边
5. 小桥
6. 河岸边的树木

杜勒上游河岸可持续景观设计

设计师：布鲁尔–德尔玛景观事务所 | **项目地点：**法国

1. 冬季的水景花园
2. 用水渠收集雨水
3. 水渠两边都有走道

可持续特色:

– 对该地区全部地表上的雨水都进行收集
– 打造水景花园, 种植具有污染修复功能的植物, 改善居民的生活质量

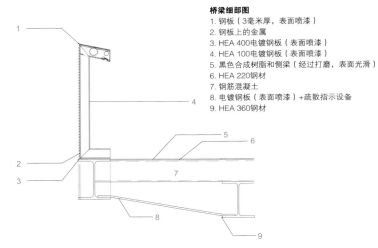

桥梁细部图
1. 钢板（3毫米厚，表面喷漆）
2. 钢板上的金属
3. HEA 400电镀钢板（表面喷漆）
4. HEA 100电镀钢板（表面喷漆）
5. 黑色合成树脂和侧梁（经过打磨，表面光滑）
6. HEA 220钢材
7. 钢筋混凝土
8. 电镀钢板（表面喷漆）+疏散指示设备
9. HEA 360钢材

　　杜勒上游河岸（Haute Deûle）开发工程以博伊布朗克地区（Bois Blanc）的环境优势为基础。首先，水资源对这一地区的地貌的重要性是确定无疑的，不论是在历史上还是在今天，虽然这一事实曾经受到忽视。本案是针对这一地区开展的可持续设计。该地区中心是一家通讯科技集团，过去是一家纺织厂。设计师从这一地区的历史中寻求灵感，以期让新的开发区融入周围住区的环境中，同时让水资源为新开发区注入活力。本案突出了杜勒河的作用，延续了运河与灌溉渠原有的线路，并进一步在整个地区的地表采用雨水收集系统。给水站是这一地区的历史记忆，过去曾给内陆地区输送水源，所以是这一地区的标志性场所。伴随着给水站的是水景花园。水景花园起到水资源储藏和污染净化两大作用。花园随着降雨量的变化而呈现不同的景致，成为这一地区的地标。

　　设计团队希望能够在"不影响该地区的标志性景观魅力"的情况下打造新的公共空间。他们打造了一个新的庭院，采用硬朗的线条，以示向工人阶级致敬。地面铺装采用混凝土和工业用的玄武岩，极具质感。

　　老纺织厂如今已是"欧洲科技创业园"（Euratechnologies）了。这里无疑是这一地区的中心，不论从体量上说，从地理位置上说，还是从它辉煌的发展历史上说。这一园区与周围的公共空间显得浑然一体，不论是它南侧的宽阔草坪和水景花园，还是北侧的老歌舞厅和布列塔尼广场（Bretagne）。在这样和谐一体的环境中，园区内的高科技公司和园区外的公众更容易交流互动。

　　沿着草坪和水景花园，指向杜勒河的南北方向交通轴线同时也是凸显水在这一地区重要性的一种手段。它是进入欧洲科技创业园的主要道路，也是和附近的里尔（Lille）和洛姆（Lomme）两个街区连接的纽带。新的升降吊桥连接着博伊布朗克岛，让水路再次在这一地区扮演了重要的角色。设计师对原有的公路进行了扩展，延续了城市规划的脉络，各个街区仍然呈现狭长的形状，原有的城墙也得以保留。杜勒上游河岸开发工程为洛姆区的公共空间带来一次复兴的转机。这一街区的街道两边都是工人住房，独有的街景风格带来独特的魅力，在保持这种魅力的基础上，设计师成功提升了公共空间的质量。街道的景观与杜勒河流域的地貌相辅相成，线形公园为这一地区的中心区注入活力，同时也与周围工人阶级特色的建筑环境融为一体。

　　2009年，本案获得以水景为主题的"生态地区奖"。2010年获得法国城市开发奖。

桥梁剖面图

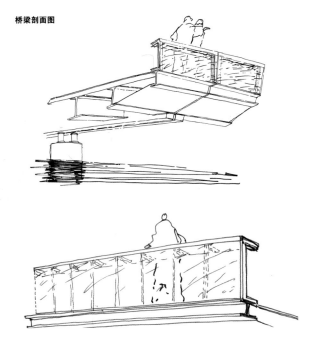

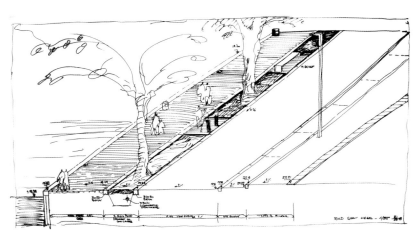

码头

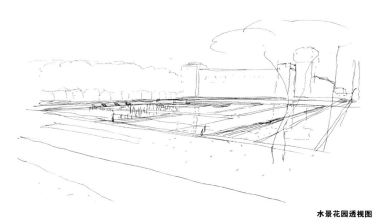

水景花园透视图

1. 新建的升降吊桥
2. 孩子们在人行桥上观赏水景花园
3. 广场和庭院

项目名称：
杜勒上游河岸可持续景观设计
设计与施工时间：
2008年～2015年
摄影师：
布鲁尔–德尔玛景观事务所
占地面积：
25,000平方米
工程造价：
2,800万欧元
奖项：
2009年生态地区奖
2010年城市开发奖

透视图－1

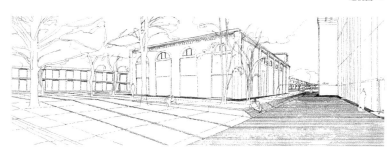

透视图－2

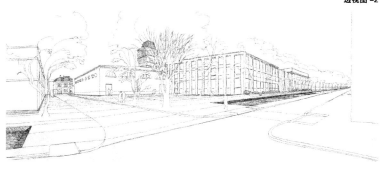

透视图－3

维多利亚花园

设计师：格蕾丝景观设计公司 ｜ **项目地点：**美国，加利福尼亚州，圣塔芭芭拉

可持续特色：

– 工程中71%的废料进行回收再利用
– 收集屋顶的雨水，满足灌溉用水的85%
– 采用液压堆垛式泊车系统，减少机动车占用的土地
– LED照明，更经济，夜晚照明效果更好
– LEED白金级认证（住宅类）

1. 英式传统的住区小花园
2. 花园入口处的"艺术走道"

项目名称：
维多利亚花园
完成时间：
2011年1月
建筑师：
汤普森·内勒建筑事务所
承建方：
艾伦工程公司
摄影师：
圣勒普摄影公司
占地面积：
1,075平方米
奖项：
"可持续景观设计动议"认证
2012年美国绿色建筑协会加州中部
海岸线分会绿色景观大奖

1. 维多利亚花园正门全景
2. "艺术走道"
3. 墙边设有长椅
4. 侧院，最大化地利用建筑用地

如今，世界各地的人们在步入老年后的生活中越来越活跃了。70岁、80岁甚至90岁的老人，依然很乐观积极地生活。世界范围内越来越大的老龄化人口，让房地产开发商和景观设计师看到了一个新的市场。

老年人寻求适合他们生活方式的家居环境，希望在舒适的环境中安享晚年。老人通常对自然的、绿色的环境有很大的向往，而且希望居处离市中心更近，这样他们能够得到更方便的服务和娱乐休闲活动。

全世界的设计师都在寻找新的设计方法，为精神依然矍铄的老年人创造更

适合他们的生活空间。格蕾丝景观设计公司（Grace Design Associates, Inc.）联手世界顶尖的汤普森·内勒建筑事务所（Thompson Naylor Architects）以及两家经验丰富的承建公司，共同打造了这一艺术级的住区景观——维多利亚花园。

这个住区坐落在加州的圣塔芭芭拉市，景观设计采用了英式住宅设计的传统——修建一个小型私人花园，同时兼具21世纪的现代感。住区内共有四栋建筑，围绕着中央的小花园。花园正前方是一栋维多利亚古典风格的公寓房，后面是另外三套。

小花园位于正中，里面有果树、喷泉、蔬菜地、用餐区等，是全住区居民共享

绿化平面图
1. 用砂岩路取代了原来的车道
2. 人行道
3. 篱笆
4. 前院
5. 走道
6. 长椅
7. 混凝土
8. 大门
9. 树篱（高1.8米）和大门（高0.9米）
10. 砾石
11. 树篱和大门（高0.9米）
12. 树篱（高1.8米）和大门（高0.9米）
13. 维多利亚花园
14. 农场小桌
15. 蔬菜园
16. 喷泉
17. 石墙（0.3×0.6米）
18. 艺术走道
19. 西侧后方
20. 石材庭院
21. 石材小路
22. 袖珍葡萄园

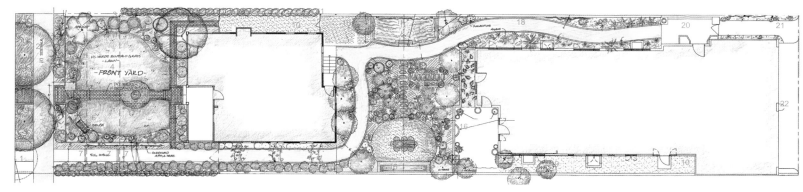

的公共休闲空间，但同时又显得非常私密、宁静，很适合闲坐、阅读、思考、亲近大自然。

住区居民的出行方式主要是步行、自行车或者选择公共交通工具，因为这个住区位于市中心，是个高档街区，周围风景秀丽，附近的建筑设计得十分考究。

维多利亚花园充分尊重周围环境的古典设计风格，并巧妙融入其中。花园为住区居民提供了很大的便利，不仅提高了绿化覆盖率，而且为住区注入生机，也改善了街道的绿化形象。新种植的30株果树和行道树让这里有一种"城市森林"的感觉，而且果树还能收获不少果实。

维多利亚花园是将住区内的四家住户联系在一起的纽带。本案的景观设计在施工之前是经过深思熟虑的，最终证明，这样的深思熟虑对本案最后取得的成功非常重要，不论是视觉上的美感还是功能上的完善。

本案设计完成后，获得了多项大奖和荣誉，已经成为同类老年公寓可持续设计的参照标准。事实上，本案是全球第一个获得"可持续景观设计动议"（SITES）认证的案例。

其他的创新设计还包括：
•室内外的电梯设计以及其他人性化设计，让老年人更舒适地安享晚年
•住区内全部采用耐旱的草坪和绿化带，采用具有渗透性的地面铺装
•花园入口处铺设了一条"艺术走道"，两边各有小花园，果树既能收获果实，又能美化环境
•维多利亚花园是住区居民共享的公共花园，为大家带来美好的居住体验。这里既是远离城市喧嚣的世外桃源，同时又是住区居民之间相互交流的桥梁
•创新的有机土壤营养注射系统
•植物护根设计

植物列表		
"艺术走道"	**楼上中庭**	**前院**
•莲花掌属植物	•梅尔柠檬（柑橘属果树）	•虾膜花（爵床科爵床属）
•非洲"爱情花"	•西康玉兰（木兰科木兰属）	•蛐蜓草
•非洲植物		•欧薯草
•紫葳属植物	**西侧后方**	•六出花属植物
•叶子花属植物		•蓝花荻落叶灌木
•苔属植物	•多种类型的藤地莓	•君子兰
•铁线莲	•标准藤地莓	•紫锥花
•巨朱蕉		•飞蓬属植物
•芸香科考来木属植物		•紫色鸢尾花
•芸香科倒挂金钟属植物	**建筑内部**	•紫薇科兰花楹属植物
•景天科拟石莲花属植物		•紫花猫薄荷
•象耳高凉菜	•龙舌兰属植物	•元参属植物
•高凉菜属植物	•景天科拟石莲花属植物	•玫瑰
•忍冬	•大戟属植物	•红玫瑰
•虎尾兰	•无花果属植物	•鼠尾草
•玉缀景天	•马氏射叶棕榈	•秋蓝草
•翡翠景天	•斑叶马齿苋树	•绵毛水苏
	•玫瑰	•蓝钟花
		•马蹄莲

注意：
所有的植物都由景观设计师亲自移栽，以确保植物正确的朝向和位置。因此，绿化平面图是根据现场栽种来画出植物的相对位置，而不是预先指定确切的栽种地点。

关于有蔓延危害的植物品种：
场地四周有围墙，所以有蔓延生长危害的植物品种只能在院墙内通过传粉来传播，或者是表层土壤中携带的种子萌芽。在花园正式开放前，所有的这类危险植物会连根清除。

维多利亚花园植物列表			
•虾膜花（爵床科爵床属） •欧蓍草 •马利筋 •木瓜 •格兰马草 •拂子茅属植物 •苔属植物 •帚灯草科植物 •梅尔柠檬（柑橘属果树） •墨西哥酸橙（柑橘属果树） •尤力克柠檬（柑橘属果树） •金钱橘树	•温州柑橘（柑橘属果树） •巴伦西亚柑橘（柑橘属果树） •华盛顿脐橙（柑橘属果树） •约塞米蒂金橘（柑橘属果树） •蓝旋花 •巨朱蕉 •雄黄蓝属植物 •原产日本的八角金盘属植物 •蜡菊属植物 •灯芯草属植物 •象耳高凉菜 •高凉菜属植物	•薰衣草属植物 •多须草 •"安娜"苹果树（墙式树木） •富士苹果树（墙式树木） •金粟苹果树 •红色猿猴花 •白色猿猴花 •紫花猫薄荷 •爬山虎 •狭花天竺葵 •狼尾草 •元参属植物	•迷迭香 •鼠尾草 •长药八宝（景天科八宝属） •柳叶七宝树 •绵毛水苏 •马蹄莲

•花园内植物品种丰富，设有蜂箱，还给鸟类筑巢专门准备了地方，适合野生动物和昆虫栖息

　　如今，居民、建筑师、城市规划师、开发商等各方都在关注这种新型的老年公寓设计模式。这一趋势势必在今后几年越发显现出来。格蕾丝景观设计公司期待与建筑师、承建商以及老年房主一道，共同打造更多这样具有前瞻性的住区景观设计。

1. 休闲区
2. 前院

2

黄山国际中心

设计师：深圳市柏涛环境艺术设计有限公司 | **项目地点：**中国，安徽

1. 滨江广场
2. 商业内街

可持续特色:

– 本案并没有选择那些昂贵的植物,而是使用成本较低的本土植物,地块原有的老树得到了很好的保护。收集再利用拆除中的老材料,既避免了材料的浪费,又保持了项目原有的韵味

– 花园水景彰显生态的重要性,营造均衡协调的自然环境

黄山国际中心项目位于安徽省黄山市屯溪区东南角黎阳镇内。内有著名的黎阳老街,其与横江东安的屯溪老街以老大桥为连接共同组成徽州文化体验旅游一条街。景观设计以黎阳老街改造为核心,以符合现代生活方式的休闲商业广场为配套,突出徽州本地历史文化传承,并赋予其新的形象语言。

设计中首先确立"比较"与"避免"的概念,"比较"是将黎阳老街与已有的屯溪老街进行比较分析,取长补短,强化黎阳老街的景观亮点和优势景观元素;"避免"是指杜绝新建仿古街道的赝品感觉。与屯溪老街的对比,使黎阳老街的景观优势突出展现:

1. 水系的设计是该项目的景观亮点,是应加以重点突出的。景观在设计中开门见山地显示了水景水系的丰富内容,将整条水系分段处理,赋予其不同的水景形态,生态水与景观水结合,动态水与静态水相间,充分展示水景观的优雅灵动。

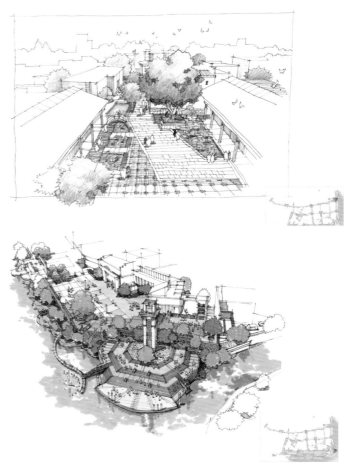

2. 绿化软景的设计也是区别于屯溪老街的重要景观元素。设计中将绿化种植组团化，点状分布，合理搭配，以竹子作为绿化的基本背景，具有浓郁的地方特色及人文气息，重点区域选用较大型的移植和保留的古树，强化其历史的延续感，同时与水景观结合，种植区域的荷花与水生植物，达到不同景观元素的整体协调。

3. 丰富的硬质铺装设计，地块以老街及商业空间为主体，硬铺面积较大，设计中合理的布置铺装景观点，在统一材质和景观感受的同时，运用多种多样的铺装手段于统一中求变化，增加景观的装饰性效果，符合现代生活方式的审美情趣，单纯而不单调。

为避免景观设计及景观构筑物过新的感觉,设计中进行了具体的规划和要求。

1. 铺装材料的选用要求新旧混搭,收集再利用拆除中的老材料,以砖、瓦、砂岩为主材。新材料及其他石材的使用、加工及其粗犷化处理,与老材料协调类同。

2. 植物均选用当地树种,避免使用现代景观常用的昂贵树种。品种及树木形态丰富,尽可能移植较老的树木,以保护古树木的面貌展现。

3. 小品和装饰品、功能设置等进行细化处理,避免使用工业化产品,应各具形态,以达到文物及老物品保存展示的效果。

项目名称:
黄山国际中心
完成时间:
2013年
客户:
黄山置地投资有限公司
摄影师:
张学涛
景观设计面积:
245671平方米
规划用地面积:
350959平方米

1. 商业街入口
2. 滨江平台鸟瞰
3. 商业水街
4. 商业水街夜景
5. 滨江平台夜景
6. 商业内街

平面图
1. 迎宾广场
2. 荷花池
3. 石拱桥
4. 水钵
5. 特色中庭
6. 入户庭院景观
7. 婚庆广场
8. 特色水景
9. 仿古青木板路
10. 特色中式铺装广场
11. 码头台阶及临水剧场
12. 特色塔楼
13. 休闲平台
14. 观景平台
15. 特色种植池
16. 休闲广场
17. 特色中式构筑
18. 地库出入口
19. 临水平台

新星能源公司园区水景设计

设计师：拉里·希克斯（注册景观建筑师、美国景观设计师协会会员）、RVK设计公司、JEK设计公司
项目地点：美国，得克萨斯州，圣安东尼奥

可持续特色:

— 9立方米的人造湿地促进了"生物过滤"的进程,打造了平衡的生态系统
— 采用创新的水处理策略

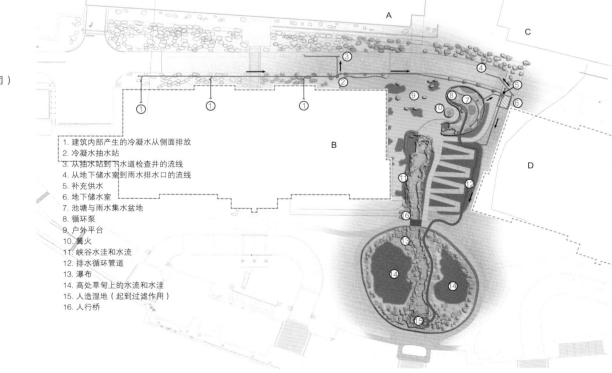

项目名称：
新星能源公司园区水景设计
完成时间：
2012年
客户：
新星能源公司
摄影师：
凯西·卡斯塔隆（RVK设计公司）
占地面积：
4,047平方米

交通流线设计图
A. 停车场（一期工程）
B. 新星能源公司总部（一期工程）
C. 停车场（二期工程）
D. 新星能源公司总部（二期工程）

1. 建筑内部产生的冷凝水从侧面排放
2. 冷凝水抽水站
3. 从抽水站到下水道检查井的流线
4. 从地下储水室到雨水排水口的流线
5. 补充供水
6. 地下储水室
7. 池塘与雨水集水盆地
8. 循环泵
9. 户外平台
10. 篝火
11. 峡谷水洼和水流
12. 排水循环管道
13. 瀑布
14. 高处草甸上的水流和水洼
15. 人造湿地（起到过滤作用）
16. 人行桥

1. 户外平台上的池塘和篝火夜景
2. 点缀在峡谷溪流边的小池塘

水景花园植物列表			
睡莲	**边缘植物（沼泽）**	**水生（吸氧）植物**	**浮水植物**
•克莱德艾肯斯睡莲 •玛利亚斯特朗睡莲 •墨西哥睡莲 •香睡莲 •红色火焰睡莲 •"暹罗之星"睡莲 •"得克萨斯黎明"睡莲	•石菖蒲 •绿虎耳 •粉美人蕉 •野芋 •文殊兰 •光杆轮伞莎草 •白鹭莞（星光草） •"蓝旗"鸢尾花 •灯心草 •北美梭鱼草 •美洲大慈姑（阔叶慈姑） •水葱（莎草科莞草属） •拉氏香蒲	•白花穗莼（水盾草） •金鱼藻 •水蕴草（蜈蚣草） •伊乐藻 •苦草	•二穗水蕹 •水生荇菜（水金英） •水皮莲（龙胆科荇菜属） •澳洲橙雪莲 •荇菜 •美洲黄莲（黄莲花、美国莲） •"斯洛库姆夫人"莲

北圣安东尼奥位于得克萨斯州中部的爱德华兹高原生态区。这里的当地人和欧洲定居者都十分珍视这一靠近水源的地理位置。这个地区的水源——爱德华兹地下蓄水层，得到了妥善的保护和管理，以便确保未来水资源的供应。新星能源公司（NuStar Energy）2010年被麦格劳-希尔金融公司（McGraw Hill Financial）旗下的普氏能源资讯（Platts）评为美国成长最快的能源公司，如今，这家公司依然保持着蓬勃的成长态势。新星能源公司致力于成为圣安东尼奥地区积极向上的成功典范。因此，新星公司尤其关注公司新园区所在地的水资源保护问题，在公司新址的规划中特别强调了水景的设计。这处水景的设计，不仅考虑到为公司员工以及到访的客户提供优美的环境，更考虑到将这里作为水生生物的栖息地。这处水景的水源主要来自雨水和建筑暖通排放水。

体验

走近新星能源公司的新办公楼，你的眼前就会出现一大片绿油油的草地，种植的都是当地的草本植物，包括野牛草、格兰马草和卷牧豆草等，草坪周围一圈种植的也都是当地植物。北面，可以远眺地平线上美丽的自然风景。丝兰、龙舌兰和诺力草与各种各样常年开花的多年生植物相映成趣。随着你一步步走近草坪，哗哗的流水声越来越大。水逐渐吸引你的注意力，让你的视线转向湿地和流经草坪的溪流。奔流不息的水流似乎将山体冲断，露出基岩的断层。草坪的边上，一条小径，一道小桥，轻松地将我们的视线吸引到一处2米高的瀑布上。从小桥上穿过时，你可以靠在栏杆上，驻足欣赏瀑布的美景，看着水中的植物（伊乐藻属）随着水势漂浮。偶尔还能看到在水边蹦跳的牛蛙。瀑布的对面，极目远眺，是蜿蜒连绵的小溪和点缀其间的池塘。

小溪从草坪上流经"自然峡谷"（设计师将主水景所在地命名为"自然峡谷"），一直流淌到水塘洼地，水流长度共计27米，高度落差4米，中间经过五个池塘。瀑布和小溪为途经此地的人们带来视觉和听觉上的乐趣。石阶的材料采用未经人工处理的天然石材，蜿蜒的小径采用着色的混凝土铺装。

公司大楼东侧有一个宽敞的庭院，是从大楼进入食堂的通道。庭院和食堂都可以作为公司员工工作之余休闲放松的好去处，也可常年作为公司以及附近社区举办各种活动的场所。

2

设计

　　整体的景观设计理念是：为新星公司打造一个美好的外部环境，并融入当地优美的自然风景中。遵循着这样的设计理念，新星公司整体的景观形象呈现出自然的生态之美，同时又保护了当地原有的生物栖息地。一期工程和二期工程竣工的两栋建筑在布局上融入了当地的地形地貌，整体显得十分和谐。两栋大楼中间有一块宽敞的空地，是整个公司园区的中心地带，为打造风景优美的水景创造了条件。

　　这块空地具有一定高度的落差，要想利用这一点，就要对坚硬的石灰岩基岩进行修整。当地的地貌是随处都能看到岩石的地质分层，在本案的景观设计中，设计师也模仿了这一特点。所有的石灰岩巨石都是从当地一家采石场精挑细选而来，施工上采用自然的干砌手法，营造出浑然天成的景致。

1. 从风景优美的峡谷向北眺望远处的自然景致
2. 红杯睡莲（睡莲属）
3. 暗背金翅雀在森林边缘和水边出没
4. 美洲白睡莲（睡莲属，有香味）

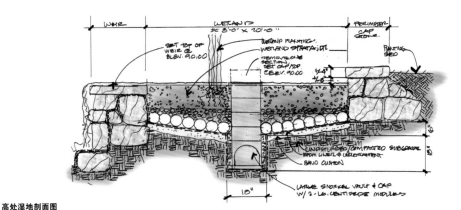

高处湿地剖面图

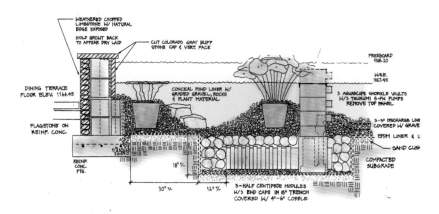

循环泵剖面图

整个园区占地面积为14公顷，分一期和二期来开发，草坪和"自然峡谷"约占其中的0.4公顷。园区中央的空地有个明显的地势落差，高达9米，高的一边是人造湿地，低的一边是水池，设计师充分利用了这一地势。水景的总长度为9米。溪流的宽度在2米到3米之间，深度介于5厘米到20厘米之间。地势较低的水池的平均深度为61厘米。

为了减少饮用水的使用，设计师设计了暖通废水回收利用系统，用于为一个池塘供水（池塘蓄水量为105,992升）。此外，还设计了雨水收集装置，每年能收集158,987升雨水。水景的水体表面就是收集雨水的直接媒介。水流从地势较低的池塘直接流入一个24,605升的地下蓄水池。收集的雨水用来补充从大楼暖通回收利用的废水。这两个水源就够补充水景每周由于蒸发作用而损失的水量。有时候暖通启动较少，收集的废水很少，而降雨量也不多，则需要用饮用水作为补充。

暖通废水主要从办公楼北侧的三个采集点收集。高差上的限制条件使得设计师无法利用重力来进行水的传输。于是，设计师在最后一个采集点附近设置了出水井和集水坑泵，以便把收集的废水传输到地下蓄水池。池塘里安装了水平面传感器，如果水位过低，水就会自动进行补充，达到所需的水位高度。

地势较低的池塘里安装了四个水泵，可以确保水体的循环。其中一个水泵负责为9立方米的人造湿地供水。人造湿地促进了"生物过滤"的进程，打造了平衡的生态系统。相较于池塘的体量来说，湿地显得过大了，这是设计师有意为之的，

目的是加强雨水的渗透作用。另外两个水泵为瀑布和小溪补充水源。对地势较低的池塘来说，没有"生物过滤"进程，只有水泵的机械过滤。考虑到这个池塘的形状，为了改善水循环，设计师特意增加了第四个水泵。这个水泵较小，连接一个地下排水管，隐藏在池底的砾石层之下。本案中面临的难题不是通风（溪流和瀑布自身就能解决通风问题），而是水的循环，尤其是洼地的东侧。

结语

新星能源公司对园区和水景的积极管理和运营使得这里得以保持平衡的生态系统，为各种野生生物提供了栖息地。水中种植了百合，还有其他多种植物，包括水下和漂浮在水面上的植物，很多都是能够制造氧气的植物，池塘的绿化覆盖率约为75%。植物能起到遮荫的作用，为生物创造更好的栖息环境，包括鱼类、两栖动物、鸟类、爬行动物、小型哺乳动物以及其他的当地野生物种。另外，值得注意的一点是——水景设计对整个园区的景观设计也非常重要，因为园区内主要种植当地植物，有了水景，这些植物需要的额外灌溉也减少了。

得克萨斯州正在经历一场历史性的三年大旱。圣安东尼奥市必须严格执行圣安东尼奥水体系统委员会（SAWS）的水资源管理策略。圣安东尼奥水体系统委员会已经批准新星能源公司的园区水景，作为一个重要的生物栖息地，在干旱期的各个阶段都享有固定供水。最近，水体系统委员会还为新星能源公司的新园区在水体和环境保护方面的杰出贡献颁发了"创新思路大奖"。

斯特拉特福德东村

设计师：VOGT设计事务所 **|** **项目地点：**英国，伦敦

可持续特色：

– 尽量减少灌溉用水；减少裸露的地面；收集雨水进行再利用
– 大量使用本地植物
– 通过各种自然过滤过程收集并净化雨水，储存在大型水池里

斯特拉特福德城（Stratford City）是一个新的住宅开发区，坐落在伦敦东部的斯特拉特福德市中心的北面。2012年，这里开发了奥运村，如今将改建成一个社区，包含住宅楼、商店、办公楼以及各种教育设施。

奥运村东面是利河（River Lea），西面是莱顿住宅区（Leyton）。这一地区的自然环境和城市发展的脉络是新的住宅区公共空间景观设计的参照标准。周围的地貌、本地的植物和河道共同决定了公共空间、广场和街道的特色，打造了独一无二的景观环境。

项目名称：
斯特拉特福德东村（原奥运村）
完成时间：
2012年
建筑师：
VOGT设计事务所
占地面积：
15.1公顷
摄影师：
麦克·奥德维尔
客户：
联盛集团（Lend Lease）、奥林匹克筹建局

雨水收集与过滤系统

利河系统　　　　　　　　　系统1　　　　　系统2　　　　系统3

屋顶和庭院中收集的雨水

溢流

利河　　　小型湖泊　　　斯特拉特福德花园西侧　　　斯特拉特福德广场　　　雨水

科布海姆广场
水处理池的循环
· 活的，生物的
· 水生植物

氯化水的封闭系统
· 城市地区
· 灵活处理
· 安全
· 浅层

· 补充供水

1. 胜利公园中央草坪（花岗岩围墙，砾石铺装地面）
2. 周围街景（米拉贝勒花园）
3. 从观景台上眺望胜利公园
4. 湿地鸟瞰图（施工中）

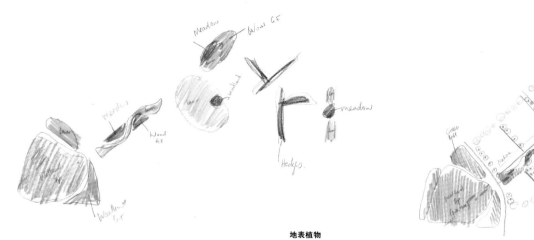

地表植物

树木种植策略

斯特拉特福德城开发区带来了打造一个全新的可持续生态社区的良机。开发区的规划和施工都要符合可持续发展原则。开放空间的设计降低了雨水流失率，让这个工程得以符合《可持续住宅设计标准》关于地表水的标准。

斯特拉特福德城的景观设计与周围环境紧密相连。此外，设计的另一个目标是借鉴传统的英式景观，同时符合可持续发展和生物多样化的环保理念。要想打造独一无二的景观环境，又要尽量减少灌溉用水，减少裸露的地面，收集雨水并再利用，打造多样化的地貌，巧妙地连接住区、湿地和绿化空间，这就需要景观建筑师、生态学家和工程师紧密合作。

4

斯特拉特福德绿化区——典型的英式广场

斯特拉特福德花园和水池

斯特拉特福德湿地——过滤系统

东村景观总体规划（街道景观和开放空间）

手绘剖面图（较低的一边是利河峡谷的自然地势，另一边是人工建造的城市标高）

　　住宅区内的自然景观为居民提供了良好的居住环境，也为野生动物提供了栖息地，此外，还实现了另外一个更直接的目标。通过各种自然过滤的过程收集并净化雨水，储存在大型水池里。然后，利用一个抽水站，再将这些水用于绿化区的灌溉。像抽水站这样的技术设施都巧妙地隐藏在景观中（这也是英式景观设计的传统），不仅掩盖了这些设备本来的用途，而且还巧妙地融入其他功能，比如用作观景台。另外，树木的种植呈现环形的布局，跟周围的植物形成对比，作用相当于英式花园中的装饰性建筑，在"天然"与"人工"之间建立起一种平衡。

座位布局平面图

— 类型一：带靠背的座椅
— 类型二：带靠背和扶手的座椅
— 类型三：普通座椅
— 类型四：长椅
— 类型五：嵌入式座椅
— 类型六：观景平台

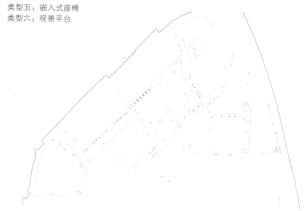

湿地景观的空间布局也受到传统花园景观的影响。湿地内分布着五个池塘，种植了各种植物，在这里漫步能享受步移景异的体验。湿地内的小径随着地势起伏，有些地方是上好的观景点，能看到整个湿地的美景。

VOGT设计事务所在斯特拉特福德城公共空间的设计团队中起到领导作用，包括环境设计、景观设计（共有3300棵树）、小品设计、灯光设计、道路交通设计，并在这个住宅区与附近的另外13个开发区之间建立了紧密的联系。

1. 米拉贝勒花园
2. 池塘景致
3. 科布海姆庄园大道

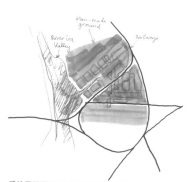

手绘平面图（利河峡谷与城市用地）

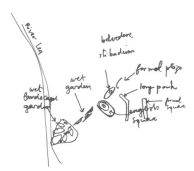

景观空间类型

斯特拉特福德湿地池塘剖面图

格思里城市公园

设计师： SWA集团 **| 项目地点：** 美国，俄克拉何马州，塔尔萨

1、2. 公园西侧小花园里的人行道，通向喷泉和庭院

可持续特色：

– 位于公园地下的创新型地热井可以产生能源，供周围建筑取暖或制冷
– 用草皮护面的生物修复沼泽池能够收集公园及景观亭屋顶的雨水
– 地源交换系统可产生能量600吨（7200英热量单位/小时），公园地下152.4米处共有120个地井，其错综复杂的管道可将能量输送到各个地点

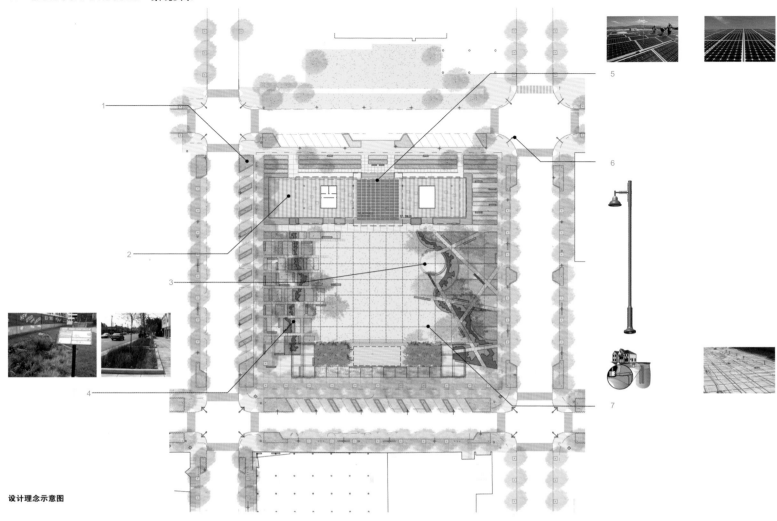

设计理念示意图

1. 热岛效应：

　　与外围的乡村环境相比，市内与城郊地区气温更高。这种气温的差异就是导致城市热岛效应的原因。一个百万（或者更多）人口的城市，年平均气温比周围的乡村地区大约高出 1～3 摄氏度。如果是天气情况良好的夜晚，温差甚至可以达到 12 摄氏度。小型城镇也会有热岛效应，不过这种效应会随着城镇规模的缩小而递减。树木和植被可以通过阴凉与蒸腾作用来帮助城市环境降温。

　　树木和植物的枝叶能够减少到达地面的阳光辐射。夏季，大约有 10%～30% 的阳光能够到达树阴下的地面，其余的一部分被树叶吸收用作光合作用，另一部分反射回大气层。

2. 原水泥板

3. 喷泉改善了地热系统的效率

4. 生物沼泽：

　　生物沼泽是用来清除地表水中的淤泥和污染物的景观元素。生物沼泽或者由沼泽式排水系统构成，或者是由植被、堆肥和（或）乱石堆构成。水流的路线以及浅渠或植被区的设计尽可能增加水流在生物沼泽中停留的时间，这有利于过滤污染物和淤泥。根据特定的地形，生物沼泽可以是蜿蜒曲折的，也可以是直线式的水渠。里面的生物元素也有利于某些污染物的降解。

　　生物沼泽通常可以设置在停车场旁边或者路边。机动车产生的污染物遗留在地面铺装上，然后混在地面的雨水中。生物沼泽，或者其他类型的生物过滤手段，将地表雨水收集起来，在流入水渠或下水道之前进行净化处理。

5. 太阳能光电板：

　　光电板指的是一组彼此相连的光电单元组合在一起。光电单元在使用时一般需要一些保护措施。从节约成本以及实用性的角度来说，常常将多个光电单元彼此相连，组合在一起使用，形成光电板。

　　太阳能光电板利用来自太阳的光能（光子），通过光电作用来发电。大部分光电板采用水溶性晶体硅，或者是采用以碲化镉或硅为基础的薄膜单元。

6. LED 照明：

　　相比传统的光源，LED 照明有许多优势，包括耗能低、使用寿命长、更耐用、体积更小、开关反应更快等。LED 灯可以用作低能耗的指示灯，也可以取代传统光源用于普通照明。

　　效能：LED 灯每瓦特比白炽灯产生更多的光线。

体积：LED 灯的体积可以很小（甚至小于 2 平方毫米），很容易安装到电路板上。

开关时间：LED 灯的开关反应非常快。一般的红色 LED 指示灯可以在几微秒内达到最大亮度。用于通讯设备中的 LED 灯甚至能够达到更快的反应速度。

光照温度：光线以红外线的形式发射出热量，会对敏感物体或织物造成损害。与大多数其他光源相比，LED 灯只向四周发射很少的热量。

损耗：LED 灯一般会随着使用时间的增加越来越暗，直至彻底坏掉，而不是像白炽灯那样突然烧断灯丝。

使用寿命：LED 灯相对来说使用寿命较长。一份报告显示，正常使用的寿命约可达到 35,000～50,000 小时，如果把彻底报废之前的使用时间也算上的话，使用寿命甚至更长。而荧光灯的使用寿命一般是 15,000 小时，白炽灯是 1,000～2,000 小时。

抗震能力：LED 灯由坚固的组件构成，不会轻易被外力损坏，不像荧光灯和白炽灯那么易碎。

毒性：跟荧光灯不同，LED 灯不含水银。

7. 地热交换系统

　　据美国国家环境保护局（EPA），基于地热的供暖和制冷系统是最节能、最环保、最符合成本效益的空调系统。环保局发现，地热交换系统能够减少能源消耗和废气排放，与空气源热泵相比能够降低 40%，与标准空调设备的电阻加热相比能够降低 70%。

　　大地是一个巨大的、天然的能量存储设备。它能够吸收 47% 的太阳能，比人类每年所需的能量的 500 倍还多，而且是绝对清洁的可再生能源。在供暖季节里，地热交换系统以接近或超过 40% 的效能从大地中提取热能，在制冷季节里再将热能返还。而低级太阳能在大地中提取出来。夏季，这个过程反过来进行，大地变成一个吸热设备。

1、2. 精心打造的户外观赏亭为当地人聚会和观赏室外演出提供了便利

项目名称：
格思里城市公园
完成时间：
2012年
建筑师：
金斯洛，基斯&陶德有限公司
客户：
乔治·凯撒家庭基金会
面积：
约10926平方米
摄影师：
琼奴·辛莱顿
奖项：
美国建筑师和承包商协会建筑奖 俄克拉何马州分会卓越奖

格思里城市公园位于美国俄克拉何马州的东北部城市塔尔萨，是一个新的城市花园和表演场，占地面积约为10 926平方米，构成了布雷迪艺术区的核心。格思里城市公园是为了纪念俄克拉何马州的著名创造歌手和政治反对派伍迪·格思里而得名，这个新兴的闹市区拥有多家剧院，著名的凯恩舞厅也坐落于此，此外，这里还拥有大量工业建筑和库房，近些年来还新增了大量的住宅、画廊、餐厅和办公楼。

此次棕地修复工程主要对受污染的土壤和废弃油箱进行清理。设计团队创造性地在公园的地下打造了一个地热井，能够生成能量，为周围建筑供暖和制冷所用。精心打造的景观花园、喷泉和观赏亭为当地人欣赏室外演出提供便利。格思里城市公园很好地展现了公私合营模式的诸多优势，公园的总预算为800万美元，由乔治·凯撒家庭基金会（GKFF）发起，属于该基金会在布雷迪艺术区总预算为11350万美元的公私合营投资计划的一部分。格思里城市公园共获得两项政府拨款以及部分地方拨款，政府拨款包括俄克拉何马州环境质量工程局调拨的价值为250万美元的ARRA节能减排基金，以及价值为125000美元的棕地修复发展基金。

2

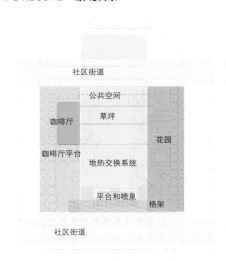

社区街道

公共空间

咖啡厅

草坪

花园

咖啡厅平台

地热交换系统

平台和喷泉

格架

社区街道

社区街道

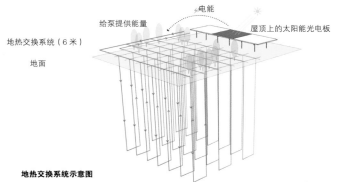

电能

给泵提供能量

屋顶上的太阳能光电板

地热交换系统（6 米）

地面

地热交换系统示意图

项目背景

　　格思里公园的起源可以追溯到SWA集团与谭秉荣建筑事务所合作完成的一份城市设计研究，这份研究专门针对塔尔萨的布雷迪艺术区而展开。公园内的一条条走廊将BOK竞技场与ONEOK Field棒球场连接起来，棒球场于2010年正式对外开放，其景观设计也由SWA集团完成。

　　为了能给布雷迪艺术区打造一片中央绿地，在设计团队的劝说下，乔治·凯撒家庭基金会购买了位于该区东西主干道布雷迪大街附近的一座卡车装卸中心。在基金会和当地的一些企业、文化组织以及政府官员的支持下，格思里公园被打造成为一个适合承办这种社区活动和文化表演的多功能空间，推动整个区域的发展。卡车卸载中心的地理位置优越，设计团队将之打造成为一个大型户外"客厅"，吸引更多的艺术家、城市专业人员、学生、家庭和访客来到这里，更好地为他们服务。

3

1. 安装在景观亭屋顶上的太阳能板为公园提供电力
2. 从塔尔萨纸业公司大楼内眺望景区
3、4. 翻新的石砖人行道将公园街道连接起来

4

公园设计

　　SWA集团将卡车卸载中心改造成一个集会空间，拥有若干花园、互动喷泉、一个爬满绿藤的室外舞台和一个多功能草坪，方便公园举行表演或节日庆典活动。原有的装卸区如今新建了一个占地面积为1040平方米的景观亭。

　　公园的许多设计灵感源于布雷迪文化区丰富的历史和独特的历史位置。景观亭位于公园的北端，包含咖啡厅、休息室、储藏室和有遮篷的室外休息空间，访客可以坐在这里休息，观赏布雷迪中央草地的景致。金斯洛与基斯&陶德有限公司负责咖啡亭和舞台的建筑设计，华莱士工程有限公司提供结构工程和土木工程相关服务，曼哈顿建造公司、石桥集团和塔尔萨工业局负责监管整个建造过程，施乐·舒克公司负责设计整个公园的照明和声音设备，CMS公司和库斯公司则负责将SWA集团的喷泉设计实体化。

　　设计团队在格思里公园的东西两端打造了生物修复沼泽池，其两侧用草皮护面。沼泽池可以收集公园和景观亭屋顶的雨水，并在雨水流入城市排水系统之前对其进行过滤。沼泽池蜿蜒曲折的线条不仅与其附近的阿肯色河（美国密西西比河的主要支流之一）有异曲同工之妙，还起到贯通东西两区的作用。公园东西两区的设计重点各不相同，西区多是一些正式的喷泉广场，东区则拥有大量的非正式树林，对该区更为拥挤的交通状况起到一定的缓解作用。位于东区的一个主要

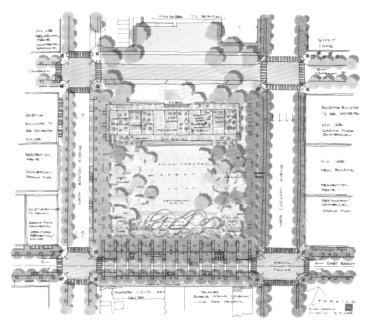

广场设计示意图

的圆形喷泉，设计生动活泼，娱乐气息浓厚。东区多是一些小型喷泉，一般由花岗岩雕刻而成，用来诠释水的"渗入、雾化、喷射"三大特性。

公园南侧一个新建的舞台构成了南区的边界，与布雷迪大街相邻。必要时，可以将舞台围起来，形成相对封闭的区域，用作市场空间或展会空间。新翻新的石砖人行道将公园空间与BOK竞技场、ONEOK棒球场以及布雷迪艺术区的其他重要目的地连接起来。公园内的混凝土道路采用统一的自然色调，强化了不同结构物之间的关系。互动式圆形喷泉采用天然石材料。环绕公园周界的小路统一铺设地砖，呼应其所在地悠久的制砖工业历史。格思里公园的植物选择极具挑战性，不仅要节约用水、易于维护和可持续，还要能够适应塔尔萨多变的天气，塔尔萨夏季温度可高达华氏100度，12月到次年2月的温度则可能是零度以下。

地源交换系统

早在最初的设计阶段，设计团队就提出在公园的地下安装一个地源热泵系统。华莱士工程公司位于塔尔萨的公司总部的停车场就安装了这一系统，该系统所产生的能量可以完全满足其公司总部的供暖和制冷需求。地源热泵系统所节省下来的成本可以抵消塔尔萨纸业公司大楼内的一些非营利机构的运营成本。

1、2. 一些由花岗岩雕刻而成的小型喷泉，充分诠释了水的"渗入、雾化、喷射"三大特性
3、4. 人们在圆形喷泉处戏水
5.在小路上行走

格思里公园的地源交换系统可产生能量600吨（7200英热单位/小时），通过位于152.4米地下的120个地井的地下管道传输到各个地点。该系统可为公园11148平方米以内的非营利机构以及公园内的景观亭和卫生间提供能量。安装在景观亭屋顶的太阳能板可为热泵系统提供能量。地源交换系统可将公园的能量需求降低60%，仅需7年就可收回系统的投入成本。

公共市场供应各种新鲜果蔬和当地艺术品。当地居民和城市工作人员还可以在草坪上免费学习瑜伽和锻炼课程。

2012年，格思里公园获得建筑师和承包商协会俄克拉何马州分会建筑类卓越奖，并入围世界建筑新闻网站颁布的城市更新大奖和生态设计奖。

园区规划

整个格思里公园呈格状分布，花园、小径和互动式喷泉纵横交错。乔治·凯撒家庭基金会拥有格思里公园的所有权，并负责公园的维护工作。基金会与塔尔萨表演艺术中心和其他的非营利机构合作，在公园举行一系列活动。格思里公园的

1~4. 景观细节特写
5. 公园东侧的圆形喷泉，设有座椅、照明以及意大利式室外地滚球游戏场地，营造出轻松、休闲的景观氛围
6~9. 格思里城市公园夜景，在塔尔萨市中心背景的衬托下，效果十分抢眼

6

8

9

伍斯特蜂巢图书馆
景观设计

设计师：格兰特景观事务所 ∣ **项目地点：**英国，伍斯特

1. 入口广场
2. 从高处的铁路眺望伍斯特蜂巢图书馆景观

可持续特色：

— 雨水和地表水通过沼泽苇地进行渗透
— 种植的植物种子都是从当地采集的，包括黄花九轮草、兰花、贝母属植物和变色鸢尾
— 长满野花的浸水草甸不需要过多的维护，却能应对河流季节性的洪水泛滥

"蜂巢"（The Hive）是欧洲第一所联合大学暨公共图书馆，是英国伍斯特市以及伍斯特大学的一个独特的学术、教育、学习中心。本案获得了英国建筑研究院环境评估体系（BREEAM）的"杰出等级"认证，建筑设计由费尔登·克莱格·布拉德利设计工作室（Feilden Clegg Bradley Studios）负责，可持续的独特景观设计由格兰特景观事务所（Grant Associates）操刀。

格兰特景观事务所接到的设计任务是：打造高品质的景观环境，以独特的魅力吸引到访者，要既有历史感，又能体现出"可持续发展"和"科技创新"的现代主题。

项目名称：
伍斯特蜂巢图书馆景观设计
完成时间：
2012年
建筑师：
费尔登·克莱格·布拉德利设计工作室
工程师：
海德工程咨询公司、马克思·福德姆建筑工程公司
客户：
伍斯特城市委员会
摄影师：
格兰特景观事务所
工程造价：
200万英镑（景观部分）

1. 浸水草甸

蜂巢图书馆的景观设计以融入当地自然景观为基础。这里有塞弗恩河（River Severn）、马尔文山（Malvern Hills）和埃尔加铁路（Elgar Trail），它们共同构成的景致派生出"希望之土，壮丽之地"的设计主题。在此基础上，设计围绕着以下几个关键词展开：

·令人振奋的自然：景观空间的布局旨在引导访客去体验有益身心健康的大自然，与啾啾鸟鸣、幽幽花香、斑斓色彩、奇趣昆虫做一次亲密接触。

·健康之水，生命之源：向访客展示健康的水源对于生命以及自然生态系统的重要意义。来自大自然的水，不是人造化学物质所能取代的。进而让人们意识到保护水资源的重要性。

·文化与传承：融入当地环境，尤其是该地区的主要交通干线——"堤道"（The Causeway）。

鸟瞰透视图

平面图
1. 伍斯特图书馆
2. 夏季草甸
3. 春季草甸
4. "黑梨岛"
5. 观景平台
6. 黑杨树

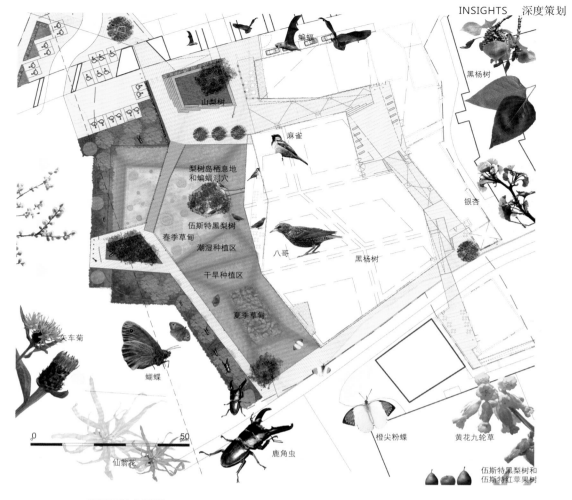

山梨树

黑杨树

梨树岛栖息地
和蝙蝠洞穴

麻雀

伍斯特黑梨树

银杏

春季草甸

潮湿种植区

八哥

黑杨树

干旱种植区

夏季草甸

矢车菊

蝴蝶

橙尖粉蝶

黄花九轮草

0　　　　　50

仙翁花

鹿角虫

伍斯特黑梨树和
伍斯特红苹果树

植物与城市生态设计策略

标志性树木

几种标志性的树木形成了独特的景观形态，构建了当地的"城市生态"，完善了当地的"堤道"的景观。

栽种时这些树木处于半长成的状态，树干围长 40～80 厘米，高6～8 米。树木的品种包括：
· 苏格兰松树（欧洲赤松）
· 英格兰橡树（欧洲栎）
· 过坛龙（银杏）
· 黑杨树
· 山梨树
· 白柳

开花、结果的树木

树木的选择考虑到当地环境特点和季节性，进一步丰富了当地的植物多样性。树木或栽种成排，或栽种成片。

从苗圃中移来的树苗高5～7 米。品种包括：
· 樱桃树（种在"堤道"平台上）
· 伍斯特黑梨树（种在"梨岛"）
· 伍斯特红苹果树（种在咖啡厅平台上，作为"树木围墙"）

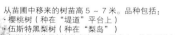

狐尾草

栽种结构

树木按照一定的结构进行栽种，对地块进行划分，同时突出景观特色。遮挡了一部分望向停车场的视线，同时又不会阻碍欣赏广阔的自然景观的视野。有效的绿化管理策略和植物品种的选择也会对抑制洪水泛滥有所帮助。

草甸上栽种了多种滨水植物，每一种栽成一片，搭配种在河边的当地植物品种。此外，还栽种了大面积的矮林，为野生动物提供了良好的栖息环境。

树木品种：树木大小各异，高2～7 米。品种包括：
· 黑杨树
· 白柳

灌木品种：应用嫁接技术，大面积栽种灌木。品种包括：
· 蒿柳
· 白柳
· 灰毛柳

常绿灌木篱墙：常绿灌木提前修剪好之后栽种，种成树篱状，毗邻堤道平台，为残障人士停车场提供了一层屏障。两排栽种，常年修剪成 1.2 米的高度。品种包括：
· 黄杨木

柳树林中有一些干枯的朽木，有些直立，有些埋在地下，其他景观区内也有。这些枯木主要是为了吸引鹿角虫。栽种多样化

多姿多彩、芳香扑鼻的地表植物与标志性的树木相结合。平均每平方米栽种 8～10 株。植物品种的选择与树木相搭配。

绿墙

咖啡厅平台旁边种植藤蔓类植物，根据环境条件，精心选择植物品种，如忍冬。

停车场旁边有一面绿墙，上面种植的是槲寄生。

草甸

浸水草甸上预先撒种子，都是从野生植物捐赠点采集来的当地的植物品种。另外，草甸上一些特定的位置上还采用直接栽种成株。春季草甸的地基，地形起伏多变，不过只有在洪水泛滥的情况下才能看到。草甸上种植的主要植物是黄花九轮草（报春花科报春花属）——伍斯特郡的标志性植物。春季草甸和夏季草甸的斜坡上都将大面积生长这种植物。

春季草甸上种植的植物春季开花，适合潮湿的环境，如草甸碎米荠、驴蹄草、地榆、黑车矢菊、鸢尾花等。

夏季草甸上种植的植物夏季开花，适合较为干燥的环境，但也抗涝，如仙翁花、狐尾草、洋狗尾草等。

整个园区占地2公顷,包括一系列岛状地带,还有几个观景平台,能够俯瞰下方的两个盆地、"堤道"以及其他一些公路(包括园区周围的和穿过园区的),盆地里是湿地草坪,都是当地植物,生长十分茂盛。设计重点包括:

浸水草甸

浸水草甸是园区内最重要的景观,这里长满各种野花,是环境教育的宝贵资源,生命力极为旺盛,足以应对河流的季节性洪水,也不需要太多的维护。这里种植的植物种子都是从当地采集的,包括黄花九轮草、兰花、贝母属植物和变色鸢尾。

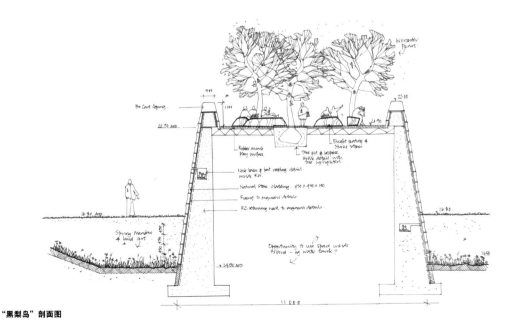

"黑梨岛"剖面图

1. 入口广场——与图书馆相连的一个岛状绿化区
2. 建筑周围的野生植物草甸，维护成本很低
3. 浸水草甸上方的小桥

手绘图

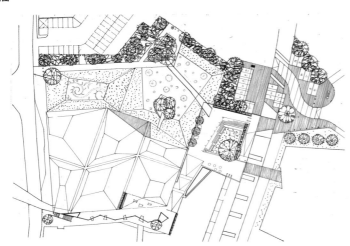

剖面图

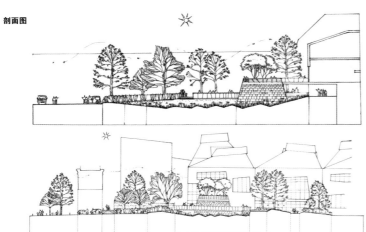

可持续发展的排水系统

浸水草甸还起到一个很实际的作用——以符合可持续发展的方式处理城市排水问题；雨水和地表水通过沼泽苇地进行渗透；在当地盛行的西南风的作用下，通过蒸腾冷却过程，促进建筑的环境工程进程。

生物栖息岛

浸水草甸上有两个生物栖息岛。一个通过小桥与儿童图书馆相连，孩子们可以在这里读书。这里有鸟语花香，有野生动物的巢穴，还有一个迷你小果园，孩子们在神奇的大自然中接受最生动的教育。另一个小岛是野生生物的天堂，这里的树木有着巨大的树冠，还有低矮的灌木，为动物隐蔽筑巢提供了最佳场所。这里还有罕见的黑杨树。

1. 黑梨树小岛
2、3. 图书馆和历史中心内部以及周围是一张安全、方便的道路交通网

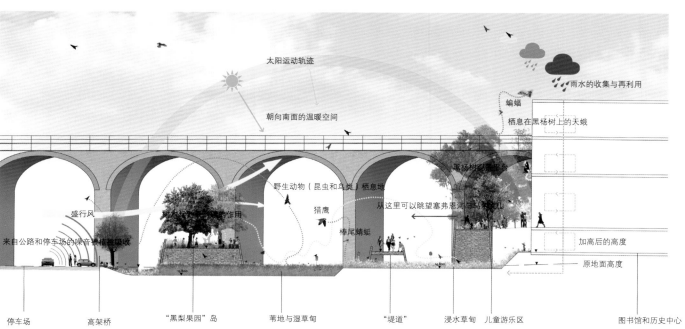

景观设计示意图

城市生态理念剖面示意图

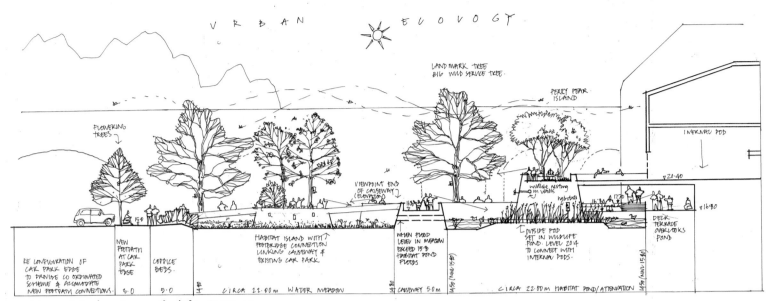

"堤道"

园区内部和周围的道路设计非常人性化，形成一张安全、方便的交通网。道路尽头处大多设有平台，可以闲坐，比如观景台旁边的"咖啡平台"。路边设置座椅，用人行桥与旁边的场地相连。

格兰特景观事务所经理彼得·柯米尔（Peter Chmiel）表示："伍斯特蜂巢图书馆与历史中心的景观设计，旨在成为可持续设计的典范，在排水系统、水资源衰减、城市花园、使用当地材料和当地植物品种、精心的景观管理等方面，促进了物种的多样化和生态的丰富性。"

1. 浸水草甸上方的小桥
2. 建筑周围的野生植物草甸，维护成本很低
3. 伍斯特蜂巢图书馆景观鸟瞰图

3

Floriade 2022年世界园艺博览会

项目名称：
Floriade 2022年世界园艺博览会
完成时间：
2012年～2022年
设计师：
MVRDV事务所
项目地点：
荷兰，阿尔默勒
客户：
阿尔默勒市政府
设计团队：
维尼·马斯、雅各布·范赖伊斯、娜萨丽·德·弗瑞斯、杰伦·杰斯特、克拉斯·霍夫曼、米克·范海默特、埃利安·德科尼克、莫妮卡·科华库

项目内容（节选）：
市中心扩建工程（450,000平方米，含观景塔）；
绿色住宅环境展（22,000平方米，含115座住宅）；
酒店（30,000平方米）；
大学（10,000平方米）；
会议中心（12,000平方米）；
各种展馆（25,000平方米）；
智能温室（4,000平方米）；
老年之家（3,000平方米）；
儿童展、小艇停靠区、森林、露台剧场、野营区等（25,000平方米）

　　阿姆斯特丹市中心区正在面临急剧的人口增长。在这样的发展形势之下，阿尔默勒市将迎来史上最大规模的6万户新住宅的开发。阿尔默勒市希望能让市民的生活质量跟得上这座城市的发展。MVRDV事务所曾经为阿尔默勒市设计过2030年城市规划方案，并为这座城市的奥斯特伍德开发区（Oosterwold）做过规划。在本案中，MVRDV事务所提出了市中心扩建方案，扩建场地就位于原市中心的对面，原有的湖泊就处于新市中心的中央了，将"荷兰新城"开发区内的几个社区联系起来。这个方案预见到了未来的人口增长，致力于打造"绿色市中心"，同时又满足了未来空间使用的灵活性，邀请Floriade世界园艺博览会的主办方NTR同市政部门一道，共同开发一个规划方案。

▶ 入口
售票处
公车换乘站
水上的士
缆车

室内展览（10,000 平方米）
露天剧院（10,000 平方米）
剧院（6,000 平方米）
活动广场（12,000 平方米）
会议中心（能容纳 400 人；12,000 平方米）

水生植物保护区
智能温室（4,000 平方米）
儿童游乐区

停车场（能容纳 4,500 辆）
野营停车场（能容纳 100 辆）
旅游车停车场（能容纳 300 辆）
自行车停车场（能容纳 500 辆）

Onderdelen 绿城
阿尔默勒市中心
Weerwater 大街
码头
城堡
公园
公共汽车

绿色住宅（22,000 平方米，115 户）
CAH 园区（16,000 平方米）
老年之家（3,000 平方米）
创新办公（36,000 平方米）
酒店（10,000 平方米）
渔人码头

观望塔
小艇停靠区
露营区
捕鱼码头
游泳池
湖岸
人行道
生态河岸
亚特兰提斯餐厅
阿尔默勒滑雪场

水深
7.5 米
9 米
11 米
13 米
河岸

等高线
每 1 米

总规划图

主创设计师维尼·马斯（Winy Maas）表示："Floriade世界园艺博览会的设计采用了新的手法。我们将打造一座绿色、生态、环保的城市。这座城市自己产出食物和能源，清洁自己的污水，对自己产生的废物进行回收利用，并且实现完美的生态多样化。这座城市甚至能够实现自给自足：人类、植物和动物和谐共存。介于城市和乡村模式之间的这样一种互利共生关系能否解决如今全球面临的城市化和能源过度消耗问题？在接下来的10年中，我们会将这样一种模式付诸实践，打造一个新型城市的样板。这是MVRDV事务所规划的未来20年内城市发展的理想模式，现在是我们实现这一理想的良机。所以我们对这个项目的设计充满了热情。"

主要功能区

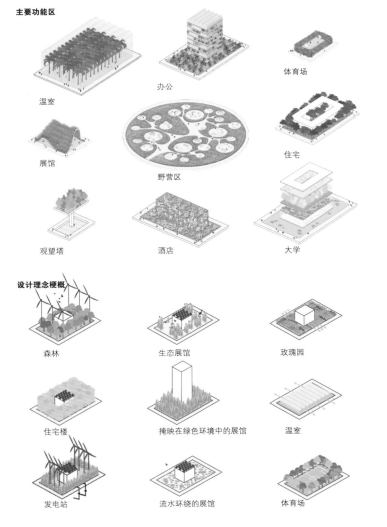

温室　　　办公　　　体育场

展馆　　　野营区　　　住宅

观望塔　　　酒店　　　大学

设计理念梗概

森林　　　生态展馆　　　玫瑰园

住宅楼　　　掩映在绿色环境中的展馆　　　温室

发电站　　　流水环绕的展馆　　　体育场

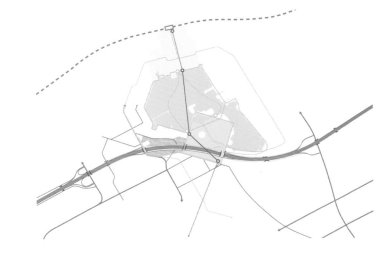

阿尔默勒Floriade世界园艺博览会占地45公顷，这是一个正方形的半岛，岛上将建成若干个小花园。每个花园种植不同的植物。由于规模巨大，整个半岛相当于一座"植物图书馆"，可以按照字母顺序排列出数不胜数的植物种类。每个花园也有不同的功能，有的主要设展馆，有的建绿色住宅，有的以办公区为主，甚至还有一所大学，其构成形式是一座美不胜收的植物园，以"垂直生态系统"为特色，每间教室都有不同的"小气候"，适合种植某些植物。这里有酒店供游客入住（以"茉莉"为主题），有游泳池供游客休闲（池中种植莲花），餐厅则是一片玫瑰花的海洋——一切都不离植物主题。这里的住宅建在果园中，办公楼里有室内景观，还有一片片竹林。世园会以及新的市中心自己产出食物和能源，自己自足，成为一个真正的绿色城区，用每一个细节向人们证明植物是如何装点我们的日常生活的。

MVRDV事务所参与了阿尔默勒市多个项目的设计，在城市农场、城市人口密度、现代农业等方面做了大量研究。2000年，MVRDV事务所设计了汉诺威世界博览会的荷兰馆。当时阿尔默勒是世博会的其余四个候选城市之一，其他三个城市是阿姆斯特丹、格罗宁根和博斯科普。

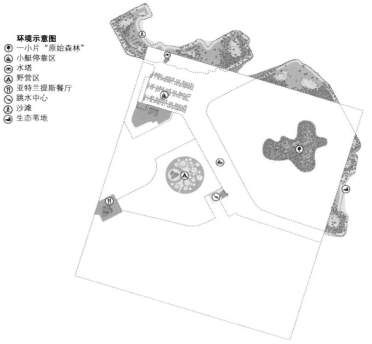

环境示意图
- 一小片"原始森林"
- 小艇停靠区
- 水塔
- 野营区
- 亚特兰提斯餐厅
- 跳水中心
- 沙滩
- 生态苇地

绿色之城，明日之城

马汀·柯努伊特

挑战

城市环境里的公园和绿色空间是人们渴望的地方。多年来，这样的地方已经成为我们的记忆了。人类如何在城市中与自然共生，这已经成为影响我们日常生活的一大问题。因此，如何在城市环境中保有自然空间就变得尤为重要。

如今的国际大都会，环境日益拥挤，我们面临着如何打造健康的城市以及城市边缘地区的环境这个迫切的问题。城市绿化如何规划与实施，如何与水文条件以及城市边缘地区的自然景观相结合，我们需要新的想法，新的实践。公共空间的质量的改善，包括城市绿地，会改善城市生活条件，为城市在经济、环境、社区以及社会关系等方面的发展带来更多机遇。

良好的城市环境和公共空间不只意味着空间的设计方面，更多的是关于城市的发展和景观环境之间的平衡，是关于城市生活和景观质量的一种健康的结合。城市人口不断增长，人们既需要住房，也需要绿色公共空间。绿色之城的概念是打造"城市生态环境"的关键。

打造更大体量的绿地和水景

要在绿地和城市之间取得平衡与和谐，就要打造对人类和动物都适合的舒适环境。除了严格监管污染物的排放之外，另外一个有效的手段就是增加更多的绿地。城市绿化能够吸附空气中的污染物，制造氧气，改善城市微气候。另一个改善城市环境的方法是打造高效的城市交通体系，优化机动车的行驶线路，以便改善城市空气质量。

因此，增加城市中的绿色空间，打造生态多样性，就显得尤为重要。这些绿色空间会形成一张绿色网络，将城市紧密联系在一起，人们能够在这样的环境里开展各种文娱活动，野生动物能够在这里栖息，从而实现城市环境的生态多样化。此外，未来的城市开发需要紧密融入这张绿色联系网中。新开发区的设计要结合城市绿化网，并使之得到进一步发展。绿色空间设计的多样化会增加绿地在城市中的价值。我们最近在伦敦、鹿特丹和巴塞尔的项目都说明：打造各种各样的动物栖息地有助于形成多样化的城市绿色网络，这样，城市中的四季变化也显得更加分明了。

通过绿地与水体相结合，改善城市环境质量

未来几十年的设计将仍旧关注在城市环境与其周边景观之间建立良好的联系。这就需要我们重新思考"城市的边缘"的概念，以及城市与周围乡村的关系问题。

我们不只是让城市消费景观，让景观为城市服务，而是试图在二者之间建立一种交互的关系。对这种交互关系的深入思考让我们对城市生态系统和周围景观系统这二者之间的关系有了新的看法。那就是，我们可以利用建立大规模的休闲娱乐活动场所来在城市及其周边地区之间建立起更加紧密的联系。

这一想法的关键问题是：在水体之间建立联系，将适量的清洁水引入河流。目前我们正在着手设计莫斯科绿河项目，在这个项目中，我们试图将水体与绿地联系起来，打造一个可持续发展的绿色框架。四通八达的水体系统不仅意味着城市与河流更紧密的联系，也有利于解决水位变动带来的问题，同时也起到储水的作用。这样，将城市基础设施与水体纳入一张绿色关系网中，丰富了城市空间的形态，让设计更显多样化。我们面临的挑战是如何在城市环境中通过过滤的过程来改善水质，如何让绿地在储水中起到缓冲作用，以及屋顶雨水的收集。

可持续的城市

用一张绿色网络重构城市的脉络，将为城市生活注入新的活力，除了绿化之外，这是打造可持续城市必不可少的一部分。绿色空间的设计应该适合人们的日常生活和休闲娱乐活动，因为绿色空间的核心已经从"生产型空间"（销售、市场、工作空间）转变为"消费型空间"（购物、娱乐和居住空间）。人们工作和休闲时间的界限越来越模糊，公共空间和私人空间的界限越来越模糊，高雅文化和大众文化的界限越来越模糊。脱胎于农田、河道的景观以及由工业活动形成的城市脉络正在向休闲景观转变。对于景观设计师来说，这意味着一个复杂的新问题。每个地方有自己的风格或特色，而国际上有景观设计的大潮流，二者之间形成一种张力。

这种观点不应该导向景观设计的特色含糊不清，或者呈现出特点单一化。我们的焦点应该关注如何在同一个地点同时呈现不同的景观体验，打造复合的、多样化的景观环境。如果要赋予城市公共空间新的意义的话，一定要彻底颠覆从前关于公共空间和私人空间的关系的定义。我们的任务是使人在城市环境中尽可能体验到多样性，可以从多种角度进行阐释的多样性。然而，在一切文化变迁的语境下，可以说，只有融入一个地方的特定地理和历史环境中，那样的景观设计才真正是可持续的。最成功的景观设计，能够进入我们内心的景观，都是抓住了当地原有景观环境的精髓的。

马汀·柯努伊特（Martin Knuijt）

马汀·柯努伊特，生于1966年，OKRA事务所创始人和合伙人之一。OKRA是荷兰的一家知名设计事务所，设计领域包括景观设计和城市规划。马汀·柯努伊特在各类市政与景观工程的设计中担任设计师，设计门类非常多样，大到抽象的城市规划蓝图，小到具体空间的细节设计。

美国SITES景观认证

SITES是美国景观建筑师协会（ASLA）、得克萨斯州立大学"詹森总统夫人野生植物中心"和美国国家植物园三方的跨学科合作机构，成立于2005年。SITES是一个国家级的认证体系，遵循自愿评估的原则，为可持续景观的设计、建造和维护设立了一系列评估标准。

SITES指导原则

在为可持续景观设计确立具体的、可测量的评估标准的过程中，SITES认证机构的成员和技术顾问总结出一系列的指导原则，为景观设计设立了基准。这些原则现在依然体现了SITES认证的核心价值。

·无害

景观设计不要损害周围的自然环境。尽量通过可持续的景观设计来对之前受损的生态系统进行修复。

·做决策时要小心谨慎

做决策时要小心谨慎，因为你的决策可能对人类健康和环境健康造成威胁。有些行为会造成不可挽回的损害。看看是不是能采取其他办法（什么都不做也是一种办法，是对环境产生最小影响的办法），并听取相关各方的建议。

·兼顾自然与文化

根据特定的经济、环境和文化条件开展设计和施工，同时兼顾当地情况和全球化的视角。

·采用"保护、修复、复兴"的决策等级制度

在景观设计中模仿大自然的生态系统，保留原有的环境特点，用可持续的

可持续发展

"既满足当代人的需要，而又不损害子孙后代满足其自身需要的能力。"
布伦特兰报告，即《我们共同的未来》（1987 年）

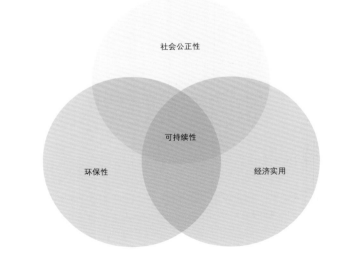

设计来保护资源,对消失的或者受损的生态系统进行修复。

•可再生性环境,造福后代

利用可再生资源和可持续的设计策略,打造可持续的环境,留给未来我们的子孙后代。

•不断调整

不断地重新评估设计决策,根据人口变化和环境变化对设计做出调整。

•考虑生态系统

对特定生态系统中的元素进行分析、评估,采用复合生态系统发展的设计策略,在自然进程与人类活动之间建立统一、和谐的关系。

•多方合作

鼓励多方合作,广泛交流,包括与设计同行、客户、材料生产商和终端使用者进行沟通,打造符合长远发展和道德规范的景观设计。

•设计与研究相结合

设计过程开放透明,群策群力,以严谨的科研精神开展研究,并及时针对研究结果进行交流。

•树立管理理念

在土地的开发与管理中,各个方面都要树立起环境管理的理念,所谓环境管理就是说,健康的生态系统能够改善我们和我们的子孙后代的生活质量。

SITES认证体系的框架——生态系统的进程

- 调节区域性以及全球气候
- 净化空气、土壤和水源
- 供水调节
- 防止土壤侵蚀,吸附沉积物
- 为一切生命提供保护所和栖息地;自然传粉

- 分解、处理并再利用废弃物
- 为人类的健康和幸福生活带来益处
- 提供食物和其他产物
- 具有文化、教育和美学价值
- 缓和潜在危险

高山与极地
- 调节区域性气候
- 水资源供应与调节
- 控制沉积和侵蚀
- 为人类健康和幸福生活带来益处
- 食物和其他可再生产物
- 文化效益

森林和林地
- 调节全球气候
- 调节区域性气候
- 净化空气和水源
- 控制沉积和侵蚀
- 提供栖息地
- 废弃物分解和处理
- 为人类健康和幸福生活带来益处
- 食物和其他可再生产物
- 文化效益

旱地
- 调节全球气候
- 控制沉积和侵蚀
- 自然传粉
- 废弃物分解和处理
- 食物和其他可再生产物

耕地
- 自然传粉
- 食物和其他可再生产物

城市
- 调节全球气候
- 调节区域性气候
- 净化空气和水源
- 为人类健康和幸福生活带来益处
- 文化效益

岛屿
- 净化空气和水源
- 水源供应与调节
- 缓和潜在危险
- 为人类健康和幸福生活带来益处
- 食物和其他可再生产物

地球的生态系统包括人类所需的多种生态进程,以上列出的只是其中一小部分。可持续景观也能提供其中很多生态进程。

内陆水
- 水源供应与调节
- 缓和潜在危险
- 废弃物分解和处理
- 为人类健康和幸福生活带来益处
- 食物和其他可再生产物

沿海地区
- 水源供应与调节
- 缓和潜在危险
- 提供栖息地
- 废弃物分解和处理
- 为人类健康和幸福生活带来益处
- 食物和其他可再生产物
- 文化效益

海洋
- 调节全球气候
- 废弃物分解和处理
- 食物和其他可再生产物
- 文化效益

可持续发展

SITES认证体系信奉布伦特兰报告(Brundtland Report)中提出的关于"可持续发展"的具有前瞻性的定义。

一个项目只有满足以下三项要求,才能说它符合长远的可持续理念:

1. 经济方面,不论是生活、工作还是游览的地方,要有经济效益,有竞争力,有长远的发展潜力。
2. 社会方面,主要是指社区环境的设计,要有利于健康、安全、积极的生活。
3. 环境方面,从全球生态系统的视角出发,保护一切生命赖以生存的生态环境。

生态系统的进程

生态系统的各种进程直接或间接带给人类免费的利益。这些生态进程包括空气和水的净化进程、对区域性以及全球气候的调节进程、提供栖息地、降解废弃物、生产食物和其他可再生产物等。换句话说,我们的生存依赖着生态系统的进程。植物和景观是维持生态系统进程的核心。

SITES认证体系建立在生态系统进程这个概念的基础上,它信奉的理念是:健康的生态系统,不论是自然生态系统还是人造生态系统,为人类和其他有机体带来益处。

与建筑一样,人造景观能够保护资源,也能够破坏或者浪费资源。然而,景观跟建筑的不同之处在于,景观还有一项能力,那就是:不论是城市环境还是乡村环境,景观都能够加强自然资源的再生能力。因为可持续的景观设计能够带来上述的生态系统进程,所以能切实改善环境质量,而不只是简单地减少对自然环境的破坏。

绿色生活，明智之选

玛吉·格蕾丝

"绿色"的概念是建筑师、承建商和景观设计师所鼓吹的。那么，这个概念到底是指什么呢？

随着我们进入21世纪的第二个十年，关于如何设计、建造我们的家园，以及这些家园所处的环境，我们的观念已经发生了根本的改变。人们越来越关注他们房子周围的环境和生态系统，也对建筑师、承建商和景观设计师在这方面的专业性有了更高的要求。

"绿色住宅"在建造阶段可能造价更高，但是，从长远的角度考虑，却能节约大量开支，比如减少供热和制冷的费用、降低需水量、维护方便等。并且，绿色住宅再次出售时价格往往也要高很多。

然而，绿色建筑的相关技术和产品却在急速变化着，因为建筑相关学科内关于"绿色"概念的知识在不断升级。很多设计师可以说是"在工作中学习"。

关于绿色建筑，要学的东西很多，还有很多容易犯的错误，需要避免。作为房主，如果你正打算建造或者改建一栋绿色住宅，那么你可以考虑以下这些小建议，希望能够帮助你打造绿色的住宅和景观，产生最小的碳排放，保护我们的地球。

雇用有资质的人员

任何人都能自称是"绿色的"建筑师、承建商或者景观设计师。但不幸的是，有些并不真是。组建团队时，一定要仔细审查、筛选，确保你的设计和施工团队确实有打造一流的、环保的工程的专业能力。具体来说，你可以关注以下方面：

• 经验：这位设计师或承建商至今共设计或建造了多少个绿色工程？你可以亲自跟他过去的客户谈谈，能得到他们最直接的反馈。你肯定不想成为他的第一个客户，所以，要确保你的设计团队里的每个成员都成功完成过至少三个绿色工程。

• 奖项：大多数有绿色建筑相关经验的建筑师、承建商和景观设计师都对自己的作品非常骄傲，会将他们的作品拿去评奖。关注你们当地最大的绿色奖项，最好在获奖者当中寻求合作伙伴。你会发现那些都是这个领域里顶尖的精英。

• LEED认证：LEED是美国的绿色建筑评估体系。对许多类型的建筑来说（如住宅、办公楼、宾馆、仓库、车库等），LEED评估体系都非常重要。不论是商业建筑还是住宅，LEED评估体系都会对其中的各种绿色元素进行评分。得分越高，认证级别就越高。最高级别是LEED白金级认证。

• SITES认证：SITES认证是一个新的全球性的可持续设计认证体系，目前还在适用阶段。跟LEED认证不同的是，SITES认证不只关注建筑，而是包括景观在内，关注土地的整体使用情况。今年，SITES认证有望结束适用期，成为正式的认证体系。SITES认证的设置旨在与LEED认证合作互补，关注绿色设计很多细微的方面，比如渗透性地面铺装、耐旱型植物、住宅区内的野生动物栖息地等。

• 技术：绿色技术在急速发展变化。今天一流的太阳能技术，十年后可能就过时了。确保你的设计团队对目前最新的绿色技术的优缺点都有所了解。尽管你可能更愿意尽量节约开支，但是有些花费较高的技术也是值得一试的。

组建团队

老式的建筑设计流程是：首先找建筑师来设计，然后找承建商施工，最后找到景观设计师，他负责让整体外观看上去更好。

这就是全部了。但其实，你应该从一开始就组建团队，把建筑设计、施工、景观设计都囊括在内，确保各方从始至终紧密合作。绿色工程尤其如此。确保跟建筑师、承建商和景观设计师分别签订单独的合同。从一开始就向他们表明，他们将在工程从始至终的整个过程中合作，各方都同等重要。

在初始的规划和设计阶段，景观设计师的作用尤为重要。他们能够帮助建筑师对建筑内外的视线进行优化设计。他们还能对建筑物的布局位置给出建议，优化土地的使用。

景观建筑师在利用地势、室外排水、土壤的保护等方面也受过专业训练。他们能够利用自然的制冷元素，如在房屋接受太阳直射的一面制造树荫，或者在门窗旁边设置喷泉，这样，进入室内的空气就会比较凉爽。景观设计师是水池、户外就餐以及其他户外功能区方面的设计专家，他们的任务是确保居室内外健康的生态循环。

如果整个团队紧密合作的话，可以节约很大的开支。比如，建筑用地上可能有些成熟的树木，景观设计师希望能够保留并融入设计中。而承建商往往不管有什么，一律"夷为平地"。购买一株成年的树可能要花费数万美元。如果用地上有健康的成熟的树木，那完全是值得保留的。

租用土壤挖掘机的费用是很高的。景观设计师往往需要改变用地内的地势高低，以便安排室外排水管道或者其他室外功能区。与其租用两次（承建商一次，景观设计师一次），你完全可以只租一次就把全部的室外挖掘工作一次做完。

不论是改建还是新建，你的承建商很可能需要为电力、供水、污水排放管线等设施挖沟。这些深沟挖开的时候，景观设计师可以趁机铺设他们所需的植物灌溉管线和室外照明线路。

住宅的建筑和景观施工中用到的材料可以一次同时订购。这样，房主在石板和木材这类材料的价格上能享受很大的折扣。与其订购两次，花两次运费，为什么不一次搞定呢？更何况这样还能省钱。

施工中常常出现材料的浪费，这个问题可以在景观设计中解决。从建筑用地上挖掘出来的石头可以留着，后期用来修建石墙、石座和其他设施。建筑框架结构剩余的木料可以建一个户外用餐小亭，或者做成木隔栅，在院落中辟出一个幽静的角落，或者建个户外淋浴间。

如果建筑师、承建商和景观设计师能够从一开始就通力合作，那么，你的房子就更有可能实现土地的最优化利用，并且室内外空间有着统一的设计感。也许这才是最重要的。

危险和错误

分别雇用建筑师、承建商和景观设计师。跟各方直接签订合同，不要让一方从另一方手中承包，然后一方监督另一方。这三方是平等的关系，各有专长的领域。他们必须以这种平等的关系展开合作，最终的效果才会最好，不论是新房还是改建。通常，承建商会希望这三方都在他们的控制之下，因为这样他们挣到的钱更多。但这绝对不会有利于房主的利益。

务必要求你的团队真正作为一个团队来开展工作。他们应该从一开始就紧密合作，并在工程的整个过程中一直保持这种合作。团队应该定期开会。施工一开始，就要明确告知施工现场的工头，他要直接服从景观设计师的领导。

一般来说，景观设计师在设计之初就会提出预算，保留建筑用地上原有的树木和植物，并与建筑师和承建商合作，以便通过预先的明智规划尽量节约成本。在施工过程中，额外的可用材料都要保留，高价的租用设备，包括重型设备，要尽量实现高效的使用。建筑施工结束后，景观设计师设计的花园部分开始施工，包括"硬景观"、灌溉系统、照明和植物栽种。

另外一个容易犯的错误是让建筑师去设计户外景观元素，比如户外走道，然后直接让承建商进行施工。景观设计师在走道、亭阁、树篱、户外照明和其他"硬景观"元素方面有他们独到的眼光。在这个领域内，让景观设计师发挥他们的专长，你会得到最佳效果。

如果准备设置泳池、热浴池或者其他水景，这也属于景观设计师的设计范畴。他们知道如何将这些元素融入整体设计中，并且会亲自动手开展设计。

到你的建筑师、承建商和景观设计师之前完成的工程那里去实地走访一下，也是很有必要的。虽然他们都会有网站展示他们美轮美奂的作品，但是，还是实地观察效果更加真实。拙劣的设计、劣质的施工、平凡无奇的景观都会一览无余。

未来趋势

我们很多人可以预期会比我们的祖先有更长的寿命。人们越来越倾向于选择由几个居住单元和一个共享的户外空间构成的复合型住宅。优秀的建筑和景观设计能够为每个居住单元也提供私密的户外空间。

英国人有修建住区小花园的传统，就是小区内各户共享的一个小公园。现在这项传统正在回归。这种小花园仅供小区内的业主使用，维护费用由各户分摊。小花园将居住空间进行划分，同时确保高密度的居住——对于市中心附近的楼盘开发，相关法规往往有居住密度这方面的要求。

随着人口老龄化进程的加剧，这种居住模式在未来几十年内会越来越普遍。人们渴望便利的生活，希望自家附近就有商店、餐馆以及各种娱乐场所，步行或骑自行车就能很快到达，同时又希望自家的房子和园区内能够保障隐私。带公共花园的复合型住宅，不论对老年人还是对各种年龄段的成年人来说，都是很有吸引力的居住模式。

绿色设计为我们带来一个大胆的新世界。随着化石燃料时代的终结，可持续发展成为当前的焦点。绿色建筑要求设计方、承建方和房主都跳出对于建筑

的传统的思维模式。如今，设计和施工以新的、合作的方式进行，土地的使用力图实现最大化，成本尽量削减。遵循这些指导原则，你的家，不论是十分之一英亩还是100英亩，都将成为你真正的绿色城堡。

玛吉·格蕾丝（Margie Grace）

玛吉·格蕾丝是加州圣塔芭芭拉市格蕾丝设计事务所（Grace Design Associates, Inc.）的首席设计师，曾获得多项大奖，包括职业景观设计师协会（APLD）授予的"年度国际景观设计师"称号。玛吉设计各种风格的园林景观，并且享受设计和施工的过程。格蕾丝设计事务所是一家世界一流的景观设计公司，曾获得SITES认证。

景观统筹与可持续的景观设计

李建伟

景观在城市建设中的地位在逐渐提高，景观设计的生态化和可持续性设计也日趋成为景观设计行业关注的热点。景观设计师李建伟先生经过20多年的景观设计实践经验提出了"景观统筹"的概念，第一次把景观设计提高到了一个新的高度。他认为要打造一个城市的生态系统，最重要的是要用景观设计统筹城市规划、水利、交通、建筑等各项规划设计，根据场地的景观要求实现规划合理化。在美化的同时实现节约资源、保护生态的目的。

1. 景观统筹与可持续设计

"景观统筹"是指，由景观来黏合一个城市、一个区域以及每一个项目的方方面面。从原则的角度来讲，景观是能够渗透到城市建设的方方面面，可以和生态、建筑、规划、道路联系到一起，和商业、居住及城市建设的任何方面相关联。景观统筹就是根据场地的景观要求，来规划桥梁、道路、建筑等，实现规划设计更加合理化、美观化。在节约资源和保护生态的目的的同时提升商业和土地开发的价值。景观统筹能够实现效益的更大化，自然资源也会更容易的得到保护。

实现景观统筹要满足一些条件，首先要认识到景观的重要性，决策者要考虑在操作一个项目的时候，先让景观设计师介入，所有做建筑、桥梁、水利也要景观设计师参与项目当中。从另外一个层面来说，景观设计师要努力掌握规划、建筑、桥梁、水利、生态等方面的专业知识，才能够在工作中参与其中，发挥效益。所以两方面要互相学习和贯通。景观设计师掌握的关于城市的山水、生态、资源的知识要在具体的项目中有所体现。

2. 可持续设计是整体的设计

可持续的理念是近一二十年提出来的。因为人类社会这几十年的发展比以往任何时候的发展速度都要快很多，资源利用和占有变得越来越快，在人类还没有反应过来的时候，资源就消耗殆尽了。所以，人们开始反思，怎样发展才能够尽量少的破坏资源或者说尽量多的利用资源，使资源能够得到有效的长效的发展，为人类所利用，而不能因为我们这一代人的高速发展，让下一代人没有可利用的资源。于是，可持续发展的理念应运而生，目的就是希望所有的发展项目，能够为长远考虑，从整体性、延续性和资源的节约利用几个角度来做事情，而不只是满足于一时的需要。

所有的项目都是从设计开始，设计的可持续性直接决定了项目的可持续性。

（1）要有全局观念，可持续的设计一定是整体的设计，不能因为局部需要，而破坏了整体。整个生态是延续的，是紧密结合在一起的。某一个节点的断裂，会造成整个链条的断裂，导致不可持续。

（2）要节约资源，有效的利用资源，尽量让自然资源、传承下来的好景观和生态环境都保持下去，避免滥用资源。

（3）城市发展肯定要使用资源，人类发展总是会导致一些资源被破坏，但是要尽量少的影响大自然，尽量少的破坏资源，让自然资源能够保持下来。

（4）利用节能环保材料。多利用一些对人类不会造成污染的材料，并且在项目的后续管理中做到尽量少的占用资金和劳动力等。

总体来说，就是要从宏观考虑整体性，从微观的角度尽量不破坏资源，尽量利用环保科学的材料、技术和方法，包括太阳能、保护水源等技术为可持续的理念服务，这样做出来的东西才是可持续。

景观设计师在设计中要实现真正的可持续要坚持一些系统性的原则，不论是做大区域的城市规划还是做小区的规划，都要考虑整体的环境和生态效益。

"以人为本"这一理念的基本观点是人类为自己服务，但是放到整个生物链和生态系统来考虑，就不能"以人为本"而是要"以生态和谐为本"。人类、动植物与大自然是一体的，要让他们共同生存在这个地球上。如果无法与他们共存，人类也无法单独生存。所以，任何项目在设计之初，要正确的认识可持续设计的重要性，要当成一个整体和系统来认识和打造。人的需要与大自然的生态相连，空气、水域、土壤、食品安全等都是与设计相关，这是一个动态循环的、整体的系统工程。这一命题涉及到人类怎么样对待大的生态和个体需求，以及人与动植物的相关性的理解。

传统的规划设计与可持续的景观设计存在质的差别，关注点也大不相同，原因在于社会的发展对过去的城市影响很小、过去的城市如果不考虑雨水，不一定会有内涝，但是现在社会完全不一样，城市成倍成倍的发展。这么大的系统，还不考虑雨水收集雨水循环等问题，城市的地下水就会消失殆尽，土壤就会被污染的一塌糊涂，洪水来了就出现内涝。现在的

这是最大的原则。从宏观的角度来看，城市里的任何一个细胞都是跟整体相关联的，生态绝对不是孤立的，任何一个项目都不是孤立的，因而整体性的原则必须遵守。在项目具体操作层面，要让项目的所有方面能够黏合在一起，才能形成一个完整的项目。项目里边的道路、建筑、用地、产业、灯光等都应该走到一起。如果能够组合在一起就说明设计师的能力强；如果不能，则说明设计师能力弱。要具备统筹的能力把各方面黏合起来，才能发挥最大的效益。景观要融进建筑，要跟规划、桥梁、道路等结合才能做好项目。如果跟这些元素是割裂的，项目肯定是支离破碎的，不会有很好的景观和生态效益。我们常常看到优秀的景观和生态被道路、桥梁、建筑破坏的案例。

条件和过去不同，过去也讲生态。但是生态问题在过去没有像现在这么严峻和关键，所以现在的可持续设计变得越来越重要和受人关注。做设计不只是单纯的为了做点儿漂亮东西，除了要美观，更要讲究经济性、生态性、实用性和社会性。这些方面越来越受人关注，对设计师的要求也越来越高，设计师要具备这方面的专业知识，在设计过程中考虑怎样把生态的元素融进去，把更经济、更体现商业效益的东西融进去。

好的可持续设计的标准有很多，从细小的标准来说，用生态环保的材料、用节能的措施，这就是可持续的；从宏观方面来说，节约了土地、保护了资源、增加了社会效益、后期维护变得更简单，这都是可持续的。可持续发展不要单纯的从保护了生态、收集了雨水这样的角度去理解，更要从经济的角度出发，花最少的钱，达到最好的效果，尽量多的节约人力，节省其他方面的养护支出等不同的角度去评价。经济、工程、能源 生态、开发商的后期维护和运营管理等方面都可

3. 全面的景观统筹要以生态为本，关注经济性、实用性和社会性

以有标准，所有的标准都围绕着生态、环保、节能、经济、实用与美观。

4. 景观统筹体现在项目细节与设计过程之中

从项目类型的角度来说，河道景观、中央公园、湿地景观等，这些都是生态敏感的项目，在设计中首先考虑生态保护、水域治理、土壤修复，有害物质的清理等方面开展工作。同时设计也需要遵循这样的原则：为政府节约资源，使资源最大化的利用。项目建成之后周边的土地得到最好的利用，价值能够提升，利于城市的经营和保护。从宏观上来说，整体的项目都应该是生态和充满生活内容的和可持续的，如果离开这样的原则，项目就不会成功。拿具体项目来说，东方园林承接的广西南宁园博会项目，其中针对水域的部分，整个五个大湖的水域，我们全部做了生态修复方案，并且把它当成专题来做。怎样使水得到清洁，水生植物帮助净化水质，让水域能够有效的渗透到地下。我们还打造了一片可以让鸟类能够生存的生态林，让鸟类跟我们一起生活在这一片绿色空间里面。从节能方面，尽量不让公园里面有过度的光照和用电，也考虑雨水的收集系统，能够让雨水留存在场地里面，在这些方面做了很多工作。还有一些项目，比如说襄阳的湿地公园和月亮湾的湿地公园，从河道湿地到小型的岛屿湿地以及湖岸湿地等不同的湿地类型都做了研究，让湿地不同程度的发挥生态效应。在植物利用方面，我们会使用那些更能适应当地的气候、土壤，最容易维护利用，最自然的，当地土生土长的植物材料，这些都是可持续设计在具体项目中的体现。

5. 景观统筹就是要兼容并蓄

设计的过程中会涌现出各种各样的问题，生态的保护和资源利用直接影响我们的景观创意。建筑、道路、桥梁、水工程也都时时刻刻的影响着我们的设计，同时景观也为这些提供了创新的土壤。当我们有能力为建筑、道路和桥梁、水利等提供更多更好的咨询服务时，我们的景观才真正具有整体性、协调性，也就会更完整。这样发展才是可持续的、生态的、也是美观的。

在项目的实际设计和施工过程中，存在着很多阻碍可持续设计实现的因素：

（1）商业与生态的兼容。很多工程都很盲目，一些商业项目的业主认为，做商业街就没必要考虑生态，认为生态是属于生态项目的事情。其实这是一种误读，做一个度假区、学校、居住区，都应该考虑生态。其实所有的项目都要考虑生态，这种认识方面的缺陷和盲目性，导致很多机会的流失。应该把可持续的发展和生态的需求贯穿到所有的项目中去。其实生态好了，商业价值才会提高。

（2）设计与施工需要兼容。因为设计师和施工方的知识和技能水平有限，虽然项目自身有很好的条件，但在设计运作过程中，不知道如何利用这些条件，导致本来可以做的很有趣的生态项目，由于能力不足和意识不到的问题而使项目流于平淡，该发挥的效益没发挥出来，这是一个缺失。

（3）主观意愿与客观现实的兼容。在很多项目中，由于甲方或者施工的原因，不愿意在这方面做很多工作，比如说很多居住区，希望把所有的绿地占用，不会考虑保留场地里边的湿地和树林等最有效和最生态的东西。我们常常因为一些所谓现实的问题，诸如经济、管理、操作程序等多方面的原因而放弃主观上的追求，一个好的设计师要尽一切可能追求更好更高更有效益的设计。不要再困难面前低头。

李建伟

李建伟，中国，东方园林景观设计集团首席设计师、EDSA Orient总裁兼首席设计师。20多年的职业生涯中，李建伟先生在区域景观规划、风景区规划、高档主题酒店、旅游度假项目、公共设施及社区居住项目等领域的规划设计中建树卓著。在美洲、欧洲、亚洲、中东等多个国家有着丰富的跨国设计及从事教育培训的经历

恩里克·巴特列·杜兰尼（Enric Batlle i Durany）
琼·罗伊格·杜兰（Joan Roig i Durán）

恩里克·巴特列·杜兰尼生于1956年，琼·罗伊格·杜兰生于1954年，二人都出生在巴塞罗那。1981年二人联手创建了巴特列·罗伊格建筑事务所（Batlle i Roig Arquitectes），至今已在建筑设计、景观设计和城市规划等领域有许多作品。

巴特列和罗伊格都在加泰罗尼亚理工大学（UPC）任教，曾经作为访问学者在欧洲和美国多所学校讲学。

立足环境，因地制宜——访恩里克·巴特列·杜兰尼与琼·罗伊格·杜兰

1. 巴特列·罗伊格建筑事务所有许多可持续景观设计的作品，能否谈谈这些设计用到了哪些关键技术？这些技术又是如何融入每个设计中的？

我们通常将各种学科的知识作为基础来着手设计，这些学科包括建筑学和城市规划以及其他相关科学，如农学、生物学、生态学、地质学等。这就意味着，从一开始我们就要能够真正理解我们正在着手设计的这片土地——它的地貌、它的塑造潜力、它的水文情况，还有我们该如何运用原有的植被，以及预测这片土地未来会变成什么样。对我们来说，了解每个地方的客观条件并在设计中加以利用，这就是可持续设计理念的基础。

2. 能否举例说明您的可持续景观设计手法？

如果现在回头看看我们当初的设计，从最早时候的作品开始，那时候"可持续"和"环境影响"这样的词汇还不像今天这样重要，而那时我们的设计就已经体现出这些特色了，所以可以说是非常超前的。比如早期的巴塞罗那埃尔帕皮奥尔镇的罗克斯·布兰克斯公墓（Roques Blanques Metropolitan Cemetery），在设计中我们就十分注意不要影响周围的乡村环境，形态上跟当地的自然地貌融为一体。又如巴塞罗那特里尼塔公园（Nus de la Trinitat）的景观设计，我们对同期施工的其他大型工程开掘出来的土壤进行了再利用。

新的生态理念让我们的设计视野更广，改变了我们的设计常规，让环境在我们的作品中占有更大的比重。比如说，巴塞罗那比拉德坎斯镇的圣·克莱门河床改造工程（Sant Climent）。我们将河床打造成连接略夫雷加特三角区山峦和农田的一条"自然走廊"，大片土地在暴雨或者河水泛滥的时候起到天然水库的作用。再比如，巴塞罗那格拉夫镇的乔安牧场（Vall d'en Joan），那里的环境问题十分复杂，我们需要根据农业耕地方面的知识再造一片全新的景观和公共空间。又如，收录在这本杂志中的略夫雷加特河环境复兴工程这个作品，无疑是可持续设计的一个典型范例。

3. 在您看来，可持续景观设计最重要的是什么？您在着手设计这类作品的时候，灵感或者设计理念从何而来？

任何设计都应该以充分了解当地环境条件为基础。每个地方有它特定的开发潜力，也有它的局限，"可持续设计"意味着在这些条件的基础上因地制宜。理解了这一点，你就会明白，在运用三大设计工具——地貌、水文和植被——的同时，我们的设计前提是：一定要确保利用原有的景观环境，在原环境的基础上，寻找最佳的设计方案。

另外，我们坚信：我们的作品是"活的"，也就是说，不随我们的设计工作结束而终结。我们的理念是：打造自给自足的景观，使其成为当地自然环境的一部分，在废物排放方面尽量减少对环境的损害。我们的很多作品都是分期进行设计的，有的长达十多年之久，这样，我们就能够看到这些景观怎样发展演化，能够看到多年前的设计策略在实践中效果如何。

4. 在可持续景观设计中，我们应该特别关注哪些因素呢？

利用既定的地形地貌；水文设计也很重要，水是21世纪社会的基本资源。这两方面都是可持续景观设计中的关键因素。除了这两个主要的方面，我还想再加上材料的选择以及植被的使用，一定要与当地的土壤和气候条件相符。

5. 在您作为一名景观建筑师的职业生涯中，您认为最大的困难是什么？您是如何克服挑战的？

尽管景观设计往往跟大体量的工程联系在一起，但毫无疑问，我们的设计是为"终端用户"提供服务的，也就是最终使用这个空间、欣赏这里风景的人。这就是为什么我们常说"体量交叉"，意思就是说，既把握宏观的环境，又注重细节的打磨，既放眼全球，又立足眼前。建筑师乔斯·安东尼奥·埃斯比洛（Jose Antonio Acebillo）对此有个比喻：卫星和放大镜，缺一不可。

这种二分法的设计，兼顾宏观和微观，是景观设计的内在本质所要求的，而且很可能在人类的所有活动中变得越来越重要。在我们的设计中，我们力图对宏观的全球视角和眼前的特定条件给予同等的重视。对于个人来说，当你漫步在一个景区中，细节才是最终决定这个空间质量的关键，但同时知道我们的设计也在紧随全球景观设计的浪潮，这也很重要。略夫雷加特河环境复兴工程就是这类设计的一个实例。

6. 在您看来, 可持续景观与建筑之间是什么关系? 可持续设计是否对城市环境有重要影响? 在哪些方面有影响?

城市公园在19世纪开始出现, 那时人们认识到城市发展得越来越大, 城市环境中需要自然。到了20世纪后期, 很明显, 不仅市中心需要景观了, 大大小小的城市占据着很多国家的大部分土地, 这些地方全都面临着景观问题。随着人们对生态的逐渐关注, 对大都会的环境问题也逐渐重视, 诞生了一种新型的设计: 不是简单的改造街道、新建公园或者在乡村中辟出一小块地来做景观。现在, 新型的设计正在试图超越过去那种开辟一块土地然后兴建基础设施的基本模式, 现在的设计是对受到污染的环境进行修复, 让处于半废弃状态的农田重焕生机, 或者是利用大城市中仅存的生态环境。

这种全新的视角更关注生态, 但同时也没有抛弃景观设计传统的一面。这样的设计, 虽然最终呈现出来的仅仅是公共空间, 但是其实解决了更多样化、更复杂的问题。这种全新的公共空间通常采用很古老的材料 (土壤、水、植被等)。我们今天看到的自然景观大多是农耕这一重要的人类活动的遗留产物, 新型的景观设计以保护或改造这些自然景观为己任。

7. 在着手设计之前, 是谁决定一个工程要采用可持续理念? 客户, 还是您?

我们的设计通常会试图兼顾客户的要求和使用者的需求。但我们也有自己的判断, 会跟现行的可持续设计标准相匹配。就这样, 可持续的理念包含在我们每个设计中, 成为一种附加价值, 不论客户是否要求。

不过, 跟我们合作的客户, 大部分确实会对可持续设计有所要求, 因为他们知道这是我们的设计风格, 也认同我们的理念和设计标准。

8. 如果工程预算非常有限, 是否会影响可持续设计理念的实施?

如果预算很少的话, 确实会影响某些技术或者施工方法, 但是永远不应该影响到一个工程是否符合可持续理念。我们接手一个新工程的时候, 在初期的设计构思阶段, 我们不想让预算成为寻找最佳方案的障碍。对我们来说, 考虑如何将未来的维护费用降到最低更加重要。技术手段可以很灵活, 能够适应任何预算。

9. 在您看来, 可持续景观设计中的机遇和挑战是什么? 您对其他设计师有没有什么建议?

就像我们上面说过的, 充分了解你要设计的那个地方, 这是一切设计的最基本的前提条件。这样你才能够设计出与那个环境的特点相符合的景观。深入、全面地了解一个地方能告诉我们应该采用什么样的设计手法: 地形地貌、水文或者植被。

每一处景观中都包含各自的机遇和挑战。设计师要能够抓住每个地方只可意会不可言传的东西, 挖掘其开发潜力。

梅勒·凡戴克（Melle van Dijk）

梅勒·凡戴克从2009年至今一直在MD景观建筑事务所任景观设计师。MD景观建筑事务所是荷兰的一家中型设计公司，涉足城市规划和景观设计领域，致力于为城市及其周边乡村的发展提供设计和规划方案。这家公司由马太依斯·戴克斯特拉（Mathijs Dijkstra）创建于2005年，有一支由景观建筑领域的专家组成的设计团队。

此外，梅勒·凡戴克还在罗宁根汉斯大学教授景观设计学，并受邀作为湛江师范大学的客座教授。

只有自然的才是可持续的
——访MD景观建筑事务所

1. 您对可持续的理念持什么态度？

可持续理念现在炙手可热。但是对MD事务所来说，我们试图超越"可持续"这个被渲染得天花乱坠的理念的表面。我们不希望只是为了听上去更好而刻意给我们的作品贴上"可持续"的标签，而是希望打造真正可持续的景观设计。

我们的基本信念是：只有自然的才是可持续的。所以我们不会刻意追求可持续的名头，而是在设计过程中，在做每个决定时都谨记可持续的理念。可持续理念可以体现在很多方面，大到为城市规划或者绿化工程选择一个符合可持续发展原则的设计理念，小到使用回收利用的材料。

2. 您有许多非常杰出的可持续景观设计作品。能否谈谈您在设计这类作品时采用的设计策略？

我通常会将一个工程分为两个或者三个层次。每个层次存在于设计的不同阶段。第一个层次是关键的"框架"层次。这个部分是整个设计理念的基础。框架必须能够经受时间的考验，不论是在审美上还是在结构上。这个框架要满足一个工程的首要功能。

第二个层次是附加功能或者营造氛围。根据使用者的不同，可以增加不同的功能，营造不同的氛围。这个层次可以随着时间而变，因为使用者会改变，或者社会上也可能出现新的潮流。这个层次跟"框架"层次紧密相连，但这个层次里的附加功能也可以由其他功能所取代，或者甚至可以直接拿掉这些功能，而不会影响到基础框架。通过巧妙的设计，完全可以不动框架而改变功能或氛围。灵活性才是真正的可持续性。

在越来越多的作品中我们会增加第三个层次——临时功能。由于经济形势不稳定，要增加附加功能可能需要很多时间。资金是分期到位，一期工程的资金只能实现基本框架。在等待附加功能得到资金来动工这个期间，我们先用临时功能来填补空白。这些临时功能也在不同的方面上遵循可持续理念。我们要确保：或者用回收的材料，或者保证我们所用的材料未来可以回收利用。临时的小品或者亭阁可以方便地拆除，移至别处使用。

3. 您设计的格罗宁根省Lauwersoog海港规划方案非常符合可持续理念。能详细谈谈这个作品吗?

在格罗宁根Lauwersoog海港,我们最近新设计了一个游客区,在我们早先为这个海港所做的整体规划的框架内。我们从海港上发现了这个实现可持续理念的机会。我们设计了一个观景平台,既能看到整个游客区,又能俯瞰渔港上繁忙的景象。但我们不是用新材料新建一个平台,而是利用港口上原有的东西——这个地方原来的工厂。工厂的楼面还在,这正是我们的观景平台需要的。当时老工厂的建筑正在拆毁,但是我们说服客户,保留了完整的楼面。这些楼面就是现在的观景平台,我们要做的只是增加楼梯和扶手。这只是海港规划工程里的一个可持续理念的例子。其他的还包括:我们没有购买新的种植槽,而是利用港口鱼市上装鱼的板条箱;灯具也没买新的,买的是港口灯塔用了几十年的减价的旧灯具。

4. 在可持续景观设计中,客户扮演什么角色?

有时候客户也会给我们提出某些可持续设计的要求。通常都是最基本、浅显的方面,比如使用LED照明,或者多种些树。但是最近我们承接的一个道路改造工程,客户就非常注重可持续设计方面,不只是出于可持续发展意识,更多的是想节约未来的维护成本。比如,政府现在出台政策,要把乡村地区历史保护中心的地面用天然黏土地砖来铺装,不只是因为这样更符合乡村环境的氛围,也是出于可持续理念的考虑。因为沥青一旦损坏很难修复,也不能直接再利用,而黏土地砖铺设的地面就很容易修复,而且如果未来道路进行重新设计的话,这些地砖也可以再利用。这些方面可能没有LED照明或者能够吸收二氧化碳的地面铺装那么有吸引力,但是,还是这类自然的可持续设计最后能够真正起到长远的作用。

5. 您目前正在做什么项目?

我们目前正在做的设计包括:能够应对气候变化的水坝;乡村环境中的太阳能利用;屋顶花园;自行车道和人行道的优化设计等。对我们来说,可持续的理念在我们的设计中并不是个新趋势,而是我们一直以来在所有设计中追求合理地运用的东西。